AF860955

Gestaltungsmodell zur digitalen Vernetzung von Werkzeugbaubetrieben mit Lieferanten

Design Model for the Digital Interconnection of Tool Shops with Suppliers

Von der Fakultät für Maschinenwesen
der Rheinisch-Westfälischen Technischen Hochschule Aachen
zur Erlangung des akademischen Grades eines
Doktors der Ingenieurwissenschaften
genehmigte Dissertation

vorgelegt von

Thilo Konrad Schultes

Berichter:

Univ.-Prof. Dr.-Ing. Dipl.-Wirt. Ing. Günther Schuh
Außerplanmäßiger Professor Dr.-Ing. Wolfgang Boos

Tag der mündlichen Prüfung: 22. November 2019

ERGEBNISSE AUS DER PRODUKTIONSTECHNIK

Thilo Konrad Schultes

Gestaltungsmodell zur digitalen Vernetzung von Werkzeugbaubetrieben mit Lieferanten

Herausgeber:
Prof. Dr.-Ing. T. Bergs
Prof. Dr.-Ing. Dipl.-Wirt. Ing. G. Schuh
Prof. Dr.-Ing. C. Brecher
Prof. Dr.-Ing. R. H. Schmitt

Band 4/2020

WZL | RWTH AACHEN UNIVERSITY

Fraunhofer IPT

Bibliografische Information der Deutschen Nationalbibliothek
Die Deutsche Nationalbibliothek verzeichnet diese Publikation in der Deutschen Nationalbibliografie; detaillierte bibliografische Daten sind im Internet über https://portal.dnb.de abrufbar.

Thilo Konrad Schultes:

Gestaltungsmodell zur digitalen Vernetzung von Werkzeugbaubetrieben mit Lieferanten

1. Auflage, 2020

Gedruckt auf holz- und säurefreiem Papier, 100% chlorfrei gebleicht.

Apprimus Verlag, Aachen, 2020
Wissenschaftsverlag des Instituts für Industriekommunikation und Fachmedien
an der RWTH Aachen
Steinbachstr. 25, 52074 Aachen
Internet: www.apprimus-verlag.de, E-Mail: info@apprimus-verlag.de

Druck: KN Digital Printforce GmbH, Stuttgart

ISBN 978-3-86359-835-8

D 82 (Diss. RWTH Aachen University, 2019)

Vorwort

Die vorliegende Dissertation ist zentrales Ergebnis meiner Arbeit als wissenschaftlicher Mitarbeiter am Lehrstuhl für Produktionssystematik des Werkzeugmaschinenlabors WZL der Rheinisch-Westfälischen Technischen Hochschule (RWTH) Aachen. Mein besonderer Dank gilt Professor Günther Schuh, Inhaber des Lehrstuhls für Produktionssystematik, für die Betreuung meiner Dissertation. Meine fachliche und persönliche Weiterentwicklung während meiner Promotionszeit ist auf ein außergewöhnlich innovatives und herausforderndes Arbeitsumfeld zurückzuführen, das maßgeblich von ihm geprägt wird. Mein weiterer Dank gilt Professor Wolfgang Boos für die Übernahme des Korreferats. Ebenso bedanke ich mich bei Professor Peter Loosen als Vorsitzendem der Prüfungskommission und Professor Bernd Markert für die Übernahme des Beisitzes.

Basis dieser Arbeit bilden zahlreiche Industrieprojekte in der Branche Werkzeugbau, welche ich zusammen mit Kolleginnen und Kollegen der WBA Aachener Werkzeugbau Akademie GmbH bearbeiten durfte. Für die mir übertragene Verantwortung und Möglichkeiten zur Weiterentwicklung möchte ich Professor Wolfgang Boos und Dr. Tobias Hensen danken. Durch das Unternehmensnetzwerk der WBA konnte ich spannende Projekte und interessante Unternehmen kennen lernen. Der kontinuierliche Kontakt zu Industrieunternehmen hat mir überdies die Gelegenheit eröffnet, das Thema meiner Dissertation zu formen und schließlich auch zu verifizieren. Dafür bedanke ich mich insbesondere bei Herrn Frank Blase von der igus GmbH sowie Herrn Ralf Hesener von der GEDIA Gebrüder Dingerkus GmbH.

Ein besonderer Dank gilt meinen ehemaligen Kollegen am WZL, die mich begleitet haben und von denen viele zu Freunden wurden. Dr. Michael Salmen danke ich für die Diskussion der ersten Ideen meiner Arbeit und sein frühzeitiges Vertrauen bei der Übernahme anspruchsvoller Projekte. Dr. Christoph Kelzenberg danke ich für sein Feedback in der Abschlussphase dieser Arbeit. Für fruchtbare Diskussionen und seine positive Art in intensiven Arbeitsphasen danke ich Felix Stracke. Max Busch gilt mein Dank für seinen ständigen Willen, kreative Ansätze zu diskutieren und zu verfeinern. Vielen Dank an Dr. Thomas Kuhlmann, Dr. Advan Begovic, David Goertz, Jens Helbig und Tim Graberg für zahlreiche spannende Diskussionen und neue Anregungen. Zudem möchte ich mich bei meinem ehemaligen Team studentischer Mitarbeiter, welches besonders von Linda Weikl, Katrin Vierbaum, Leonard Cassel und Dominik Diel geprägt wurde, für ihren enormen Einsatz bedanken.

Mein größter Dank gilt meiner Mutter, meinem Vater, meinem Bruder sowie meiner Partnerin Inyoung. Ihre Liebe, der stetige Rückhalt und die häufige Rücksichtnahme haben mir die Erstellung dieser Arbeit ermöglicht.

Aachen, im November 2019 Thilo Konrad Schultes

Kurzzusammenfassung

Die deutsche Branche Werkzeugbau wird weltweit für innovative und qualitativ hochwertige Erzeugnisse geschätzt. Globalisierung, Produktderivatisierung und Produktkomplexitätszunahme stellen deutsche Werkzeugbaubetriebe jedoch vor Herausforderungen. In den vergangenen Jahren haben Wettbewerber aus Ländern mit vergleichsweise geringen Faktorkosten technologisch und organisatorisch aufgeholt. Dies führt zu einer Annäherung der Qualitätsstandards und, bedingt durch die Globalisierung, zu einem zunehmend weltweit verteilt anfallenden Werkzeugbedarf. In Folge der Produktderivatisierung wird eine höhere Anzahl an Werkzeugen benötigt, während die mit einem Werkzeug gefertigte Stückzahl der einzelnen Derivate sinkt. Durch die Zunahme der Komplexität der Endprodukte steigen die technischen Anforderungen, die an Werkzeugbaubetriebe gestellt werden. Daher ist zur Gewährleistung einer hohen Produktivität und Innovationsfähigkeit eine Beschränkung auf Kernkompetenzen erforderlich. Die effiziente Vergabe von Wertschöpfungsumfängen außerhalb des Kernkompetenzbereichs an externe Lieferanten gewinnt somit an Bedeutung.

Die grundlegenden Veränderungen durch die digitale Vernetzung, welche auch als vierte industrielle Revolution bezeichnet werden, bieten in diesem Kontext weitreichende Chancen. Durch die digitale Vernetzung ist eine deutlich höhere Vernetzungsintensität bei geringeren Kosten möglich. Hierdurch können sowohl die Vergabe als auch die Abwicklung von Aufträgen deutlich effizienter gestaltet werden. Somit kann die Wirtschaftlichkeit deutscher Werkzeugbaubetriebe gesteigert werden.

Zur systematischen und strukturierten Gestaltung der digitalen Vernetzung von Werkzeugbaubetrieben mit Lieferanten wurde im Rahmen dieser Arbeit ein Gestaltungsmodell entwickelt. Das Modell enthält sieben Gestaltungselemente und dient als Zielbild für anwendende Werkzeugbaubetriebe. Vier Aktivitätselemente beschreiben die operativen Abläufe der Lieferantenauswahl und -kooperation. Diese werden umrahmt von einem Verhaltenselement, welches den Einsatz einer digitalen Lieferantenplattform als zentralen Bestandteil der digitalen Vernetzung darstellt. Die Aktivitäts- und Verhaltenselemente basieren auf zwei Strukturelementen, welche die Lieferantentypisierung und die Einkaufsorganisation beschreiben.

Das entwickelte Gestaltungsmodell zur digitalen Vernetzung von Werkzeugbaubetrieben mit Lieferanten wurde anhand von drei Fallbeispielen validiert. Als Fallbeispiele wurden der interne Werkzeugbau der GEDIA Gebrüder Dingerkus GmbH, die iform GmbH sowie die WBA Aachener Werkzeugbau Akademie GmbH betrachtet. Der wissenschaftliche Beitrag dieser Arbeit besteht in der Entwicklung eines ganzheitlichen Lösungsansatzes zur Gestaltung der digitalen Vernetzung mit Lieferanten unter Berücksichtigung der spezifischen Anforderungen der Branche Werkzeugbau. Werkzeugbaubetriebe sind nun gefordert, die beschriebene digitale Vernetzung mit Lieferanten unternehmensindividuell umzusetzen und damit ihre Leistungs- und Wettbewerbsfähigkeit langfristig zu steigern.

Abstract

The German tool and die industry is well-known for innovative, high-quality products. Globalization, product derivatization and increasing product complexity, however, pose challenges for German tool shops. In recent years, competitors from countries with comparatively low factor costs have caught up technologically and organisationally. This propels an approximation of quality standards and, due to globalization, a more international distribution of the demand for tools and dies. As a result of product derivatization, more and more tools and dies are needed, while the number of individual derivatives produced with a tool or die decreases. Due to increasing complexity of the final products, the technical requirements placed on tool shops are expanding. Therefore, a limitation to core competencies is required to ensure high productivity and innovation. So, the efficient allocation of process steps outside the companies' core competences to external suppliers is gaining importance.

The fundamental changes due to digital interconnection in the context of the fourth industrial revolution offer far-reaching opportunities. Based on digital interconnection, a significantly higher intensity of networking with suppliers is possible at lower costs. As a result, the selection and the processing of orders can be handled significantly more efficient. Thus, the profitability of German tool shops could be increased.

For the systematic and structured design of the digital interconnection of tool shops with suppliers, a design model has been developed. The model covers seven design elements and serves as a target vision for tool shops. Four activity elements describe the operational process of supplier selection and cooperation. These are framed by a behavioral element that illustrates the use of a digital supplier platform as the central component of digital interconnection. The activity and behavioral elements are based on two structural elements that describe the supplier typing and the purchasing organization.

The developed design model for the digital interconnection of tool shops with suppliers has been validated in three case studies. These case studies include GEDIA Gebrüder Dingerkus GmbH, iform GmbH as well as WBA Aachener Werkzeugbau Akademie GmbH. The scientific contribution of this research depicts in the development of a holistic approach for the design of digital interconnection with suppliers, while taking into account specific requirements of the tool and die industry. Tool shops are now asked to implement the digital interconnection with suppliers on a company-specific basis in order to increase their performance and long-term competitiveness.

I Inhaltsübersicht

II Inhaltsverzeichnis

III Formelzeichen und Abkürzungen

Abkürzung	Einheit	Beschreibung
API		Anwendungsprogrammierschnittstelle
AR		Augmented Reality
Aufl.		Auflage
B		Beziehung
B_{T1}		Kapazitätsbedarf für Technologie 1
BDE		Betriebsdatenerfassungssystem
BG_{T1}		Bedienergrad für Technologie 1
BIP		Bruttoinlandsprodukt
BMBF		Bundesministerium für Bildung und Forschung
BME		Bundesverband Materialwirtschaft Einkauf und Logistik
BSI		British Standards Institution
bzw.		beziehungsweise
bspw.		beispielsweise
ca.		circa
CAD		Computer-Aided-Design
CAM		Computer-Aided-Manufacturing
CIM		Computer-Integrated-Manufacturing
CPS		Cyber-physisches System
CPPS		Cyber-physisches Produktionssystem
CRM		Customer-Relation-Management
deut.		Deutsch
E		Eignungsgrad
E(x)		Erwartungswert einer beliebigen Größe x
EDI		Electronic Data Interchange
EDV		Elektronische Datenverarbeitung
engl.		englisch

et al.	et alii
ERP	Enterprise-Resource-Planning
etc.	et cetera
e. V.	eingetragener Verein
evtl.	eventuell
f.	folgende Seite
ff.	folgende Seiten
GB	Gigabyte
ggf.	gegebenenfalls
GmbH	Gesellschaft mit beschränkter Haftung
Hg.	Herausgeber
i. A. a.	in Anlehnung an
IAO	Fraunhofer-Institut für Arbeitswirtschaft und Organisation
IML	Fraunhofer-Institut für Materialfluss und Logistik
inkl.	inklusive
IPT	Fraunhofer-Institut für Produktionstechnologie
ital.	Italienisch
Jg.	Jahrgang
K_{AT1}	Kapazitätsangebot für Technologie 1
K_{GT1}	Bereits gebuchte Kapazität für Technologie 1
K_{T1}	Kapazität für Technologie 1
K_{TM1}	Maschinenkapazität für Technologie 1
K_{TP1}	Personalkapazität für Technologie 1
kg	Kilogramm
KI	Künstliche Intelligenz
KMU	Kleine und mittlere Unternehmen
KW	Kalenderwoche
MB	Megabyte

min.	Minimum
MES	Manufacturing Execution System
OEM	Original Equipment Manufacturer
P	Preis
PB	Petabyte
PLM	Product-Lifecycle-Management
pp.	Prozentpunkte
PPS	Produktionsplanungs- und -steuerungssystem
Q	Qualität
REST	Representational State Transfer
RFID	Radiofrequenzidentifikation
RWTH	Rheinisch-Westfälische Technische Hochschule
s.	siehe
S.	Seite
SCM	Supply Chain Management
SPS	Speicherprogrammierbare Steuerung
SSL	Secure Socket Layer
t	Tonnen
T	Termintreue
TB	Terabyte
u. a.	unter anderem
VDI	Verband Deutscher Ingenieure
VDMA	Verband Deutscher Maschinen und Anlagenbau
vgl.	vergleiche
VR	Virtual Reality
WebEDI	Web Electronic Data Interchange
WZ	Werkzeug
WZL	Werkzeugmaschinenlabor der RWTH Aachen

XML	Extensible Markup Language
z. B.	zum Beispiel
ZVEI	Zentralverband Elektrotechnik- und Elektronikindustrie

IV Abbildungsverzeichnis

1 Einleitung

Die produzierende Industrie ist für die deutsche Wirtschaft von zentraler Bedeutung. Ein Anteil von 25 % des industriellen Sektors am BIP verdeutlicht die Wichtigkeit. Neben der Rolle als lokaler Produzent basiert der Erfolg der deutschen produzierenden Industrie stark auf dem Export hochwertiger Güter.[1] Hierfür steht auch das weltweit bekannte Siegel „Made in Germany".[2] Durch die Konzentration auf Premium- und Hochtechnologiesegmente und darauf aufbauendem Exportwachstum konnte die deutsche Wirtschaft in den vergangenen Jahren von der Globalisierung profitieren. Hierfür ausschlaggebend war die bereits etablierte weltweite Präsenz zahlreicher deutscher Unternehmen sowie das im Vergleich zu anderen Hochtechnologiestandorten hohe Ausbildungsniveau.[3] Die **Aufrechterhaltung des Wettbewerbsvorsprungs** in der Entwicklung und Produktion technologisch anspruchsvoller Güter stellt jedoch zunehmend eine Herausforderung dar, da Schwellenländer wie beispielsweise China ihre Investitionen in Forschung und Entwicklung intensivieren.[4] Zudem steht die produzierende Industrie durch die Derivatisierung von Produkten bei sich gleichzeitig verkürzenden Produktlebenszyklen und eine zunehmende Produktkomplexität vor Herausforderungen.[5]

Zentrale Voraussetzung für den Leistungserstellungsprozess industriell hergestellter Güter sind Werkzeuge für die Serienproduktion. Werkzeugbaubetriebe haben als Befähiger des Leistungserstellungsprozesses in Bezug auf die Produkt- und Prozessqualität, Time-to-Market, Innovation und Produktivität einen signifikanten Einfluss auf die Effizienz des gesamten Leistungserstellungsprozesses.[6] Für die Gewährleistung des Erfolgs der deutschen produzierenden Industrie ist eine Anpassung der Branche Werkzeugbau an sich verändernde Marktanforderungen erforderlich.[7] Werkzeugbaubetriebe sind daher mit hohen Anforderungen an Preis-Leistungsverhältnis, Produktinnovationen, Lieferzeiten und Flexibilität konfrontiert. Diesen Anforderungen können die überwiegend mittelständisch geprägten Betriebe der Branche Werkzeugbau nur durch eine Fokussierung auf Kernkompetenzen und eine **systematische Zusammenarbeit mit Lieferanten** gerecht werden.[8]

Im Jahr 2018 wurde in der deutschen Branche Werkzeugbau ein Anteil von 30,6 % des Umsatzes für Fremdleistungen aufgewendet. Das Potenzial zur Optimierung der Vernetzung von Werkzeugbaubetrieben mit Lieferanten zeigt sich daran, dass im Durchschnitt 7,2 % der Lieferungen an Werkzeugbaubetriebe im deutschsprachigen Raum fehlerhaft und 11,5 % nicht

[1] Vgl. Bauernhansl (Die Vierte Industrielle Revolution), 2017, S. 3 f.

[2] Vgl. Boos et al. (Tooling in Germany), 2018, S. 9

[3] Vgl. Roland Berger (Zwischen Hochtechnologie und Handwerkskunst), 2017, S. 11 f.

[4] Vgl. Bauernhansl (Die Vierte Industrielle Revolution), 2017, S. 5

[5] Vgl. Schuh et al. (Digitale Wertschöpfungsnetzwerke), 2013, S. 5

[6] Vgl. Schuh et al. (Globaler industrieller Werkzeugbau), 2014, S. 224

[7] Vgl. Boos et al. (Flexible Tooling Organization), 2017, S. 9

[8] Vgl. Boos et al. (Flexible Tooling Organization), 2017, S. 21 ff.

termingerecht erfolgen.[9] Zudem geben nur 28 % der deutschen Werkzeugbaubetriebe an, den internationalen Lieferantenmarkt gut oder sehr gut kennen.[10]

Durch die aktuell im Fokus öffentlicher Diskussionen in der Produktionstechnik stehenden Möglichkeiten der **digitalen Vernetzung** ergeben sich zahlreiche Potenziale. So wurde im Jahr 2011 der Begriff „Industrie 4.0“ als Bezeichnung für die massenhafte Verbindung von Informations- und Kommunikationstechnologien mit der industriellen Produktion durch die Promotorengruppe „Kommunikation“ der Forschungsunion Wirtschaft-Wissenschaft eingeführt. Das Wertschöpfungspotenzial von Industrie 4.0 für die deutsche Industrie innerhalb der nächsten 5 Jahre wurde seitdem in zahlreichen Studien auf 100 bis 150 Mrd. € beziffert.[11]

Deutsche Werkzeugbaubetriebe benötigen **konkrete Lösungsansätze** für die digitale Vernetzung mit Lieferanten. Hierdurch ist eine Vereinfachung von Auftragsvergaben, Auftragsabwicklung und Innovationsprojekten in Zusammenarbeit mit Lieferanten anzustreben. Durch die Vernetzung der Branche Werkzeugbau mit ihren Lieferanten wird die Wettbewerbsfähigkeit der deutschen produzierenden Industrie nachhaltig verbessert.

1.1 Problemstellung

Als Befähiger der Serienproduktion von bspw. Kunststoff- oder Blechteilen nimmt die Branche Werkzeugbau eine Schlüsselposition in der produzierenden Industrie ein.[12] Werkzeuge werden als Unikate oder Kleinserien in häufig mittelständisch geprägten Betrieben hergestellt.[13] Um den Anforderungen ihrer Kunden gerecht zu werden, ist eine Zusammenarbeit von Werkzeugbaubetrieben mit Lieferanten von Technologien, Komponenten und Werkzeugen erforderlich.[14] Die Gestaltung der Vernetzung von Werkzeugbaubetrieben mit Lieferanten stellt den Gegenstand dieser Dissertation dar.

Globalisierung, Produktderivatisierung und Produktkomplexitätszunahme führen zu steigenden Anforderungen an die produzierende Industrie und die Branche Werkzeugbau. In den vergangenen Jahren haben Wettbewerber aus Ländern mit vergleichsweise geringen Faktorkosten im Vergleich zur deutschen Branche Werkzeugbau technologisch und organisatorisch aufgeholt. Dies führt zu einer Annäherung der internationalen Qualitätsstandards und in Folge der Globalisierung zu einem zunehmend international verteilt anfallenden Werkzeugbedarf.[15] In Folge der Produktderivatisierung werden immer mehr Werkzeuge benötigt, während die mit einem Werkzeug gefertigte Stückzahl der einzelnen Derivate sinkt.[16] Folglich sinkt auch die Zahlungsbereitschaft des Kunden hinsichtlich der Werkzeuge für die einzelnen Derivate.

---

9 Vgl. Boos et al. (Lieferanten Managen), 2018, S. 5 ff.

10 Vgl. Boos et al. (Flexible Tooling Organization), 2017, S. 7

11 Vgl. Schuh et al. (Industrie 4.0 Maturity Index), 2017, S. 10

12 Vgl. Schuh et al. (Digitale Wertschöpfungsnetzwerke), 2013, S. 5

13 Vgl. Kuhlmann (Corporate Tooling), 2017, S. 2 f.

14 Vgl. Boos et al. (Lieferanten Managen), 2018, S. 9

15 Vgl. Boos et al. (Lieferanten Managen), 2018, S. 1; Boos et al. (World of Tooling), 2018, S. 15

16 Vgl. Schuh et al. (Der ideale Werkzeugbau), 2013, S. 14

Durch die Zunahme der Komplexität der Endprodukte steigen jedoch die technischen Anforderungen der Kunden der Branche Werkzeugbau.[17] Zur Gewährleistung einer hohen Produktivität und Innovationsfähigkeit ist daher eine Fokussierung auf Kernkompetenzen anzustreben.[18] Wertschöpfungsumfänge außerhalb des Kernkompetenzbereichs sind daher idealerweise an externe Lieferanten zu vergeben. Hierfür fehlt es der Branche Werkzeugbau jedoch bislang an Ansätzen zur Gestaltung der Vernetzung mit Lieferanten. Insbesondere werden die Möglichkeiten der digitalen Vernetzung mit Lieferanten der Einzel- und Kleinserienfertigung bislang nicht systematisch adressiert. Hierdurch werden Potenziale zur Effizienzsteigerung sowie zur Durchlaufzeitenreduktion nicht genutzt.

Werkzeugbaubetriebe müssen die **digitale Vernetzung mit Lieferanten aktiv gestalten**, um eine effektive und effiziente Wertschöpfung zu gewährleisten und die eigene Wettbewerbsfähigkeit zu sichern. Ein entsprechend spezifisches Zielbild für die digitale Vernetzung von Werkzeugbaubetrieben mit Lieferanten ist bislang weder in der Theorie noch in der Praxis vorhanden. Ebenso fehlt ein Handlungsleitfaden, welcher Werkzeugbaubetriebe während der Auslegung der digitalen Vernetzung mit Lieferanten unterstützt.

1.2 Zielsetzung der Arbeit

Das **übergeordnete Ziel** der vorliegenden Dissertation ist die Entwicklung eines Lösungsansatzes zur anforderungsgerechten Nutzung von Potenzialen der digitalen Vernetzung in der Zusammenarbeit von Werkzeugbaubetrieben mit ihren Lieferanten. Die Anwendung des zu entwickelnden Lösungsansatzes soll die Wettbewerbsfähigkeit von Werkzeugbaubetrieben nachhaltig steigern. Insbesondere sollen hiervon Werkzeugbaubetriebe an Hochlohnstandorten wie bspw. Deutschland profitieren.

Aktuell existiert kein Lösungsansatz, der die Gestaltung der digitalen Vernetzung von Werkzeugbaubetrieben mit Lieferanten adressiert. Bestehende Lösungsansätze zur Vernetzung von Werkzeugbaubetrieben mit Lieferanten besitzen einen Fokus auf die Auslegung von Unternehmensnetzwerken, in denen langfristig zusammengearbeitet wird, oder fokussieren die Ermittlung der optimalen Wertschöpfungstiefe eines Werkzeugbaubetriebs. Bestehende Arbeiten berücksichtigen die Möglichkeiten der digitalen Unterstützung bei der Lieferantenauswahl nicht. Die Möglichkeiten der Identifikation von geeigneten Lieferanten über digitale Lieferantenplattformen werden bisher nicht systematisch untersucht. Weiterhin bleiben die Potenziale der kooperativen Zusammenarbeit von Werkzeugbaubetrieben und Lieferanten in der Auftragsabwicklung und in der Entwicklung von Innovationen ungenutzt (vgl. Kapitel 3.4). Ein Fokus ist hierbei auf die für die Branche Werkzeugbau besonders bedeutsame Gestaltung von Beziehungen von Werkzeugbaubetrieben zu Lieferanten mit kleiner Unternehmensgröße zu legen.

[17] Vgl. Heller et al. (Blechbiegen), 2015, S. 175

[18] Vgl. Boos et al. (Lieferanten Managen), 2018, S. 7

Die **konkrete Zielsetzung** dieser Arbeit ist die Entwicklung eines Modells zur Gestaltung der digitalen Vernetzung von Werkzeugbaubetrieben mit Lieferanten, welches strukturelle Anforderungen sowie aktuelle Herausforderungen der Branche Werkzeugbau berücksichtigt und offen adressiert. Nach KUBICEK muss zur zielgerichteten Durchführung eines Forschungsprozesses eine grundlegende Forschungsfrage definiert werden.[19] Die handlungsleitende Forschungsfrage dieser Dissertation lautet:

Wie muss ein Modell zur Gestaltung der digitalen Vernetzung von Werkzeugbaubetrieben mit Lieferanten aufgebaut sein?

1.3 Forschungsansatz der Arbeit

Die nachfolgende Entwicklung und Darstellung des Forschungsansatzes erfolgt analog zu der am Lehrstuhl für Produktionssystematik des Werkzeugmaschinenlabors WZL der RWTH Aachen University genutzten Vorgehensweise. Diese basiert auf unterschiedlichen vorangegangenen Arbeiten, darunter den Arbeiten von PITSCH[20], KOMOREK[21], KÜHN[22] und SALMEN[23].

Die wissenschaftliche Forschung ist ein Erkenntnisprozess, währenddessen neue Erkenntnisse durch die Entwicklung neuer Lösungsansätze entdeckt und anschließend einer Wissenschaftsgemeinschaft zur Verfügung gestellt werden.[24] Die Ausgangsbasis für diesen Erkenntnisprozess bildet die **grundlegende Erkenntnisperspektive**. GUBA & LINCOLN beschreiben die grundlegende Erkenntnisperspektive als ein nicht weiter begründbares „belief system", welches nicht nachgewiesen werden kann und als grundlegende Überlegung des Forschers zu akzeptieren ist.[25] Zur Erläuterung der grundlegenden Erkenntnisperspektive wird nachfolgend zunächst eine Einordnung der vorliegenden wissenschaftlichen Arbeit in das Spektrum der Wissenschaften vorgenommen. Hierbei wird dem Ansatz von ULRICH & HILL gefolgt, nach welchem die Wissenschaften in Formal- und Realwissenschaften unterteilt werden (vgl. Abbildung 1).[26]

Formalwissenschaften verfolgen das Ziel, Zeichensysteme und deren Verwendungsregeln zu konstruieren.[27] Formalwissenschaften nutzen analytische Aussagen, die sich auf abstrakte, nicht real existierende Objekte wie Zahlen, Zeichen und Mengen beziehen.[28] Die Aussagen der Formalwissenschaften sind somit analytisch und rein theoretischer Natur und können in der Praxis weder beobachtet noch widerlegt werden. Aus diesem Grund kann die Prüfung der

---

[19] Vgl. Kubicek (Heuristische Bezugsrahmen), 1977, S. 24 ff.

[20] Vgl. Pitsch (Kompetenzfeldbasierte Vernetzung), 2014

[21] Vgl. Komorek (Kollaborative Wertschöpfung), 2014

[22] Vgl. Kühn (Lebenszyklusorientierte Leistungssysteme), 2016

[23] Vgl. Salmen (Digital vernetzter Shopfloor), 2016

[24] Vgl. Binder & Kantowsky (Technologiepotenziale), 1996, S. 3 f.

[25] Vgl. Guba & Lincoln (Qualitative Research), 1994, S. 107

[26] Vgl. Ulrich & Hill (Wissenschaftstheoretische Grundlagen), 1976, S. 305

[27] Vgl. Ulrich & Hill (Wissenschaftstheoretische Grundlagen), 1976, S. 305

[28] Vgl. Schanz (Grundfragen der Führungsforschung), 1987, S. 2039

Richtigkeit der Erkenntnisse ausschließlich durch Suchen nach logischen Widersprüchen erfolgen. Zu den Formalwissenschaften zählen unter anderem die Philosophie, die Logik und die Mathematik.[29]

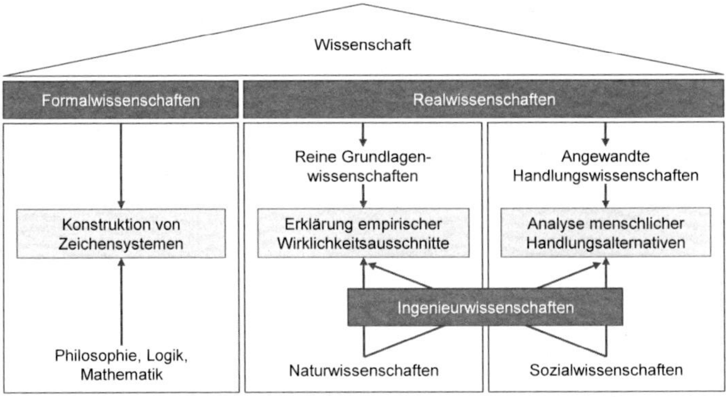

Abbildung 1: Wissenschaftssystematik[30]

Realwissenschaften hingegen haben nach ULRICH & HILL die Beschreibung, Erklärung und Gestaltung von empirisch wahrnehmbaren Wirklichkeitsausschnitten zum Ziel.[31] Die Forschungsergebnisse sind als synthetische Aussagen einzuordnen und erfordern zusätzlich zur Suche nach logischen Widersprüchen eine Faktenanalyse zur Überprüfung.[32] Die Realwissenschaften lassen sich in die reinen Grundlagenwissenschaften und die angewandten Handlungswissenschaften unterteilen. Die reinen Grundlagenwissenschaften versuchen empirische Wirklichkeitsausschnitte zu erklären und verfolgen somit ein theoretisches Ziel. Vertreter der reinen Grundlagenwissenschaften sind die Naturwissenschaften wie Physik, Chemie und Biologie. Die angewandten Handlungswissenschaften hingegen untersuchen das Verhalten und Handeln von einzelnen Menschen, Gruppen sowie ganzen Gesellschaften. Die Sozialwissenschaften, wie bspw. die Soziologie oder die Betriebswirtschaftslehre, werden den Handlungswissenschaften zugeordnet.[33]

Die **Ingenieurwissenschaften** werden den Realwissenschaften zugeordnet, wobei sie weder eindeutig zu den reinen Grundlagenwissenschaften noch zu den angewandten Handlungswissenschaften zählen.[34] Diese vorliegende ingenieurswissenschaftliche Arbeit ist aufgrund des hohen Praxisbezugs und der methodischen Bearbeitung eines Problems des menschlichen Handelns den Handlungswissenschaften zuzuordnen. Sie weist zudem Schnittmengen zur Betriebswirtschaftslehre auf.

[29] Vgl. Ulrich & Hill (Wissenschaftstheoretische Grundlagen), 1976, S. 305

[30] i. A. a. Ulrich & Hill (Wissenschaftstheoretische Grundlagen), 1976, S. 305

[31] Vgl. Ulrich & Hill (Wissenschaftstheoretische Grundlagen), 1976, S. 305

[32] Vgl. Schanz (Grundfragen der Führungsforschung), 1987, S. 2039

[33] Vgl. Ulrich & Hill (Wissenschaftstheoretische Grundlagen), 1976, S. 305

[34] Vgl. Salmen (Digital vernetzter Shopfloor), 2016, S. 6

Nach der wissenschaftlichen Zuordnung der Arbeit zu den angewandten Handlungswissenschaften ist die grundlegende Erkenntnisperspektive abschließend zu definieren. Aufbauend auf der Darlegung der Überzeugungen des Forschers als Teil des Vorverständnisses dieser Arbeit soll erläutert werden, welche vorwissenschaftlichen und wertgebundenen Annahmen als Basis der Arbeit dienen.[35] Durch diese Offenlegung wird das sogenannte Subjektivitätskriterium wissenschaftlicher Arbeiten außer Kraft gesetzt.[36] Die Überzeugungen des Forschers und das damit zusammenhängende Grundverständnis werden in der Wissenschaftstheorie auch als Paradigma bezeichnet.[37] Relevante Paradigmen in der Betriebswirtschaftslehre sind der faktortheoretische Ansatz nach GUTENBERG[38], der entscheidungstheoretische Ansatz nach HEINEN[39] sowie der Systemansatz nach ULRICH & HILL[40]. Diese Arbeit verwendet den **Systemansatz nach ULRICH & HILL** als grundlegende Wissenschaftstheorie, da dieser praxisnah, offen sowie integrativ ist und somit eine besondere Nähe zu den Ingenieurwissenschaften aufweist.[41]

Neben der grundlegenden Erkenntnisperspektive wird der Forschungsprozess insbesondere durch die **Forschungsmethodologie** definiert.[42] Diese bestimmt die Art und Weise der Gestaltung des Erkenntnisprozesses zur Entwicklung neuer Lösungen und zur Entdeckung neuen Wissens.[43] Nach POPPER beginnt dieser Erkenntnisgewinn „nicht mit Wahrnehmungen oder Beobachtungen oder der Sammlung von Daten oder von Tatsachen, sondern mit Problemen".[44] Die Lösung der Probleme soll durch die angewandten Handlungswissenschaften erfolgen.

Diese Arbeit orientiert sich aufgrund ihrer Zuordnung zu den **angewandten Handlungswissenschaften** und der Wahl des Systemansatzes nach ULRICH & HILL als grundlegende Wissenschaftstheorie an der Forschungsmethodologie der **explorativen Forschung**. Die explorative Forschung dient vor allem der Erarbeitung von analytischen Lösungen und theoretischen Aussagen auf Basis von systematischem Erfahrungswissen.[45] Die Grundlage liefert der Forschungszyklus nach TOMCZAK (vgl. Abbildung 2).[46]

Die Entwicklung wissenschaftlicher Aussagen erfolgt im Rahmen der explorativen Forschung nach KUBICEK durch einen „geleiteten und auf systematischem Erfahrungswissen basierenden

[35] Vgl. Pitsch (Kompetenzfeldbasierte Vernetzung), 2014, S. 6
[36] Vgl. Ulrich & Hill (Wissenschaftstheoretische Grundlagen), 1976, S. 306
[37] Vgl. Kuhn (Struktur wissenschaftlicher Revolutionen), 1988, S. 25
[38] Vgl. Gutenberg (Grundlagen der Betriebswirtschaftslehre), 1951, S. 3
[39] Vgl. Heinen (Entscheidungsorientierte Betriebswirtschaftslehre), 1971, S. 89 ff.
[40] Vgl. Ulrich & Hill (Wissenschaftstheoretische Grundlagen), 1976, S. 307 f.
[41] Vgl. Ulrich & Hill (Wissenschaftstheoretische Grundlagen), 1976, S. 308 f.
[42] Vgl. Pitsch (Kompetenzfeldbasierte Vernetzung), 2014, S. 6 f.
[43] Vgl. Salmen (Digital vernetzter Shopfloor), 2016, S. 7
[44] Vgl. Popper (Logik der Sozialwissenschaften), 1975, S. 104
[45] Vgl. Kubicek (Heuristische Bezugsrahmen), 1977, S. 13
[46] Vgl. Tomczak (Forschungsmethoden), 1992, S. 84

Lernprozess, der sowohl die Gewinnung von Erfahrungswissen als auch seine kreative Umsetzung in theoretische Aussagen problematisiert".[47] Die explorative Forschung basiert nicht auf einer reinen Überprüfung der theoretisch aufgestellten Hypothesen, sondern ermöglicht die Entwicklung theoretischer Aussagen auf der Basis von systematischem Erfahrungswissen. Die Zielsetzung ist, mithilfe von Fragen an die Realität und der theoretischen Verarbeitung der erlangten Erkenntnisse neue Fragen zu stellen, um somit zu neuen Erkenntnissen der Realität zu gelangen.[48]

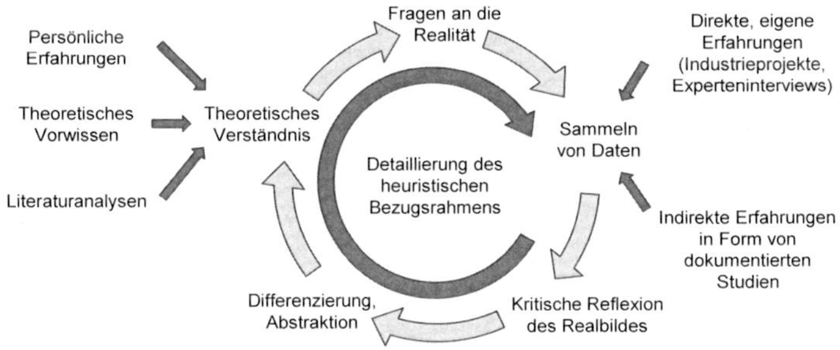

Abbildung 2: Forschungsmethodisches Vorgehen[49]

Innerhalb der Systematik der explorativen Forschung stellt der **heuristische Bezugsrahmen** den Mittelpunkt des Forschungsprozesses dar. Er zeigt das Vorverständnis des Autors auf und gibt eine Richtung für die Lösung praxisrelevanter Probleme vor.[50] Nach TOMCZAK ist „ein theoretisches Problem bzw. ein generelles Phänomen, das nicht genügend verstanden bzw. unzureichend beherrscht wird"[51], eine Voraussetzung für die Entwicklung eines heuristischen Bezugsrahmens. Im Rahmen dieser Arbeit ist dies die in Kapitel 1.1 hergeleitete Problemstellung.

Der heuristische Bezugsrahmen dieser Arbeit besteht aus sechs Teilen (vgl. Abbildung 3). Das Basiselement bilden Kooperationen, auf deren Basis die Leistungsfähigkeit der Branche Werkzeugbau gesteigert werden soll. Zum anderen sind die Potenziale von Industrie 4.0 im Rahmen von Kooperationen zu nutzen. Die Voraussetzung für die Nutzung von Industrie 4.0 in Kooperationen ist eine digitale Vernetzung. Kooperationen im branchenspezifischen Kontext der Branche Werkzeugbau setzen zudem ein systematisches Lieferantenmanagement voraus. Das Lieferantenmanagement ist direkt verknüpft mit der digitalen Vernetzung. Das Lieferantenmanagement und die digitale Vernetzung stellen in Kombination schließlich den Kern des Gestaltungsmodells zur digitalen Vernetzung von Werkzeugbaubetrieben mit Lieferanten dar.

---

[47] Vgl. Kubicek (Heuristische Bezugsrahmen), 1977, S. 13

[48] Vgl. Kubicek (Heuristische Bezugsrahmen), 1977, S. 14

[49] i. A. a. Tomczak (Forschungsmethoden), 1992, S. 84; Kubicek (Heuristische Bezugsrahmen), 1977, S. 14

[50] Vgl. Tomczak (Forschungsmethoden), 1992, S. 84

[51] Vgl. Tomczak (Forschungsmethoden), 1992, S. 84

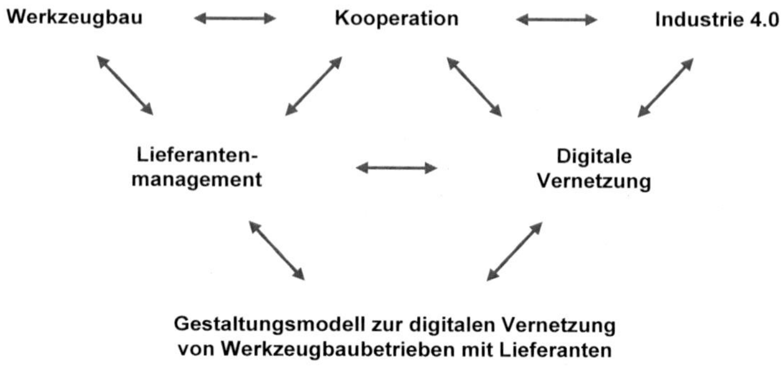

Abbildung 3: Heuristischer Bezugsrahmen

Als Basis für die vorliegende Arbeit dient das praktische **Erfahrungswissen** des Autors. Dieses wurde während der Tätigkeit als wissenschaftlicher Mitarbeiter am Lehrstuhl für Produktionssystematik des Werkzeugmaschinenlabors WZL der RWTH Aachen University seit 2016 entwickelt. Diese Tätigkeit umfasste sowohl zahlreiche Forschungs- und Industrieprojekte als auch Lehr- und Weiterbildungsveranstaltungen.

Die Leitung von nationalen und internationalen Industrieprojekten zur strategischen Ausrichtung sowie zum Lieferantenmanagement von Werkzeugbaubetrieben erlaubte einen tiefen Einblick in die Strukturen des Werkzeugbaus. Im Rahmen zahlreicher Vorträge und Workshops in Kolloquien, Forschungsprojekten, Seminaren und Arbeitskreisen konnten die Fragestellungen der digitalen Vernetzung von Werkzeugbaubetrieben mit Lieferanten vorgestellt und diskutiert werden. Zudem wurde ein intensives Studium der forschungsrelevanten Literatur durchgeführt. Bestehende Ansätze zur digitalen Vernetzung von Werkzeugbaubetrieben mit Lieferanten wurden kritisch reflektiert und weiterentwickelt. Der intensive Austausch mit Experten aus der Praxis sowie der Theorie ermöglichte die ausgiebige Verifizierung des in dieser Arbeit beschriebenen Gestaltungsmodells zur digitalen Vernetzung von Werkzeugbaubetrieben mit Lieferanten.

1.4 Aufbau der Arbeit

Diese Arbeit ist nach den von ULRICH & HILL definierten Phasen angewandter Forschung aufgebaut. Ihr Ausgangspunkt ist die Erfassung eines relevanten Problems aus der Praxis. Dieses wird anschließend sowohl wissenschaftstheoretisch als auch im Anwendungszusammenhang untersucht, um Beurteilungskriterien sowie Gestaltungsregeln und -modelle abzuleiten. Diese werden durch eine Überprüfung in der Praxis für eine Implementierung vorbereitet.[52] Abbildung 4 zeigt die Phasen der angewandten Forschung im Zusammenhang mit der in sieben Kapiteln erfolgten Gliederung dieser Arbeit.

[52] Vgl. Ulrich (Management), 1984, S. 193

Abbildung 4: Aufbau der Arbeit im Kontext der angewandten Forschung[53]

Im **ersten Kapitel** erfolgt eine Beschreibung der aktuellen Situation sowie der Problemstellung. Darauf basierend wird die Zielsetzung der Arbeit definiert und die handlungsleitende Forschungsfrage formuliert. Anschließend erfolgen die wissenstheoretische Einordnung sowie eine Darstellung des Aufbaus der Arbeit.

Im Rahmen des **zweiten Kapitels** werden die für diese Arbeit relevanten Grundlagen erläutert. Zunächst werden Grundlagen hinsichtlich des Lieferantenmanagements eingeführt. Dazu werden die relevanten Begrifflichkeiten erläutert und im Gesamtkontext eingeordnet. Es erfolgt zudem eine Beschreibung der Prozesse im strategischen sowie im operativen Lieferantenmanagement. Anschließend werden Grundlagen der digitalen Vernetzung beschrieben. Dazu werden Begrifflichkeiten, die technologischen Befähiger, der Anwendungskontext und aktuelle Chancen und Herausforderungen der digitalen Vernetzung erläutert. Im dritten Teil des Kapitels wird die Branche Werkzeugbau als Betrachtungs- und Gestaltungsbereich der Arbeit beschrieben. Dies umfasst grundlegende Begrifflichkeiten, die Branchen- und Leistungsstruktur, die Wertschöpfung im Werkzeugbau sowie aktuelle Herausforderungen der Branche. Das Kapitel schließt mit einer Ableitung des Handlungsbedarfs aus der Praxis.

Im **dritten Kapitel** erfolgt die Analyse und Bewertung bestehender Ansätze zur digitalen Vernetzung mit Lieferanten. Zunächst erfolgen die Entwicklung des Bewertungssystems und der Anforderungen als Grundlagen der Bewertung. Anschließend werden bestehende Ansätze vorgestellt und bewertet. Dies führt zum Handlungsbedarf aus der Theorie und ermöglicht die Detaillierung der Forschungsfrage.

53 i. A. a. Ulrich (Management), 1984, S. 193

Das **vierte Kapitel** umfasst die Konzeption des Gestaltungsmodells für die digitale Vernetzung von Werkzeugbaubetrieben mit Lieferanten. Dazu werden die Grundlagen wissenschaftstheoretischer Konzeption erläutert. Anschließend werden grundlegende Merkmale des Gestaltungsmodells definiert. Darauf aufbauend werden die Elemente des Gestaltungsmodells hergeleitet. Danach folgen die Synthese des Gestaltungsmodells sowie eine kritische Reflexion.

Im **fünften Kapitel** erfolgt die Detaillierung des Gestaltungsmodells. Dazu werden die einzelnen Gestaltungselemente im Detail beschrieben und untergeordnete Gestaltungsaspekte definiert. Zudem werden die Wechselwirkungen zwischen den Gestaltungselementen beschrieben.

Im Rahmen des **sechsten Kapitels** erfolgt eine Validierung des Gestaltungsmodells im Anwendungszusammenhang von drei Fallbeispielen. Dies umfasst jeweils die Vorstellung der Unternehmenssituation und die Beschreibung der Anwendung des Gestaltungsmodells. Anschließend erfolgt eine kritische Reflexion der Anwendung, indem die Erfüllung definierter Anforderungen durch das entwickelte Gestaltungsmodell geprüft wird.

Das abschließende **siebte Kapitel** fasst die Ergebnisse dieser Dissertation zusammen und zeigt einen Ausblick auf die Implikationen des Betrachtungsbereichs sowie mögliche weitere Forschungsansätze.

2 Grundlagen

Das zweite Kapitel dient der Einführung relevanter Grundlagen des Betrachtungs- und Gestaltungsbereichs. Die ersten beiden Phasen der angewandten Forschung nach ULRICH & HILL werden somit berücksichtigt, da ein Problem aus der Praxis und problemrelevante Theorien aus der Wissenschaft erfasst werden (vgl. Kapitel 1.3). Im Rahmen der vorliegenden Arbeit wird die digitale Vernetzung von Werkzeugbaubetrieben mit Lieferanten gestaltet. Grundlagen des Gestaltungsbereichs sind somit das in Kapitel 2.1 eingeführte Lieferantenmanagement sowie die in Kapitel 2.2 erläuterte digitalen Vernetzung. Anschließend erfolgt in Kapitel 2.3 eine Vorstellung der Branche Werkzeugbau, welche den Betrachtungsbereich dieser Arbeit bildet. Abschließend wird der Handlungsbedarf aus der Praxis abgeleitet.

2.1 Lieferantenmanagement

Die nachfolgende Beschreibung der Grundlagen des Lieferantenmanagements ist in drei Teile untergliedert. Zunächst wird ein grundlegendes Begriffsverständnis erarbeitet und eine Einordnung des Lieferantenmanagements in einen übergeordneten Kontext vorgenommen. Darauf aufbauend werden die Aufgaben des strategischen sowie des operativen Lieferantenmanagements beschrieben.

2.1.1 Begriffsverständnis und Einordnung

Im Folgenden wird zunächst ein Begriffsverständnis für den Begriff des Lieferantenmanagements geschaffen. Danach folgt eine Einordnung des Lieferantenmanagements in den Kontext von Einkauf und Beschaffung. Zudem wird eine Einordnung in den Kontext der betriebsübergreifenden Wertschöpfung vorgenommen.

Die Literatur, welche sich direkt mit der Definition des **Lieferantenmanagements** und der Beschreibung seiner Aufgaben auseinandersetzt, ist umfangreich. Zudem besteht für den Begriff des Lieferantenmanagements keine allgemeingültige oder einheitliche Definition.[54] Daher wird im Folgenden ein Überblick über vorhandene Definitionen gegeben, um den Umfang der im Rahmen des Lieferantenmanagements betrachteten Aktivitäten abzugrenzen. Nach LARGE ist das Lieferantenmanagement gleichzusetzen mit dem Management der Abnehmer-Lieferanten-Beziehung aus Sicht des beschaffenden Unternehmens.[55] LASCH & JANKER ergänzen die Definition von LARGE durch die Nennung von Planung, Steuerung und Kontrolle von einzelnen Lieferanten-Abnehmer-Beziehungen sowie des gesamten Lieferantenstammes als Aufgaben des Lieferantenmanagements.[56] KIAUSCH definiert das Lieferantenmanagement in Anlehnung an LASCH & JANKER als das Management sämtlicher Aktivitäten zur Planung, Steuerung und Kontrolle der Lieferantenbasis sowie zur Gestaltung der Beziehungen zu den Lieferanten eines

[54] Vgl. BME (Strategisches Lieferantenmanagement), 2017, S. 5; Janker (Multivariate Lieferantenbewertung), 2008, S. 32; Toporowski et al. (Lieferantenmanagement), 2012, S. 782

[55] Vgl. Large (Strategisches Beschaffungsmanagement), 2009, S. 41

[56] Vgl. Lasch & Janker (Lieferantenmanagement), 2008, S. 1001

Unternehmens.[57] BRETTSCHNEIDER verwendet eine ähnliche Definition. Er subsumiert alle Aufgaben zum Auffinden von Lieferanten und zum Aufbau der Beziehung unter dem Begriff des Lieferantenmanagements.[58] WAGNER legt einen stärkeren Fokus auf die systematische Weiterentwicklung der vorhandenen Lieferanten. Er versteht unter dem Lieferantenmanagement die Gestaltung, Lenkung und Entwicklung von Lieferantenportfolios und Lieferantenbeziehungen eines Unternehmens.[59]

Alle Definitionen des Lieferantenmanagements umfassen sowohl Tätigkeiten, die innerhalb des beschaffenden Unternehmens durchgeführt werden und solche, die einen Austausch mit dem Lieferanten erfordern.[60] Zudem weist das Lieferantenmanagement den **Charakter eines Prozesses** auf.[61] HOFBAUER ET AL. trennen den prozessbezogenen, operativen Teil des Lieferantenmanagements von einem übergeordneten, strategischen Teil des Lieferantenmanagements.[62] Die Aufgaben des Lieferantenmanagements nach dem Verständnis von HOFBAUER ET AL. sind in Abbildung 5 dargestellt.

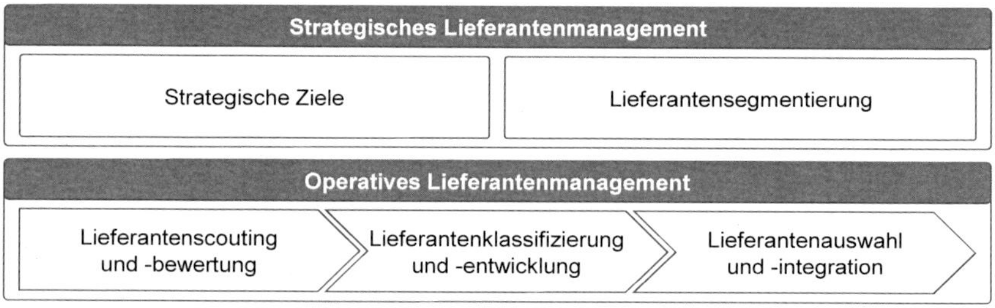

Abbildung 5: Aufgaben des Lieferantenmanagements[63]

Das Verständnis der Aufgaben des Lieferantenmanagements nach HOFBAUER ET AL. soll für diese Arbeit führend sein, da alle in den zuvor genannten Definitionen enthaltenen Bestandteile darin berücksichtigt sind. Das strategische und das operative Lieferantenmanagement werden in den Kapiteln 2.1.2 und 2.1.3 detailliert beschrieben. Zuvor ist das Lieferantenmanagement in einen übergeordneten Kontext einzuordnen.

2.1.1.1 Einordnung in Einkauf und Beschaffung

Das Lieferantenmanagement wird häufig im Zusammenhang mit anderen Begriffen wie Einkauf, Beschaffung, Materialwirtschaft oder Supply Chain Management (deut.: Lieferkettenmanagement) genannt.[64] Ebenso werden die aufgeführten Begriffe häufig im Deutschen sowie im

[57] Vgl. Kiausch (Nachhaltiges Lieferantenmanagement), 2016, S. 36
[58] Vgl. Brettschneider (Beschaffung), 2000, S. 22
[59] Vgl. Wagner (Lieferantenmanagement), 2002, S. 11
[60] Vgl. Kiausch (Nachhaltiges Lieferantenmanagement), 2016, S. 35
[61] Vgl. Toporowski et al. (Lieferantenmanagement), 2012, S. 783
[62] Vgl. Hofbauer et al. (Lieferantenmanagement), 2012, S. 23 ff.
[63] Eigene Darstellung, i. A. a. Hofbauer et al. (Lieferantenmanagement), 2012, S. 23 ff. u. S. 47 ff.
[64] Vgl. Kiausch (Nachhaltiges Lieferantenmanagement), 2016, S. 37

Englischen uneinheitlich verwendet.[65] Die genannten Begriffe werden daher im Folgenden definiert[66] und das Lieferantenmanagement kontextbezogen eingeordnet. Der Zusammenhang der Begriffe ist in Abbildung 6 dargestellt.

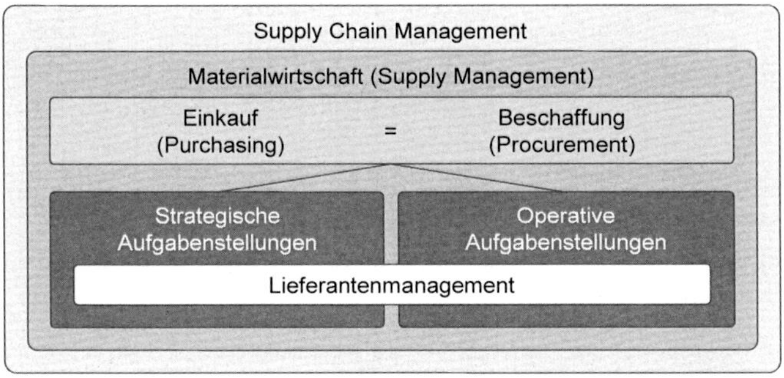

Abbildung 6: Begriffe im Kontext des Lieferantenmanagements[67]

Nach LORENZEN & KROKOWSKI hat der **Einkauf** (engl.: Purchasing) die Aufgabe, die Bereitstellung der „richtigen" Beschaffungsobjekte in der „richtigen" Menge durch vertragliche Vereinbarungen mit den „richtigen" Lieferanten sicherzustellen.[68] Das in der Wissenschaft genutzte Verständnis des Begriffes Einkauf hat sich kontinuierlich verändert.[69] In der Vergangenheit wurde die Abgrenzung zur **Beschaffung** (engl.: Procurement) darin gesehen, dass der Einkauf operative Aufgaben umfasst und die Beschaffung zusätzlich auch strategische Aufgaben bearbeitet.[70] Der Einkauf hat jedoch zunehmend die Bearbeitung strategischer Fragestellungen übernommen.[71] Das Begriffsverständnis von Einkauf und Beschaffung hat sich somit angenähert. Teilweise werden die beiden Begriffe in der Literatur bereits synonym verwendet.[72] Diesem Verständnis folgt auch die vorliegende Arbeit.

Die **Materialwirtschaft** (engl.: Supply Management) umfasst die Bereitstellung von Erzeugnisstoffen und Materialien entsprechend eines periodischen Bedarfs unter wirtschaftlichen Gesichtspunkten.[73] Folglich sorgt die Materialwirtschaft für die Bereitstellung aller für die betriebliche Leistungserstellung notwendigen Güter.[74] Der Begriff Materialwirtschaft ist breiter gefasst

---

[65] Vgl. Kleemann (Supplier Relationship Management), 2014, S. 99

[66] Da eine vertiefte Diskussion der Begriffe für die vorliegende Arbeit nicht zielführend ist, erfolgt die Begriffsdefinition kurz. Für eine vertiefte Betrachtung sei auf die angegebene Literatur verwiesen.

[67] Eigene Darstellung, i. A. a. Kiausch (Nachhaltiges Lieferantenmanagement), 2016, S. 38

[68] Vgl. Lorenzen & Krokowski (Einkauf), 2018, S. 6

[69] Vgl. Arnolds (Materialwirtschaft und Einkauf), 2013, S. 2; Tschöke (Know-how-Management in der Beschaffung), 2011, S. 20

[70] Vgl. Kaufmann (Purchasing and Supply Management), 2002, S. 9

[71] Vgl. Burt et al. (Supply Management), 2010, S. 6

[72] Vgl. Kiausch (Nachhaltiges Lieferantenmanagement), 2016, S. 38; Vgl. Large (Strategisches Beschaffungsmanagement), 2009, S. 20

[73] Vgl. Arnolds (Materialwirtschaft und Einkauf), 2013, S. 3

[74] Vgl. Bichler et al. (Beschaffungs- und Lagerwirtschaft), 2010, S. 34

als der Begriff Beschaffung.[75] Daher ist es möglich, die Beschaffung als Teilbereich der Materialwirtschaft zu definieren.[76]

Die Aufgaben des **Supply Chain Managements** (SCM) umfassen die Aufgaben der Materialwirtschaft. Der Umfang des SCM geht jedoch über die Materialwirtschaft hinaus[77], da die gesamte Supply Chain (deut.: Lieferkette) betrachtet wird. Eine Supply Chain ist eine Reihe von verbundenen Unternehmen vom Rohstofflieferanten bis zum Endabnehmer, die an der Produktion eines Gutes beteiligt sind.[78] SCM beinhaltet demnach interne sowie netzwerkgerichtete, integrierte Unternehmungsaktivitäten unter Berücksichtigung von Versorgung, Entsorgung, Recycling sowie begleitenden Geld- und Informationsflüssen.[79] Das **Lieferantenmanagement** stellt somit eine Untermenge von SCM und Beschaffung bzw. Einkauf dar.[80] Nachfolgend erfolgt die Einordnung in den Kontext der betriebsübergreifenden Wertschöpfung.

2.1.1.2 Einordnung in den Kontext der betriebsübergreifenden Wertschöpfung

Betriebsübergreifende Wertschöpfung kann sowohl eine kurzfristige, auftragsspezifische als auch eine langfristige, auftragsneutrale Zusammenarbeit eines Unternehmens mit einem anderen Unternehmen oder eine Unterstützung eines anderen Unternehmens umfassen.[81] In der Praxis existieren viele verschiedene Formen zwischenbetrieblicher Zusammenarbeit[82] und ebenso viele Gestaltungsmöglichkeiten betriebsübergreifendender Wertschöpfung. Folglich sind unterschiedliche Definitionen der Begriffe Unternehmensnetzwerk, Kooperation, Kollaboration und Vernetzung entstanden. Eine exakte Abgrenzung untereinander ist aufgrund der teilweise synonymen oder inhaltlich nicht überschneidungsfreien Verwendung von Definitionen schwierig.[83] Unter dem Begriff Kooperation kann die Gesamtheit aller möglichen Formen von zwischenbetrieblichen Interaktionen gefasst werden, die zu gemeinsamen Zwecken entstehen.[84] WEGEHAUPT kritisiert daran, dass der Aspekt der inneren Struktur aus der Perspektive der Führung und Organisation vernachlässigt wird. Stattdessen nimmt er eine Abgrenzung zwischen den Begriffen Kooperation und Unternehmensnetzwerk vor.[85] Für die vorliegende Arbeit soll die darauf aufbauende Definition, welche im Folgenden aufgeführt wird, leitend sein.

Das Ziel von **Unternehmensnetzwerken** ist die Erstellung von am Markt verwertbaren Produkten oder Dienstleistungen. Ein Unternehmensnetzwerk resultiert nach HESS aus der sta-

---

[75] Vgl. Werner (Supply Chain Management), 2013, S. 16

[76] Vgl. Kiausch (Nachhaltiges Lieferantenmanagement), 2016, S. 39

[77] Vgl. Werner (Supply Chain Management), 2013, S. 16

[78] Vgl. van Weele (Purchasing & Supply Chain Management), 2010, S. 411

[79] Vgl. Werner (Supply Chain Management), 2013, S. 6

[80] Vgl. Hofbauer et al. (Lieferantenmanagement), 2012, S. 23

[81] Vgl. Hess & Schuhmann (Controlling in Unternehmensnetzwerken), 2000, S. 70

[82] Vgl. Schuh et al. (Vernetzte Wertschöpfung), 2011, S. 477

[83] Vgl. Kuhlmann (Corporate Tooling), 2017, S. 37

[84] Vgl. Möller (Wertschöpfung in Netzwerken), 2006, S. 62; Wegehaupt (Führung von Produktionsnetzwerken), 2004, S. 11

[85] Vgl. Wegehaupt (Führung von Produktionsnetzwerken), 2004, S. 11

tisch-strukturellen Verbindung eigenständiger Unternehmen und stellt eine eigenständige Wirtschaftseinheit dar.[86] Unternehmensnetzwerke basieren auf zwischenbetrieblichen Beziehungen und umfassen sowohl auftragsunabhängige langfristige Beziehungen als auch auftragsunabhängige kurzfristige Beziehungen. Der innerhalb eines Netzwerks zu konfigurierende, unternehmensübergreifende Prozess umfasst eine Vielzahl von Aktivitäten. Die Aktivitäten sind über eine Ablauffolge verknüpft und werden von den Unternehmen aus dem Netzwerk oder einer zentralen Instanz im Netzwerk koordiniert.[87]

Eine **Kooperation** ist nach SYDOW die gemeinsame Umsetzung von Aktivitäten durch mehrere Unternehmen zur Erreichung höherer Wirtschaftlichkeit und basiert daher auf einer gemeinsamen Zielsetzung der beteiligten Unternehmen.[88] SCHWARZ unterscheidet einen institutionellen und einen operativen Teil der Kooperation. Die institutionelle Kooperation beschreibt die abgestimmte Beziehung zwischen mehreren Unternehmen. Durch die operative Kooperation werden Aktivitäten zur Umsetzung der Zusammenarbeit beschrieben.[89]

Kooperationsformen lassen sich anhand ihrer Positionierung im Wertschöpfungsprozess unterscheiden. Kooperationen von Unternehmen innerhalb derselben Wertschöpfungskette (vgl. Kapitel 2.3.3.1), die unterschiedliche Aktivitäten ausführen, werden als vertikale Kooperationen bezeichnet. Vertikale Kooperationen beschreiben somit eine Verknüpfung von Kunden und Lieferanten, die auf unterschiedlichen Stufen der gleichen Wertschöpfungskette operieren oder zu verschiedenen Industrien gehören. In horizontalen Kooperationen führen die Unternehmen die gleichen Aktivitäten innerhalb der Wertschöpfungskette aus. Folglich werden durch horizontale Kooperationen Skaleneffekte erzielt, wenn Unternehmen der gleichen Branche kooperieren. Mischformen von horizontaler und vertikaler Kooperation werden als **Kollaboration** bezeichnet. Sie beschreiben einen Zustand, in dem ein Unternehmen in ein Netzwerk aus Unternehmen eingebunden ist, innerhalb dessen gleichzeitig Lieferanten- und Wettbewerbsbeziehungen zwischen den Beteiligten vorkommen.[90]

Vor der Definition eines Arbeitsverständnisses der genannten Begriffe für diese Arbeit ist der Begriff der Vernetzung zu definieren. Die **Vernetzung** von Unternehmen findet durch Kooperationen und Unternehmensnetzwerke statt.[91] Mit Vernetzung wird nach KOMOREK eine von einem Unternehmen aktiv betriebene auftragsabhängige oder auftragsunabhängige Zusammenarbeit mit einem oder mehreren anderen Unternehmen beschrieben. Die Definition nach KOMOREK wird für diese Arbeit übernommen.

Auf Basis der Literaturanalyse wird für diese Arbeit das folgende Verständnis definiert: Unter einem Unternehmensnetzwerk wird der statisch-strukturelle Rahmen verstanden, innerhalb

---

[86] Vgl. Hess (Konzerncontrolling in Unternehmensnetzwerken), 2000, S. 160 f.

[87] Vgl. Schuh et al. (Virtuelle Fabrik), 1998, S. 93 f.; Hess (Konzerncontrolling in Unternehmensnetzwerken), 2000, S. 160 f.

[88] Vgl. Sydow (Strategische Netzwerke), 2005, S. 64

[89] Vgl. Schwarz (Morphologie von Kooperationen und Verbänden), 1979, S. 83 f.

[90] Vgl. Rostek (Benchmarking Collaborative Networks), 2015, S. 31; Schuh et al. (Vernetzte Wertschöpfung), 2011, 482 f.

[91] Vgl. Schuh et al. (Vernetzte Wertschöpfung), 2011, S. 497

dessen zusammengearbeitet wird. Alle Netzwerkbegriffe werden unter dem Begriff des Unternehmensnetzwerks subsumiert. Eine Kooperation beschreibt die operative Umsetzung von Aktivitäten innerhalb einer unternehmensübergreifenden Zusammenarbeit. Entsprechend der Definition im Kapitel 2.1.1.1 befasst sich das Lieferantenmanagement mit der Auslegung der Vernetzung von Unternehmen in Unternehmensnetzwerken und Kooperationen. Für eine ausführlichere Darstellung der unterschiedlichen Arten unternehmensübergreifender Zusammenarbeit sei auf die Arbeiten von SCHUH ET AL.[92], SCHLEYER[93] und WEGEHAUPT[94] verwiesen.

2.1.2 Strategisches Lieferantenmanagement

Entsprechend der vorgestellten Definition des Lieferantenmanagements gliedert sich das Lieferantentenmanagement in einen strategischen und einen operativen Teil. Im Rahmen des strategischen Lieferantenmanagements werden Ziele des Lieferantenmanagements definiert und basierend auf einer Lieferantensegmentierung Normstrategien abgeleitet.[95] Diese beiden Bestandteile des strategischen Lieferantenmanagements werden im Folgenden definiert.

2.1.2.1 Strategische Ziele

Entsprechend des in Kapitel 2.1.1.1 erläuterten Verständnisses stellt das Lieferantenmanagement einen Teilbereich der Beschaffung dar. Folglich lassen sich die Ziele des Lieferantenmanagements aus den Zielen der Beschaffung ableiten.[96] Nach KOPPELMANN lassen sich die Ziele des Lieferantenmanagements in Kostensenkungsziele, Qualitätsziele, Sicherheitsziele und Flexibilitätsziele gruppieren:[97]

- **Kostensenkungsziele** haben eine direkte Wirkung auf den Gewinn eines Unternehmens. Kostensenkungen können in Form von Preissenkungen zur Steigerung der Kundenzufriedenheit an die Kunden weitergegeben werden. Einsparungspotenziale existieren hinsichtlich des Beschaffungsobjekts und des Beschaffungsprozesses.
- **Qualitätsziele** beziehen sich auf die Qualität eines Beschaffungsobjekts sowie auf die Modalitäten der Lieferung (z. B. Lieferzeit, Service). Zur Erreichung der Qualitätsziele sind die Auswahl des Lieferanten sowie der Austausch bzw. die Kommunikation während der Auftragsabwicklung entscheidend.
- **Sicherheitsziele** umfassen Ziele, die zur Reduktion des Beschaffungsrisikos beitragen. Diesbezüglich sind zwei Risikofälle zu unterscheiden: Das Risiko eines Lieferausfalls bzw. einer zu geringen Liefermenge und das Risiko einer Lieferung, die den ausgehandelten Modalitäten, wie zum Beispiel der Lieferzeit, nicht entspricht. Aufgabe des Lieferantenmanagements ist es, solche Risiken möglichst gering zu halten bzw. Gegenmaßnahmen oder Alternativen zur Verfügung zu stellen.

---

[92] Vgl. Schuh et al. (Vernetzte Wertschöpfung), 2011, S. 477 ff.

[93] Vgl. Schleyer (Kooperationsmanagement), 2006, S. 67 ff.

[94] Vgl. Wegehaupt (Führung von Produktionsnetzwerken), 2004, S. 11 ff.

[95] Vgl. Hofbauer et al. (Lieferantenmanagement), 2012, S. 23 ff.

[96] Vgl. Lasch & Janker (Lieferantenmanagement), 2008, S. 1001

[97] Vgl. Kiausch (Nachhaltiges Lieferantenmanagement), 2016, S. 36; Koppelmann (Beschaffungsmarketing), 2004, S. 113; Toporowski et al. (Lieferantenmanagement), 2012, S. 785

- **Flexibilitätsziele** beziehen sich, wie die Qualitätsziele, auf das Beschaffungsobjekt oder die Modalitäten der Lieferung. In Abhängigkeit der verfolgten Strategie oder Verhandlungen mit einem Lieferanten können die Flexibilitätsziele in Bezug auf Änderungswünsche am Beschaffungsobjekt, Liefermengen oder Lieferzeit definiert werden.

Die aufgeführte Gruppierung der Ziele nach KOPPELMANN ist in der Literatur verbreitet.[98] Zum Teil existieren Ansätze, welche weitere Ziele definieren. LASCH & JANKER erklären die Messung des Beziehungserfolges als ein zusätzliches wichtiges Ziel des Lieferantenmanagements.[99] DÖLLE sieht das Ziel der Entwicklung von Lieferantenbeziehungen ebenfalls als zentrales Ziel an und definiert zusätzlich **Innovationsziele**, da Lieferanten zunehmend zu einem zentralen Befähiger von Innovationen werden. Darüber hinaus baut er auf dem Verständnis von KOPPELMANN auf. Kostensenkungsziele werden unter dem Begriff **Kostenziele** verstanden. Qualitäts-, Sicherheits- und Flexibilitätsziele werden als **risikobezogene Ziele** subsumiert. Die Ziele des Lieferantenmanagements nach DÖLLE sind in Abbildung 7 dargestellt.[100]

Abbildung 7: Ziele des Lieferantenmanagements nach DÖLLE[101]

Grundsätzlich lassen sich verschiedene Arten von Zielen benennen, die durch das Lieferantenmanagement verfolgt werden. Die unternehmensspezifische Festlegung und Ausgestaltung der Ziele erfolgt durch den Einkauf. Die Konkretisierung wird anschließend im Rahmen des Lieferantenmanagements vorgenommen.[102]

2.1.2.2 Lieferantensegmentierung

Zur Erreichung der in Kapitel 2.1.2.1 erläuterten Ziele des Lieferantenmanagements können in Abhängigkeit vom Beschaffungsobjekt und -markt unterschiedliche Strategien abgeleitet werden. Daher ist eine Analyse der Lieferantenstruktur erforderlich.[103] Die Lieferantensegmentierung unterteilt die Lieferantenbasis in Gruppen, um die Ableitung von segmentspezifischen

---

[98] Vgl. Kiausch (Nachhaltiges Lieferantenmanagement), 2016, S. 36; Lasch & Janker (Lieferantenmanagement), 2008, S. 1001; Toporowski et al. (Lieferantenmanagement), 2012, S. 785

[99] Vgl. Lasch & Janker (Lieferantenmanagement), 2008, S. 1001

[100] Vgl. Dölle (Lieferantenmanagement), 2013, S. 162

[101] i. A. a. Dölle (Lieferantenmanagement), 2013, S. 162

[102] Vgl. Kiausch (Nachhaltiges Lieferantenmanagement), 2016, S. 37

[103] Vgl. Hofbauer et al. (Lieferantenmanagement), 2012, S. 25

Strategien und Aktivitäten zu ermöglichen.[104] Die einfachste Art der Lieferantensegmentierung basiert auf dem Funktionsumfang. Nach HELMOLD & TERRY wird bei der **Lieferantensegmentierung** nach Funktionsumfang zwischen Rohmaterial-, Komponenten-, System-, Modul- und integrierten Lieferanten unterschieden. Abbildung 8 zeigt die Segmentierung der Lieferanten nach dem Funktionsumfang, welche auch als Lieferantenpyramide bezeichnet wird.[105]

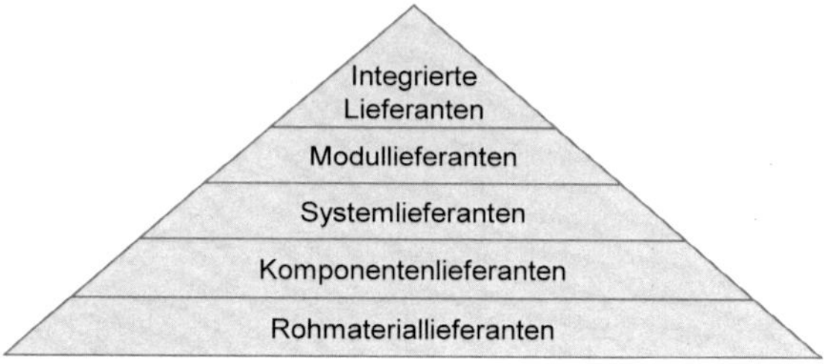

Abbildung 8: Lieferantenpyramide nach HELMOLD & TERRY[106]

Rohmaterial- und **Komponentenlieferanten** bieten Güter mit geringem Funktionsumfang an. Sie liefern Rohmaterial und Komponenten mit geringem Komplexitätsgrad. Dabei handelt es sich meist um Standardprodukte. Rohmaterial- und Komponentenlieferanten haben in der Regel nur geringe Differenzierungspotenziale und sind häufig Sublieferanten. Sie können jedoch eine strategische Bedeutung haben, wenn Materialien nur in geringer Menge am Markt verfügbar sind. In der Literatur existieren verschiedene Arten der Differenzierung zwischen **Systemlieferanten** und **Modullieferanten**. Im Folgenden soll die Definition nach HELMOLD & TERRY genutzt werden. Systeme bestehen aus mehreren, physisch zusammenhängenden oder vormontierten Teilen. Module werden als vormontierte, komplexe und einbaufertige Einheiten definiert. **Integrierte Lieferanten** sind die höchste Stufe der Einbindung von Lieferanten. Die Unternehmen bleiben rechtlich selbstständig, sie sind aber wirtschaftlich und partnerschaftlich in enger Kooperation miteinander verbunden. Oft gibt es zudem eine Zusammenarbeit in der Beschaffung von Materialien.[107]

Neben der Lieferantensegmentierung auf Basis des Funktionsumfangs wird zwischen einer eindimensionalen und einer mehrdimensionalen Segmentierung unterschieden. Eine der gebräuchlichsten eindimensionalen Lieferantensegmentierungen[108] ist die Einordnung der Lieferanten nach dem Beschaffungsvolumen mit Hilfe der **ABC-Analyse**.[109] Basierend auf dem sogenannten Pareto-Prinzip erfolgt eine Einteilung in A-, B- und C-Lieferanten (vgl. Abbildung 9). Die A-Lieferanten machen in der Regel bis zu 80 % und B-Lieferanten (zusammen mit A-

[104] Vgl. Toporowski et al. (Lieferantenmanagement), 2012, S. 789

[105] Vgl. Helmold & Terry (Lieferantenmanagement 2030), 2016, S. 32 f.

[106] i. A. a. Helmold & Terry (Global Sourcing and Supply Management), 2017, S. 36

[107] Vgl. Helmold & Terry (Lieferantenmanagement 2030), 2016, S. 34

[108] Weitere gebräuchliche Lieferantensegmentierungsverfahren sind XYZ-, GMK- und RSU-Analyse, welche sich auch kombinieren lassen. Vgl. Wannenwetsch (Materialwirtschaft, Logistik und Beschaffung), 2014, S. 37 ff.

[109] Vgl. Lorenzen & Krokowski (Einkauf), 2018, S. 41

Lieferanten) bis zu 95 % des Beschaffungsvolumens aus.[110] Basierend auf dieser Segmentierung lassen sich empfehlenswerte Aktivitäten ableiten. Bei A-Lieferanten ist die Optimierung der Materialkosten, beispielsweise durch eine frühzeitige Lieferantenintegration, zu fokussieren. Bei C-Lieferanten ist hingegen die Prozesskostenoptimierung, beispielsweise durch die Erarbeitung von Direktbelieferungskonzepten, von Bedeutung.[111]

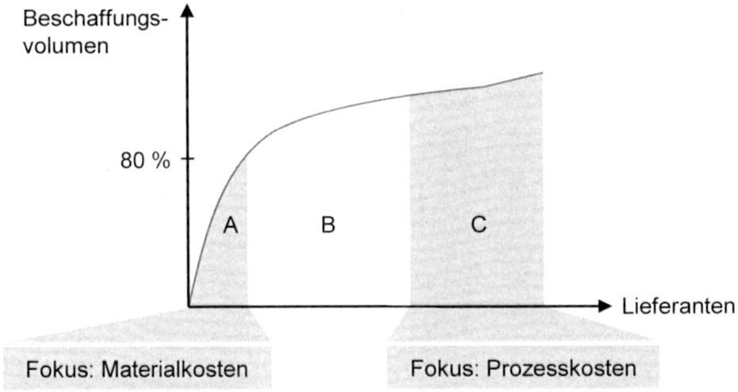

Abbildung 9: Lieferantensegmentierung mit der ABC-Analyse[112]

Eine mehrdimensionale Lieferantensegmentierung, also eine Einteilung auf Basis mehrerer Kriterien, wird vorgenommen, wenn eine differenziertere Einteilung der Lieferanten benötigt wird.[113] Häufig werden Portfolioanalysen eingesetzt. Von besonderer Relevanz für den Einkauf sind die **Portfolioanalysen von Beschaffungsgütern und Beschaffungsquellen**.[114]

Im Rahmen des Beschaffungsgüterportfolios erfolgt eine Strukturierung der Einkaufsumfänge nach beschaffungsgüterspezifischem Versorgungsrisiko und Einkaufsvolumen. Darauf basierend werden vier Arten von Beschaffungsgütern – Strategische Materialien, Hebel-, Engpass- und Standardmaterialien – unterschieden (vgl. Abbildung 10 oben links).[115] Ein Beschaffungsquellenportfolio ordnet Lieferanten analog nach Entwicklungspotenzial und Angebotsmacht bzw. lieferantenspezifischem Versorgungsrisiko (vgl. Abbildung 10 unten links).[116] Durch die Kombination von Beschaffungsgüter- und Beschaffungsquellenportfolio lassen sich Normstrategien zum Umgang mit Lieferanten ableiten (vgl. Abbildung 10 rechts). Diese variieren von einer Ausrichtung auf effiziente Beschaffung bis hin zur Fokussierung einer langfristigen Zusammenarbeit im Rahmen von Wertschöpfungspartnerschaften.[117]

[110] Nach WANNEWETCH müssen die exakten Grenzen für die jeweilige Analyse neu festgelegt werden; Vgl. Wannenwetsch (Materialwirtschaft, Logistik und Beschaffung), 2014, S. 34

[111] Vgl. Hofbauer et al. (Lieferantenmanagement), 2012, S. 25 f.; Lorenzen & Krokowski (Einkauf), 2018, S. 41 ff.

[112] i. A. a. Hofbauer et al. (Lieferantenmanagement), 2012, S. 26

[113] Vgl. Kiausch (Nachhaltiges Lieferantenmanagement), 2016, S. 54

[114] Vgl. Hofbauer et al. (Lieferantenmanagement), 2012, S. 26

[115] Vgl. Krokowski (Global Sourcing), 2007, S. 448 ff.

[116] Vgl. Wildemann (Einkaufspotentialanalyse), 2002, S. 549

[117] Vgl. Rink & Wagner (Lieferantenmanagement), 2007, S. 41

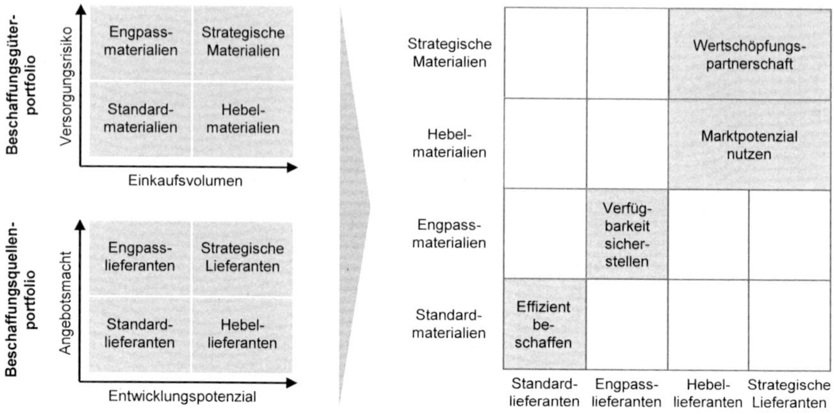

Abbildung 10: Normstrategien auf Basis einer Segmentierung[118]

HELMOLD & TERRY an, dass die Normstrategien stets nur als Rahmenwerk zu sehen sind. Sie bieten lediglich eine Orientierung für die weitere Vorgehensweise im Rahmen des operativen Lieferantenmanagements. Konkrete Maßnahmen sind nach HELMOLD & TERRY im Einzelfall zu definieren. [119]

2.1.3 Operatives Lieferantenmanagement

Das operative Lieferantenmanagement hat entsprechend des in Kapitel 2.1.1 erläuterten Begriffsverständnis den Charakter eines Prozesses. Im Folgenden wird das operative Lieferantenmanagement anhand der von HOFBAUER ET AL. definierten Teilprozesse erläutert.[120] Es ist zu beachten, dass die Teilprozessschritte eng miteinander verknüpft sind.

2.1.3.1 Lieferantenscouting und -bewertung

Das **Lieferantenscouting**[121] ist die Ausgangsbasis des operativen Lieferantenmanagements. Es bildet die Schnittmenge von Lieferantenmanagement und Beschaffungsmarktanalyse,[122] welche das Ziel hat, potenzielle Lieferanten für bestimmte Bedarfe zu identifizieren.[123] Die Beschaffungsmarktanalyse besteht nach SCHUHMACHER ET AL. aus drei Hauptphasen:[124]

---

[118] i. A. a. Hofbauer et al. (Lieferantenmanagement), 2012, S. 30

[119] Vgl. Helmold & Terry (Lieferantenmanagement 2030), 2016, S. 35

[120] Vgl. Hofbauer et al. (Lieferantenmanagement), 2012, S. 35 ff.

[121] Alternativ zum Begriff des Lieferantenscoutings werden in der Literatur auch die Begriffe Lieferantenidentifikation, -eingrenzung, -analyse und -vorauswahl verwendet (Vgl. u. a. Janker (Multivariate Lieferantenbewertung), 2008, S. 33; Vgl. Kiausch (Nachhaltiges Lieferantenmanagement), 2016, S. 45 f.). Diese Begriffe werden im Folgenden als Teil des Lieferantenscoutings betrachtet.

[122] Vgl. Hofbauer et al. (Lieferantenmanagement), 2012, S. 35

[123] Vgl. BME (Strategisches Lieferantenmanagement), 2017, S. 13

[124] Vgl. Schumacher et al. (Faktoren des Einkaufs), 2008, S. 49

- Bedarfsanalyse: Identifikation der Anforderungen an Bedarfsstruktur und -menge.
- Marktanalyse: Identifikation von entsprechend der Anforderungen der Bedarfsanalyse geeigneten Beschaffungsmärkten.
- Lieferantenanalyse: Identifikation von potenziell geeigneten Lieferanten zur Erfüllung eines Beschaffungsvorhabens.

Die Markt- und die Lieferantenanalyse können in Kombination mit dem Lieferantenscouting gleichgesetzt werden.[125] Der Zusammenhang von Beschaffungsmarktanalyse und Lieferantenscouting ist in Abbildung 11 dargestellt.

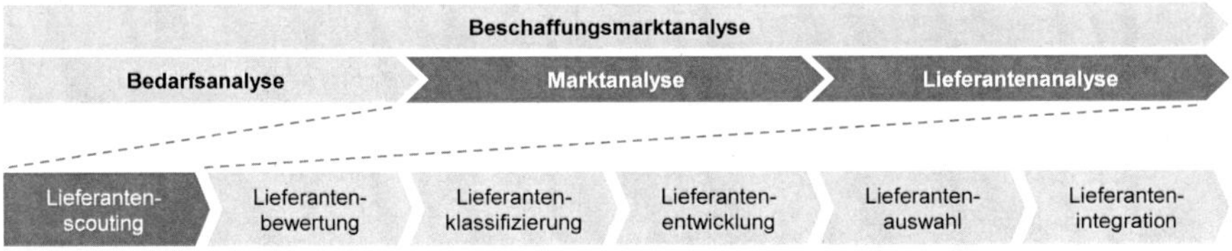

Abbildung 11: Beschaffungsmarktanalyse und Lieferantenmanagement[126]

Auslöser von Aktivitäten des Lieferantenscoutings ist das Auftreten eines Bedarfs.[127] Ein Bedarf entsteht durch die Einführung eines neuen Produkts oder durch einen bewussten Lieferantenwechsel.[128] Zur Erfüllung des Bedarfs sind Lieferanten zu identifizieren, die das entsprechende Beschaffungsobjekt anbieten. Zunächst kann die Eignung der vorhandenen Lieferantenbasis untersucht werden. Ist kein geeigneter Lieferant in der Lieferantenbasis vorhanden, ist eine Analyse möglicher Beschaffungsmärkte erforderlich.[129] Hierzu werden während der Bedarfsanalyse erstellte Anforderungsprofile genutzt, denen ein potenzieller Lieferant entsprechen muss.[130] Der Aufgabenfokus liegt auf der Suche und Auswertung von Informationen über Beschaffungsmärkte und die dort vorhandenen Lieferanten. Als **Informationsquellen** während des Lieferantenscoutings sind primäre (z. B. Befragungen, Messebesuche) und sekundäre (z. B. Referenzen, Internetrecherche) Quellen geeignet.[131] Für eine Aufzählung möglicher Informationsquellen in Form von Lieferantenverzeichnissen und Datenbanken sei auf SCHUH ET AL. [132] und WANNENWETSCH[133] verwiesen.

Auf Basis der beschafften Informationen wird eine **Vorselektion** vorgenommen. Ziel ist es, Lieferanten mit hohem Leistungspotenzial zu identifizieren und diese in einen Pool betrachte-

---

[125] Vgl. Hofbauer et al. (Lieferantenmanagement), 2012, S. 47

[126] i. A. a. Hofbauer et al. (Lieferantenmanagement), 2012, S. 48

[127] Vgl. Weigel & Rücker (Strategischer Einkauf), 2015, S. 55

[128] Vgl. Schuh et al. (Lieferantenauswahl), 2014, S. 188 f.

[129] Vgl. Janker (Multivariate Lieferantenbewertung), 2008, S. 35

[130] Vgl. Weigel & Rücker (Strategischer Einkauf), 2015, S. 55

[131] Vgl. Janker (Multivariate Lieferantenbewertung), 2008, S. 35; Weigel & Rücker (Strategischer Einkauf), 2015, S. 124

[132] Vgl. Schuh et al. (Lieferantenauswahl), 2014, S. 184

[133] Vgl. Wannenwetsch (Materialwirtschaft, Logistik und Beschaffung), 2014, S. 154 ff.

ter Lieferanten aufzunehmen. Der Übergang zur Lieferantenbewertung ist an dieser Stelle fließend. Für die umfassende Einschätzung eines Lieferanten ist eine detaillierte Bewertung als Folgeprozess des Lieferantenscoutings notwendig.[134] Abbildung 12 stellt den Prozessschritt des Lieferantenscoutings zusammenfassend dar.

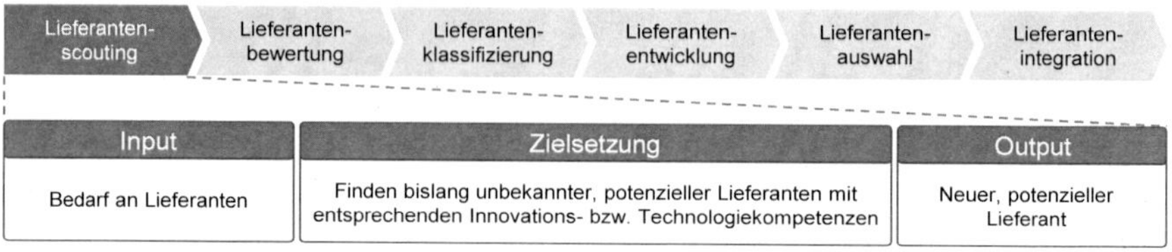

Abbildung 12: Zusammenfassung Lieferantenscouting[135]

Auf Basis der im Rahmen des Lieferantenscoutings geschaffenen Informationsbasis erfolgt im nächsten Schritt die **Lieferantenbewertung**, welche in der Literatur auch als Lieferantenrating bezeichnet wird.[136] Eine umfassende Bewertung aller identifizierten Lieferanten wäre aus ökonomischen Gesichtspunkten nicht sinnvoll. Daher empfiehlt sich eine Vorselektion der Lieferanten auf Basis von sogenannten K. O.-Kriterien. Erfüllt ein Lieferant ein K. O.-Kriterium nicht, führt dies zum sofortigen Ausschluss des Lieferanten. Typische K. O.-Kriterien sind Preis, Lieferzeitpunkt und Ausschussquote.[137]

Bei der Beschaffung komplexer Produkte oder Dienstleistungen ist eine mehrdimensionale Evaluation vorzunehmen. Es ist sicherzustellen, dass sowohl die vom Lieferanten angebotene Leistung als auch die Leistungsfähigkeit des Lieferanten betrachtet wird.[138] Zur Bewertung der **Lieferleistung** sind unter anderem Zuverlässigkeit, Qualität und Termin von großer Bedeutung. Bei der Bewertung der **Leistungsfähigkeit** sind wirtschaftliche, technologische und ökologische Kriterien relevant.[139] LORENZEN & KROKOWSKI empfehlen zusätzlich eine qualitative Beurteilung von Geheimhaltung, Know-how-Abfluss und Kommunikation vorzunehmen.[140] Zur Sicherstellung von Transparenz und Vergleichbarkeit empfiehlt sich die Nutzung eines Lieferantenbewertungsbogens.[141] Für die Auswertung der erhobenen Daten gibt es zahlreiche quantitative und qualitative Verfahren.[142] Eine Übersicht ist in Abbildung 13 dargestellt.

[134] Vgl. BME (Strategisches Lieferantenmanagement), 2017, S. 13

[135] i. A. a. Hofbauer et al. (Lieferantenmanagement), 2012, S. 50

[136] Vgl. Toporowski et al. (Lieferantenmanagement), 2012, S. 788

[137] Vgl. Glantschnig (Merkmalsgestützte Lieferantenbewertung), 1994, S. 127; Kiausch (Nachhaltiges Lieferantenmanagement), 2016, S. 46 f.

[138] Vgl. Schuh et al. (Lieferantenauswahl), 2014, S. 203; Wagner (Lieferantenmanagement), 2002, S. 74 f.

[139] Vgl. Hartmann et al. (Lieferantenbewertung), 2008, S. 18 f.

[140] Vgl. Lorenzen & Krokowski (Einkauf), 2018, S. 57 f.

[141] Vgl. BME (Strategisches Lieferantenmanagement), 2017, S. 20

[142] Für eine genauere Erläuterung der Verfahren vgl. Fuczek (Lieferantenmanagement), 2009, S. 27 ff.; Janker (Multivariate Lieferantenbewertung), 2008, S. 101 ff.

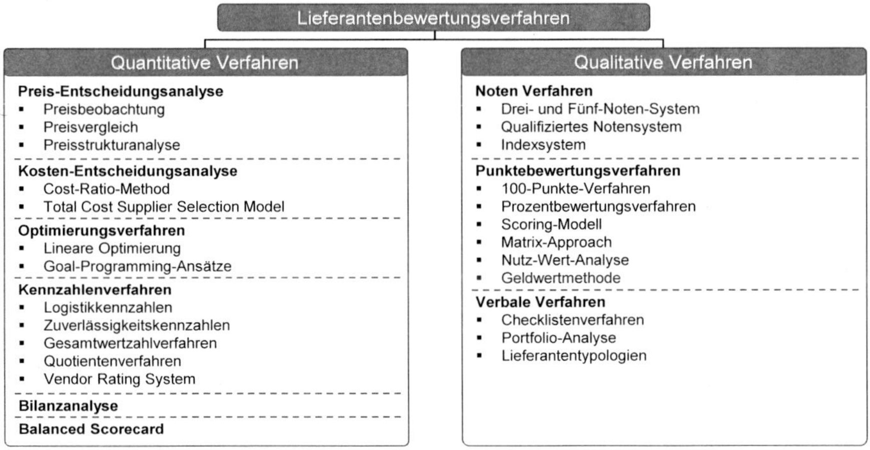

Abbildung 13: Lieferantenbewertungsverfahren im Überblick[143]

Die Auswahl des Lieferantenbewertungsverfahrens sollte in Abhängigkeit der jeweiligen Zielsetzung und der verfügbaren Informationen erfolgen. Für eine detaillierte Erläuterung der Verfahren sei auf HOFBAUER ET AL.[144] verwiesen. Abbildung 14 fasst Input, Zielsetzung und Output des Prozessschritts Lieferantenbewertung zusammen.

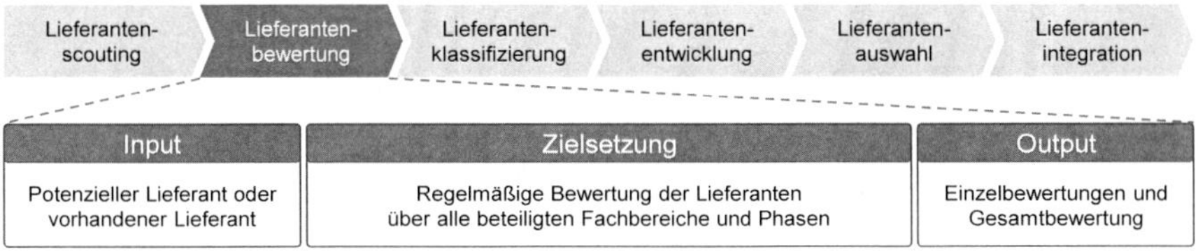

Abbildung 14: Zusammenfassung Lieferantenbewertung[145]

2.1.3.2 Lieferantenklassifizierung und -entwicklung

Auf die Lieferantenbewertung folgt die **Lieferantenklassifizierung**, bei der eine Einordnung der Lieferanten anhand der Bewertungsergebnisse in Klassen erfolgt.[146] Die Lieferantenklassifizierung zielt im Vergleich zur Lieferantensegmentierung auf eine stärker operativ orientierte Ableitung von Maßnahmen zur Zusammenarbeit mit einem eingeordneten Lieferanten ab. Es ist anzumerken, dass die Trennung in der Literatur nicht einheitlich erfolgt.[147]

---

[143] i. A. a. Hofbauer et al. (Lieferantenmanagement), 2012, S. 63

[144] vgl. Hofbauer et al. (Lieferantenmanagement), 2012, S. 63 ff.

[145] i. A. a. Hofbauer et al. (Lieferantenmanagement), 2012, S. 77

[146] Vgl. BME (Strategisches Lieferantenmanagement), 2017, S. 22

[147] Beispielweise erfolgt in Hofbauer et al. (Lieferantenmanagement), 2012 eine systematische Trennung, während in Narr (Kooperatives Lieferantenmanagement), 2013 nur der Begriff Lieferantenklassifizierung genutzt wird.

Eines der gebräuchlichsten Konzepte zur Lieferantenklassifizierung basiert auf einem zweidimensionalen Portfolio mit den Dimensionen „strategische Bedeutung" und „Lieferantenbewertung". Basierend auf einer gewichteten Lieferantenbewertung erfolgt eine Eingruppierung der Lieferanten in die vier Leistungsklassen Eingestellt, Beschränkt, Akzeptiert und Bevorzugt. Die Lieferantenbewertung wird in einem Portfolio mit einer Bewertung der strategischen Bedeutung der zugekauften Produkte zusammengeführt. Basierend auf dem Portfolio erfolgt die Ableitung von Handlungsempfehlungen zum Umgang mit den Lieferanten (vgl. Abbildung 15).[148]

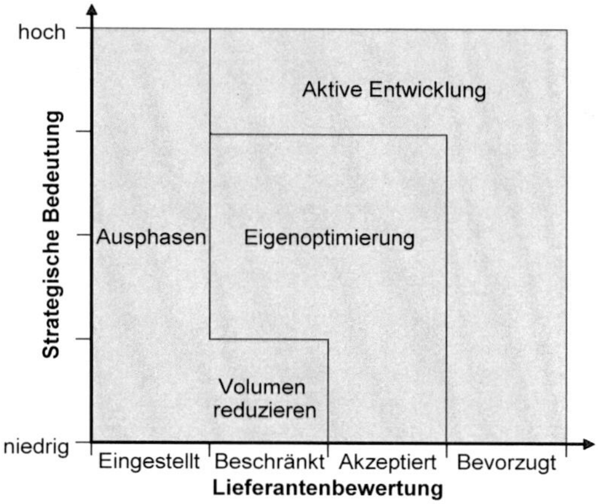

Abbildung 15: Portfolio zur Lieferantenklassifizierung[149]

Weitere in der Literatur verbreitete Beispiele zur Lieferantenklassifizierung sind die sogenannte **SAZUG-Einteilung** mit den Dimensionen strategische Klasse und operative Lieferantenperformance[150], sowie das **Einkaufsportfolio nach KRALJIC** mit den Dimensionen Nachfragemacht und Lieferantenmacht.[151] Abbildung 16 ordnet den Prozessschritt Lieferantenklassifizierung nochmals in den Gesamtzusammenhang ein.

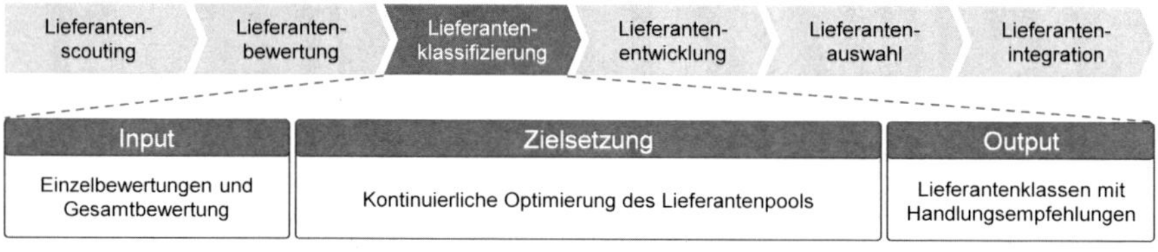

Abbildung 16: Zusammenfassung Lieferantenklassifizierung[152]

---

148 Vgl. Appelfeller & Buchholz (Supplier Relationship Management), 2011, S. 104; Zachau & Momber (Professionelles Lieferantenmanagement), 1999, S. 39 ff.

149 i. A. a. Zachau & Momber (Professionelles Lieferantenmanagement), 1999, S. 41

150 Vgl. Kamzelak et al. (Zukunft gemeinsam gestalten), 2007, S. 26

151 Vgl. Kraljic (Beschaffungs- und Versorgungsstrategie), 1988, S. 491

152 i. A. a. Hofbauer et al. (Lieferantenmanagement), 2012, S. 83

Die **Lieferantenentwicklung** basiert auf den Ergebnissen der Lieferantenbewertung und -klassifizierung. Teilweise wird der Begriff Lieferantenqualifizierung in der Literatur als Synonym für die Lieferantenentwicklung genutzt. Bei bestehenden Lieferanten spricht man auch von Lieferantenförderung, bei neuen Lieferanten von Lieferantenaufbau.[153] Ziel der Lieferantenentwicklung ist es, den Lieferanten zu befähigen, die geforderten Produkte und Informationen in der gewünschten Qualität zu liefern.[154] Die Lieferantenentwicklung umfasst daher alle Maßnahmen zur Steigerung der Leistungsfähigkeit sowie zur Stärkung der kompetenzbezogenen Ausrichtung des Lieferanten auf die Bedürfnisse des Kunden.[155]

Grundsätzlich sind zwei **Arten von Lieferantenentwicklungsmaßnahmen** zu unterscheiden. Sie umfassen die Möglichkeit der Entwicklung sowohl durch eine aktive Unterstützung des Kunden (aktive Entwicklung) als auch durch definierte Maßnahmen in Eigenverantwortung durch den Lieferanten (Eigenoptimierung). Innerhalb der beiden Arten der Lieferantenentwicklungsmaßnahmen ist eine weitere Differenzierung unterschiedlicher Aktivitäten möglich (vgl. Abbildung 17).[156]

Aktivitäten der aktiven Entwicklung

- Analyse von Lieferantenaudits und -bewertungen
- Beratung und Schulungen
- Know-how Transfer
- Unterstützung bei Markteintritt
- Transfer von Ressourcen

Aktivitäten der Eigenoptimierung

- Zielvorgaben und Maßnahmen
- Verstärkung des Wettbewerbs
- Preisverhandlungen
- Festlegung von Strafen

Abbildung 17: Aktivitäten zur Lieferantenentwicklung[157]

Bei Maßnahmen zur **Eigenoptimierung** stehen Zielvorgaben und umzusetzende Maßnahmen im Fokus. Der Lieferant kann durch eine Verstärkung des Wettbewerbs, Preisverhandlungen oder die Festlegung von Strafen unter Druck gesetzt und zu bestimmten Entwicklungen angeregt werden. Die Aktivitäten der **aktiven Entwicklung** haben das Ziel, durch kooperative Aktivitäten die Leistungsfähigkeit eines Lieferanten und seine Kompetenzen entsprechend der Anforderungen des Kunden anzupassen. Ausgehend von einer Analyse des Lieferanten werden Aktivitäten der aktiven Entwicklung festgelegt. Diese können in Form von Beratungen und Schulungen oder in vergleichbarer Form durch den Transfer von technologischem Know-how oder sonstigem Fachwissen erfolgen. Üblicherweise findet der Wissenstransfer vom Kunden zum Lieferanten statt. Ein Wissenstransfer in umgekehrter Richtung ist ebenfalls möglich. Kennzeichnend für aktive Entwicklungsmaßnahmen ist zumeist die Durchführung der Aktivitäten beim Lieferanten vor Ort. Ebenso ist aber auch der Transfer von finanziellen Ressourcen

---

153 Vgl. Hofbauer et al. (Lieferantenmanagement), 2012, S. 37; Wagner (Lieferantenmanagement), 2002, S. 90 ff.

154 Vgl. Schmitt & Pfeifer (Qualitätsmanagement), 2015, S. 194

155 Vgl. Schuh et al. (Steuerung der Lieferantenbasis), 2014, S. 300

156 Vgl. BME (Strategisches Lieferantenmanagement), 2017, S. 25; Schuh et al. (Steuerung der Lieferantenbasis), 2014, S. 302

157 i. A. a. Schuh et al. (Steuerung der Lieferantenbasis), 2014, S. 303

zum Lieferanten eine aktive Entwicklungsmaßnahme.[158] Abbildung 18 zeigt zusammenfassend den Input, die Zielsetzung und den Output der Lieferantenentwicklung.

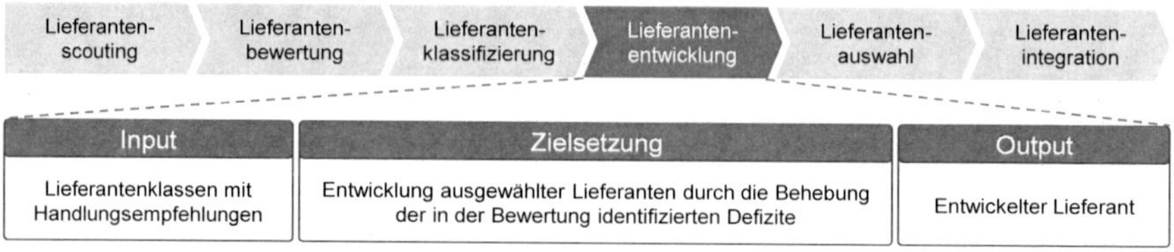

Abbildung 18: Zusammenfassung Lieferantenentwicklung[159]

2.1.3.3 Lieferantenauswahl und -integration

Im Prozessschritt **Lieferantenauswahl** erfolgt die Selektion der Lieferanten, die den Ansprüchen des Kunden für den jeweiligen Beschaffungsumfang am besten entsprechen. Die Auswahl der Lieferanten ist von Bedeutung, da schlechte Lieferqualität, hohe Lieferverzugsquoten oder schlechte Lieferantenbeziehungen Fehler in Prozessen, Produkten und Dienstleistungen verursachen. Im Falle eines schlechten Lieferantenverhältnisses werden das Wissen und die Verbesserungspotenziale des Lieferanten nicht ausgeschöpft.[160] Zudem schreiben einige Qualitätsmanagementsysteme eine strukturierte Lieferantenauswahl vor.[161] Wichtige Werkzeuge zur Unterstützung der Lieferantenauswahl sind Spinnennetz-Diagramme (vgl. Abbildung 19) sowie der Total-Cost-of-Ownership-Ansatz (deut.: Gesamtkostenansatz).[162]

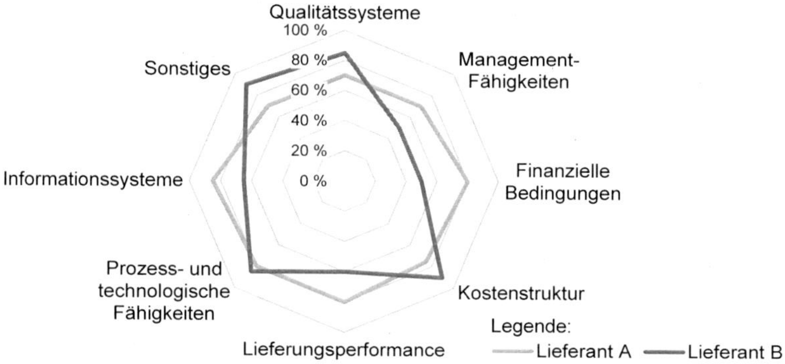

Abbildung 19: Lieferantenvergleich im Spinnennetzdiagramm[163]

---

[158] Vgl. Schuh et al. (Steuerung der Lieferantenbasis), 2014, S. 303; Wagner (Lieferantenmanagement), 2002, S. 87 ff.

[159] i. A. a. Hofbauer et al. (Lieferantenmanagement), 2012, S. 92

[160] Vgl. Hofbauer et al. (Lieferantenmanagement), 2012, S. 38; Schuh et al. (Lieferantenauswahl), 2014, S. 185

[161] Vgl. BME (Strategisches Lieferantenmanagement), 2017, S. 15

[162] Vgl. Hofbauer et al. (Lieferantenmanagement), 2012, S. 97 ff.

[163] i. A. a. Schuh et al. (Lieferantenauswahl), 2014, S. 210

In einem **Spinnennetz-Diagramm** werden die Einzelbewertungen von mehreren Lieferanten anhand definierter Kriterien verglichen. Basierend auf der Auswertung im Spinnennetz-Diagramm werden Stärken und Schwächen der Lieferanten herausgearbeitet und ein geeigneter Lieferant identifiziert. Ergebnis ist die Empfehlung der Aufnahme von Vertragsverhandlungen mit einem ausgewählten Lieferanten.[164]

Der **Total-Cost-of-Ownership-Ansatz** berücksichtigt neben direkten Kosten auch indirekte Kosten. Darunter fallen bspw. Qualifizierungskosten, welche zur Behebung von Qualitätsproblemen in Form von Nacharbeitskosten und Kosten zur Lieferantenentwicklung anfallen.[165] Abbildung 20 zeigt qualitativ eine Gesamtkostenbetrachtung dreier Lieferanten. Der beispielhafte Lieferant 3 hat den niedrigsten Angebotspreis sowie niedrige Transport- und Verpackungskosten. Er sollte den Auftrag dennoch nicht erhalten, da seine Qualifizierungskosten so hoch sind, dass auf Basis einer Gesamtkostenbetrachtungen Lieferant 1 am kostengünstigsten ist. Die Lieferantenauswahl sollte folglich auf Lieferant 1 fallen. Eine Gesamtkostenbetrachtung wird im Rahmen eines ganzheitlichen Lieferantenmanagements als Standard empfohlen.[166]

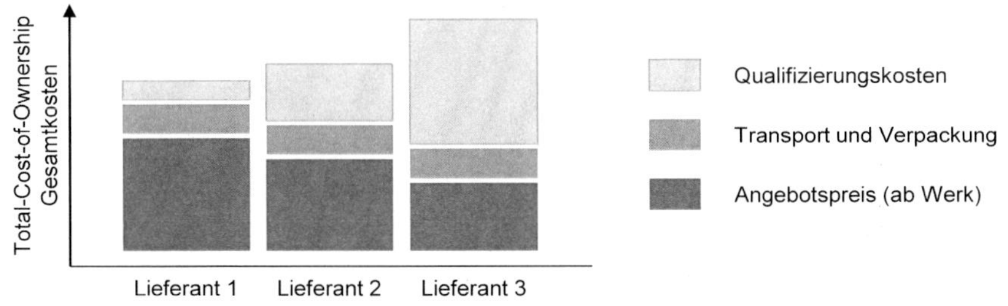

Abbildung 20: Gesamtkostenbetrachtung mit Qualifizierungskosten[167]

Abbildung 21 zeigt zusammenfassend den Input, die Zielsetzung und den Output des Prozessschritts Lieferantenauswahl.

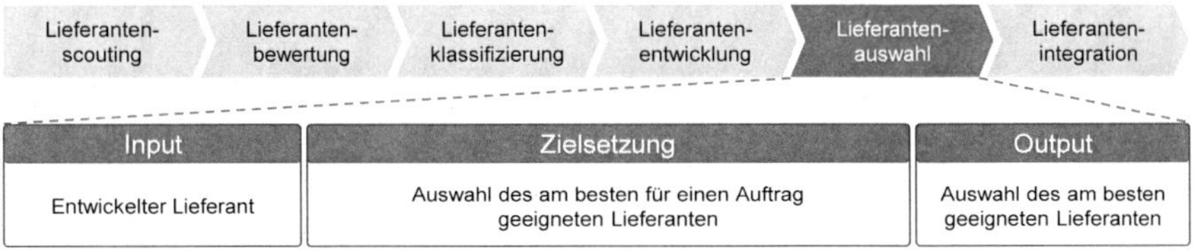

Abbildung 21: Zusammenfassung Lieferantenauswahl[168]

Im Rahmen der **Lieferantenintegration** werden Lieferanten in die Strukturen und Abläufe des Kunden eingebunden. Ziel ist es, durch die Bündelung von Fähigkeiten und Ressourcen einen

164 Vgl. Schuh et al. (Lieferantenauswahl), 2014, S. 208

165 Vgl. Lorenzen & Krokowski (Einkauf), 2018, S. 62 f.

166 Vgl. Helmold & Terry (Lieferantenmanagement 2030), 2016, S. 41

167 i. A. a. Helmold & Terry (Lieferantenmanagement 2030), 2016, S. 51

168 i. A. a. Hofbauer et al. (Lieferantenmanagement), 2012, S. 103

Wettbewerbsvorteil zu realisieren.[169] Der Umfang, in dem eine Lieferantenintegration sinnvoll ist, sollte in Abhängigkeit des zu beschaffenden Produkts festgelegt werden. Diesbezüglich lassen sich fünf Stufen unterscheiden, von keinerlei Einbindung des Lieferanten bis hin zu einem gemeinsamen Prototypenbau (vgl. Abbildung 22).[170]

Abbildung 22: Stufen der Lieferantenintegration[171]

Lieferanten frühzeitig zu integrieren ist ein strategisches Ziel vieler Unternehmen. Die Lieferantenintegration ist jedoch immer mit **Risiken** verbunden. Beispiele dafür sind eine höhere Abhängigkeit vom Lieferanten und die Gefahr eines Know-how-Verlustes. Ein Mittel zur Reduktion der Risiken sind Geheimhaltungsklauseln.[172] Zudem ist es wirtschaftlich sinnvoll, systematisch zu ermitteln, welche Lieferanten in welchem Umfang für eine frühe Integration in Betracht kommen. Hierfür sind die vorgelagerten Phasen Lieferantenbewertung und -klassifizierung von Bedeutung.[173]

Neben der operativen Zusammenarbeit ist insbesondere die **Reduktion von Schnittstellen** für die Lieferantenintegration von hoher Bedeutung.[174] Diesbezüglich stellt insbesondere die Anbindung von Lieferanten an IT-Systeme des Unternehmens eine Vereinfachung dar. Im Folgenden werden vier nach APPELFELLER & BUCHHOLZ besonders relevante Anbindungsformen kurz erläutert:[175]

- **EDI** (Electronic Data Interchange (deut.: Elektronischer Datenaustausch)) ist der elektronische Austausch strukturierter Geschäftsdokumente (z. B. Bestellungen oder Rechnungen). EDI ermöglicht eine automatische Weiterbearbeitung der Geschäftsdaten in der Anwendung des Empfängers ohne manuelles Eingreifen.
- **XML** (Extensible Markup Language (deut.: Erweiterbare Auszeichnungssprache)) ist eine Beschreibungssprache für strukturierte Informationen. Sie ermöglicht den Export eines Geschäftsdokuments aus dem System des Lieferanten und eine anschließende Übertragung in ein kundenseitig genutztes System.

[169] Vgl. Kiausch (Nachhaltiges Lieferantenmanagement), 2016, S. 56
[170] Vgl. BME (Strategisches Lieferantenmanagement), 2017, S. 12
[171] i. A. a. BME (Strategisches Lieferantenmanagement), 2017, S. 12
[172] Vgl. BME (Strategisches Lieferantenmanagement), 2017, S. 12
[173] Vgl. Hofbauer et al. (Lieferantenmanagement), 2012, S. 109
[174] Vgl. Dombrowski & Karl (Supplier Integration), 2016, S. 397
[175] Vgl. Appelfeller & Buchholz (Supplier Relationship Management), 2011, S. 45 ff.

- **WebEDI** (Web Electronic Data Interchange (deut.: Web-basierter elektronischer Datenaustausch)), auch als halbseitiges EDI bezeichnet, ermöglicht es einem Unternehmen, mit EDI und seitens des Geschäftspartners nur mit einem Internetbrowser zu arbeiten.
- Bei einem **Supplier Portal** (deut.: Lieferantenportal) loggt sich ein Lieferant über das Internet im System seines Kunden ein, um z. B. Rechnungen einzupflegen oder um Auftragsdaten abzufragen. Die Daten werden somit direkt in das Kundensystem integriert.

Durch die aufgeführten Formate lässt sich der Datenaustausch zwischen Lieferant und Kunde deutlich vereinfachen. Jedoch sind E-Mails weiterhin die am häufigsten genutzte Form des Datenaustauschs.[176] Abbildung 23 zeigt zusammenfassend den Input, die Zielsetzung und den Output der Lieferantenintegration.

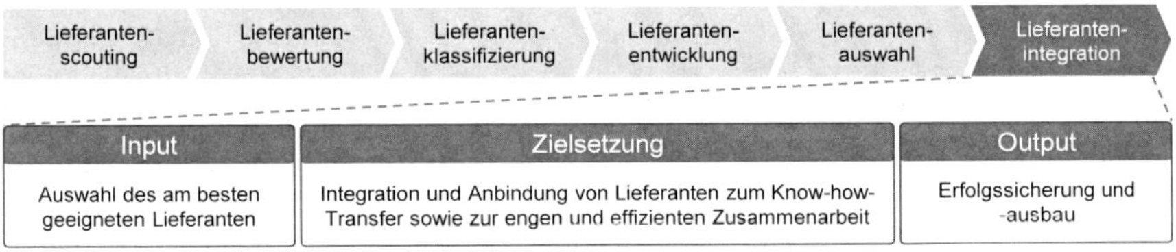

Abbildung 23: Zusammenfassung Lieferantenintegration[177]

Die Lieferantenintegration bildet den letzten Schritt des operativen Lieferantenmanagements. Ein systematisches strategisches und operatives Lieferantenmanagement bildet die Basis für die erfolgreiche Kooperation mit Lieferanten.

2.2 Digitale Vernetzung

Im Folgenden werden die Grundlagen der digitalen Vernetzung erläutert. Zunächst wird ein einheitliches Begriffsverständnis erarbeitet. Anschließend erfolgt eine Beschreibung der technologischen Befähiger. Es folgt eine Erläuterung des Anwendungskontexts der digitalen Vernetzung. Der Fokus liegt auf Anwendungen mit Relevanz für die Vernetzung mit Lieferanten.

2.2.1 Begriffsverständnis und Einordnung

Der Begriff digitale Vernetzung setzt sich aus den Bestandteilen digital und Vernetzung zusammen. Vernetzung wird allgemein als ein „Begriff zur Beschreibung der Verknüpfungen zwischen einzelnen Elementen und Variablen in komplexen Systemen“[178] definiert.[179] Der Begriff digital wird im Kontext der **Digitalisierung** nachfolgend erläutert. Die digitale Vernetzung wird

---

[176] Vgl. Centobelli et al. (Boundaries of digitalization), 2018, S. 34

[177] i. A. a. Hofbauer et al. (Lieferantenmanagement), 2012, S. 113

[178] Vgl. Springer Gabler Verlag (Gabler Wirtschaftslexikon - Stichwort: Typologie), 2018

[179] Für eine Definition im Kontext des Lieferantenmanagements siehe Kapitel 2.1.1

auch als Ergebnis der Nutzung von sogenannten Anwendungen von **Industrie 4.0** verstanden[180], daher erfolgt in Kapitel 2.2.1.2 eine Einordnung des Begriffs Industrie 4.0.

2.2.1.1 Digitalisierung

Als Digitalisierung wurde ursprünglich die Umwandlung eines analogen Signals in digitale Daten definiert.[181] Ausgangsbasis der Digitalisierung sind somit **Signale**. Ein Signal wird definiert als „eine von einer physikalischen Größe getragene Zeitfunktion, deren Informationsparameter den Wertverlauf einer technischen oder physikalischen Größe abbildet".[182] Physikalisch betrachtet sind Signale Schwingungen.[183] Die durch ein Signal zu übertragende Information steckt somit in den sich ändernden Amplitudenwerten einer physikalischen Größe.[184] Signale der Mess-, Steuer- und Regelungstechnik sind in der Ausgangsform immer analoge Signale.[185] Eine analoge Darstellung überführt eine physikalische Größe in eine andere physikalische Größe. Analoge Signale können theoretisch beliebig viele Werte einnehmen.[186] Digitale Signale können hingegen nur vordefinierte Werte annehmen.[187] Auf diese Zählbarkeit der möglichen Werte geht der Ursprung des Begriffs digital zurück, denn das Wort hat ursprünglich die Bedeutung Finger und meint damit das Abzählen mittels eines Tastfingers.[188]

Zur optimalen Darstellung eines Signals innerhalb eines Anwendungsfalls werden sogenannte Codes benutzt. Der verbreiteteste Code ist der **Binärcode**, welcher ausschließlich die Zeichen „0" und „1" nutzt.[189] Die Zeichen „0" und „1" werden als Bit (Binary Digits (deut.: Binärzeichen)) bezeichnet. Sie stellen die kleinste Informationseinheit digitaler Systeme dar.[190] Die Umwandlung von analogen Signalen in digitale, binäre Signale erfolgt durch sogenannte Analog-Digital-Umsetzer, welche im Wesentlichen aus einem Abtast-Halte-Glied und einer Codier-Schaltung bestehen. Das Abtast-Halte-Glied dient zum Aufnehmen des aktuellen Signalwertes. Die nachgeschaltete Codier-Schaltung hat die Aufgabe, den zu einem definierten Zeitpunkt festgehaltenen Signalwert einem binären Code zuzuordnen (vgl. Abbildung 24).[191]

Digitalisierung bezeichnet folglich die Repräsentation von beispielsweise Texten, Bildern oder Eigenschaften physischer Objekte in binären Sequenzen aus „1" und „0". Diese binären Sequenzen werden von Computern mit hoher Geschwindigkeit weiterverarbeitet.[192] Als Ursprung

[180] Vgl. Boos et al. (Smart Tooling), 2016, S. 5
[181] Vgl. Fricke (Digitaltechnik), 2014, S. 2
[182] Vgl. Beucher (Signale und Systeme), 2015, S. 16
[183] Vgl. Karrenberg (Signale, Prozesse, Systeme), 2017, S. 33
[184] Vgl. Fricke (Digitaltechnik), 2014, S. 1
[185] Vgl. Karrenberg (Signale, Prozesse, Systeme), 2017, S. 277
[186] Vgl. Gehrke et al. (Digitaltechnik), 2017, S. 11
[187] Vgl. Fricke (Digitaltechnik), 2014, S. 2
[188] Vgl. Gehrke et al. (Digitaltechnik), 2017, S. 11
[189] Vgl. Fricke (Digitaltechnik), 2014, S. 2 f.
[190] Vgl. Gierens (Digitaltechnik), 2016, S. 590
[191] Vgl. Beucher (Signale und Systeme), 2015, S. 16
[192] Vgl. Hippmann et al. (Digitalisierung), 2018, S. 9

der Digitalisierung gilt daher der erste Computer, der binären Code verwendete und programmierbar war. Dieser wurde 1941 von Konrad Zuse und Helmut Schreyer in Berlin gebaut.[193] Die digitale Datenverarbeitung legte Anfang der 1960er Jahre die Grundlage für die Einführung der Automatisierungstechnologie auf Basis speicherprogrammierbarer Steuerungen (SPS) sowie für die spätere Einführung des Internets.[194]

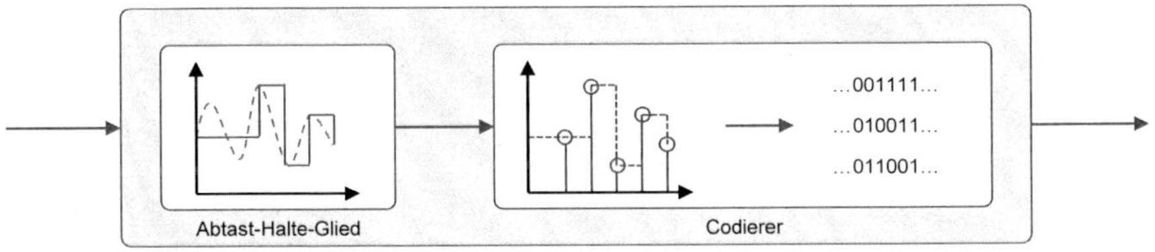

Abbildung 24: Struktur eines Analog-Digital-Umsetzers[195]

Seit Beginn der 2000er Jahre werden teilweise **breiter gefasste Definitionen des Digitalisierungsbegriffs** genutzt. Diesem neuen Verständnis nach steht die Übertragung der Lebens- und Arbeitswelt des Menschen auf eine digitale Ebene im Zentrum des Digitalisierungsbegriffs. Kern dieser Definition ist der Aspekt der Vernetzung von Menschen über das Internet.[196] Im Rahmen dieser Arbeit wird der Begriff der Digitalisierung nach seiner ursprünglichen Definition genutzt. Die Vernetzungsaspekte der angeführten breiteren Definition werden hingegen unter dem Begriff digitale Vernetzung gefasst. Die digitale Vernetzung im industriellen Kontext ist eng verknüpft mit dem Begriff Industrie 4.0, welcher im Folgenden erläutert wird.

2.2.1.2 Industrie 4.0

Der Begriff Industrie 4.0 wurde von KAGERMANN ET AL. geprägt und erstmals als Bezeichnung für die massenhafte Verbindung von Informations- und Kommunikationstechnologien mit der industriellen Produktion während der Hannovermesse 2011 verbreitet. Sie verstehen unter Industrie 4.0 einen Zielzustand der nächsten industriellen Revolution.[197] Industrie 4.0 baut somit auf drei **vorausgehenden industriellen Revolutionen** auf:[198]

- Die erste industrielle Revolution, ausgelöst durch die Entwicklung von Wasser- und Dampfkraft betriebenen Maschinen.
- Die zweite industrielle Revolution, ausgelöst durch die Nutzung von elektrischen Maschinen sowie die Einführung von Akkord- und Fließbandarbeit aufbauend auf den Arbeiten von TAYLOR und FORD.
- Die dritte industrielle Revolution, ausgelöst durch die Erfindung des Mikrochips, der Einführung der Automatisierung und der Etablierung des Internets.

[193] Vgl. Neugebauer (Digitale Information), 2018, S. 1
[194] Vgl. Sendler (Industrie 4.0), 2016, 5
[195] i. A. a. Beucher (Signale und Systeme), 2015, S. 16
[196] Vgl. Sendler (Industrie 4.0), 2016, S. 5
[197] Vgl. Kagermann et al. (Industrie 4.0), 2011, S. 11
[198] Vgl. Bauernhansl (Die Vierte Industrielle Revolution), 2017, S. 1 ff.

Eine erste Konkretisierung des Begriffs Industrie 4.0 erfolgt durch den vom Bundesministerium für Bildung und Forschung (BMBF) geförderten Arbeitskreis Industrie 4.0, welcher **fünf zentrale Forschungsfelder** nennt:[199]

- Die vertikale Vernetzung von Wertschöpfungsnetzwerken und somit die Verknüpfung von aufeinander folgenden Wertschöpfungsschritten,
- Die horizontale Vernetzung von Wertschöpfungsnetzwerken und somit die Verknüpfung von Wertschöpfungsschritten auf einer Ebene,
- Das durchgängige Engineering über die gesamte Wertschöpfung und die damit verbundene betriebsübergreifende technische Optimierung,
- Die soziale Infrastruktur der Arbeit, womit die Betrachtung der sozialen Implikationen von Industrie 4.0 beschrieben wird,
- Der Einsatz cyber-physischer Systeme (CPS), womit in Objekten, Geräten und Anlagen eingebettete Systeme beschrieben werden, die über das Internet kommunizieren.

Im Fokus steht somit die Vernetzung und Durchgängigkeit während der Wertschöpfung. In diesem Kontext sind auch soziale Veränderungen im Arbeitsumfeld zu betrachten. Abbildung 25 stellt die erläuterten vier Stufen industrieller Revolutionen zusammenfassend dar.

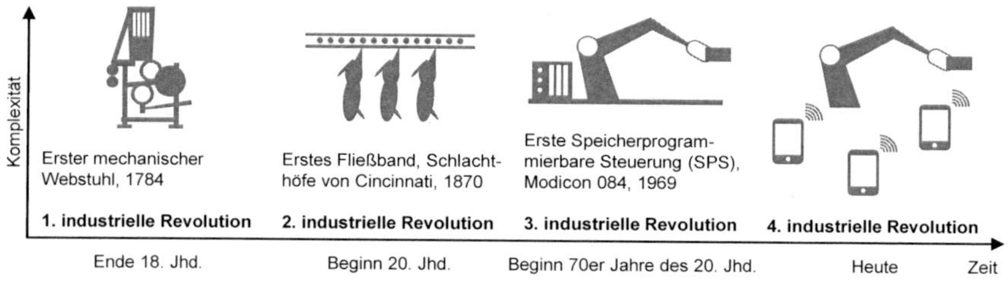

Abbildung 25: Stufen industrieller Revolutionen[200]

Es ist anzumerken, dass der Begriff Industrie 4.0 seit der vorgestellten, ersten ausführlichen Definition, welche CPS als zentrales Element von Industrie 4.0 aufführt, in verschiedene Richtungen genutzt bzw. weiterentwickelt wurde.[201] Als **offizielle Definition** gilt die unter Leitung der drei Industrieverbände Bitkom, VDMA und ZVEI entwickelte Definition.[202] Diese lautet:

„Der Begriff Industrie 4.0 steht für die vierte industrielle Revolution, einer neuen Stufe der Organisation und Steuerung der gesamten Wertschöpfungskette über den Lebenszyklus von Produkten […]. Basis ist die Verfügbarkeit aller relevanten Informationen in Echtzeit durch Vernetzung aller an der Wertschöpfung beteiligten Instanzen sowie die Fähigkeit, aus den Daten den zu jedem Zeitpunkt optimalen Wertschöpfungsfluss abzuleiten."[203]

199 Vgl. acatech (Industrie 4.0), 2013, S. 39 ff.

200 i. A. a. Bitkom & Fraunhofer IAO (Industrie 4.0), 2017, S. 10

201 Vgl. Gölzer (Big Data in Industrie 4.0), 2017, S. 29

202 Vgl. Sendler (Industrie 4.0), 2016, S. 17

203 Vgl. Bitkom et al. (Umsetzungsstrategie Industrie 4.0), 2015, S. 8

Diese Definition, welche die digitale Vernetzung als Kern von Industrie 4.0 ansieht, soll im Folgenden für diese Arbeit führend sein. Für einen umfassenden Überblick relevanter Begrifflichkeiten im Kontext von Industrie 4.0 sei auf TSCHÖPE ET AL. verwiesen.[204] Im internationalen Vergleich bestehen neben der Initiative Industrie 4.0 der deutschen Bundesregierung **vergleichbare Initiativen** beispielsweise in den USA, in China und in Japan. In den USA ist dies die Initiative „Advanced Manufacturing“. In China bildet die Strategie „Made in China 2025“ der chinesischen Regierung das Pendant zu Industrie 4.0. In Japan wird die Initiative „Industrial Internet Consortium“ von der Regierung gefördert. Alle diese Initiativen haben ähnliche Ziele und bauen auf vergleichbaren Technologien auf.[205] Daher erfolgt im Folgenden keine weitere Differenzierung. Die Implementierung von Industrie 4.0 lässt sich gemessen am Reifegrad der Umsetzung in einzelne Stufen unterteilen. Als Basis werden die im Rahmen der dritten industriellen Revolution entstandene Einführung der Computertechnologie und eine Möglichkeit zur Vernetzung über das Internet vorausgesetzt (vgl. Abbildung 26).

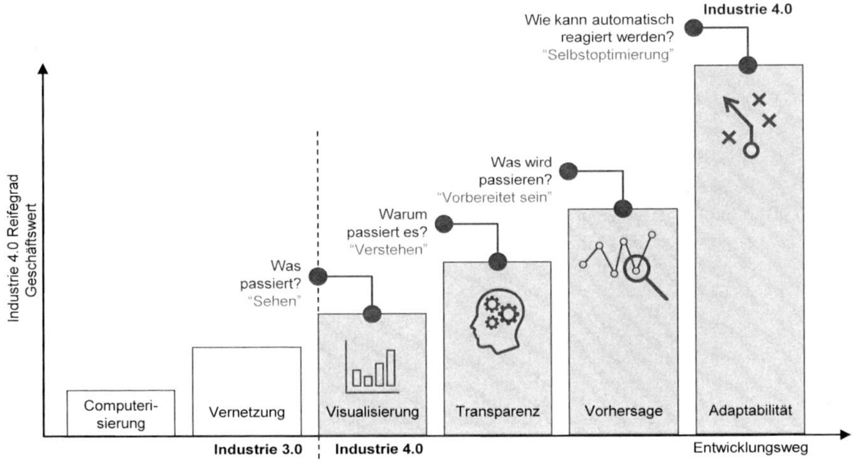

Abbildung 26: Reifegradmodell für die Implementierung von Industrie 4.0[206]

Die erste Stufe von Industrie 4.0 stellt das Schaffen der **Visualisierung** von relevanten Informationen durch die Aufnahme von Daten in der zur Entscheidungsfindung notwendigen Granularität dar. Die zweite Stufe hat das Ziel, **Transparenz** über bestehende Wirkungszusammenhänge zu schaffen und erfordert eine Verknüpfung, Aggregation und kontextuelle Einordnung von Daten. Die dritte Stufe hat das Ziel, **Vorhersagen** zu ermöglichen, indem mögliche Unternehmenszustände in die Zukunft projiziert und ihre jeweiligen Eintrittswahrscheinlichkei-

[204] Vgl. Tschöpe et al. (Industrie 4.0), 2015, S. 145 ff.

[205] Vgl. Gölzer (Big Data in Industrie 4.0), 2017, S. 30; Schuh et al. (Industrie 4.0 Maturity Index), 2017, S. 10

[206] i. A. a. Boos et al. (Smart Tooling), 2016, S. 9

ten bewertet werden. Die drei vorhergehenden Stufen ermöglichen die Schaffung von selbstoptimierenden Prozessen und Systemen und somit die **Adaptabilität** als vierte und letzte Stufe der Industrie 4.0.[207]

Der **Nutzen von Industrie 4.0** besteht in hochflexiblen Wertschöpfungssystemen, die einen Transfer von Wertschöpfung an den Ort, an dem sie am besten erbracht werden kann, ermöglicht. In Folge sinken die Komplexitätskosten insbesondere bei Unikat- und Kleinserienfertigung. Somit entstehen neue Wirtschaftlichkeitspotenziale.[208] Für eine genauere Erläuterung der Potenziale im Kontext dieser Arbeit sei auf Kapitel 2.2.4 verwiesen.

2.2.2 Technologische Befähiger

Industrie 4.0 stellt entsprechend der Definition eine neue Stufe der industriellen Entwicklung dar. Ausgangsbasis sind neben der vorhergehenden Digitalisierung neu entstandene technologische Befähiger. Zu den wichtigsten Befähigern von Industrie 4.0 zählen **cyber-physische Systeme**, das **Internet der Dinge und Dienste** sowie **Big Data Analytics** (vgl. Abbildung 27).[209] Diese Befähiger fehlten, als in den 1980er Jahren im Rahmen des Computer Integrated Manufacturing (CIM) ähnliche Ideen verfolgt wurden.[210] Einige der genannten Technologien wurden bereits vor der erstmaligen Nutzung des Begriffs Industrie 4.0 im Jahr 2011 punktuell genutzt.[211] Beispielsweise veröffentlichte LEE bereits 2008 einen Beitrag über die Potenziale cyber-physischer Systeme und die dafür notwendige IT-Infrastruktur.[212]

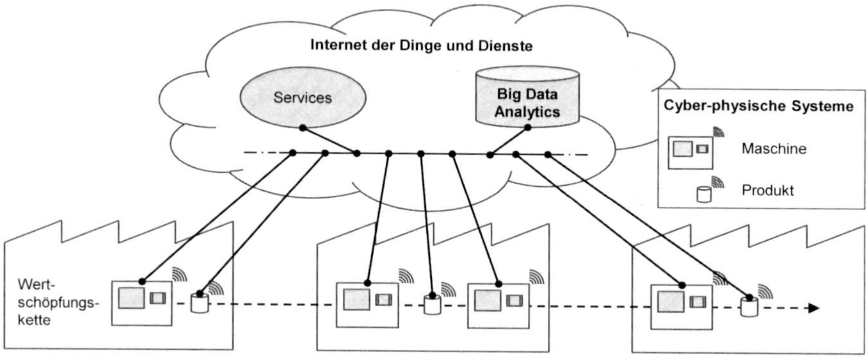

Abbildung 27: Kerntechnologien von Industrie 4.0[213]

[207] Vgl. Schuh et al. (Industrie 4.0 Maturity Index), 2017, S. 15 ff.

[208] Vgl. Bauernhansl et al. (WGP-Standpunkt Industrie 4.0), 2016, S. 8

[209] Vgl. Bauernhansl (Die Vierte Industrielle Revolution), 2017, S. 12 ff.; Gölzer (Big Data in Industrie 4.0), 2017, S. 32

[210] Vgl. Bauernhansl et al. (WGP-Standpunkt Industrie 4.0), 2016, S. 6 f.

[211] Vgl. Gölzer (Big Data in Industrie 4.0), 2017, S. 32

[212] Vgl. Lee (Cyber Physical Systems), 2008, S. 363 ff.

[213] i. A. a. Gölzer et al. (Data Processing Requirements), 2015, S. 2

Die technologischen Befähiger cyber-physische Systeme, Internet der Dinge und Dienste sowie Big Data Analytics werden nachfolgend erläutert. Sie stellen die Grundlage des zu entwickelnden Gestaltungsmodells dar und werden daher vertieft betrachtet.

2.2.2.1 Cyber-physische Systeme

Cyber-physische Systeme sind Objekte, Geräte oder Anlagen mit **eingebetteten Systemen**, die über das Internet kommunizieren und Internetdienste nutzen.[214] Sie stellen somit eine Weiterentwicklung mechatronischer Systeme dar.[215] Mechatronische Systeme bestehen aus Elementen der drei Disziplinen Mechanik, Elektronik sowie Informatik und werden als integriertes Funktionsmodell betrachtet.[216] CPS können physikalische Daten, beispielsweise die Zustandsdaten einer Werkzeugmaschine oder die Dimensionen einer Komponente, lokal oder mit Hilfe von plattformbasierten Softwarediensten verarbeiten und Informationen anderen CPS, Computern oder Anwendern zur Verfügung stellen. Die **Fähigkeit der Selbstbeschreibung** ist eine weitere wichtige Eigenschaft von CPS.[217] Diese Fähigkeit umfasst das Wissen über den eigenen Zustand, beispielsweise über den Bearbeitungsfortschritt, und die Kenntnis der eigenen Fähigkeiten.[218] Ein CPS kann z. B. seine aktuelle Position erfassen und die Information darüber an andere Systeme weitergeben und eine Entscheidungsfindung auslösen.[219] Folglich sind die Funktionalitäten eines CPS nicht auf seine Physis beschränkt.[220] Abbildung 28 zeigt die zentralen Elemente eines CPS.

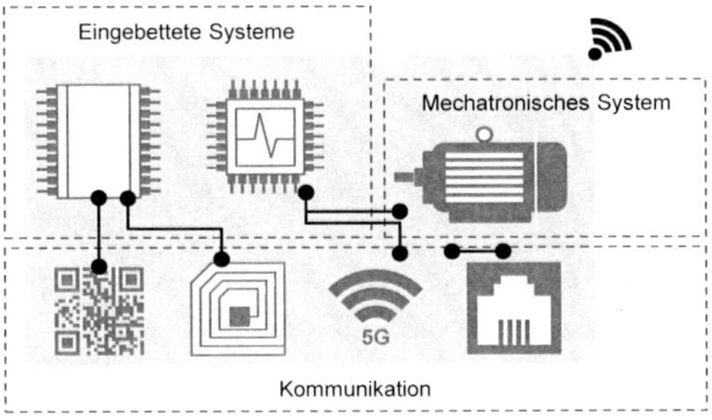

Abbildung 28: Elemente eines CPS[221]

Die Integration von CPS in die Produktionsnetzwerke aus verschiedenen Maschinen, Anlagen und auch Produktionsbetrieben führt zum Entstehen von sogenannten **Cyber-physischen**

[214] Vgl. Bauernhansl (Die Vierte Industrielle Revolution), 2017, S. 11 f.
[215] Vgl. Drossel et al. (Cyber-Physische Systeme), 2018, S. 199
[216] Vgl. Monostori et al. (Cyber-physical systems), 2016, S. 621
[217] Vgl. Berger et al. (Cyber-Physical Sensor Systems), 2016, S. 640
[218] Vgl. Bauernhansl et al. (WGP-Standpunkt Industrie 4.0), 2016, S. 11
[219] Vgl. Gölzer (Big Data in Industrie 4.0), 2017, S. 40
[220] Vgl. Bauernhansl et al. (WGP-Standpunkt Industrie 4.0), 2016, S. 10
[221] i. A. a. Bauernhansl et al. (WGP-Standpunkt Industrie 4.0), 2016, S. 10

Produktionssystemen (CPPS).[222] Gegenüber eines einzelnem CPS, das auf Umgebungseinflüsse eigenständig reagieren kann, vernetzt ein CPPS mehrere Produkte mit CPS-Architektur (sogenannte Smart Products). Dies ermöglicht eine durchgängige Betrachtung vom Produkt über die Produktionsmittel hin zum Produktionssystem, ohne dass die dafür benötigten Daten auf der jeweiligen Ebene der Automatisierungspyramide abgelegt sein müssen. Die Daten werden dort gespeichert bzw. genutzt, wo sie benötigt werden. Es kommt zu einer **Auflösung der klassischen Automatisierungspyramide**. Lediglich die Feldebene, in der die Maschinenbefehle verarbeitet werden, bleibt aufgrund ihrer hohen Echtzeitanforderungen bestehen. Die hierarchische Strukturierung der Funktionen der darüber liegenden Ebenen entfällt und es entsteht ein Netz aus Elementen, die Funktionalitäten bereitstellen. Das Netz bildet in seiner Gesamtheit das Automatisierungssystem (vgl. Abbildung 29).[223]

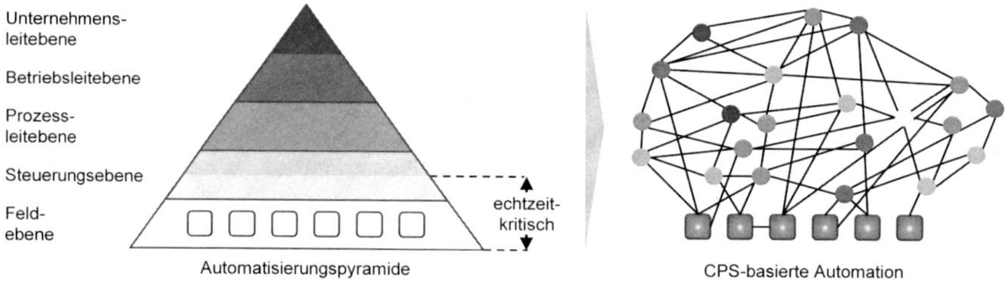

Abbildung 29: Auflösung der hierarchischen Automatisierungspyramide durch CPS[224]

Ein **vollwertiges CPPS**, auch als Industrie 4.0 Komponente bezeichnet, verfügt über eine aktive Kommunikationskomponente und wird als Entität in einem Informationssystem verwaltet.[225] Wenn eine Produktionsressource nicht über die Fähigkeiten eines vollwertigen CPPS verfügt, werden einzelne Funktionen eines CPPS von einem übergeordneten IT-System im Sinne eines Stellvertreterprinzips übernommen.[226] CPS und die daraus resultierenden CPPS bilden somit die Basis für eine digitale Vernetzung der Produktion.[227]

2.2.2.2 Internet der Dinge und Dienste

Das Internet der Dinge und Dienste, in dem Menschen und Objekte gleichermaßen in Echtzeit kommunizieren können, wird als weitere Grundlage für Innovationen im Zuge der vierten industriellen Revolution angesehen.[228] Die Idee der Vernetzung alltäglicher Dinge wurde bereits 1991 von WEISER veröffentlicht.[229] Der Begriff **Internet der Dinge** wurde von ASHTON geprägt,

[222] Vgl. Michels (Industrial Connectivity), 2016, S. 266

[223] Vgl. Bauernhansl et al. (WGP-Standpunkt Industrie 4.0), 2016, S. 11 f.; Monostori et al. (Cyber-physical systems), 2016, S. 624 f.; VDI/VDE (Cyber-Physical Systems), 2013, S. 4

[224] i. A. a. VDI/VDE (Cyber-Physical Systems), 2013, S. 4

[225] Vgl. VDI/VDE (Industrie 4.0), 2014, S. 1

[226] Vgl. VDI/VDE (Referenzarchitekturmodell Industrie 4.0), 2015, S. 16

[227] Vgl. Bauernhansl et al. (WGP-Standpunkt Industrie 4.0), 2016, S. 12

[228] Vgl. Kagermann (Chancen von Industrie 4.0), 2017, S. 236

[229] Vgl. Weiser (The computer for the 21st century), 1991, S. 94 ff.

der den Begriff erstmals 1999 nutzte.[230] Das Internet der Dinge beschrieb in der ursprünglichen Definition selbst-organisierende Logistiknetze unter Nutzung von Technologie zur Radiofrequenzidentifikation (RFID). Inzwischen wird unter dem Internet der Dinge die Erweiterung des auf die virtuelle Welt beschränkten, klassischen Internets um die Vernetzung mit Gegenständen verstanden. Durch die Bereitstellung von physischen Kontextinformationen erfolgt eine Aufhebung der Trennung von physischer und virtueller Welt.[231]

Das **Internet der Dienste** stellt eine Übertragung des Internets der Dinge auf die Anwendungsebene, also die Dienste, dar.[232] Durch das Internet der Dinge und Dienste werden immer mehr Objekte und Services miteinander vernetzt.[233] Da eine Vernetzung und Integration über Wertschöpfungsnetzwerke ermöglicht wird, ist eine Standardisierung der Kommunikation und des Datenaustauschs erforderlich.[234] Hierzu sind vier Interaktionen zu standardisieren:[235]

- Übermittlung von Daten,
- Abfrage von Daten,
- Auslösen von Aktionen und
- Beobachten der Umwelt.

Die vier Interaktionen sind in Abbildung 30 im Zusammenhang mit dem Internet der Dinge und Dienste dargestellt.

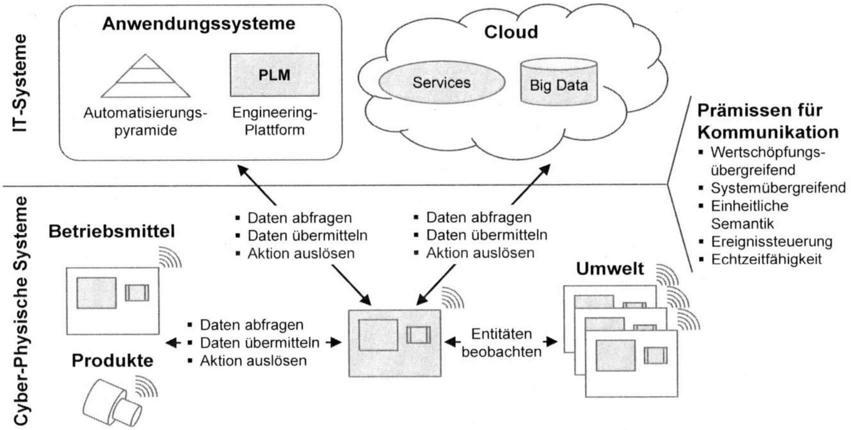

Abbildung 30: Interaktionen im Internet der Dinge und Dienste[236]

[230] Vgl. Ashton (That 'internet of things' thing), 2011, S. 1
[231] Vgl. Schlick et al. (Industrie 4.0), 2017, S. 4
[232] Vgl. Dais (Industrie 4.0), 2017, S. 262 f.
[233] Vgl. Bauernhansl et al. (WGP-Standpunkt Industrie 4.0), 2016, S. 32
[234] Vgl. acatech (Industrie 4.0), 2013, S. 43
[235] Vgl. Fleischmann et al. (Kommunikation und Datenaustausch), 2015, S. 85
[236] i. A. a. Fleischmann et al. (Kommunikation und Datenaustausch), 2015, S. 86

Die Interaktionen erfolgen zwischen unterschiedlichen CPS und IT-Systemen (z. B. Planungssysteme, Engineering-Plattformen oder Cloud-Anwendungen). In Interaktionen übermittelt oder abgefragt werden: Informationen zu Status, Beschreibung, Lebenszyklus oder Wissen. Der Status beschreibt den Zustand des Produkts. Die Beschreibung umfasst alle Informationen, die für die Herstellung eines Produktes benötigt werden (z. B. Stücklisten oder Arbeitspläne). Die Lebenszyklusdaten beinhalten Informationen über Zustände und Eigenschaften während der Lebensdauer des Produkts. Das Wissen beinhaltet Informationen aus formalisierten Erfahrungen oder Expertisen. Übergeordnete Prämissen für die Kommunikation und den Datenaustausch sind nach FLEISCHMANN ET AL. eine einheitliche, wertschöpfungs- und systemübergreifende Semantik, Echtzeitverarbeitung, Ereignissteuerung und die eindeutige Identifikation von Entitäten.[237]

Um Interaktionen im Internet der Dinge und Dienste abzubilden, werden Interaktionsmechanismen und Kommunikationsmodelle benötigt. In der Kommunikation von Computer zu Computer hat sich hierzu die Protokollfamilie TCP/IP etabliert. Zudem arbeiten zahlreiche Interessengemeinschaften an standardisierten Referenzarchitekturmodellen.[238]

2.2.2.3 Big Data Analytics

Die Vernetzung von CPS und Dienstleistungen über das Internet der Dinge und Dienste ermöglicht eine unternehmensübergreifende Optimierung von Wertschöpfungsprozessen. Dies erfordert die Kenntnis aktueller Zustände sowie relevanter Stellgrößen beteiligter Prozesse und Entitäten. Hierzu werden große Datenmengen (Big Data) innerhalb von Produktionsprozessen und Materialbewegungen erfasst und mit dem Ziel der Identifikation von Mustern, Beziehungen oder Trends ausgewertet.[239] Grundsätzlich wird von **Big Data** gesprochen, wenn die Datenmenge mit klassischen IT-Verfahren nicht mehr innerhalb weniger Minuten verarbeitet werden kann.[240]

Eine genauere Beschreibung von Big Data ist mittels des 5-V-Modells möglich (vgl. Abbildung 31). Die „Vs" des **5V-Modells**, welches Big Data gegenüber konventionellen Daten abgrenzt, werden wie folgt definiert:[241]

- Velocity steht für die zunehmende Geschwindigkeit der Datenverarbeitung.
- Volume dient zur Beschreibung des rasant ansteigenden Datenvolumens.
- Veracity stellt die benötigte Zuverlässigkeit dar.
- Value umfasst die notwendige Werthaltigkeit der Daten.
- Variety beschreibt die Vielzahl an unterschiedlichen Datenquellen und Datenformaten.

---

[237] Vgl. Fleischmann et al. (Kommunikation und Datenaustausch), 2015, S. 85

[238] Vgl. Gölzer (Big Data in Industrie 4.0), 2017, S. 42 f.

[239] Vgl. acatech (Industrie 4.0), 2013, S. 94 f.; Gölzer (Big Data in Industrie 4.0), 2017, S. 44

[240] Vgl. Bauernhansl et al. (WGP-Standpunkt Industrie 4.0), 2016, S. 32; Meier (Werkzeuge der digitalen Wirtschaft), 2018, S. 5 ff.

[241] Vgl. Fasel & Meier (Big Data und NoSQL), 2016, S. 6; Gadatsch (Big Data), 2017, S. 2 f.

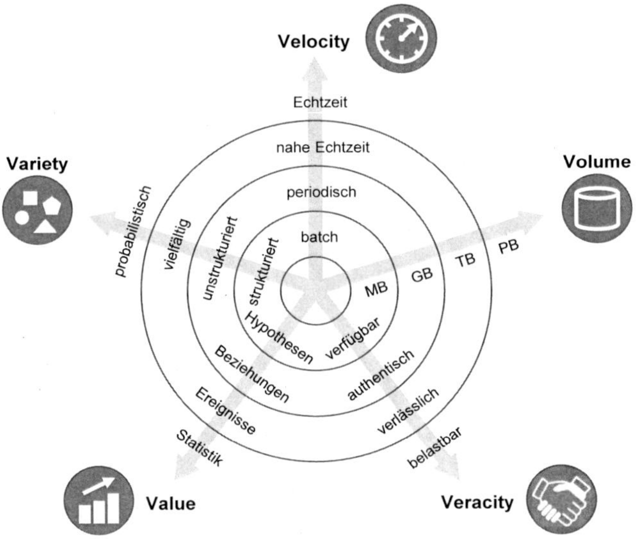

Abbildung 31: Eigenschaften von Big Data[242]

Von Big Data wird gesprochen, wenn die genannten fünf „Vs" in hohem Maße zutreffen.[243] Mittels Datenanalyse ist es möglich, verborgene Zusammenhänge und Muster zu identifizieren, Vorhersagen für die Zukunft zu treffen und Handlungsempfehlungen abzuleiten. Bisher wurden Datenanalysen vor allem mit Verfahren durchgeführt, die unter **Business Intelligence** (deut.: Geschäftsanalytik) subsumiert wurden. Im Rahmen von Business Intelligence wird auf dokumentierte Daten aus den operativen IT-Systemen eines Unternehmens zurückgegriffen. **Big Data Analytics** greift hingegen auf unterschiedlich strukturierte und unstrukturierte Daten zu. Zudem wird eine Vielzahl von Methoden für das Erkennen und Vorhersagen von Mustern genutzt, während sich Business Intelligence auf vorgegebene Metriken beschränkt.[244]

Das **Vorgehen in Big Data Analytics Projekten** lässt sich, wie in Abbildung 32 dargestellt, in sechs Schritte untergliedern. Der erste Schritt umfasst die Festlegung notwendiger Datenquellen. Datenquellen sind Systeme der Produktions-IT sowie unstrukturierte Daten, die im Internet der Dinge und Dienste vorliegen. Im zweiten Schritt erfolgt die Anbindung der Datenquellen an die IT-Systeme zur Datenanalyse mittels entsprechender Standardprotokolle. Anschließend kann mit dem dritten Schritt, der Bereitstellung der Daten mittels entsprechender Datenbankmanagementsysteme, begonnen werden.[245] Da im Produktionsumfeld sowohl strukturierte als auch unstrukturierte Daten (z. B. Bilder oder Textdateien) vorliegen, muss im vierten

---

[242] i. A. a. Klein et al. (Big Data), 2013, S. 320

[243] Vgl. Gadatsch (Big Data), 2017, S. 2 f.

[244] Vgl. Bauernhansl et al. (WGP-Standpunkt Industrie 4.0), 2016, S. 33 f.; Gölzer (Big Data in Industrie 4.0), 2017, S. 56 f.

[245] Für eine ausführliche Erläuterung siehe Meier (Werkzeuge der digitalen Wirtschaft), 2018, S. 9 ff.

Schritt durch die Verarbeitung der Daten eine Vereinheitlichung erfolgen. Erst danach kann mit der Auswertung der Daten im Rahmen des fünften Schritts begonnen werden.

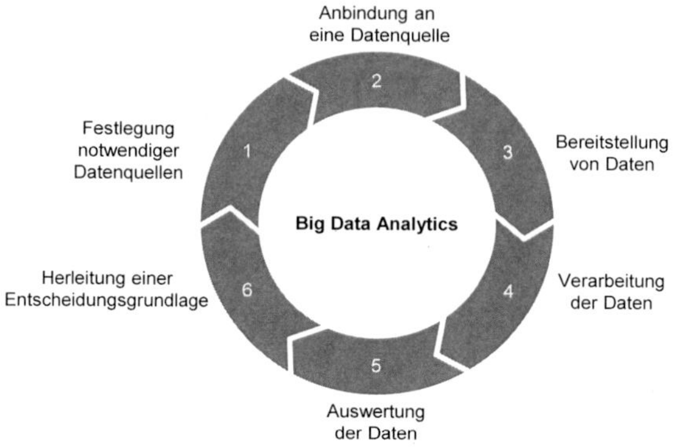

Abbildung 32: Vorgehen in Big Data Analytics Projekten[246]

Die produktionsrelevanten Datenauswertungsverfahren untergliedern sich in drei Gruppen:[247]

- Predictive Analytics erkennt Muster in Datensätzen, auf deren Basis mittels bedingter Wahrscheinlichkeiten Vorhersagemodelle abgeleitet werden.
- Data Mining ist ein Verfahren zum Erkennen und Extrahieren von Mustern und Korrelationen in großen Datenbeständen.
- Machine Learning beschreibt Methoden, in denen Computerprogramme selbständig Wissen erwerben und auf Ansätze künstlicher Intelligenz (KI) zurückgreifen.

Nachdem durch die Datenanalyse Muster erkannt und Prognosen über das Systemverhalten ermöglicht wurden, werden im sechsten Schritt Handlungsanleitungen abgeleitet. Hierzu erfolgt auf Basis von Modellen die **Herleitung von Entscheidungsgrundlagen**. Die Modelle lassen sich mittels der Analyseergebnisse absichern.[248]

Durch Big Data Analytics ergibt sich somit eine Transparenz über Wirkungszusammenhänge. Messparameter können auf Ereignisse und Abhängigkeiten untersucht werden und daraus der zukünftige Zustand eines Objekts prognostiziert werden. Die Schaffung von Transparenz stellt somit die Voraussetzung für die Umsetzung vorausschauender Maßnahmen dar.[249]

2.2.3 Anwendungskontext

In den vorhergehenden Abschnitten wurden das notwendige Begriffsverständnis sowie ein Grundverständnis der technologischen Befähiger der digitalen Vernetzung geschaffen. Im Folgenden erfolgt die Erläuterung der entstehenden Möglichkeiten im Anwendungskontext der produzierenden Industrie. Aufgrund des umfassenden Einflusses der digitalen Vernetzung auf

[246] i. A. a. Bauernhansl et al. (WGP-Standpunkt Industrie 4.0), 2016, S. 35
[247] Vgl. Bauernhansl et al. (WGP-Standpunkt Industrie 4.0), 2016, S. 35 f.
[248] Vgl. Bauernhansl et al. (WGP-Standpunkt Industrie 4.0), 2016, S. 36
[249] Vgl. Schuh et al. (Industrie 4.0 Maturity Index), 2017, S. 18

ein Unternehmen erfolgt die Erläuterung orientiert an der Unternehmensentwicklung. Nach PÜMPIN & PRANGE beschreibt die **Unternehmensentwicklung** im Zeitablauf innerhalb eines Unternehmens ablaufende Veränderungsprozesse. Sie beinhaltet sowohl strukturell-technologische Organisationsveränderungen als auch Anpassungen der Unternehmensstrategie und -politik.[250] In der Literatur wird eine Untergliederung in innere und äußere Unternehmensentwicklung vorgeschlagen.[251] Zur Untergliederung der Unternehmensentwicklung wird dem Verständnis von HOHMANN gefolgt. Demnach beschreibt die innere Unternehmensentwicklung angestrebte Veränderungen, die in das Unternehmen gerichtet sind und das Ziel haben, interne Abläufe, die Organisation oder die Unternehmenskultur zu ändern. Die äußere Unternehmensentwicklung beschreibt Veränderungen, die nach außen in den Markt gerichtet sind und auf eine Erhöhung des Unternehmensumsatzes abzielen. Beispiele für äußere Unternehmensentwicklung sind Akquisitionen und Kooperationen.[252]

Folglich lässt sich die digitale Vernetzung im Rahmen der inneren Unternehmensentwicklung und der äußeren Unternehmensentwicklung differenzieren. Zur Vereinfachung werden hierfür die Begriffe innere digitale Vernetzung und äußere digitale Vernetzung verwendet. Da die Anwendungen im Kontext des sogenannten Einkaufs 4.0 eine hohe Bedeutung für diese Arbeit haben und sich daraus Anwendungen sowohl für die innere als auch die äußere digitale Vernetzung ergeben, erfolgt die Erläuterung des Einkaufs 4.0 separat in Kapitel 2.2.3.3.

2.2.3.1 Innere digitale Vernetzung

Durch die innere digitale Vernetzung ergeben sich Chancen für Produktivitätssteigerungen.[253] Hierzu müssen die Ebenen der unternehmensinternen IT von der Feldebene bis hin zur Unternehmensleitebene vertikal miteinander verknüpft werden (vgl. Abbildung 33). Dies ermöglicht eine Synchronisierung physischer und technischer Prozesse mit den Geschäftsprozessen über alle Unternehmensebenen hinweg.[254]

Die vertikale Integration der IT-Systeme ist die Grundlage für **intelligente Fabriken** (engl.: Smart Factories), in denen Produktionsstrukturen nicht fest vorgegeben sind. Starre Produktionsstrukturen werden durch temporäre, ständig neu entstehende Strukturen auf Basis von Modellen, Daten, Kommunikation und Algorithmen ersetzt. Dies ist nur mittels einer flexiblen und rekonfigurierbaren Gestaltung von Produktionssystemen auf Basis von CPPS (vgl. Kapitel 2.2.2.1) möglich. Zudem müssen Konzepte zur Modularisierung umgesetzt werden, die eindeutige Beschreibungen der Fähigkeiten und Verhaltensweisen beispielsweise von Anlagenkomponenten beinhalten.[255]

---

250 Vgl. Pümpin & Prange (Management der Unternehmensentwicklung), 1991, S. 15

251 Vgl. Bleicher (Integriertes Management), 2011, S. 91 ff.

252 Vgl. Hohmann (Methoden der Unternehmensentwicklung), 2012, S. 40

253 Vgl. Bitkom et al. (Umsetzungsstrategie Industrie 4.0), 2015, S. 9 ff.

254 Vgl. Dumitrescu (Chancen für den Standort), 2016, S. 204

255 Vgl. Dumitrescu et al. (Weg zu Industrie 4.0), 2015, S. 13

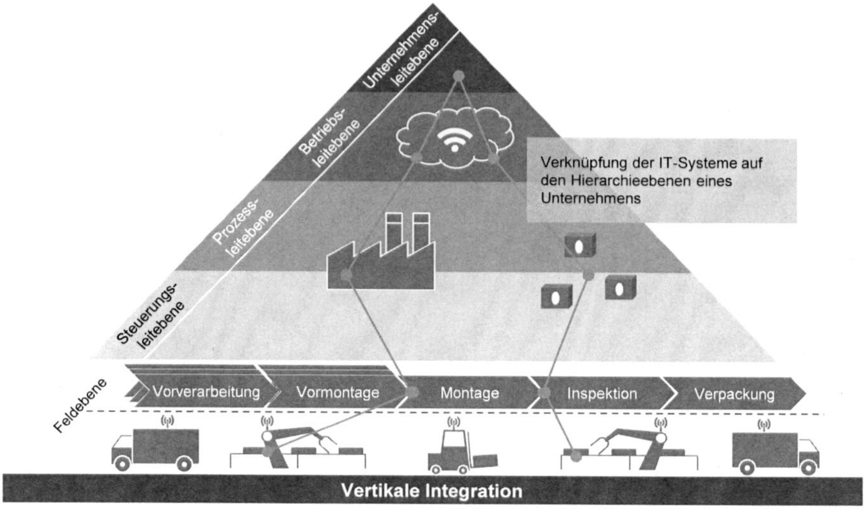

Abbildung 33: Vertikale Integration im Zuge der inneren digitalen Vernetzung[256]

BAUERNHANSL ET AL. verstehen unter der **vertikalen Integration** die Veränderung der Maschinenarchitektur von mechatronischen Systemen hin zu CPS (vgl. Kapitel 2.2.2.1).[257] Hieraus wird deutlich, dass CPS die Ausgangsbasis für eine vertikale Integration bilden. CPS sammeln automatisiert große Datenmengen über ihre reale Umgebung und digitale Prozesse. Auf Basis der Entwicklung der Sensorik ist eine immer genauere Auflösung der Daten und somit ein feingranulares Monitoring der Umwelt möglich. Zudem sinken die Preise für Sensorik. Folglich ist ein flächendeckender Einsatz von CPS möglich.[258] Typische Objekte mit einem integrierten CPS sind Maschinen, Lagersysteme und Betriebsmittel sowie hergestellte Produkte. Die Produkte mit einem integrierten CPS sind identifizierbar, jederzeit lokalisierbar und kennen ihre Historie, ihren Zustand und alternative Wege zum definierten Zielzustand. Dies ermöglicht die aktive Unterstützung von Produktionsprozessen in einer intelligenten Fabrik. Ein Rohling oder Produkt kommuniziert die nötigten Bearbeitungsschritte an die Maschine. Autonome, selbst steuernde Maschinen, Roboter, Förder- und Lagersysteme ermitteln das kapazitäts- und kostenbasierte Optimum für Transportaufgaben.[259] Somit wird durch die vertikale Integration im Zuge der inneren digitalen Vernetzung die Grundlage für eine hohe Produktivität und Flexibilität gelegt. [260]

---

[256] i. A. a. Dumitrescu (Chancen für den Standort), 2016, S. 205

[257] Vgl. Bauernhansl et al. (WGP-Standpunkt Industrie 4.0), 2016, S. 6 ff.

[258] Vgl. Kagermann (Chancen von Industrie 4.0), 2017, S. 237

[259] Vgl. Kagermann (Chancen von Industrie 4.0), 2017, S. 238 f.

[260] Vgl. Bauernhansl et al. (WGP-Standpunkt Industrie 4.0), 2016, S. 6 ff.

2.2.3.2 Äußere digitale Vernetzung

Die äußere digitale Vernetzung bezieht sich auf Veränderungen, die in Richtung der Kunden oder Lieferanten gerichtet sind. Sie ist eng verknüpft mit der horizontalen, wertschöpfungsnetzwerkübergreifenden Integration. Die horizontale Integration erfordert eine Integration der IT-Systeme, die für die betreffenden Prozessschritte von der Beschaffung über die Entwicklung und Produktion bis zur Distribution und Wartung genutzt werden (vgl. Abbildung 34).[261]

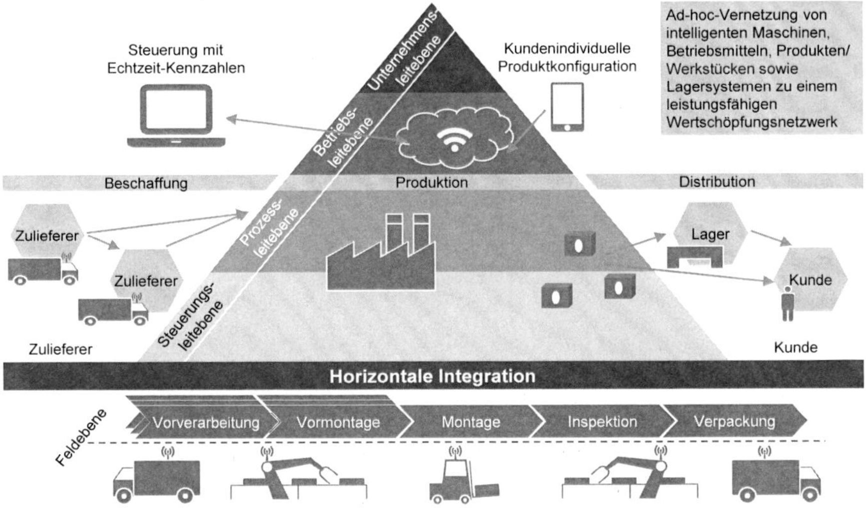

Abbildung 34: Horizontale Integration im Zuge der äußeren digitalen Vernetzung[262]

Die horizontale Integration wird durch das Internet der Dinge und Dienste (vgl. Kapitel 2.2.2.2) ermöglicht. In Kombination mit der mittels Big Data Analytics (vgl. Kapitel 2.2.2.3) realisierten Optimierung komplexer Wertschöpfungssysteme entstehen umfassende Potenziale. Der Nutzen liegt in **hochflexiblen, wandlungsfähigen Wertschöpfungssystemen**, innerhalb derer Wertschöpfung flexibel an den optimalen Ort zur Leistungserstellung transferiert wird. Daraus ergeben sich reduzierte Kosten für die Erfüllung der vom Kunden geforderten Produktkomplexität. Die sogenannten Komplexitätskosten sinken insbesondere bei der Produktion von kundenindividuellen Produkten.[263] Nach KAGERMANN wird die Produktion individualisierter Produkte zu den Kosten eines Massenprodukts langfristig möglich.[264]

Als Basis zur Realisierung der horizontalen Vernetzung sind **digitale Plattformen** von zentraler Bedeutung.[265] Im privaten Umfeld sind digitale Plattformen bereits etabliert und werden

261 Vgl. Dumitrescu (Chancen für den Standort), 2016, S. 204; Dumitrescu et al. (Weg zu Industrie 4.0), 2015, S. 13

262 i. A. a. Dumitrescu (Chancen für den Standort), 2016, S. 206

263 Vgl. Bauernhansl et al. (WGP-Standpunkt Industrie 4.0), 2016, S. 6 ff.

264 Vgl. Kagermann (Chancen von Industrie 4.0), 2017, S. 239

265 Vgl. Bauernhansl et al. (WGP-Standpunkt Industrie 4.0), 2016, S. 8

umfassend genutzt. Bekannte Beispiele sind Airbnb, Uber und Ebay.[266] CHOUDARY ET AL. definieren eine Plattform als „ein Geschäftsmodell, das darauf beruht, dass wertschöpfende Interaktionen zwischen externen Lieferanten und Kunden ermöglicht werden."[267] Eine Plattform stellt ihren Nutzern eine Infrastruktur für die Durchführung von Interaktionen bereit. Zudem legt die Plattform geltende Rahmenbedingungen und Regeln fest.[268]

Aktuelle Geschäftsmodelle der produzierenden Industrie fokussieren sich im Regelfall auf das eigene Unternehmen und die Vermarktung eigener Produkte an direkte Kunden. Durch Geschäftsmodelle, die auf Basis der digitalen Vernetzung entstehen, wird ein breiterer Gestaltungshorizont zugänglich. Die Gestaltung sogenannter **digitaler Ökosysteme**, die eigene Produkte und Dienstleistungen sowie komplementäre Produkte und Dienstleistungen anderer Lieferanten umfassen, wird möglich.[269]

Durch die horizontale Vernetzung ist es möglich, Kunden aktiv in Aufgaben des Wertschöpfungsprozesses einzubinden und zudem die Wertschöpfungspartner (z. B. Lieferanten oder Serviceprovider) effektiver einzubinden.[270] SCHUH ET AL. sehen das Aufbrechen der gewohnten, hierarchischen Struktur innerhalb von Wertschöpfungsnetzwerken hin zu einer flexiblen Kooperation als zentralen Befähiger einer effizienten, vernetzten Wertschöpfungskette an.[271]

2.2.3.3 Einkauf 4.0

Durch die digitale Vernetzung entstehen hinsichtlich der Vernetzung mit Lieferanten neue Möglichkeiten.[272] Aktuelle Entwicklungen in diesem Kontext werden unter dem Begriff Einkauf 4.0 beschrieben.[273] Der Einkauf 4.0 ist insbesondere gegenüber den elektronischen Beschaffungslösungen (eProcurement) abzugrenzen. Wesentliche Differenzierungsmerkmale liegen in der Veränderung der Beschaffungsobjekte hin zu „intelligenten" Produkten (Produkte mit CPS), einer zunehmenden Lieferantenintegration und einer stärkeren Ausrichtung von Lieferantenbeziehungen auf Innovationen. Der Einkauf 4.0 zielt zudem auf eine noch stärkere Automatisierung operativer Prozesse ab als das eProcurement.[274] Ein Gesamtbild der **Wirkbeziehungen** zwischen einer Vielfalt aus Technologietreibern, den Kerneffekten von Industrie 4.0[275], den Aufgaben des Einkaufs und den Inhalten des Einkaufs 4.0 nach KLEEMANN & GLAS ist in Abbildung 35 dargestellt.

---

[266] Vgl. Choudary et al. (Plattform-Revolution), 2017, S. 15

[267] Vgl. Choudary et al. (Plattform-Revolution), 2017, S. 17

[268] Vgl. Choudary et al. (Plattform-Revolution), 2017, S. 17

[269] Vgl. Schatz & Bauernhansl (Geschäftsmodell-Innovation), 2017, S. 246

[270] Vgl. Bauernhansl et al. (WGP-Standpunkt Industrie 4.0), 2016, S. 8

[271] Vgl. Schuh et al. (Steigerung der Kollaborationsproduktivität), 2017, S. 85 ff.

[272] Vgl. Fraunhofer IML & BME (Einkauf 4.0), 2016, S. 8

[273] Vgl. Kleemann & Glas (Einkauf 4.0), 2017, S. 8

[274] Vgl. Freidinger et al. (Einkauf 4.0 und E-Proucrement), 2016, S. 22 f.

[275] KLEEMANN & GLAS verwenden eine Definition von Industrie 4.0 und digitaler Vernetzung, die gegenüber der im Rahmen dieser Arbeit genutzten Definitionen (siehe Kapitel 2.2.1) abweicht. Entsprechend des Verständnisses in dieser Arbeit werden intelligente Systeme und Echtzeit-Kommunikation im Rahmen der digitalen Vernetzung genutzt.

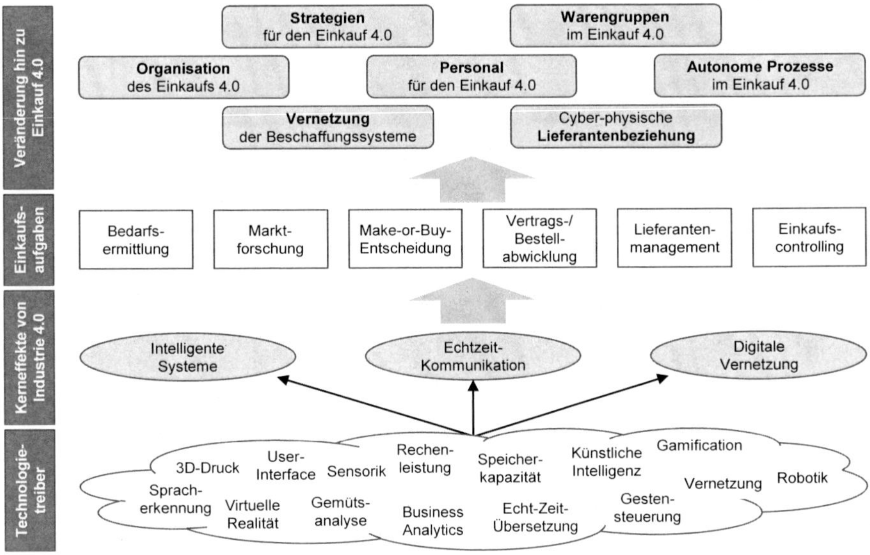

Abbildung 35: Wirkbeziehungen von Technologien im Kontext des Einkaufs 4.0[276]

Aus der Abbildung wird deutlich, dass ausgehend von einer Vielfalt an Technologien eine Datenkommunikation und Bewertung in Echtzeit, eine digitale Vernetzung mit Lieferanten und der Einsatz „intelligenter" Systeme möglich wird. Diese drei Möglichkeiten haben wiederum Auswirkungen auf alle Aufgaben des Einkaufs. Daraus ergibt sich die Notwendigkeit eines Wandels des Einkaufs. Betroffen von den Veränderungen im Zuge des Einkaufs 4.0 sind Strategien, Einkaufsorganisationen, Prozesse, Personal, Systeme und Lieferantenmanagement.[277]

Auf Basis der Analyse von 42 Publikationen mit Bezug zu Industrie 4.0 im Einkauf und im Supply Chain Management kommen GRAJCZYK & ZIGAN zu ähnlichen Erkenntnissen. Sie leiten aus ihrer Analyse die folgenden Schritte für die **Entwicklung eines Einkaufs 4.0** ab:[278]

- Automatisierung operativer Prozesse,
- Nutzung digitaler Plattformen und Schnittstellen,
- Beschaffung von Innovationen und
- Kooperation in der Auftragsabwicklung (Co-Creation).

Eine detaillierte Ausgestaltung zu den aufgeführten Punkten liegt noch nicht vor, da GRAJCZYK & ZIGAN diese lediglich als notwendige Entwicklungsschritte aufführen. ADAM ET AL. sehen zudem für die Realisierung des Einkaufs 4.0 eine **Umgestaltung der Einkaufsorganisation** als

276 i. A. a. Kleemann & Glas (Einkauf 4.0), 2017, S. 14
277 Vgl. Kleemann & Glas (Einkauf 4.0), 2017, S. 13 f.
278 Vgl. Grajczyk & Zigan (Purchasing in Industry 4.0), 2016, S. 42 ff.

notwendig an.[279] Aktuell werden die Möglichkeiten des Einkaufs 4.0 nur wenig genutzt. Nach BOGASCHEWSKY & MÜLLER nutzen bisher nur 23 % aller Unternehmen mit Einzel- und Kleinserienfertigung einkaufsspezifische IT-Anwendungen.[280] Komplexere Anwendungen des Einkaufs 4.0, wie beispielsweise digitale Plattformen zur Vernetzung mit Lieferanten, werden von lediglich 3 % der Unternehmen mit Einzel- und Kleinserienfertigung genutzt.[281] Als Herausforderungen bei der Umsetzung von Lösungen zur Lieferantenvernetzung werden die Datensicherheit, die ungeklärten Dateneigentumsrechte, ein Mangel an Best Practices und die hohen Investitionskosten angeführt.[282] Trotz der genannten Herausforderungen besteht eine hohe Erwartungshaltung an die zukünftig möglichen Entwicklungen.[283]

2.2.4 Chancen und Herausforderungen

Durch die digitale Vernetzung ergeben sich auf Basis der in Kapitel 2.2.2 vorgestellten technologischen Befähiger und der in Kapitel 2.2.3 erläuterten Anwendungen zahlreichen Chancen. Demgegenüber stehen Herausforderungen, die für eine erfolgreiche Nutzung der digitalen Vernetzung adressiert werden müssen. Chancen und Risiken der digitalen Vernetzung werden nachfolgend zusammenfassend erläutert.

Auf Basis der mittels neuer Technologien möglichen digitalen Vernetzung und den darauf basierenden, serviceorientierten Geschäftsmodellen sind in nahezu allen Bereichen der Wertschöpfung **Einsparpotenziale** realisierbar. Abbildung 36 zeigt eine Übersicht der Kostensenkungspotenziale auf Basis der digitalen Vernetzung.

	Effekte	Potenziale
Bestandskosten	▪ Reduzierung Sicherheitsbestände ▪ Vermeidung Bullwhip- und Burbidge-Effekt	-30 % bis -40 %
Fertigungskosten	▪ Verbesserung Produktivität ▪ Prozessregelkreise ▪ Verbesserung Personalflexibilität	-10 % bis -20 %
Logistikkosten	▪ Erhöhung Automatisierungsgrad	-10 % bis -20 %
Komplexitätskosten	▪ Erweiterung Leistungsspannen ▪ Reduktion „Trouble Shooting"	-60 % bis -70 %
Qualitätskosten	▪ Echtzeitnahe Qualitätsregelkreise	-10 % bis -20 %
Instandhaltungskosten	▪ Optimierung Lagerbestände ▪ Zustandsorientierte Wartung (Prozessdaten, Messdaten) ▪ Dynamische Priorisierung	-20 % bis -30 %

Abbildung 36: Nutzenpotenziale Industrie 4.0[284]

[279] Vgl. Adam et al. (Digitalisierung und Krise), 2018, S. 70 f.

[280] Vgl. Bogaschewsky & Müller (Industrie 4.0 in Einkauf & SCM), 2017, S. 4

[281] Vgl. Bogaschewsky & Müller (Industrie 4.0 in Einkauf & SCM), 2017, S. 132

[282] Vgl. Glas & Kleemann (Impact of Industry 4.0 on Procurement), 2016, S. 61

[283] Vgl. Bogaschewsky & Müller (Industrie 4.0), 2017, S. 3

[284] i. A. a. Bauernhansl (Die Vierte Industrielle Revolution), 2017, S. 27

BAUERNHANSL ET AL. halten eine Steigerung der Gesamtproduktivität um bis zu 50 % für möglich.[285] Zu den aufgezeigten Potenzialen hinsichtlich der Gesamtproduktivität der Wertschöpfungskette leistet die wertschöpfungskettenübergreifende digitale Vernetzung einen wichtigen Beitrag, da sich der Wettbewerb einzelner Unternehmen hin zu einem Wettbewerb von vernetzten Wertschöpfungsketten verlagern wird.[286] Die Potenziale der digitalen Vernetzung mit Lieferanten basieren zusammenfassend auf den folgenden drei Aspekten:

- Plattformbasierte Geschäftsabwicklung (vgl. Kapitel 2.2.2.2 und Kapitel 2.2.3.2),
- Echtzeitnahe Massendatenauswertung (vgl. Kapitel 2.2.2.3 und Kapitel 2.2.3.3) und
- Digitale Kooperation (vgl. Kapitel 2.2.3.2 und Kapitel 2.2.3.3).

Aktuell realisieren viele Unternehmen die aufgezeigten Potenziale nicht, da singuläre Pilotsysteme anstelle eines ganzheitlich digital vernetzten Systems entwickelt wurden.[287] Die Auslegung von Lösungsansätzen muss ganzheitlich und systematisch erfolgen. Lösungsansätze müssen zudem die gesamte Wertschöpfungskette berücksichtigen.

2.3 Werkzeugbau

Die Beschreibung der Grundlagen zur Branche Werkzeugbau erfolgt auf Basis der unter Mitwirkung des Autors bearbeiteten Forschungs- und Industrieprojekte am Lehrstuhl für Produktionssystematik der RWTH Aachen University. Die Struktur basiert daher auf mehreren vorausgegangenen Arbeiten, darunter die Arbeiten von KOMOREK[288], PITSCH[289] und SALMEN[290].

Im Rahmen dieses Teils des Kapitels erfolgt die Beschreibung der Grundlagen des Betrachtungsbereichs der Branche Werkzeugbau. Zunächst werden der Begriff Werkzeugbau und damit verbundene Fachausdrücke eingeführt und eingeordnet. Darauf aufbauend werden die Branchenstruktur und das Leistungsspektrum der Branche Werkzeugbau erläutert. Anschließend wird die Wertschöpfung im Werkzeugbau dargestellt. Eine Erläuterung der zentralen Herausforderungen der Branche Werkzeugbau erfolgt abschließend.

2.3.1 Begriffsverständnis und Einordnung

Sowohl in der Theorie als auch in der Praxis existiert kein einheitliches Begriffsverständnis für die Begriffe Werkzeug und Werkzeugbau.[291] Für die vorliegende wissenschaftliche Arbeit werden die beiden Begriffe nachfolgend definiert und in den Gesamtkontext eingeordnet.

2.3.1.1 Definition Werkzeug

Unter dem Begriff **Werkzeug** sind Fertigungsmittel zu verstehen, die auf ein bestimmtes Material unmittelbar zum Zweck der Form- und Substanzveränderung mechanisch oder

[285] Vgl. Bauernhansl et al. (WGP-Standpunkt Industrie 4.0), 2016, S. 3

[286] Vgl. Kagermann (Chancen von Industrie 4.0), 2017, S. 239

[287] Vgl. Schuh et al. (Industrie 4.0 Maturity Index), 2017, S. 10

[288] Vgl. Komorek (Kollaborative Wertschöpfung), 2014

[289] Vgl. Pitsch (Kompetenzfeldbasierte Vernetzung), 2014

[290] Vgl. Salmen (Digital vernetzter Shopfloor), 2016

[291] Vgl. Pitsch (Kompetenzfeldbasierte Vernetzung), 2014, S. 33

physikalisch-chemisch einwirken.[292] Diese Definition ist allgemein und beinhaltet sowohl Hohlformwerkzeuge als auch Standardwerkzeuge wie Drehmeißel, Schneideplatten, Fräsköpfe, Bohrer oder Schleifscheiben.[293] Der Betrachtungsbereich dieser Arbeit beschränkt sich auf Hohlformwerkzeuge, die nachfolgend unabhängig von ihrer Unterart als Werkzeuge bezeichnet werden.

Nach KLOCKE & ARNTZ ist ein Werkzeug ein komplexes Produkt, welches zur Formgebung eingesetzt wird und zahlreiche individuelle Funktionen sowie Merkmale aufweist.[294] Der Einsatz von Werkzeugen erfolgt in Verbindung mit weiteren Maschinen und Anlagen, wobei das Werkzeug ein Mittel zur Verrichtung von Arbeit ist.[295] Die Arbeit drückt sich im Produzieren eines oder mehrerer Teile aus, sodass ein Werkzeug in die Klasse der Produktions- bzw. Fertigungsmittel und deren Oberklasse der Betriebsmittel einzuordnen ist (vgl. Abbildung 37).[296] Betriebsmittel sind definiert als notwendige Hilfsmittel zur Serienproduktion, die kein Bestandteil des produzierten Teils werden.[297]

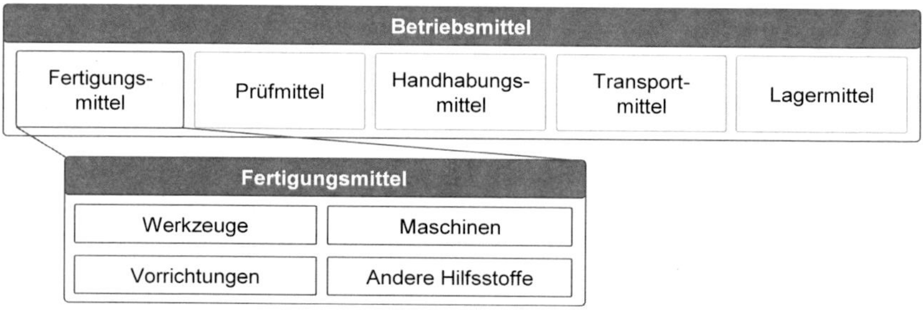

Abbildung 37: Einordnung von Fertigungsmitteln nach VDI-Norm 2815[298]

Da Werkzeuge im Produktionsprozess nicht aktiv wirken, sondern zur Leistungserstellung eine Maschine oder Anlage als Initiator benötigen, werden sie auch als passive Betriebsmittel bezeichnet.[299]

---

[292] Vgl. VDI (VDI-Richtlinie 2815), 1978: Diese Norm wurde in 2001 zurückgezogen, wird jedoch in der industriellen Praxis weiterhin genutzt; Kuhlmann (Geschäftsprozesse), 2017, S. 65; Salmen (Digital vernetzter Shopfloor), 2016, S. 37

[293] Vgl. Canis (Tool and Die Industry), 2012, S. 1 f.; Eversheim & Klocke (Strategie und Technologie), 1998, S. 25

[294] Vgl. Klocke & Arntz (Technologien für den Werkzeug- und Formenbau), 2004, 9 f.

[295] Vgl. Corsten (Lexikon der Betriebswirtschaftslehre), 2008, S. 336

[296] Vgl. VDI (VDI-Richtlinie 2815), 1978

[297] Vgl. Kuhlmann (Gestaltung von Geschäftsprozessen), 2011, S. 25

[298] Vgl. VDI (VDI-Richtlinie 2815), 1978

[299] Vgl. Corsten (Lexikon der Betriebswirtschaftslehre), 2008, S. 336

2.3.1.2 Definition Werkzeugbau

Der Begriff **Werkzeugbaubetrieb** beschreibt ein produzierendes Unternehmen bzw. eine produzierende Abteilung innerhalb eines Unternehmens, welches Werkzeuge herstellt.[300] Nach dem Verständnis von FRICK[301], welches auch von KUHLMANN[302] und SALMEN[303] angewendet wird, dient der Begriff Werkzeugbau als Oberbegriff für die Begriffe Formenbau, Werkzeug- und Formenbau, Werkzeug- und Anlagenbau sowie für analoge Bezeichnungen.

Werkzeugbaubetriebe lassen sich hinsichtlich ihres Marktzugangs in interne und externe Werkzeugbaubetriebe unterteilen. Aus dem Marktzugang ergeben sich unterschiedliche Eigenschaften und Zielsetzungen.[304] Gemäß der Datenbank des Werkzeugmaschinenlabors WZL der RWTH Aachen University und des Fraunhofer-Instituts für Produktionstechnologie IPT teilt sich die Branche Werkzeugbau in Deutschland aktuell in ca. 45 % interne und 55 % externe Werkzeugbaubetriebe auf (vgl. Abbildung 38).

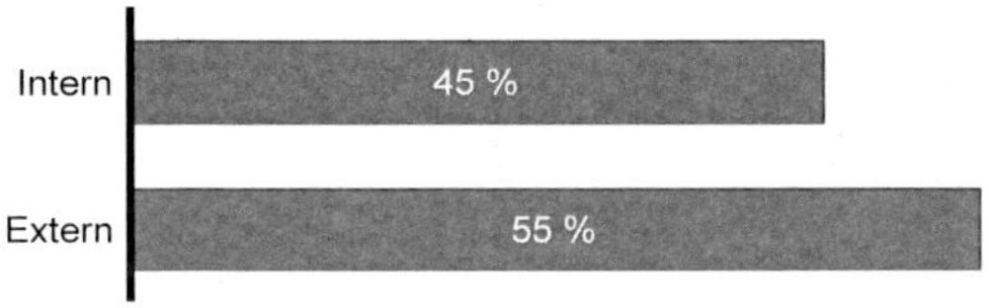

Abbildung 38: Marktzugang deutscher Werkzeugbaubetriebe[305]

Interne Werkzeugbaubetriebe sind in die Aufbauorganisation eines übergeordneten Unternehmens, das sogenannte Mutterunternehmen, integriert. Sie versorgen die Serienproduktionsstandorte des Mutterunternehmens mit Werkzeugen und werkzeugspezifischen Dienstleistungen. Das Mutterunternehmen ist der Hauptkunde des internen Werkzeugbaubetriebs und stattet diesen mit Sach- und Finanzmitteln aus.[306] Zielsetzung eines internen Werkzeugbaubetriebs ist die Gewährleistung von Effizienz, Verfügbarkeit, Zuverlässigkeit und Innovation der Serienproduktion. Somit leistet der interne Werkzeugbaubetrieb einen Beitrag zur Gesamtproduktivität des Unternehmens.[307] Zudem ermöglicht ein interner Werkzeugbaubetrieb einen verbesserten Schutz von Know-how, eine erhöhte Unabhängigkeit von externen Lieferanten

[300] Vgl. Pitsch (Kompetenzfeldbasierte Vernetzung), 2014, S. 34

[301] Vgl. Frick (Geschäftsmodelle im Werkzeugbau), 2006, S. 20 f.

[302] Vgl. Kuhlmann (Corporate Tooling), 2017, S. 65 f.

[303] Vgl. Salmen (Digital vernetzter Shopfloor), 2016, S. 38

[304] Vgl. Pitsch (Kompetenzfeldbasierte Vernetzung), 2014, S. 34

[305] Vgl. Gemeinsame Datenbank des Werkzeugmaschinenlabors WZL der RWTH Aachen University und des Fraunhofer-Instituts für Produktionstechnologie IPT, Stand Januar 2019

[306] Vgl. Eversheim & Klocke (Strategie und Technologie), 1998, S. 3 & S. 74

[307] Vgl. Kuhlmann (Corporate Tooling), 2017, S. 66

sowie eine Reduzierung und Optimierung von Schnittstellen.[308] Grundsätzlich werden drei Organisationsformen von internen Werkzeugbetrieben unterschieden (vgl. Abbildung 39).[309]

	Abteilung	Cost-Center	Profit-Center
Ausrichtung	Aufgabenorientiert	Kostenorientiert	Leistungsorientiert
Arbeitsweise	Kostenumlage auf andere Bereiche	Eigenverantwortung bezüglich Kosten	Eigenverantwortung bezüglich Ergebnis
Vorteile	„Unbeschränkte" Finanzmittel	Kostensenkung durch Kostenverantwortung	Vergleichsmöglichkeit mit externen Anbietern
Nachteile	Hohe Kosten durch fehlende Verantwortung	Bedingter Rentabilitätsvergleich	Hoher administrativer Aufwand

Abbildung 39: Organisationsformen interner Werkzeugbaubetriebe[310]

Die Organisation innerhalb eines Mutterunternehmens ist als Abteilung, als Cost-Center oder als Profit-Center möglich.[311] Ein Vergleich der drei Organisationsformen interner Werkzeugbaubetriebe ist in dargestellt. Ein als **Abteilung** innerhalb des Mutterunternehmens organisierter interner Werkzeugbaubetrieb ist aufgabenorientiert ausgerichtet. Alle entstehenden Kosten werden auf andere Bereiche des Unternehmens umgelegt, da der Werkzeugbaubetrieb keine Kostenverantwortung hat. Folglich sind die Finanzmittel nahezu unbeschränkt, was häufig zu hohen Kosten führt. In einem als **Cost-Center** in das Mutterunternehmen integrierten Werkzeugbaubetrieb besteht Eigenverantwortung für anfallende Kosten. Durch die Kostenverantwortung werden anfallende Kosten messbar und häufig gegenüber als Abteilung organisierten Werkzeugbaubetrieben gesenkt. Eine Vergleichbarkeit der Rentabilität ist jedoch nicht realisierbar.[312] Durch eine Integration als **Profit-Center** wird der Werkzeugbaubetrieb leistungsorientiert ausgerichtet. Auf Basis der Eigenverantwortung für das Betriebsergebnis wird ein direkter Vergleich mit Lieferanten ermöglicht. Hierfür ist ein erhöhter administrativer Aufwand notwendig.[313]

---

[308] Vgl. Kuhlmann (Gestaltung von Geschäftsprozessen), 2011, S. 27; Zwicker (Interner Werkzeugbau), 2009, S. 12 f.

[309] Vgl. Salmen (Digital vernetzter Shopfloor), 2016, S. 39

[310] Vgl. Kuhlmann (Gestaltung von Geschäftsprozessen), 2011, S. 27

[311] Vgl. Eversheim & Klocke (Strategie und Technologie), 1998, S. 4

[312] Vgl. Salmen (Digital vernetzter Shopfloor), 2016, S. 39

[313] Vgl. Eversheim & Klocke (Strategie und Technologie), 1998, S. 74 ff.; Kuhlmann (Gestaltung von Geschäftsprozessen), 2011, S. 27

Externe Werkzeugbaubetriebe sind rechtlich selbstständige und unabhängige Unternehmen, die für externe Kunden Werkzeuge herstellen sowie werkzeugspezifische Dienstleistungen anbieten.[314] Ihr primäres Ziel ist die Gewinnmaximierung bzw. die Sicherstellung der langfristigen Überlebensfähigkeit des Betriebs.[315] Im Gegensatz zum internen Werkzeugbaubetrieb nimmt der Kunde bei externen Werkzeugbaubetrieben nicht die Rolle des Kapitalgebers ein. Der externe Werkzeugbaubetrieb ist bestrebt, ein breites Kunden- und Branchenspektrum zu bedienen, um Auslastungsschwankungen auszugleichen.[316] EVERSHEIM & KLOCKE unterscheiden zwischen den wirtschaftlich unabhängigen Werkzeugbaubetrieben und den in Unternehmensverbünde eingegliederten externen Werkzeugbaubetrieben.[317] Letztgenannte führen ihre Geschäftstätigkeiten unter dem Namen eines Mutterunternehmens aus und werden in die Gesamtbilanzen integriert. Sie bieten ihre Leistungen jedoch ausschließlich am Markt und nicht unternehmensintern an.[318]

Die Unterscheidung zwischen internen und externen Werkzeugbaubetrieben ist vor allem bezüglich der Kundenbeziehung relevant.[319] Hingegen ist die Unterscheidung hinsichtlich der Wertschöpfung sowie der operativen Abläufe zur Erstellung von Werkzeugen vernachlässigbar.[320] Daher werden nachfolgend im Rahmen dieser Arbeit die Begriffe Branche Werkzeugbau und Werkzeugbaubetrieb sowohl für externe als auch für interne Werkzeugbaubetriebe verwendet.

2.3.2 Branche Werkzeugbau

Nach der Definition und Einordnung der für diese Arbeit relevanten Begriffe erfolgt in diesem Kapitel die Vorstellung der Branchenstruktur der Branche Werkzeugbau. Zusätzlich wird das Leistungsspektrum der Branche Werkzeugbau gegliedert und erläutert.

2.3.2.1 Branchenstruktur

Die deutsche Branche Werkzeugbau ist durch kleine und mittlere Unternehmen charakterisiert.[321] In Deutschland wird die Branche Werkzeugbau durch den Interessenverband VDMA (Verband Deutscher Maschinen- und Anlagenbau) vertreten und ist innerhalb des VDMA Teil des übergeordneten Bereichs Präzisionswerkzeuge. Neben der Branche Werkzeugbau beinhaltet der **Bereich Präzisionswerkzeuge** auch Unternehmen, die Spannzeuge und Zerspanwerkzeuge herstellen und anbieten. Die Branche Werkzeugbau stellt mit 52 % des Gesamtumsatzes des Bereichs Präzisionswerkzeuge den umsatzstärksten Teilbereich dar.[322]

---

[314] Vgl. Eversheim & Klocke (Strategie und Technologie), 1998, S. 3
[315] Vgl. Boos (Modulare Werkzeuge), 2008, S. 28
[316] Vgl. Spennemann (Gestaltung von Organisationsstrukturen), 2001, S. 12
[317] Vgl. Eversheim & Klocke (Strategie und Technologie), 1998, S. 4
[318] Vgl. Kühn (Lebenszyklusorientierte Leistungssysteme), 2016, S. 35
[319] Vgl. Salmen (Digital vernetzter Shopfloor), 2016, S. 40
[320] Vgl. Komorek (Kollaborative Wertschöpfung), 2014, S. 40
[321] Vgl. Kühn (Lebenszyklusorientierte Leistungssysteme), 2016, S. 36
[322] Vgl. VDMA (Präzisionswerkzeuge), 2017, S. 8

Mehr als 80 % der deutschen Werkzeugbaubetriebe weisen weniger als 20 Mitarbeiter auf und weniger als 1 % der Betriebe beschäftigen mehr als 100 Mitarbeiter (vgl. Abbildung 40). Eine Ausnahme bilden interne Werkzeugbaubetriebe von Automobilherstellern und anderen produzierenden Großunternehmen, die teilweise mehr als 1.000 Mitarbeiter haben. Obwohl ein typischer Werkzeugbaubetrieb zu den **kleinen und mittleren Unternehmen (KMU)** zählt, sind seine Aufträge in der Regel großvolumig und zeitaufwendig.[323]

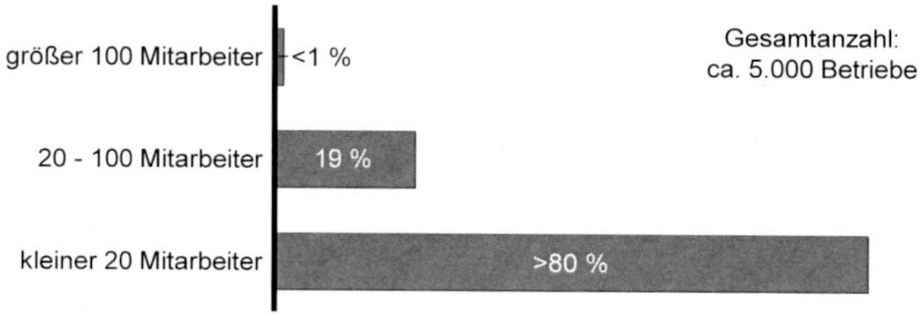

Abbildung 40: Mitarbeiteranzahl deutscher Werkzeugbaubetriebe[324]

In KMU ist es charakteristisch, dass einzelne Mitarbeiter mehrere Funktionen ausführen. Insbesondere ist häufig ein Mitarbeiter sowohl für Leistungserstellung als auch für unterstützende Aktivitäten zuständig. Ebenso sind KMU dadurch gekennzeichnet, dass Kompetenzen häufig direkt von einzelnen Mitarbeitern abhängig sind und Finanzmittel begrenzt verfügbar sind.[325] Nach KOMOREK müssen alle wissenschaftlichen und praktischen Lösungsansätze für die Branche Werkzeugbau diese Restriktionen berücksichtigen.[326]

2.3.2.2 Leistungsspektrum

Der Umsatz im Bereich der Präzisionswerkzeuge betrug in Deutschland im Jahr 2016 ca. 10,6 Milliarden €, wobei ca. 52 %[327] auf die Branche Werkzeugbau entfielen. Nach einem starken Umsatzrückgang im Jahr 2009 weist der Bereich der Präzisionswerkzeuge ein kontinuierliches Umsatzwachstum auf. Für das Jahr 2017 wird eine geschätzte Steigerung des Umsatzes um 7 % im Vergleich zum Vorjahr erwartet. Zudem wird eine Umsatzsteigerung von nochmals 5 % im Jahr 2018 prognostiziert (vgl. Abbildung 41).[328] Werkzeugbaubetriebe stellen produkt- und kundenspezifische Unikate her und bieten ihre Leistungen in Einzel- und Kleinserien an.[329] Die wichtigste Leistung von Werkzeugbaubetrieben in Deutschland ist mit 71,7 % des Umsatzvolumens die Herstellung von Neuwerkzeugen.[330]

---

323 Vgl. VDMA (Werkzeugbau), 2017, S. 3

324 Vgl. VDMA (Werkzeugbau), 2017, S. 3

325 Vgl. Pichler et al. (Management in KMU), 2000, S. 11 ff.

326 Vgl. Komorek (Kollaborative Wertschöpfung), 2014, S. 53

327 Für das Jahr 2017 erfolgte keine Veröffentlichung der Umsatzverteilung innerhalb der Branche Präzisionswerkzeuge. Daher bezieht sich der Umsatzanteil auf das Jahr 2016.

328 Vgl. VDMA (Präzisionswerkzeuge), 2018, S. 3

329 Vgl. Frick (Geschäftsmodelle im Werkzeugbau), 2006, S. 22

330 Vgl. Gemeinsame Datenbank des Werkzeugmaschinenlabors WZL der RWTH Aachen University und des Fraunhofer-Instituts für Produktionstechnologie IPT, Stand Januar 2019

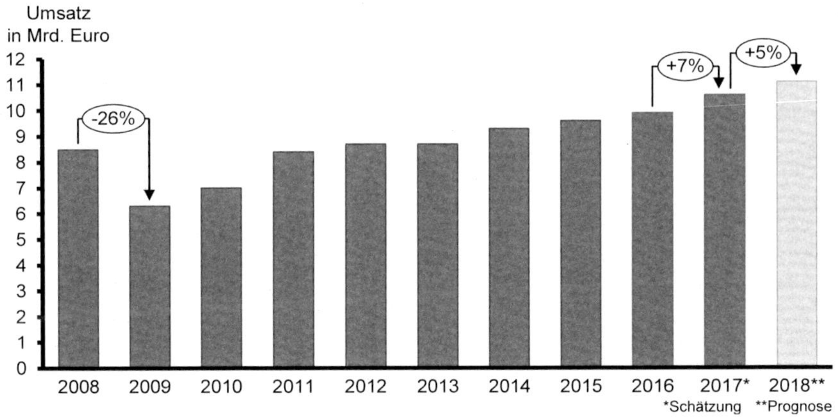

Abbildung 41: Umsatzentwicklung und Prognose des Bereichs Präzisionswerkzeuge[331]

Neben Werkzeugen bieten Werkzeugbaubetriebe häufig weitere Leistungen an. Eine Kategorisierung dieser Leistungen ist in Abbildung 42 dargestellt.[332]

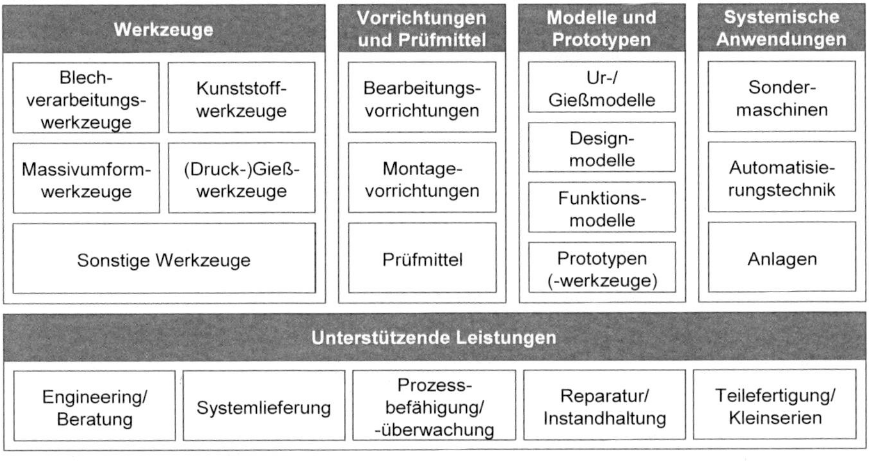

Abbildung 42: Leistungsspektrum der Branche Werkzeugbau[333]

Werkzeuge werden hinsichtlich ihrer **makro- und mikroskopischen Eigenschaften** unterschieden. Ihr Gesamtgewicht kann von unter 100 kg bis zu 40 t betragen. Die Komplexität wird insbesondere durch die Oberflächengüte und Materialbeschaffenheit des Serienprodukts und der abzuleitenden Anforderungen an die Oberfläche und den Materialeinsatz im Werkzeug

---

[331] i. A. a. VDMA (Präzisionswerkzeuge), 2018, S. 3

[332] Vgl. Brankamp (Betriebsmittelbau), 1991, S. 5

[333] i. A. a. Eversheim & Klocke (Strategie und Technologie), 1998, S. 25

bestimmt. Die Anzahl der Einzelteile sowie die Integration von Zusatzfunktionen tragen weiter zur Komplexität bei.[334] Werkzeuge lassen sich in Blechverarbeitungs-, Massivumform-, Kunststoff-, (Druck-)Gießwerkzeuge und sonstige Werkzeuge unterteilen.[335] Der Struktur von SALMEN[336] folgend werden die Werkzeugarten nachfolgend erläutert:

- **Blechverarbeitungswerkzeuge** werden weiter in Stanz-Biegewerkzeuge und Tiefziehwerkzeuge unterschieden. In einem Stanz-Biegewerkzeug werden Bleche durch Umformen, Stanzen oder Biegen in Form gebracht. Die Arbeitsvorgänge werden in Folgeverbund- oder Transferwerkzeugen hintereinander ausgeführt.[337] Tiefziehwerkzeuge verformen Blechteile plastisch unter Beibehaltung der Masse und Stoffzusammensetzung. Durch die ausgeübten Zug- und Druckkräfte werden mehrdimensionale Spannungszustände im Material induziert und es entstehen Rückfederungen.[338]
- **Kunststoffwerkzeuge** dienen zur Produktion von Teilen aus Elastomeren, Duroplasten und Thermoplasten.[339] Sie nutzen die Urformverfahren Pressformen, Spritzgießen, Extrudieren, Kalandrieren und Blasformen.[340] Spritzgießwerkzeuge, bei denen die erhitzte Kunststoffmasse in einen Hohlraum geschossen und anschließend abgekühlt wird, stellen die häufigste Umsetzung von Kunststoffwerkzeugen dar.[341]
- Mit **Massivumformwerkzeugen** werden metallische Werkstoffe umgeformt. Nach DIN 8580 wird von Massivumformung gesprochen, wenn ein Körper in allen Koordinatenrichtungen verändert wird.[342] Verfahren der Massivumformung sind Stauchen, Schmieden, Walzen, Fließpressen, Strangpressen, Biegen und Durchziehen.[343] Massivumformwerkzeuge werden nach DIN 8582 basierend auf der Temperatur der Rohteile vor dem Umformvorgang entweder der Kaltumformung (Raumtemperatur ca. 20° C) oder der Warmumformung (ca. 1000-1250° C) zugeordnet.[344]
- **(Druck-)Gießwerkzeuge** werden zum Urformen von Einzelteilen aus schmelzflüssigem Metall genutzt. Durch Gießen können Werkstücke in einem Arbeitsgang in ihre endgültige Form gebracht und verlustarm hergestellt werden.[345] Das Metall wird während des Gießvorgangs durch integrierte Kanäle in eine formgebende Kavität gefüllt. Nach der Erstarrung wird das Werkzeug geöffnet und das Einzelteil entnommen.[346] Die

---

[334] Vgl. Klocke & Arntz (Technologien für den Werkzeug- und Formenbau), 2004, S. 3 ff.

[335] Vgl. Eversheim & Klocke (Strategie und Technologie), 1998, S. 25 ff.

[336] Vgl. Salmen (Digital vernetzter Shopfloor), 2016, S. 43 ff.

[337] Vgl. Schuler GmbH (Handbuch Umformtechnik), 1996, S. 124 ff.

[338] Vgl. Doege & Behrens (Handbuch Umformtechnik), 2010, S. 59; Schuler GmbH (Handbuch Umformtechnik), 1996, S. 124 ff.

[339] Vgl. Menges et al. (Spritzgießwerkzeuge), 2007, S. 560 ff.

[340] Vgl. Bonnet (Kunststofftechnik), 2016, S. 161

[341] Vgl. Mennig (Kunststoffverarbeitung), 1995, S. 6 ff.

[342] Vgl. Deutsches Institut für Normung (DIN 8580), 2003

[343] Vgl. Doege & Behrens (Handbuch Umformtechnik), 2010, S. 71 ff.

[344] Vgl. Deutsches Institut für Normung (DIN 8582), 2003

[345] Vgl. Fritz et al. (Urformen), 2015, S. 8

[346] Vgl. Brunhuber (Druckgussfertigung), 1991, S. 187

thermische Belastung beim Druckgießen von Metall ist höher als beim vergleichbaren Prozess mit Kunststoff, wodurch die Lebensdauer von Gießwerkzeugen geringer ist.[347]

- Zu den **sonstigen Werkzeugen und Erzeugnissen** gehören alle Erzeugnisse, die keiner der genannten Kategorien zuzuordnen sind. Als Beispiel für sonstige Werkzeuge sind insbesondere Sinter-Pressformen zu nennen, die metallisch-pulverförmige Materialien unter hohem, homogenem Druck urformen. Zudem stellen Werkzeugbaubetriebe mit ihren Werkzeugen im Kundenauftrag Kleinserien her.[348]

Der Anteil der beschriebenen Erzeugnisse am Gesamtumsatz der Branche Werkzeugbau unterscheidet sich stark. Den höchsten Umsatzanteil haben die Werkzeugarten Kunststoffwerkzeuge (vgl. Abbildung 43).

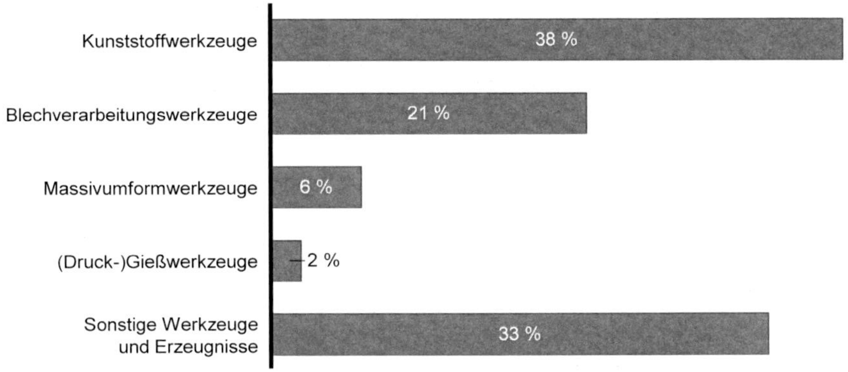

Abbildung 43: Umsatzverteilung der Branche Werkzeugbau nach Erzeugnissen[349]

In Folge der Produkt- und Kundenindividualität ist die Branche Werkzeugbau überwiegend vom Projektgeschäft geprägt. Die Fertigung von Neuwerkzeugen ist, mit Ausnahme von Ersatzwerkzeugen, immer mit dem Anlauf einer Serienproduktion verknüpft.[350] Allerdings existieren neben Aufträgen für Neuwerkzeuge noch weitere Auftragsarten in der Branche Werkzeugbau. Nach EVERSHEIM & KLOCKE lassen sich fünf Auftragsarten unterscheiden:[351]

- Neuaufträge,
- Änderungsaufträge,
- Reparaturaufträge,
- Instandhaltungsaufträge und
- Sonstige Aufträge.

[347] Vgl. Bilsing (Bewertung der technologischen Leistungsfähigkeit), 2006, S. 5

[348] Vgl. Bilsing (Bewertung der technologischen Leistungsfähigkeit), 2006, S. 5

[349] Vgl. Gemeinsame Datenbank des Werkzeugmaschinenlabors WZL der RWTH Aachen University und des Fraunhofer-Instituts für Produktionstechnologie IPT, Stand Januar 2019

[350] Vgl. Komorek (Kollaborative Wertschöpfung), 2014, S. 41

[351] Vgl. Eversheim & Klocke (Strategie und Technologie), 1998, S. 20 ff.

Werkzeugbaubetriebe führen die genannten Auftragsarten unterschiedlich häufig durch, wobei sich externe und interne Werkzeugbaubetriebe hinsichtlich der Häufigkeitsverteilung unterscheiden.[352] Abbildung 44 zeigt den Anteil der einzelnen Auftragsarten an der Gesamtauftragsanzahl interner und externer Werkzeugbaubetriebe.

	Externer Werkzeugbau	Interner Werkzeugbau
Neuaufträge	36,0 %	32,3 %
Änderungsaufträge	25,3 %	16,0 %
Reparaturaufträge	11,9 %	21,7 %
Instandhaltungsaufträge	10,6 %	17,8 %
Sonstige Aufträge	16,2 %	12,2 %

Abbildung 44: Verteilung der Auftragsarten nach Anzahl[353]

Die Auftragsarten unterscheiden sich nach den Bestandteilen der Wertschöpfung und den im Rahmen der Auftragsabwicklung erforderlichen Aktivitäten.[354] **Neuaufträge** umfassen die Neuentwicklung und Fertigung von Werkzeugen für die Serienproduktion. Ein Neuauftrag durchläuft den gesamten Prozess der Auftragsabwicklung und nimmt alle intern verfügbaren Kompetenzen und Ressourcen in Anspruch.

Änderungsaufträge umfassen die Modifikation bestehender Werkzeuge aufgrund von Designänderungen des Endprodukts oder Optimierungen innerhalb des Serienfertigungsprozesses. Dabei werden nur jene Aktivitäten in Anspruch genommen, die erforderlich sind, um das Werkzeug konstruktiv anzupassen und eventuell bereits gefertigte Werkzeugeinzelteile anzupassen oder neu herzustellen.

Reparaturaufträge werden bei Defekten des Werkzeugs ausgelöst. Ihre Bearbeitung ist häufig zeitkritisch, um teure Stillstandszeiten in der Serienproduktion zu minimieren. Für Reparaturaufträge werden größtenteils die mechanische Fertigung und die Montage benötigt.

Instandhaltungsaufträge sind im Vergleich zu Reparaturaufträgen planbar und eine vorbeugende Durchführung ist möglich. Nach einer Analyse des Werkzeugs durch die Montage oder ein spezialisiertes Team sind eventuell Reparaturtätigkeiten erforderlich, die dann den gleichen Ablauf aufweisen wie Reparaturaufträge.

---

[352] Vgl. Salmen (Digital vernetzter Shopfloor), 2016, S. 46

[353] Vgl. Gemeinsame Datenbank des Werkzeugmaschinenlabors WZL der RWTH Aachen University und des Fraunhofer-Instituts für Produktionstechnologie IPT, Stand Januar 2019

[354] Vgl. Pitsch (Kompetenzfeldbasierte Vernetzung), 2014, S. 41

Sonstige Aufträge fassen insbesondere Wiederholaufträge und Beratungsleistungen zusammen. Ein Wiederholauftrag bedeutet das erneute Fertigen eines bereits entwickelten Werkzeugs. Die Auftragsabwicklung umfasst dementsprechend keine Werkzeugentwicklung und geringere Aufwände in der Arbeitsvorbereitung. Beratungsaufträge beinhalten je nach Aufgabenstellung verschiedene Wertschöpfungsumfänge. Vielfach sind Leistungen der Werkzeugentwicklung, also der Simulation und der Konstruktion, wesentlicher Bestandteil einer Beratungsleistung.[355]

Da externe Werkzeugbaubetriebe zum Zweck der Gewinnmaximierung existieren, fokussieren sie sich größtenteils auf Neu- und Änderungsaufträge. Interne Werkzeugbaubetriebe hingegen haben das Ziel, die Produktionsfähigkeit des Mutterunternehmens sicherzustellen. Hieraus folgt eine stärkere Gewichtung von Reparatur- und Wartungsaufträgen.[356]

2.3.3 Wertschöpfung im Werkzeugbau

Nach MÜLLLER-STEWENS & LECHNER entsteht Wertschöpfung, „wenn Inputfaktoren so miteinander kombiniert werden, dass ein Output entsteht, dessen Wert höher ist als der der eingekauften Inputfaktoren."[357] Wertschöpfung geschieht durch Wertschöpfungsaktivitäten in voneinander abgrenzbaren Funktionsbereichen eines Unternehmens.[358] Für die Umsetzung der Wertschöpfungsaktivitäten sind materielle und immaterielle Ressourcen notwendig.[359]

Zur Erläuterung der Wertschöpfung im Werkzeugbau wird zunächst die Wertschöpfungskette dargestellt. Anschließend werden die in der Branche Werkzeugbau genutzten Ressourcen beschrieben. Abschließend wird die Kooperation von Werkzeugbaubetrieben mit anderen Unternehmen als Befähiger einer effizienten Wertschöpfung beschrieben.

2.3.3.1 Wertschöpfungskette

Eine Wertschöpfungskette (auch Wertkette genannt) ist ein konzeptioneller Ansatz, in dem ein Unternehmen als aneinandergereihte **Abfolge von Aktivitäten** verstanden wird.[360] Die Aktivitäten einer Wertschöpfungskette haben das Ziel der Erreichung von Gewinn. Aktivitäten sind definiert als betriebliche Vorgänge, die Bestandteil der Wertschöpfung sind. Nach PORTER werden Aktivitäten in primäre und sekundäre Aktivitäten unterteilt. Primäre Aktivitäten in einem produzierenden Unternehmen sind Tätigkeiten der physischen Herstellung eines Produktes, dessen Verkauf, die Übermittlung an den Kunden und der Kundendienst. Sekundäre Aktivitäten befähigen die primären Aktivitäten.[361]

---

355 Vgl. Eversheim & Klocke (Strategie und Technologie), 1998, S. 20 ff.; Pitsch (Kompetenzfeldbasierte Vernetzung), 2014, S. 41; Salmen (Digital vernetzter Shopfloor), 2016, S. 46; Ziskoven (Getaktete Fertigung), 2013, S. 39

356 Vgl. Pitsch (Kompetenzfeldbasierte Vernetzung), 2014, S. 42

357 Vgl. Müller-Stewens & Lechner (Strategisches Management), 2016, S. 350

358 Vgl. Wunderer & Jaritz (Evaluation der Wertschöpfung), 2006, S. 40

359 Vgl. Müller-Stewens & Lechner (Strategisches Management), 2016, S. 350

360 Vgl. Müller-Stewens & Lechner (Strategisches Management), 2016, S. 630

361 Vgl. Porter (Wettbewerbsvorteile), 2014, S. 66 f.

Die Zusammensetzung einer Wertschöpfungskette ist branchenabhängig und innerhalb einzelner Branchen heterogen.[362] Die Branche Werkzeugbau ist aufgrund ihrer Stellung in der Wertschöpfungskette von hoher Bedeutung für die industrielle Produktion (vgl. Abbildung 45).[363] Durch ihre Position in der Wertschöpfungskette zwischen Produktentwicklung und Serienproduktion besitzen Werkzeugbaubetriebe eine Schlüsselrolle für die Realisierung von Produkt- und Prozessinnovationen. Sie beeinflussen die Innovationsfähigkeit und Wirtschaftlichkeit produzierender Unternehmen maßgeblich.[364]

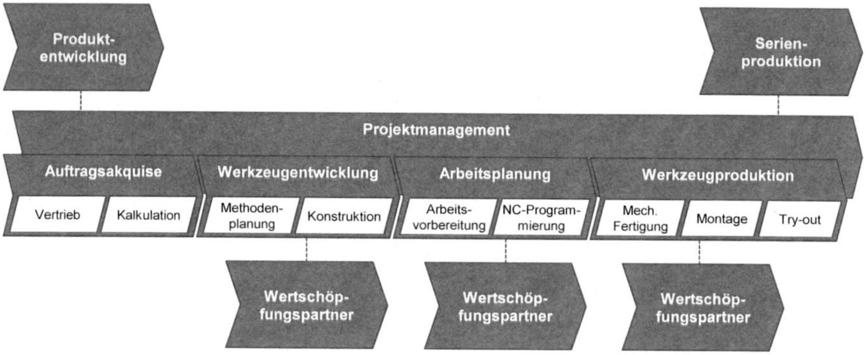

Abbildung 45: Position der Branche Werkzeugbau in der Wertschöpfungskette[365]

Die **Produktentwicklung** entwickelt Einzelteile, die in der Serienproduktion produziert werden sollen.[366] Dabei werden Funktion, Design und Materialien der Einzelteile konzipiert und nach einer Machbarkeitsuntersuchung in modellhaften Abbildungen der dreidimensionalen Einzelteilgeometrie sowie in zweidimensionalen Zeichnungen definiert.[367] Auf Basis der entsprechenden 3D-Modelle, Einzelteilezeichnungen sowie der Einbaupläne erfolgt die Werkzeugbeschaffung. Die Werkzeugbeschaffung bildet die kundenseitige Schnittstelle zum Werkzeugbaubetrieb und ist für die Kommunikation mit Werkzeugbaubetrieben sowie die Auswahl und Qualifizierung verantwortlich.[368]

In der Auftragsabwicklung werden alle Aktivitäten zusammengefasst, die von der Bearbeitung einer Kundenanfrage bis zur Übergabe der Leistung an den Kunden notwendig sind.

---

362 Vgl. Porter (Wettbewerbsvorteile), 2014, S. 75 ff.

363 Vgl. Schuh et al. (Digitale Wertschöpfungsnetzwerke), 2013, S. 9

364 Vgl. Eversheim & Klocke (Strategie und Technologie), 1998, S. 95; Holmes et al. (Innovation), 2005, S. 120 ff.; Kühn (Lebenszyklusorientierte Leistungssysteme), 2016, S. 43

365 Vgl. Kühn (Lebenszyklusorientierte Leistungssysteme), 2016, S. 43

366 Vgl. Komorek (Kollaborative Wertschöpfung), 2014, S. 38

367 Vgl. Feldhusen & Grote (Konstruktionslehre), 2013, S. 11 f.

368 Vgl. Kühn (Lebenszyklusorientierte Leistungssysteme), 2016, S. 44

Die Auftragsabwicklung im Werkzeugbau wird in der Literatur häufig nahezu identisch beschrieben.[369] Im Folgenden wird den Ausführungen von KÜHN gefolgt, der die Auftragsabwicklung in die fünf Hauptprozesse Auftragsakquise, Projektmanagement, Werkzeugentwicklung, Arbeitsplanung und Werkzeugproduktion untergliedert.[370]

Die Tätigkeiten in der **Auftragsakquise** unterteilen sich in Vertrieb und Kalkulation. Der Vertrieb ist die werkzeugbauseitige Schnittstelle zwischen Werkzeugbaubetrieb und Produktentwicklung und verantwortlich für die Kundenkommunikation. Aufgaben des Vertriebs sind die Bearbeitung eingehender Kundenanfragen, die anschließende Machbarkeitsüberprüfung sowie die Verhandlung mit dem Kunden.[371] Die Kalkulation erfolgt häufig auf Basis von Erfahrungswerten oder Referenzprojekten, wodurch die Kalkulationsgenauigkeit variieren kann.[372]

Nach Auftragserteilung koordiniert das **Projektmanagement** die verbleibenden Schritte des Auftragsabwicklungsprozesses bis zur Auslieferung des Werkzeugs an den Kunden. Projektmanagement ist die Planung und Steuerung problemlösender Prozesse, mit dem Ziel, Projekte termingerecht und aufwandsminimierend abzuschließen.[373]

Die Tätigkeiten der **Werkzeugentwicklung** beginnen ebenfalls nach der Auftragserteilung. Im Rahmen der Methodenplanung erfolgt zunächst die Ausarbeitung des technologischen Werkzeugkonzepts. Das Werkzeugkonzept umfasst die Festlegung der Anzahl und Reihenfolge der formgebenden Bearbeitungsschritte, die Definition der Lage wichtiger konstruktiver Elemente wie Stempel oder Schieber sowie die Materialauswahl.[374] Häufig wird im Rahmen der Methodenplanung Simulationssoftware eingesetzt. Nach Freigabe des Werkzeugkonzepts erfolgt die Konstruktion der Werkzeuge in einem CAD-System. Abschließend werden Zeichnungen und Stücklisten erstellt. In der Regel werden der Methodenplan und die Konstruktion mit der Arbeitsvorbereitung, der Werkzeugproduktion, dem Projektmanagement und bei geplanten Fremdvergaben auch dem Einkauf abgestimmt.[375] Lieferanten können ebenfalls in die Werkzeugentwicklung einbezogen werden.[376]

Die **Arbeitsplanung** umfasst die Arbeitsvorbereitung und die NC-Programmierung.[377] Aufgaben der Arbeitsvorbereitung sind die Terminplanung der durchzuführenden Arbeitsschritte, die Kapazitätsplanung der benötigten Ressourcen, die Erstellung notwendiger Arbeitsdokumente sowie die Bestellung von Standardkomponenten. Im Rahmen der NC-

[369] Vgl. Boos (Modulare Werkzeuge), 2008, S. 49; Eversheim & Klocke (Strategie und Technologie), 1998, S. 96; Klotzbach (Industrieller Werkzeugbau), 2007, S. 49

[370] Vgl. Kühn (Lebenszyklusorientierte Leistungssysteme), 2016, S. 44 ff.

[371] Vgl. Klocke et al. (Zukunftsstudie Werkzeug- und Formenbau), 2005, S. 53; Kühn (Lebenszyklusorientierte Leistungssysteme), 2016, S. 44

[372] Vgl. Boos et al. (Kalkulation), 2015, S. 7

[373] Vgl. Jakoby (Projektmanagement für Ingenieure), 2015, S. 30

[374] Vgl. Boos (Modulare Werkzeuge), 2008, S. 43; Gaus (Geschäftsmodelle), 2010, S. 25

[375] Vgl. Döring (Konfliktmanagement), 2010, S. 39

[376] Vgl. Kühn (Lebenszyklusorientierte Leistungssysteme), 2016, S. 44

[377] Vgl. Brankamp (Betriebsmittelbau), 1991, S. 136

Programmierung wird auf Basis der Konstruktionsdaten ein Programm für die Fertigung der Werkzeugeinzelteile auf einer Werkzeugmaschine erstellt. Die NC-Programmierung wird in einigen Werkzeugbaubetrieben als eigenständige Abteilung geführt. Die Umfänge der NC-Programmierung können auch an externe Partner vergeben werden.[378]

Nach Abschluss der Arbeitsplanung erfolgt die **Werkzeugproduktion**. Die Tätigkeiten sind dabei in die Arbeitsschritte mechanische Fertigung, Montage und Try-out aufgeteilt. Im Rahmen der mechanischen Fertigung werden die einzelnen Komponenten des Werkzeugs gefertigt. Dabei werden hauptsächlich die Fertigungstechnologien Fräsen, Drahterodieren, Senkerodieren, Drehen und Schleifen eingesetzt. Bei Bedarf werden Fertigungsschritte von externen Lieferanten zugekauft. In der Montage erfolgen der Zusammenbau des Werkzeugs und eine anschließende Funktionalitätsprüfung. Häufig sind kleinere Nachbearbeitungen zur Anpassung einzelner Komponenten erforderlich. Im Try-out erfolgt der Test der Werkzeuge sowie die Produktion von Musterteilen. Notwendige Änderungen werden in Optimierungsschleifen eingearbeitet. Diese Optimierungsschleifen werden so lange durchgeführt, bis die gewünschte Qualität erreicht ist.[379]

Die traditionelle kundenseitige Schnittstelle zum Werkzeugbaubetrieb ist die Inbetriebnahme zu Beginn der **Serienproduktion**. Im Rahmen der Inbetriebnahme werden die Werkzeuge auf den Produktionsanlagen eingefahren und Anlagenparameter optimiert. Bei auftretenden Problemen kann es vorkommen, dass ein Werkzeug geändert werden muss. Während der Serienfertigung ist eine regelmäßige Wartung des Werkzeugs notwendig. In Folge von Beschädigungen am Werkzeug können Reparaturen notwendig werden.[380]

2.3.3.2 Ressourcen

Für den Prozess der betrieblichen Wertschöpfung sind Ressourcen notwendig. Für den Begriff Ressourcen gibt es in der Literatur keine einheitliche Definition.[381] Nach KAMPKER werden Ressourcen als Inputfaktoren bezeichnet, welche in einem Unternehmen für die Erstellung einer definierten Leistung vorliegen müssen.[382] Ressourcen werden in materielle und immaterielle Ressourcen unterteilt (vgl. Abbildung 46). Materielle Ressourcen fassen finanzielle, physische und IT-basierte Ressourcen zusammen. Immaterielle Ressourcen umfassen Bestandsressourcen, Humanressourcen, strukturelle Ressourcen und kulturelle Ressourcen.[383]

---

[378] Vgl. Boos (Modulare Werkzeuge), 2008, S. 43; Kühn (Lebenszyklusorientierte Leistungssysteme), 2016, S. 45

[379] Vgl. Boos (Modulare Werkzeuge), 2008, S. 43 f.; Kuhlmann (Corporate Tooling), 2017, S. 79; Kühn (Lebenszyklusorientierte Leistungssysteme), 2016, S. 44 f.

[380] Vgl. Kühn (Lebenszyklusorientierte Leistungssysteme), 2016, S. 46

[381] Vgl. Freiling (Resource based view), 2001, S. 13

[382] Vgl. Kampker (Kompetenzbasierte Geschäftsausweitung), 2004, S. 71

[383] Vgl. Müller-Stewens & Lechner (Strategisches Management), 2016, S. 195 f.

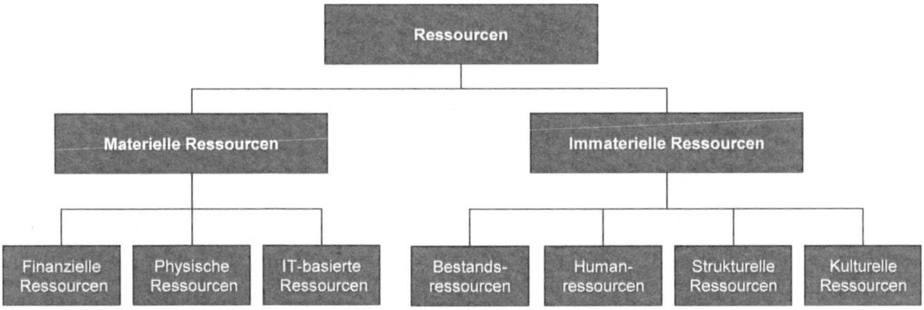

Abbildung 46: Unterteilung von Ressourcen nach MÜLLER-STEWENS & LECHNER[384]

Finanzielle Ressourcen sind die Voraussetzung für die Aufrechterhaltung der Geschäftstätigkeit. Sie umfassen Eigenkapital, Fremdkapital und Zahlungsmittel. Finanzielle Ressourcen werden benötigt, um kurz- und langfristige Verbindlichkeiten sowie Projektausgaben bedienen zu können.[385] Die Branche Werkzeugbau ist personal- und fixkostenintensiv. Zudem sind die Gewinnmargen volatil und stark konjunkturabhängig.[386] Im Durchschnitt verfügen Werkzeugbaubetriebe über eine Eigenkapitalquote von 44 %.[387]

Physische Ressourcen sind Grundlage für die Umsetzung von Wertschöpfungsaktivitäten. Die wichtigsten physischen Ressourcen sind Grundstücksflächen, Gebäude, Fertigungsmaschinen, Peripherieanlagen, Roh-, Hilfs- und Betriebsstoffe sowie IT-Equipment. Insbesondere die Maschinen und Anlagen müssen mit den IT-basierten Ressourcen abgestimmt werden.[388] Werkzeugbaubetriebe greifen intern oder indirekt über externe Lieferanten auf Maschinenressourcen zu.[389] Die in Werkzeugbaubetrieben verwendeten Technologien sind abhängig vom herzustellenden Erzeugnisspektrum.[390] Zusätzlich zu Werkzeugmaschinen sind Spannsysteme, Automatisierungstechnik sowie Try-out-Anlagen wichtige physische Ressourcen. Ergänzt werden die Maschinenressourcen durch Anlagen zum Härten oder zur Oberflächenbearbeitung sowie zur generativen Fertigung von Komponenten.[391]

IT-basierte Ressourcen umfassen Softwaresysteme, welche für die Wertschöpfung verwendet werden. Planungssysteme werden entlang der gesamten Auftragsabwicklung verwendet. Zudem ist spezifische Software in einzelnen Bereichen besonders relevant. Dies umfasst Kundenmanagementsysteme für den Vertrieb, 2D- und 3D-Konstruktionssoftware für das Engine-

---

384 Vgl. Müller-Stewens & Lechner (Strategisches Management), 2016, S. 196

385 Vgl. Komorek (Kollaborative Wertschöpfung), 2014, S. 154

386 Vgl. Kuhlmann (Corporate Tooling), 2017, S. 74

387 Vgl. Gemeinsame Datenbank des Werkzeugmaschinenlabors WZL der RWTH Aachen University und des Fraunhofer-Instituts für Produktionstechnologie IPT, Stand Januar 2019

388 Vgl. Komorek (Kollaborative Wertschöpfung), 2014, S. 154

389 Vgl. Kuhlmann (Corporate Tooling), 2017, S. 75

390 Vgl. Hensen (Strategische Auslegung), 2017, S. 54

391 Vgl. Kuhlmann (Corporate Tooling), 2017, S. 75

ering sowie Programmiersysteme für die Arbeitsvorbereitung und die mechanische Fertigung.[392] Hinsichtlich der IT-basierten Ressourcen nutzen deutsche Werkzeugbaubetriebe derzeit überwiegend Finanzbuchhaltungssysteme, Kalkulationssysteme, Customer-Relationship-Management-Systeme (CRM), Computer-Aided-Manufacturing-Systeme (CAM), Computer-Aided-Design-Systeme (CAD), Enterprise-Resource-Planning-Systeme (ERP), Produktionsplanungs- und -steuerungssysteme (PPS), Product-Lifecycle-Management-Systeme (PLM) sowie Betriebsdatenerfassungssysteme (BDE). Ergänzend oder ersetzend werden insbesondere in kleineren Werkzeugbaubetrieben selbst entwickelte Lösungen auf Basis von Microsoft Excel oder Access eingesetzt.[393]

Bestandsressourcen setzen sich aus mitarbeiterunabhängigem Wissen, Patenten sowie dem Unternehmensruf zusammen. Das mitarbeiterunabhängige Wissen ist in der Branche Werkzeugbau für den Aufbau wissensbasierter Kompetenzen erforderlich. Durch Patente ist ein zusätzlicher Schutz von Kompetenzen möglich. Der Reputation eines Werkzeugbaubetriebs ist für die Verhandlungsmacht gegenüber Kunden und Lieferanten bedeutsam.[394]

Humanressourcen sind die Mitarbeiter eines Werkzeugbaubetriebs und ihre Qualifikationen. Für alle Aktivitäten eines Werkzeugbaubetriebs sind Mitarbeiter mit einer geeigneten Qualifikation erforderlich.[395] In der wissensintensiven Branche Werkzeugbau sind qualifizierte Mitarbeiter ein wichtiges Differenzierungsmerkmal gegenüber Wettbewerbern. Daher ist es notwendig, Mitarbeiter zielgerichtet weiterzuentwickeln.[396] Die deutschen Werkzeugbaubetriebe unterscheiden sich stark hinsichtlich ihrer Mitarbeiteranzahl von weniger als 50 bis hin zu mehreren Tausend (vgl. Kapitel 2.3.2.1).[397] Mitarbeiter in der Branche Werkzeugbau sind in Deutschland hoch qualifiziert.[398] Weniger als 2 % der Mitarbeiter weisen keinen Schulabschluss auf. Zudem sind die Mitarbeiter mit einem Durchschnittsalter von 40,6 Jahren überdurchschnittlich erfahren.[399]

Strukturelle Ressourcen unterstützen das Führen eines Unternehmens. Die Aufbauorganisation, die Ablauforganisation und Managementsysteme sind Beispiele für strukturelle Ressourcen.[400] Managementsysteme sind insbesondere bei einer betriebsübergreifenden Auftragsabwicklung von Bedeutung, da durch innerhalb des Managementsystems definierte Standards und Regeln der notwendige Informationsfluss gewährleistet wird.[401] Die grundlegende

---

392 Vgl. Hensen (Strategische Auslegung), 2017, S. 53; Komorek (Kollaborative Wertschöpfung), 2014, S. 155

393 Vgl. Salmen (Digital vernetzter Shopfloor), 2016, S. 53

394 Vgl. Komorek (Kollaborative Wertschöpfung), 2014, S. 155

395 Vgl. Komorek (Kollaborative Wertschöpfung), 2014, S. 155

396 Vgl. Schuh et al. (Systematische Mitarbeiterentwicklung), 2014, S. 86

397 Vgl. Boos et al. (Tooling in Germany), 2018, S. 15

398 Vgl. Komorek (Kollaborative Wertschöpfung), 2014, S. 53

399 Vgl. Gemeinsame Datenbank des Werkzeugmaschinenlabors WZL der RWTH Aachen University und des Fraunhofer-Instituts für Produktionstechnologie IPT, Stand Januar 2019

400 Vgl. Müller-Stewens & Lechner (Strategisches Management), 2016, S. 196

401 Vgl. Komorek (Kollaborative Wertschöpfung), 2014, S. 160

Aufbau- und Ablauforganisation in Werkzeugbaubetrieben wurde im Rahmen der Erläuterung der Wertschöpfungskette in Kapitel 2.3.3.1 erläutert.

Kulturelle Ressourcen umfassen sogenannte weiche Faktoren wie die Unternehmenskultur, die Leistungsbereitschaft und das Kooperationsverhalten. Die Leistungsbereitschaft ist von den Humanressourcen abhängig und wird durch eine positive Unternehmenskultur beeinflusst. Die Unternehmenskultur und das Kooperationsverhalten sind insbesondere bei einer betriebsübergreifenden Zusammenarbeit bedeutsam, da das Kommunikationsverständnis und das Konfliktverhalten kulturell bedingt sind.[402]

2.3.3.3 Kooperation

KOMOREK, KUHLMANN und PITSCH führen jeweils drei allgemeine Möglichkeiten für Kooperationen unter Beteiligung eines Werkzeugbaubetriebs auf. Diese sind Kooperationen mit internen Standorten, Kooperationen mit Kunden sowie Kooperationen mit Lieferanten.[403] Aufgrund des in dieser Arbeit gelegten Fokus wird im Folgenden die Möglichkeit zur Kooperation mit Lieferanten detaillierter betrachtet. Generell kooperieren Werkzeugbaubetriebe für verschiedenartige Wertschöpfungsumfänge mit Lieferanten.[404] Abbildung 47 zeigt die durchschnittliche Verteilung des Einkaufsvolumens in der deutschen Branche Werkzeugbau.

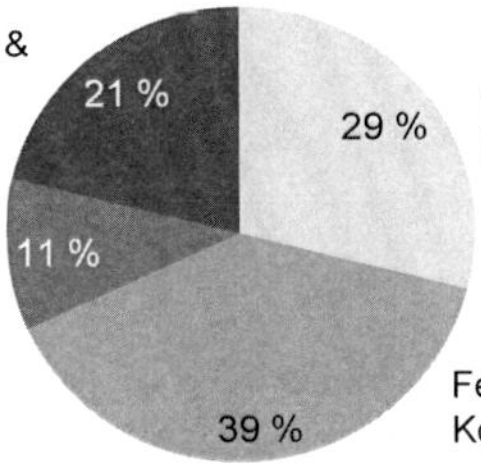

Abbildung 47: Verteilung des Einkaufsvolumens im Werkzeugbau[405]

Werkzeugbaubetriebe müssen somit mit einem heterogenen Spektrum an Lieferanten zusammenarbeiten. Durch eine systematische Kooperation mit den **unterschiedlichen Lieferantentypen** lassen sich umfassende Vorteile erzielen. Die Kooperation mit Lieferanten ermöglicht nach PITSCH folgende Potenziale zur Steigerung der Wettbewerbsfähigkeit eines Werkzeugbaubetriebs:[406]

402 Vgl. Hensen (Strategische Auslegung), 2017, S. 54; Komorek (Kollaborative Wertschöpfung), 2014, S. 160 f.

403 Vgl. Komorek (Kollaborative Wertschöpfung), 2014, S. 57 ff.; Kuhlmann (Corporate Tooling), 2017, S. 85 ff.; Pitsch (Kompetenzfeldbasierte Vernetzung), 2014, S. 47 ff.

404 Vgl. Schuh et al. (Procurement 4.0 in the Tool and Die Industry), 2017, S. 141

405 i. A. a. Schuh et al. (Procurement 4.0 in the Tool and Die Industry), 2017, S. 141

406 Vgl. Pitsch (Kompetenzfeldbasierte Vernetzung), 2014, S. 47 ff.

- **Flexibilisierung der kapazitiven Verfügbarkeit**: Mittels der Fremdvergabe von Komplettwerkzeugen[407], Komponenten sowie Konstruktions- und Fertigungsdienstleistungen ist es möglich, Schwankungen in der internen Kapazitätsauslastung, welche sich aus einem volatilen Auftragseingang ergeben, auszugleichen. Zudem können durch die Begrenzung der internen Ressourcen Fixkosten reduziert werden.
- **Fokussierung auf eigene Kompetenzen**: Die Vergabe von Wertschöpfungsumfängen, die dem eigenen Kompetenzprofil nicht entsprechen, an Lieferanten ermöglicht eine Reduzierung der internen Prozessvarianz. Daraus ergeben sich Möglichkeiten zur Steigerung von Geschwindigkeit und Kosteneffizienz in der Leistungserstellung.
- **Erweiterung des Leistungsangebots**: Die Kooperation mit Lieferanten ermöglicht eine Erweiterung des eigenen Leistungsangebots, ohne eigene Kompetenzen entwickeln zu müssen. Durch die Erweiterung des Leistungsangebots steigt die vom Kunden wahrgenommene Flexibilität.

Eine vergleichsweise hohe **Wertschöpfungstiefe** von ca. 70 % zeigt[408], dass die Potenziale zur Steigerung der Wettbewerbsfähigkeit auf Basis von Kooperationen mit Lieferanten in der Branche Werkzeugbau wenig genutzt werden. Eine Auswertung der Daten des Wettbewerbs „Excellence in Production“[409], in dem der beste Werkzeugbaubetrieb im deutschsprachigen Raum gekürt wird, zeigt, dass erfolgreiche Werkzeugbaubetriebe im Durchschnitt Wertschöpfungstiefen aufweisen, die um 5-10 pp. unter dem Durchschnitt der Branche liegen.[410] Werkzeugbaubetriebe in Deutschland beschränken sich vor allem auf die Kooperation mit lokalen Lieferanten. Zudem geben nur 28 % der deutschen Werkzeugbaubetriebe an, den internationalen Lieferantenmarkt gut oder sehr gut zu kennen.[411]

Grund für die geringe Häufigkeit von Kooperationen in der Branche Werkzeugbau ist die in Folge der Einzel- und Kleinserienfertigung hohe Prozessvarianz.[412] Aufgrund der geringen Wiederholhäufigkeit von Aufträgen müssen Kooperationen häufig auftragsabhängig koordiniert werden. Die **Koordination der Vernetzung** mit Lieferanten erfordert Kapazitäten im Einkauf. Diese Kapazitäten sind in Werkzeugbaubetrieben häufig nur begrenzt verfügbar, da der Einkauf lediglich als unterstützende Aktivität angesehen wird. Die häufig geringe Be-

---

[407] Als Komplettwerkzeugvergabe sei die externe Vergabe aller Leistungsumfänge zur Erstellung eines Werkzeugs an einen Lieferanten definiert.

[408] Vgl. Gemeinsame Datenbank des Werkzeugmaschinenlabors WZL der RWTH Aachen University und des Fraunhofer-Instituts für Produktionstechnologie IPT, Stand Januar 2019

[409] Der Wettbewerb „Excellence in Production“ wird jährlich vom Werkzeugmaschinenlabor WZL der RWTH Aachen University und dem Fraunhofer-Institut für Produktionstechnologie IPT durchgeführt. Die Bewertung erfolgt durch eine Jury aus Wissenschaft, Verbänden und Industrie auf Basis eines Fragenbogens und Vor-Ort-Besuchen. Vgl. www.excellence-in-production.com.

[410] Vgl. Komorek (Kollaborative Wertschöpfung), 2014, S. 60, mit Verweis auf die gemeinsame Datenbank des Werkzeugmaschinenlabors WZL der RWTH Aachen University und des Fraunhofer-Instituts für Produktionstechnologie IPT und den Wettbewerb „Excellence in Production“

[411] Vgl. Boos et al. (Flexible Tooling Organization), 2017, S. 21

[412] Vgl. Schuh et al. (Digitale Wertschöpfungsnetzwerke), 2013, S. 21

triebsgröße der Werkzeugbaubetriebe verstärkt diesen Effekt. So besitzen ca. 30 % der deutschen Werkzeugbaubetriebe keine eigenständige Abteilung zur Durchführung von Einkaufsaufgaben.[413] In Folge dessen ergibt sich eine Beschränkung auf eine geringe Anzahl von Lieferanten anstelle einer, auch in der Branche Werkzeugbau erstrebenswerten, systematischen Integration von Lieferanten, die anforderungsgerecht dem aktuellen kompetenz- und kapazitätsbasierten Bedarf entsprechen.[414] Eine systematische Kooperation mit Lieferanten ermöglicht zudem kurze Markteinführungszeiten für neue Produkte und die **Entwicklung von Innovationen**.[415] Für eine erfolgreiche Gestaltung der zukünftigen Kooperation mit Lieferanten nennen Boos et al. die Nutzung der folgenden drei Elemente als zentrale Erfolgsfaktoren:[416]

- Netzwerkplattformen als digitale Lieferantenplattformen,
- Echtzeitnaher Kapazitätsabgleich und
- Kooperative Auftragsabwicklung.

Anhand dieser Erfolgsfaktoren ist erkennbar, dass die erfolgreiche Gestaltung der Kooperation mit Lieferanten die Nutzung der in Kapitel 2.2.4 erläuterten Chancen der digitalen Vernetzung voraussetzt. Diesbezüglich ist anzumerken, dass Boos et al. die genannten Erfolgsfaktoren nennen, aber noch kein umfassendes Umsetzungskonzept präsentieren.

2.3.4 Herausforderungen in der Branche Werkzeugbau

Werkzeugbaubetriebe müssen zum Erhalt ihrer Wettbewerbsfähigkeit als Lösungspartner für Kunden in produzierenden Industrien fungieren. Folglich ergeben sich die Herausforderungen der Branche Werkzeugbau aus den Trends der produzierenden Industrie.[417] Bedeutsame Herausforderungen für die produzierende Industrie lassen sich zusammenfassen zu Globalisierung, Produktderivatisierung sowie Produktkomplexitätszunahme (vgl. Abbildung 48).

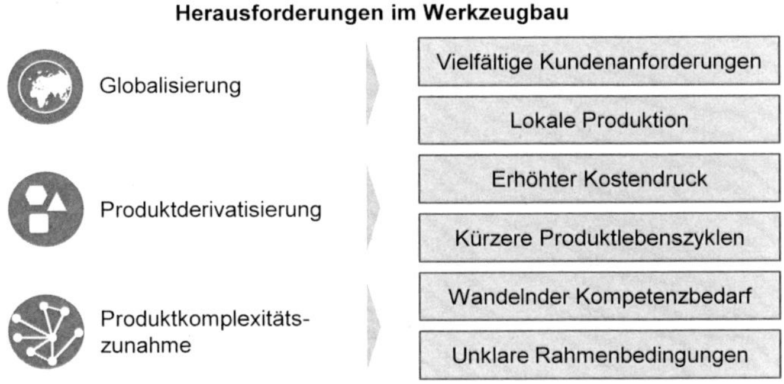

Abbildung 48: Herausforderungen in der Branche Werkzeugbau

413 Vgl. Boos et al. (Lieferantenklassifizierung und Lieferantenqualifizierung), 2018, ?S. 22
414 Vgl. Boos et al. (Smart Tooling), 2016, S. 18
415 Vgl. Schuh et al. (Procurement 4.0 in the Tool and Die Industry), 2017, S. 142
416 Vgl. Boos et al. (Flexible Tooling Organization), 2017, S. 21
417 Vgl. Salmen (Digital vernetzter Shopfloor), 2016, S. 55 f.

Durch die **Globalisierung** kommt es zu einer Öffnung internationaler Märkte und verstärkter Zusammenarbeit von Unternehmen mit internationalen Kunden und Lieferanten.[418] An Lösungen zum Umgang mit dem durch die internationale Konkurrenz entstehenden, erhöhten Kostendruck durch eine fokussierte und effiziente Wertschöpfung arbeitet die deutsche Branche Werkzeugbau seit vielen Jahren. Jedoch erfordert die Globalisierung zunehmend die Berücksichtigung von vielfältigen, marktspezifischen Kundenanforderungen.[419] Insbesondere der chinesische Markt hat sich nicht nur zu einem bedeutsamen Produktionsmarkt mit niedrigen Faktorkosten entwickelt, sondern ist auch zu einem der wichtigsten Absatzmärkte der produzierenden Industrie geworden.[420] Diese vielfältigen Anforderungen erfordern eine Fokussierung auf die Kernkompetenzen. Dies ist nur durch eine verstärkte Zusammenarbeit mit Lieferanten möglich. Aufgrund protektionistischer Tendenzen in wichtigen Märkten wie den USA oder China gewinnt der Zugriff auf eine lokale Produktion zunehmend an Bedeutung. Dementsprechend müssen Werkzeugbaubetriebe eigene Produktionsstandorte in den Hauptabsatzmärkten ihrer Kunden aufbauen oder mit lokalen Lieferanten kooperieren.

Eine weitere zentrale Herausforderung der produzierenden Industrie ist die **Produktderivatisierung**. Diese beschreibt die weiter ansteigende Anzahl an Varianten, die im Durchschnitt von einem Produkt hergestellt werden.[421] In Folge der Produktderivatisierung werden immer mehr Werkzeuge benötigt, während die mit den Werkzeugen gefertigte Stückzahl der einzelnen Derivate sinkt.[422] Durch angepasste Budgetrestriktionen führt dies zu einem erhöhten Kostendruck hinsichtlich der Werkzeugpreise.[423] Zudem entstehen kürzere Produktlebenszyklen. Die einzelnen Produktvarianten werden immer schneller durch neue Produktvarianten ersetzt. Folglich müssen Werkzeugbaubetriebe Kostenvorteile durch die Kooperation mit kostengünstigen und effizienten Lieferanten realisieren. Andererseits führen im Zuge der Verkürzung der Produktlebenszyklen ebenfalls verkürzte Markteinführungszeiten zu einem erhöhten Zeitdruck in der Werkzeugherstellung.[424] Dieser Zeitdruck erfordert eine verstärkte Kooperation mit Lieferanten während der Auftragsabwicklung, um Verzögerungen zu vermeiden.

Zudem wird die produzierende Industrie durch eine **Produktkomplexitätszunahme** vor Herausforderungen gestellt. Die steigende Produktkomplexität ist bedingt durch immer höhere Anforderungen an die Form- und Maßgenauigkeit in Folge komplexerer Produktgeometrien.[425] Dadurch steigen die notwendigen Fertigungsgenauigkeiten sowie die Vielzahl und Vielfalt der zu integrierenden Funktionen.[426] Höchste Genauigkeiten sind durch eine adaptive Anpassung an diverse Einflussfaktoren in sogenannten intelligenten Werkzeugen realisierbar. Für den hierzu notwendigen Einbau von CPS benötigen Werkzeugbaubetriebe Kompetenzen, welche

[418] Vgl. Boos et al. (World of Tooling), 2018, S. 5
[419] Vgl. Hensen (Strategische Auslegung), 2017, S. 57
[420] Vgl. Boos et al. (Tooling in China), 2015, S. 7
[421] Vgl. Salmen (Digital vernetzter Shopfloor), 2016, S. 57
[422] Vgl. Schuh et al. (Der ideale Werkzeugbau), 2013, S. 14
[423] Vgl. Pitsch (Kompetenzfeldbasierte Vernetzung), 2014, S. 52
[424] Vgl. Schuh et al. (Operative Exzellenz), 2010, S. 17
[425] Vgl. Heller et al. (Blechbiegen), 2015, S. 175
[426] Vgl. Hebel (Komplexitätskostenrelevante Ursache-Wirkungs-Beziehungen), 2016, S. 46 f.

aktuell nur selten vorhanden sind.[427] Werkzeugbaubetriebe müssen sich entsprechend auf einen sich schnell wandelnden Kompetenzbedarf einstellen und mit Partnern mit entsprechenden Kompetenzen kooperieren. Bezüglich der Nutzung im Zuge der digitalen Vernetzung entstehender Technologien liegen in der Branche Werkzeugbau aktuell häufig unklare Rahmenbedingungen vor. Die Unklarheit umfasst beispielsweise die Datensicherheit, die Mitarbeiterakzeptanz und die konkrete Höhe notwendiger Investitionen.[428] Folglich werden Potenziale zur digitalen Vernetzung von Werkzeugbaubetrieben bisher nur eingeschränkt genutzt.

2.4 Handlungsbedarf aus der Praxis

Zusammenfassend bestehen aktuell für die Branche Werkzeugbau die drei **zentralen Herausforderungen** Globalisierung, Produktderivatisierung und Produktkomplexitätszunahme (vgl. Kapitel 2.3.4). Die digitale Vernetzung erschließt Möglichkeiten, diesen Herausforderungen zu begegnen. Relevante Chancen der digitalen Vernetzung sind die plattformbasierte Geschäftsabwicklung, die echtzeitnahe Massendatenauswertung und die digitale Kooperation (vgl. Kapitel 2.2.4). Um den Herausforderungen der Branche Werkzeugbau zu begegnen, sind sechs Handlungsfelder zu adressieren, hinsichtlich derer ein Handlungsbedarf aus der Praxis besteht (vgl. Abbildung 49).

Abbildung 49: Handlungsbedarf aus der Praxis

Durch die Globalisierung wächst der Bedarf, ein internationales Lieferantennetzwerk aufzubauen. Hierzu ist eine systematische **Lieferantentypisierung** als Ausgangsbasis notwendig. Zudem ermöglicht die digitale Vernetzung eine plattformbasierte Geschäftsabwicklung, welche durch eine **digitale Lieferantenplattform** die Zusammenarbeit mit globalen Lieferanten erleichtern kann. Eine digitale Lieferantenplattform ist den Anforderungen der Branche Werkzeugbau entsprechend zu gestalten.

In Folge der Produktderivatisierung ist eine wesentlich höhere Anzahl an Werkzeugen, Komponenten und Dienstleistungen zu beschaffen. Daher steigt die Bedeutung der Effizienz der Auftragsvergabe. Diesbezüglich bietet die echtzeitnahe Massendatenauswertung Potenziale

[427] Vgl. Hensen (Strategische Auslegung), 2017, S. 57 f.

[428] Vgl. Hensen (Strategische Auslegung), 2017, S. 58

zur Realisierung einer **automatisierten Auftragsvergabe** und eines **echtzeitnahen Kapazitätsabgleichs**. Diese Potenziale werden in der produzierenden Industrie und insbesondere in der Branche Werkzeugbau derzeit noch kaum genutzt.

Um der Herausforderung der Produktkomplexitätszunahme zu begegnen, ist eine enge Kooperation von Werkzeugbaubetrieben mit Lieferanten notwendig. Dies gilt sowohl für die Entwicklung von Innovationen als auch für die Auftragsabwicklung, da hierdurch eine Differenzierung vom Wettbewerb geschaffen werden kann. Auf Basis neuer Kommunikationsmittel und der entstehenden Möglichkeiten der digitalen Kooperation sind eine **kooperative Auftragsabwicklung** und eine **kooperative Innovation** zu gewährleisten. Beides wird derzeit in der Branche Werkzeugbau nur in geringem Maße genutzt.

Somit ist festzustellen, dass ein Handlungsbedarf aus der Praxis hinsichtlich eines praktikablen Ansatzes zur digitalen Vernetzung von Werkzeugbaubetrieben mit Lieferanten besteht. Der Ansatz erfordert aufbauend auf einer Lieferantentypisierung Elemente zur effizienten Lieferantenauswahl über eine digitale Lieferantenplattform, einen echtzeitnahen Kapazitätsabgleich und eine automatisierte Auftragsvergabe. Zudem sind Elemente zur Förderung der Kooperation während der Auftragsabwicklung und im Rahmen von Innovationsprojekten zu adressieren. Es besteht **Handlungsbedarf aus der Praxis**.

3 Bewertung bestehender Ansätze

Zur Entwicklung eines Gestaltungsmodells zur digitalen Vernetzung von Werkzeugbaubetrieben mit Lieferanten wird nachfolgend geprüft, ob bereits bestehende Ansätze anwendbar sind. Gleichzeitig wird untersucht, ob einzelne Aspekte bestehender Ansätze auf die Branche Werkzeugbau übertragbar sind. Diese Vorgehensweise entspricht der zweiten sowie der dritten Phase der angewandten Forschung nach ULRICH & HILL zur Erfassung und Interpretation relevanter Theorien aus der Wissenschaft sowie zur Erfassung und Spezifizierung relevanter Verfahren aus der Wissenschaft (vgl. Kapitel 1.3).

Ausgehend vom aufgezeigten Handlungsbedarf aus der Praxis (vgl. Kapitel 2.4) werden ein Bewertungssystem eingeführt und die Anforderungen an ein Gestaltungsmodell zur digitalen Vernetzung von Werkzeugbaubetrieben mit Lieferanten definiert. Gemäß dem forschungsmethodischen Vorgehen werden problemrelevante Ansätze der Wissenschaft dargestellt und in Bezug auf die Erfüllung der definierten Anforderungen bewertet. Hierauf basierend wird der Handlungsbedarf aus der Theorie abgeleitet. Das Kapitel wird mit der Detaillierung der in Kapitel 1 definierten Forschungsfrage abgeschlossen.

3.1 Grundlagen der Bewertung

Um die in Kapitel 3.2 genannten Ansätze einheitlich zu analysieren und vergleichbar zu bewerten, werden nachfolgend die Grundlagen der Bewertung erläutert. Diese beinhalten das Bewertungssystem sowie die Anforderungen. Das verwendete Bewertungssystem sowie die Struktur der Beschreibung der Anforderungen ist angelehnt an die von HENSEN[429], KOMOREK[430] und SALMEN[431] genutzte Vorgehensweise. Das Bewertungssystem legt die Systematik der Bewertung fest, während die Anforderungen die Inhalte, hinsichtlich derer bestehende Ansätze bewertet werden, definieren.

3.1.1 Bewertungssystem

Zur Bewertung von bestehenden wissenschaftlichen Ansätzen sind unterschiedliche Vorgehensweisen etabliert.[432] In der Literatur wird für die Bewertung bestehender Ansätze häufig eine diskrete Skala mit **fünf unterschiedlichen Ausprägungen** verwendet.[433] Diese Art des Bewertungssystems geht auf LIKERT[434] zurück und wird insbesondere zur Bewertung von wissenschaftlichen Ansätzen in den Ingenieurswissenschaften eingesetzt.[435] Vorteil dieses Be-

---

[429] Vgl. Hensen (Strategische Auslegung), 2017, S. 61 ff.

[430] Vgl. Komorek (Kollaborative Wertschöpfung), 2014, S. 63 ff.

[431] Vgl. Salmen (Digital vernetzter Shopfloor), 2016, S. 83 ff.

[432] Vgl. Komorek (Kollaborative Wertschöpfung), 2014, S. 85; Kozielski (Kennzahlensystem), 2010, S. 82; Koch (Steigerung der Wandlungsfähigkeit), 2011, S. 104; Kuhlmann (Gestaltung von Geschäftsprozessen), 2011, S. 61

[433] Vgl. Hensen (Strategische Auslegung), 2017, S. 61

[434] Vgl. Likert (Measurement of Attitudes), 1932, S. 11 ff.

[435] Vgl. Linacre (Rating Scale), 2002, S. 86

wertungssystems ist, dass eine differenzierte, vergleichbare und robuste Bewertung von unterschiedlichen Ansätzen ermöglicht wird.[436] Es wird daher genutzt, um die Eignung bestehender Ansätze in Bezug auf die definierten Anforderungen einheitlich zu bewerten. Die fünf Ausprägungen der Bewertung werden mit Hilfe von **Harvey Balls** visualisiert (vgl. Abbildung 50).[437]

Abbildung 50: Harvey Balls und ihre Ausprägungen zur Bewertung

Eine Anforderung kann in dieser Skalierung in den Ausprägungen nicht erfüllt, sehr gering, gering, hoch und sehr hoch vorliegen. Durch die Ausprägungen wird der jeweilige Erfüllungsgrad eines Ansatzes in Bezug auf die Anforderungen charakterisiert. Hierdurch ergibt sich eine präzise Abgrenzung aller Ausprägungen.[438]

3.1.2 Anforderungen

Auf Basis des Handlungsbedarfs aus der Praxis (vgl. Kapitel 2.4) lassen sich spezifische Anforderungen an ein Gestaltungsmodell zur digitalen Vernetzung von Werkzeugbaubetrieben mit Lieferanten definieren. Die definierten Anforderungen sind in Abbildung 51 dargestellt und werden nachfolgend erläutert.

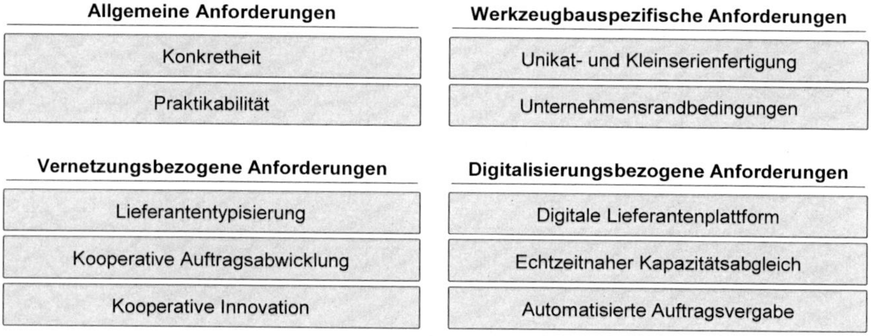

Abbildung 51: Anforderungen an ein Gestaltungsmodell zur digitalen Vernetzung von Werkzeugbaubetrieben mit Lieferanten

Die Anforderungen können in die vier Dimensionen allgemeine Anforderungen, werkzeugbauspezifische Anforderungen, vernetzungsbezogene Anforderungen und digitalisierungsbezogene Anforderungen unterteilt werden.

[436] Vgl. Dawes (Number of scale points), 2008, S. 62
[437] Vgl. Kett & Schewe (Management skills), 2010, S. 129
[438] Vgl. Garland (Rating Scale), 1991, S. 66

3.1.2.1 Allgemeine Anforderungen

Ein Gestaltungsmodell muss allgemeine Anforderungen aus wissenschaftlicher Sicht erfüllen.[439] Daher sind die Kriterien Konkretheit und Praktikabilität bei der Analyse vorhandener Ansätze für die Gestaltung der digitalen Vernetzung von Werkzeugbaubetrieben mit Lieferanten zu betrachten.

Zur Sicherstellung der Umsetzbarkeit eines Ansatzes in der Praxis muss ein Gestaltungsmodell **Konkretheit** aufweisen. Ein strukturierter Aufbau und eine anwendungsorientierte Beschreibung sind erforderlich. Zusätzlich sind praxisorientierte Beispiele zur Anwendung hilfreich.[440] Die fünf Ausprägungen der Anforderung „Konkretheit" werden im Folgenden definiert:

- **Nicht erfüllt:** Ein Ansatz besitzt keine eindeutige Struktur. Maßnahmen zur Umsetzung in der Praxis werden nicht beschrieben.
- **Sehr gering:** Ein Ansatz folgt einer Struktur. Es fehlt jedoch eine Beschreibung der Umsetzung.
- **Gering:** Ein Ansatz folgt einer Struktur und beinhaltet eine Beschreibung der Umsetzung. Die Maßnahmenbeschreibung bleibt jedoch abstrakt.
- **Hoch:** Ein Ansatz folgt einer Struktur und beinhaltet eine anwendungsorientierte Beschreibung der Umsetzung. Es werden jedoch keine Umsetzungsbeispiele erläutert.
- **Sehr hoch:** Ein Ansatz folgt einer Struktur und beinhaltet eine anwendungsorientierte Beschreibung der Umsetzung sowie Umsetzungsbeispiele.

Als Grundlage für eine allgemeine Umsetzbarkeit muss ein Gestaltungsmodell einen ausreichenden Bezug zur Realität besitzen. Ein hoher Erfüllungsgrad der Anforderung **Praktikabilität** führt zu einem hohen Anwendungsgrad des Gestaltungsmodells in der Praxis. Die Umsetzbarkeit eine Entwicklung auf Basis von realistischen Annahmen sichergestellt.[441] Die fünf Ausprägungen der Anforderung „Praktikabilität" werden im Folgenden definiert:

- **Nicht erfüllt:** Ein Ansatz basiert auf unrealistischen Annahmen.
- **Sehr gering:** Ein Ansatz wurde auf Basis von realistischen Annahmen entwickelt. In der Realität vorliegende Rahmenbedingungen bleiben jedoch unberücksichtigt.
- **Gering:** Ein Ansatz wurde auf Basis von realistischen Annahmen entwickelt. Es wird nur ein Teil der in der Realität vorliegenden Rahmenbedingungen berücksichtigt.
- **Hoch:** Ein Ansatz wurde auf Basis von realistischen Annahmen entwickelt und in der Realität vorliegende Rahmenbedingungen werden berücksichtigt. Es erfolgt jedoch kein Nachweis anhand von Praxisbeispielen.
- **Sehr hoch:** Ein Ansatz wurde auf Basis von realistischen Annahmen entwickelt und in der Realität vorliegende Rahmenbedingungen werden berücksichtigt. Dies wird anhand von Praxisbeispielen nachgewiesen.

---

439 Vgl. Kuhlmann (Gestaltung von Geschäftsprozessen), 2011, S. 47

440 Vgl. Salmen (Digital vernetzter Shopfloor), 2016, S. 85

441 Vgl. Kuhlmann (Gestaltung von Geschäftsprozessen), 2011, S. 47; Salmen (Digital vernetzter Shopfloor), 2016, S. 85

Durch die Berücksichtigung der allgemeinen Anforderungen Konkretheit und Praktikabilität wird eine grundsätzliche Umsetzbarkeit eines theoretischen Ansatzes gewährleistet.

3.1.2.2 Werkzeugbauspezifische Anforderungen

Die vorliegende Arbeit beschäftigt sich gemäß der in Kapitel 1.2 definierten Forschungsfrage mit der Gestaltung der digitalen Vernetzung von Werkzeugbaubetrieben mit Lieferanten. Daher muss ein geeigneter Ansatz werkzeugbauspezifische Anforderungen erfüllen. Dies wird durch die Berücksichtigung der Unikat- und Kleinserienfertigung sowie die Berücksichtigung der spezifischen Unternehmensrandbedingungen der Branche Werkzeugbau gewährleistet.

Werkzeuge werden als Unikate oder Kleinserien gefertigt (vgl. Kapitel 2.3.2.2). Demzufolge ist die Wiederholhäufigkeit von Prozessen und Einkaufsumfängen gering. Daraus resultieren Besonderheiten in der Lieferantenvernetzung, welche durch die Anforderung **Unikat- und Kleinserienfertigung** berücksichtigt werden. Die fünf Ausprägungen der Anforderung werden im Folgenden definiert:

- **Nicht erfüllt:** Ein Ansatz besitzt keinen Bezug zur produzierenden Industrie.
- **Sehr gering:** Ein Ansatz besitzt einen Bezug zur produzierenden Industrie und fokussiert spezifische Lösungen für Unternehmen mit Massenfertigung.
- **Gering:** Ein Ansatz besitzt einen Bezug zur produzierenden Industrie und beinhaltet stückzahlunabhängige Lösungen.
- **Hoch:** Ein Ansatz besitzt einen Bezug zur produzierenden Industrie und berücksichtigt vereinzelt Besonderheiten der Unikat- und Kleinserienfertigung.
- **Sehr hoch:** Ein Ansatz ist eine spezifische Lösung für Unternehmen mit Unikat- und Kleinserienfertigung.

Die Branche Werkzeugbau ist eine stark heterogene Branche im Hinblick auf Produktspektrum, Unternehmensgröße und Marktzugang. Es besteht daher die Anforderung der Adaptierbarkeit an spezifische **Unternehmensrandbedingungen**.[442] Die fünf Ausprägungen der Anforderung „Unternehmensrandbedingungen“ werden im Folgenden definiert:

- **Nicht erfüllt:** Ein Ansatz ist auf spezifische Unternehmensrandbedingungen ausgerichtet und lässt keine Adaption auf andere Unternehmensrandbedingungen zu.
- **Sehr gering:** Ein Ansatz ist universell verfasst.
- **Gering:** Ein Ansatz ist universell verfasst und zeigt Varianten für unterschiedliche Unternehmensrandbedingungen auf.
- **Hoch:** Ein Ansatz ist teilmodular aufgebaut und ermöglicht eine einfache Adaption auf die Ausrichtung und Größe eines Unternehmens.
- **Sehr hoch:** Ein Ansatz ist modular aufgebaut und ermöglicht eine einfache Adaption auf die Ausrichtung und Größe eines Unternehmens.

---

442 Vgl. Salmen (Digital vernetzter Shopfloor), 2016, S. 87

Durch die Berücksichtigung der werkzeugbauspezifischen Anforderungen Unikat- und Kleinserienfertigung sowie Unternehmensrandbedingungen wird die Umsetzbarkeit eines theoretischen Ansatzes in der Branche Werkzeugbau sichergestellt.

3.1.2.3 Vernetzungsbezogene Anforderungen

Ein ganzheitlicher Ansatz zur digitalen Vernetzung von Werkzeugbaubetrieben mit Lieferanten muss alle Formen der Kooperation berücksichtigen. Ein Ansatz muss daher, um allen Lieferantentypen gerecht zu werden, eine Lieferantentypisierung beinhalten. Zudem sind sowohl die auftragsbezogene kooperative Auftragsabwicklung als auch auftragsunabhängige kooperative Innovationen zu beachten (vgl. Kapitel 2.4).

Werkzeugbaubetriebe müssen sich mit verschiedenen Typen von Lieferanten vernetzen (vgl. Kapitel 2.3.3.3). Da sich die Anforderungen an die Lieferanten sowie die Unternehmensrandbedingungen der Lieferanten grundsätzlich unterscheiden, ist eine Lieferantentypisierung für eine erfolgreiche Vernetzung mit den Lieferanten erforderlich. Idealerweise berücksichtigt eine **Lieferantentypisierung** zudem die Leistungsfähigkeit der Lieferanten. Die fünf Ausprägungen der Anforderung Lieferantentypisierung werden im Folgenden definiert:

- **Nicht erfüllt:** Ein Ansatz berücksichtigt Unterschiede im Leistungsspektrum von Lieferanten nicht.
- **Sehr gering:** Ein Ansatz sieht in Abhängigkeit des Leistungsspektrums eines Lieferanten eine unterschiedliche Vernetzung vor.
- **Gering:** Ein Ansatz sieht in Abhängigkeit des Leistungsspektrums und der Leistungsfähigkeit eines Lieferanten eine unterschiedliche Vernetzung vor.
- **Hoch:** Ein Ansatz sieht in Abhängigkeit des Leistungsspektrums und der Leistungsfähigkeit eines Lieferanten eine unterschiedliche Vernetzung vor und beschreibt zudem die Vorgehensweise zur Lieferantentypisierung explizit.
- **Sehr hoch:** Ein Ansatz sieht eine modulare Konfiguration der Vernetzung auf Basis einer explizit beschriebenen Lieferantentypisierung vor.

Die zweite vernetzungsbezogene Anforderung an einen Ansatz zur Gestaltung der digitalen Vernetzung von Werkzeugbaubetrieben mit Lieferanten ist die Berücksichtigung einer kooperativen Zusammenarbeit in der Auftragsabwicklung (vgl. Kapitel 2.3.4). Eine **kooperative Auftragsabwicklung** beschreibt die durchgängige Zusammenarbeit von internen und externen Geschäftseinheiten während des gesamten Auftragsabwicklungsprozesses.[443] Eine explizite Beschreibung der auftragsbezogenen Kooperation ist daher erforderlich. Idealerweise unterstützt ein Ansatz zudem die Auswahl des Zeitpunkts, der Intensität und der eingesetzten Kommunikationsform bei der Kooperation. Die fünf Ausprägungen der Anforderung „kooperative Auftragsabwicklung" werden im Folgenden definiert:

[443] Vgl. Gizanis (Kooperative Auftragsabwicklung), 2006, S. 31

- **Nicht erfüllt:** Ein Ansatz sieht eine Kooperation während der Auftragsabwicklung nicht vor.
- **Sehr gering:** Ein Ansatz sieht eine Kooperation während der Auftragsabwicklung vor, ohne diese explizit zu beschreiben.
- **Gering:** Ein Ansatz sieht eine Kooperation zu fest definierten Zeitpunkten während der Auftragsabwicklung vor und beschreibt diese explizit.
- **Hoch:** Ein Ansatz sieht eine Kooperation zu fest definierten Zeitpunkten während der Auftragsabwicklung vor und beschreibt zudem die Kooperationsintensität und die eingesetzten Kommunikationsmittel.
- **Sehr hoch:** Ein Ansatz beschreibt Kriterien für eine bedarfsabhängige Kooperation während der Auftragsabwicklung. Die Festlegung von Kooperationszeitpunkt, Kooperationsintensität sowie des eingesetzten Kommunikationsmittels erfolgt regelbasiert.

Neben der kooperativen Auftragsabwicklung ist die Vernetzung auch bei der auftragsunabhängigen Entwicklung von Innovationen zu berücksichtigen (vgl. Kapitel 2.4). Die dritte vernetzungsbezogene Anforderung ist daher die **kooperative Innovation**. Zur Schaffung von kooperativen Innovationen ist die Zusammenarbeit im Hinblick auf Produkt- und Prozessinnovationen zu gestalten. Zudem ist die Auslegung eines gemeinsamen Wissensmanagements erstrebenswert. Die fünf Ausprägungen der Anforderung „kooperative Innovation“ werden im Folgenden definiert:

- **Nicht erfüllt:** Ein Ansatz berücksichtigt Innovationen nicht.
- **Sehr gering:** Ein Ansatz berücksichtigt Innovationen ausschließlich in Form von Entwicklungsprojekten, die an Lieferanten vergeben werden.
- **Gering:** Ein Ansatz sieht einen regelmäßigen Austausch mit Lieferanten zu potenziellen Produkt- oder Prozessinnovationen vor.
- **Hoch:** Ein Ansatz sieht einen regelmäßigen Austausch mit Lieferanten zu potenziellen Produkt- oder Prozessinnovationen vor. Der Ansatz beschreibt zudem Maßnahmen zur Innovationsförderung explizit.
- **Sehr hoch:** Ein Ansatz beschreibt eine intensive Zusammenarbeit inkl. einer systematischen Innovationsförderung oder eines gemeinsamen Wissensmanagements.

Durch die vernetzungsbezogenen Anforderungen Lieferantentypisierung, kooperative Auftragsabwicklung und kooperative Innovation wird sichergestellt, dass ein Ansatz alle Bereiche der Vernetzung berücksichtigt.

3.1.2.4 Digitalisierungsbezogene Anforderungen

Durch die Digitalisierung wird die Vernetzung von Kunden und Lieferanten effizienter gestaltet (vgl. Kapitel 2.2.3.3). Hierzu werden mehrseitige digitale Plattformen in Form von digitalen Lieferantenplattformen eingesetzt. Fremdvergaben werden zudem durch einen echtzeitnahen Abgleich von Kapazitäten und die automatisierte Vergabe von Aufträgen weniger mitarbeiterabhängig und einfacher abwickelbar. Der Nutzungsgrad dieser Möglichkeiten wird anhand der digitalisierungsbezogenen Anforderungen bewertet.

Digitale Plattformen sind ein zentrales Element bei der zukünftigen Gestaltung der betriebsübergreifenden Vernetzung (vgl. Kapitel 2.2.3.3). In Bezug auf die digitale Lieferantenvernetzung kann eine digitale Lieferantenplattform sowohl für die Identifikation von geeigneten Lieferanten für einen spezifischen Auftrag als auch für die Abwicklung der betriebsübergreifenden Kommunikation eingesetzt werden. Für die erfolgreiche Einführung einer digitalen Lieferantenplattform ist eine explizite Ausgestaltung und Erläuterung des Geschäftsmodells der **digitalen Lieferantenplattform** notwendig. Die fünf Ausprägungen der Anforderung „digitale Lieferantenplattform" werden im Folgenden definiert:

- **Nicht erfüllt:** Ein Ansatz berücksichtigt digitale Plattformen nicht.
- **Sehr gering:** Ein Ansatz berücksichtigt eine digitale Plattform zum Austausch von Daten zwischen Lieferanten und Kunden.
- **Gering:** Ein Ansatz berücksichtigt eine digitale Plattform als Möglichkeit zum Austausch von Daten und zur Identifikation von Lieferanten.
- **Hoch:** Ein Ansatz berücksichtigt eine digitale Plattform als Möglichkeit zur Identifikation von Lieferanten und als betriebsübergreifende Kommunikationsplattform.
- **Sehr hoch:** Ein Ansatz berücksichtigt eine digitale Plattform als Möglichkeit zur Identifikation von Lieferanten und als betriebsübergreifende Kommunikationsplattform. Das Geschäftsmodell der Plattform wird zudem explizit erläutert.

In der Branche Werkzeugbau erfolgen Fremdvergaben häufig unter hohem Zeitdruck (vgl. Kapitel 2.3.3.3). Folglich ist es wichtig, mit geringem Zeitaufwand Lieferanten mit freien Kapazitäten ermitteln zu können. Die zweite digitalisierungsbezogene Anforderung ist daher die Berücksichtigung eines **echtzeitnahen Kapazitätsabgleichs**. In der Regel werden Lieferanten aus verhandlungstaktischen Gründen ihre kapazitive Auslastungssituation ihren Kunden gegenüber nicht offenlegen. Daher sollte ein Lösungsansatz für einen Kapazitätsabgleich ohne die direkte Übermittlung der freien Kapazitäten an den jeweiligen Endkunden vorhanden sein. Zudem sollte der Aufwand zur Einrichtung einer notwendigen Schnittstelle zum Planungssystem des Lieferanten gering sein. Die fünf Ausprägungen der Anforderung „echtzeitnaher Kapazitätsabgleich" werden im Folgenden definiert:

- **Nicht erfüllt:** Ein Ansatz sieht einen Kapazitätsabgleich nicht vor.
- **Sehr gering:** Ein Ansatz sieht einen Kapazitätsabgleich ausschließlich durch persönliche Kommunikation vor.
- **Gering:** Ein Ansatz sieht einen systembasierten Kapazitätsabgleich vor, ist jedoch hinsichtlich des verwendeten Planungssystems auf ein spezifisches System begrenzt.
- **Hoch:** Ein Ansatz sieht einen systembasierten Kapazitätsabgleich auf Basis von Standardschnittstellen zum Planungssystem vor.
- **Sehr hoch:** Ein Ansatz sieht einen systembasierten Kapazitätsabgleich auf Basis von Standardschnittstellen zum Planungssystem vor. Der Ansatz beschreibt zudem eine Lösung, um die direkte Offenlegung von Kapazitäten des Lieferanten gegenüber dem Kunden zu vermeiden.

Durch die Entwicklungen im Bereich der Datenanalyse sowie die zunehmende Transparenz über Lieferantendaten können Einkaufsentscheidungen verstärkt automatisiert werden (vgl.

Kapitel 2.2.3.3). Hierdurch entsteht das Potenzial einer **automatisierten Auftragsvergabe**. Für eine automatisierte Auftragsvergabe sind eine umfassende Bewertung anhand definierter Kriterien und ein darauf aufbauender Algorithmus zur Auswahl des am besten geeigneten Lieferanten notwendig. Da durch eine automatisierte Auftragsvergabe jedoch auch Fehlbestellungen in großem Ausmaß entstehen können, ist eine umfassende Absicherung gegenüber Fehlern oder eine abschließende manuelle Freigabe erforderlich. Der Grad der Automatisierung ist idealerweise auf Basis einer Kosten-Nutzen-Analyse festzulegen. Die fünf Ausprägungen der Anforderung „automatisierte Auftragsvergabe“ werden im Folgenden definiert:

- **Nicht erfüllt:** Ein Ansatz berücksichtigt eine automatisierte Unterstützung von Auftragsvergaben nicht.
- **Sehr gering:** Ein Ansatz beschreibt das Potenzial einer automatisierten Auftragsvergabe, ohne Kriterien für die Lieferantenauswahl zu definieren.
- **Gering:** Ein Ansatz beinhaltet Kriterien für eine automatisierte Auftragsvergabe.
- **Hoch:** Ein Ansatz beinhaltet Kriterien für eine automatisierte Auftragsvergabe und definiert einen Algorithmus für die Lieferantenauswahl. Der Ansatz berücksichtigt keine Absicherung der automatisierten Auftragsvergabe.
- **Sehr hoch:** Ein Ansatz beinhaltet Kriterien für eine automatisierte Auftragsvergabe und definiert einen Algorithmus für die Lieferantenauswahl. Zudem beinhaltet der Ansatz Maßnahmen zur Absicherung der automatisierten Auftragsvergabe.

Durch die Berücksichtigung der digitalisierungsbezogenen Anforderungen digitale Lieferantenplattform, echtzeitnaher Kapazitätsabgleich und automatisierte Auftragsvergabe wird sichergestellt, dass die Möglichkeiten der digitalen Vernetzung zur Steigerung der Effizienz genutzt werden. Der Fokus liegt dabei auf der Erhöhung der Effizienz in der Zusammenarbeit.

3.2 Vorstellung und Bewertung bestehender Ansätze

In der Theorie existieren zahlreiche Ansätze zur Beschreibung oder Gestaltung der (digitalen) Vernetzung von Unternehmen mit Lieferanten. Die Ansätze können analog zu den definierten Anforderungen in vernetzungsbezogene Ansätze, digitalisierungsbezogene Ansätze und werkzeugbauspezifische Ansätze untergliedert werden. Die vernetzungsbezogenen Ansätze umfassen sowohl Ansätze des Supply Chain Managements als auch netzwerktheoretische Ansätze. Die digitalisierungsbezogenen Ansätze beinhalten Forschungsarbeiten, welche sich mit eProcurement und Einkauf 4.0 beschäftigen. Die werkzeugbauspezifischen Arbeiten werden aufgrund ihres hohen Anwendungsbezugs separat betrachtet. Aktuell liegen noch keine digitalisierungsbezogenen Ansätze zur Nutzung der digitalen Vernetzung mit Lieferanten in der Branche Werkzeugbau vor. Relevante Arbeiten sind in Abbildung 52 den netzwerktheoretischen Ansätzen zuzuordnen.

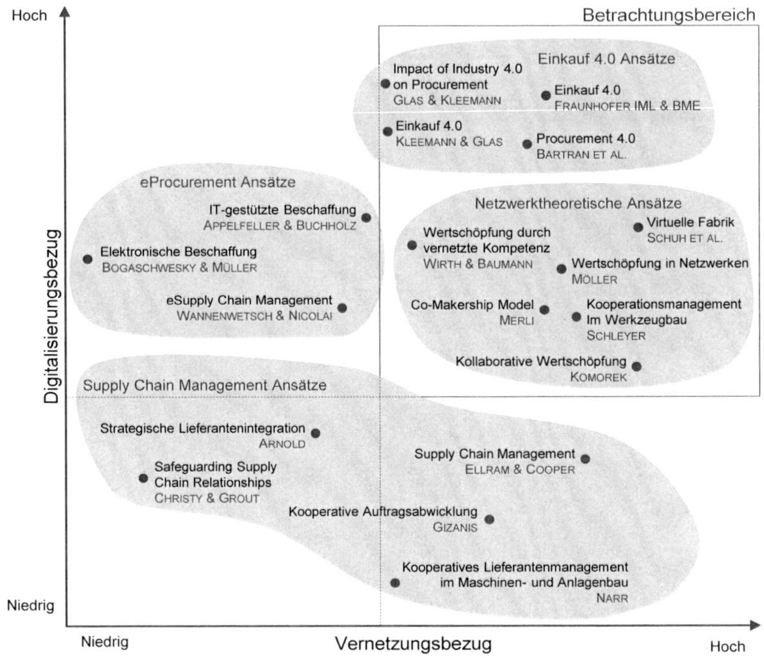

Abbildung 52: Überblick über relevante wissenschaftliche Ansätze

Abbildung 52 ordnet relevante Arbeiten bezogen auf die Höhe ihres Digitalisierungs- und Vernetzungsbezuges ein. Auf Basis dieser Einstufung wird ein Quadrant um die zehn relevantesten Ansätze gebildet, welche im Folgenden detailliert vorgestellt werden. Die Vorstellung erfolgt mit Fokus auf die Zielsetzung und Kerninhalte der Ansätze. Aus Abbildung 52 geht deutlich hervor, dass nur wenige Arbeiten gleichzeitig einen hohen Digitalisierungs- und Vernetzungsbezug haben. Die Vorstellung der netzwerktheoretischen sowie der Einkauf 4.0 Ansätze erfolgt nachfolgend in Reihenfolge des Erscheinungszeitpunkts.

3.2.1 Co-Makership Model (MERLI, 1991)

Das Co-Makership Model nach MERLI ist ein Referenzmodell zur **Gestaltung operativer Beziehungen zwischen Lieferanten und Kunden** in einer industriellen Wertschöpfungskette.[444] Die wesentliche Charakteristik des Modells besteht in einer Einteilung der operativen Beziehungen zwischen Lieferanten und Kunden in drei Klassen. Die einzelnen Klassen beschreiben die Intensität von unternehmensübergreifenden Kooperationen. Wie in Abbildung 53 dargestellt, werden die Merkmale der einzelnen Klassen in die vier Kategorien Qualität, Logistik, Produkt- und Technologieentwicklung sowie Lieferantenbewertung eingeteilt.[445]

---

[444] Vgl. Merli (Co-makership), 1991, S. 49

[445] Vgl. Merli (Co-makership), 1991, S. 64 f.

	Qualität	Logistik	Produkt- und Technologie-entwicklung	Lieferantenbewertung
Klasse III: **Konventionell**	▪ Lieferung nach Lasten-/ Pflichtenheft ▪ Wareneingangs-kontrolle durch den Kunden	▪ Bedarfsgerechte Bestellung ▪ Lagerhaltung erforderlich	▪ Produkt- und Komponenten-entwicklung aus-schließlich durch den Kunden	▪ Preis ▪ Qualitätsleistung (Output) ▪ Logistikleistung (Output) ▪ Bewertung von Kundensystemen ▪ Vorgabe von Qualitätshand-büchern
Klasse II: **Vernetzt (Operatives Co-Makership)**	▪ Eigene Zertifizierung durch Lieferanten ▪ Keine Warenein-gangskontrolle ▪ Gemeinsame Qualitäts-programme	▪ Langzeitverträge ▪ Synchrone Lieferungen direkt in die Wert-schöpfungskette ▪ Gemeinsame Reduzierung von Lager und Durchlaufzeit	▪ Gemeinsame Definition von technischen Spezifikationen von Technologien und Komponenten ▪ Konsultation von Lieferanten im Vorfeld	▪ Lebenszyklus-kostenevaluation ▪ Auditierung von Lieferanten-systemen ▪ Auditierung von Lieferanten-prozessen
Klasse I: **Partner (Globales Co-Makership)**	▪ Hohe Lieferanten-verantwortung ▪ Gemeinsame Verbesserungs-programme ▪ Gemeinsames Produktdesign	▪ Integration des Lieferanten in die Logistiksysteme des Kunden ▪ Geteilte Informa-tionen und Planungssysteme	▪ Integration des Lieferanten in den gesamten Produktentwick-lungsprozess ▪ Integration des Lieferanten in die Produktplanung ▪ Proaktiver Lieferant	▪ Weltweite Evaluation von Prozessen, Kompetenzen und Management-Systemen ▪ Analyse der Lieferanten-strategien

Abbildung 53: Lieferantenklassen nach MERLI[446]

Lieferanten der Klasse III werden als **konventionelle Lieferanten** bezeichnet. Die Lieferantenauswahl basiert auf quantitativen und qualitativen Kennzahlen zu Qualität und Leistung sowie auf dem Preis. Im Rahmen der Lieferantenauswahl erfolgt eine gleichzeitige Anfrage bei mehreren Lieferanten. Grundlage für die angefragten Leistungen ist ein vollständig spezifiziertes Lastenheft. Bestellungen werden kurzfristig vorgenommen und weitere Aufträge erfolgen nicht notwendigerweise. Alle gelieferten Waren durchlaufen eine Eingangskontrolle und die Lieferanten werden dazu angehalten, zur Sicherstellung der Versorgung Bestände vorzuhalten. Jede Lieferantenbeziehung startet in Klasse III.[447]

Lieferanten der Klasse II bezeichnet MERLI als **vernetzte Lieferanten** oder alternativ als operatives Co-Makership. Zu Lieferanten dieser Klasse besteht bereits eine langfristige Beziehung zwischen dem respektiven Kunden und Lieferanten. Die Lieferanteneinstufung wird vom Kunden regelmäßig überprüft. Erfüllt ein Lieferant die Anforderungen nicht, so versucht der Kunde zunächst seinen Lieferanten zu befähigen, bevor ein Lieferantenwechsel durchgeführt wird.

---

[446] i. A. a. Merli (Co-makership), 1991, S. 64 f.

[447] Vgl. Merli (Co-makership), 1991, S. 58 f.

Lieferanten der Klasse II müssen eine hohe Qualität sicherstellen, da sie vollständig für mangelhafte Produkte verantwortlich sind. Dafür kann der Kunde die Produktion für Just-in-Time Lieferungen auslegen und teilweise oder vollständig auf Wareneingangskontrollen verzichten. Dies ermöglicht die Reduktion von Lagerbeständen sowohl auf Kundenseite als auch auf Lieferantenseite und resultiert in Kosteneinsparungen.[448]

Lieferanten der Klasse I bezeichnet MERLI als **Partner** oder alternativ als globales Co-Makership. Lieferanten der Klasse I erfüllen alle Merkmale von Lieferanten der Klasse II. Zudem sind die Lieferanten der Klasse I in die Entwicklung neuer Produkte eingebunden und übernehmen zum Teil selbstständige Entwicklungsumfänge. Kunden und Lieferanten profitieren von dem Wegfall nachträglicher Anpassungen sowie dem Kompetenzgewinn durch die gemeinsame Arbeit an Entwicklungsprojekten.[449]

Die Bewertung des Co-Makership Ansatzes nach MERLI anhand der in Kapitel 3.1.2 definierten Anforderungen ist nachfolgend in Abbildung 54 dargestellt.

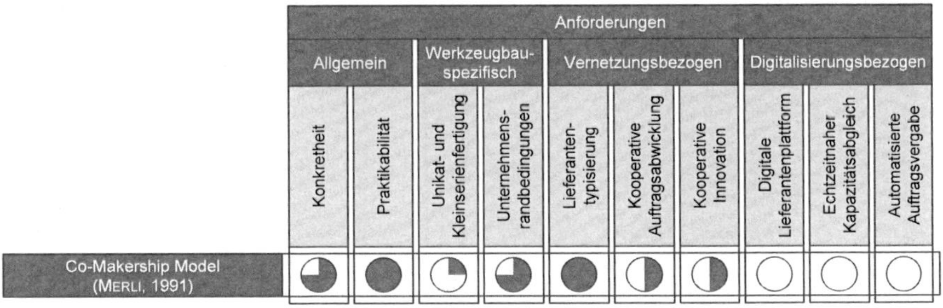

Abbildung 54: Bewertung des Co-Makership nach MERLI

Der Co-Makership Ansatz beschreibt verschiedene Arten der Lieferantenanbindung. Für die Einordnung der Lieferanten werden technologische Anforderungen an die geforderten Leistungen ebenso wie qualitative und quantitative Bewertungskriterien für die Lieferantenleistungsfähigkeit definiert. Das Modell erfüllt daher die Anforderungen an Konkretheit und Praktikabilität in einem hohen bzw. sehr hohen Maß. Allerdings werden werkzeugbauspezifische Anforderungen nur teilweise erfüllt. Die Einzel- und Kleinserienfertigung wird nicht explizit behandelt, hingegen wird die Anforderung Unternehmensrandbedingungen in hohem Maße erfüllt. Für die Lieferantentypisierung bietet der Co-Makership Ansatz hingegen konkrete Kriterien, welche eine übersichtliche Struktur und einfache Bewertung bzw. Einordnung der Lieferanten ermöglichen. Die vernetzungsbezogenen Kriterien kooperative Auftragsabwicklung und

---

[448] Vgl. Merli (Co-makership), 1991, S. 60 ff.

[449] Vgl. Merli (Co-makership), 1991, S. 62 f.

kooperative Innovation weisen jeweils einen geringen Erfüllungsgrad auf. Digitalisierungsbezogene Kriterien werden vom Ansatz nach MERLI nicht erfüllt, da digitale Technologien nicht thematisiert werden.

3.2.2 Virtuelle Fabrik (SCHUH ET AL., 1998)

Die virtuelle Fabrik nach SCHUH ET AL. beschreibt eine **temporäre Allianz von Unternehmen** mit dem Ziel, eine verbesserte Marktdurchdringung zu realisieren. Im Zentrum des Konzepts steht eine unternehmensübergreifende Kooperation unabhängiger Unternehmen, welche bestimmte Aufträge aufgrund ihrer Kompetenzen oder Kapazitäten alleine nicht oder nur wenig gewinnbringend realisieren können. Für die Bearbeitung eines Auftrags werden bestehende Kompetenzen der einzelnen Unternehmen gebündelt und unterschiedliche Wertschöpfungsstufen kombiniert. Für die Dauer der Auftragsabwicklung tritt der unternehmensübergreifende Zusammenschluss als ein Unternehmen auf. Durch den Ansatz der virtuellen Fabrik ist es möglich, die Flexibilität zu erhöhen und gleichzeitig bestehende Kompetenzen auszubauen.[450] Die Architektur der virtuellen Fabrik gliedert sich in die zwei Ebenen stabile Plattform und virtuelle Fabrik (vgl. Abbildung 55).

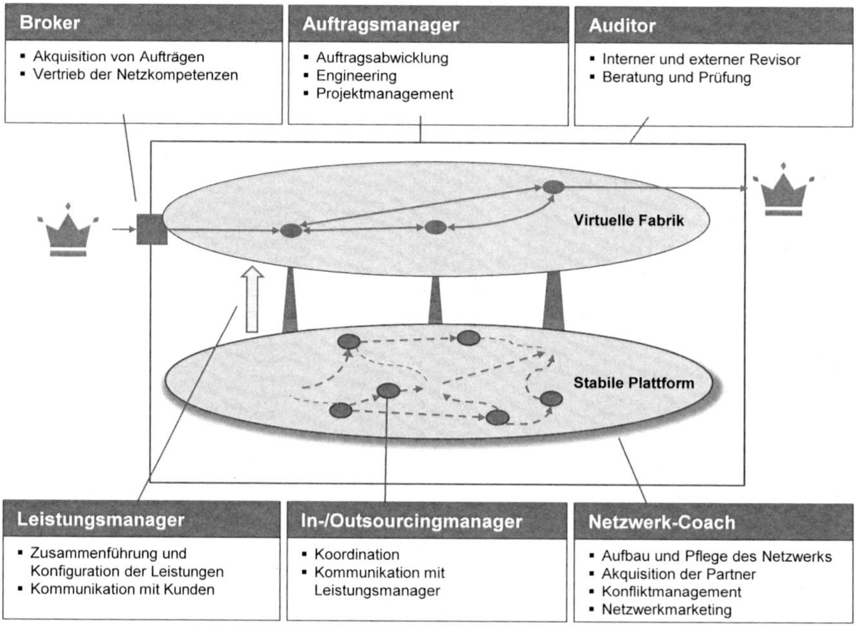

Abbildung 55: Architektur der virtuellen Fabrik nach SCHUH ET AL.[451]

[450] Vgl. Schuh et al. (Virtuelle Fabrik), 1998, S. 63 f.

[451] i. A. a. Schuh et al. (Virtuelle Fabrik), 1998, S. 93

Die Ausgangsbasis ist ein langfristiges Kooperationsnetzwerk bestehend aus rechtlich und wirtschaftlich unabhängigen Unternehmen. Dem gegenüber steht die virtuelle Fabrik, welche auftragsspezifisch generiert wird, indem für einen bestimmten Auftrag geeignete Partnerfirmen aus dem Netzwerk ausgewählt werden. Nach Abschluss des Auftrags wird die virtuelle Fabrik aufgelöst.[452]

Die **Ausführung der virtuellen Fabrik** ist in vier Schritte gegliedert. Als erstes wird das Kooperationsnetzwerk geknüpft, welches die Voraussetzungen für einen gemeinsamen Marktauftritt schafft. Im zweiten Schritt werden die Kooperationsprinzipien zur Klärung der Rollen- und Aufgabenverteilung festgelegt. Sind die ersten zwei Schritte abgeschlossen, kann mit der gemeinsamen Vermarktung und dem einheitlichen Marktauftritt begonnen werden. Der vierte Schritt besteht in der Bearbeitung von Kundenaufträgen.[453] Für den Kunden liegt der Mehrwert der virtuellen Fabrik in der Breite des Leistungsspektrums, die durch einzelne Lieferanten alleine nicht erreicht werden könnte. Um die Synergieeffekte des Netzwerkes zum Kundenwohl zu nutzen, bedarf es einer definierten **Rollenverteilung**. Bevor Aufträge in der virtuellen Fabrik abgewickelt werden können, müssen diese durch den Broker generiert werden. Anschließend bearbeitet der Leistungsmanager das Projekt, definiert in Kooperation mit dem Kunden das Leistungspaket und selektiert die Partnerunternehmen. Auf der Netzwerkebene beschäftigen sich In- und Outsourcingmanager mit der Koordination der Aufgaben zwischen den Netzwerkpartnern. Hierbei stehen sie mit dem Leistungsmanager und dem Auftragsmanager in Kontakt. Letzterer ist für die Koordination der Auftragsabwicklung auf der Ebene der virtuellen Fabrik zuständig und agiert als Projektmanager. Neben diesen funktionellen Rollen der virtuellen Fabrik existieren zwei strategische Instanzen. Der Auditor betreut die Projektabwicklung beratend und prüfend. Der Netzwerk-Coach ist für Aufbau, Pflege sowie Erweiterung des Netzwerkes verantwortlich. Eine weitere Aufgabe des Netzwerk-Coaches liegt im Konfliktmanagement innerhalb des Netzwerkes.[454]

Die Bewertung des Ansatzes der virtuellen Fabrik nach SCHUH ET AL. anhand der in Kapitel 3.1.2 definierten Anforderungen ist nachfolgend in Abbildung 56 dargestellt.

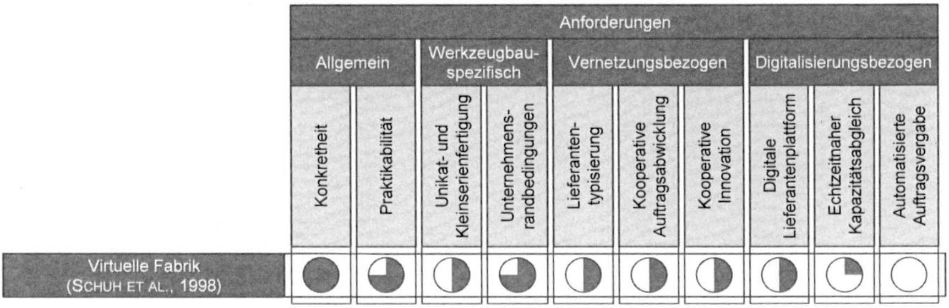

Abbildung 56: Bewertung der virtuellen Fabrik nach SCHUH ET AL.

[452] Vgl. Schuh et al. (Virtuelle Fabrik), 1998, S. 63 ff.
[453] Vgl. Schuh et al. (Virtuelle Fabrik), 1998, S. 63 ff.
[454] Vgl. Schuh et al. (Virtuelle Fabrik), 1998, S. 92 ff.

Der Ansatz der virtuellen Fabrik beschreibt eine unternehmensübergreifende Auftragsabwicklung. Durch die Definition der Umsetzungsschritte und der Rollenverteilung weist der Ansatz eine sehr hohe Konkretheit und eine hohe Praktikabilität auf. Hinsichtlich der werkzeugbauspezifischen Anforderungen ist ein Bezug zur Einzel- und Kleinserienfertigung in geringem Maße gegeben und die Anforderung Unternehmensrandbedingungen wird in hohem Maße erfüllt. Eine Lieferantentypisierung ist eines der grundlegenden Elemente der virtuellen Fabrik, da diese vor der Auftragsabwicklung für jeden Auftrag erfolgen muss, um die geeignetsten Partner für einen Auftrag zu selektieren. Der Erfüllungsgrad der Anforderung Lieferantentypisierung ist dennoch gering, da aus der Lieferantentypisierung keine Fokussierung der Vernetzungsaktivitäten abgeleitet wird. Kooperative Auftragsabwicklung und kooperative Innovation werden in der virtuellen Fabrik ebenfalls vorgesehen, aber nicht ganzheitlich gestaltet. Digitalisierungsbezogene Anforderungen werden teilweise aufgegriffen. Die Potenziale eines plattformbasierten Informations- und Wissensaustauschs werden aufgegriffen, aber nicht konkretisiert. Gleiches gilt für einen echtzeitnahen Kapazitätsabgleich. Eine automatisierte Auftragsvergabe wird nicht thematisiert. Somit wird die entsprechende Anforderung nicht erfüllt.

3.2.3 Wertschöpfung durch vernetzte Kompetenz (Wirth & Baumann, 2001)

Wirth & Baumann beschreiben einen Ansatz für die Gestaltung unternehmensübergreifender Wertschöpfung durch die Vernetzung von Kompetenzen. Grundsätzlich müssen Unternehmen „das Spannungsfeld zwischen Wettbewerbsfähigkeit, relativer Widerstandsfähigkeit und permanenter Wandlungsfähigkeit bewältigen.“[455] Um diesen Anforderungen optimal gerecht zu werden, beschreibt das Modell die direkte problem- und auftragsbezogene Vernetzung von einzelnen inkrementellen Kompetenzeinheiten.[456]

Grundlegendes Element des Modells nach Wirth & Baumann ist die **Kompetenzzelle**. Eine Kompetenzzelle ist die kleinste nicht mehr sinnvoll teilbare Wertschöpfungseinheit. Als solche ist sie zur eigenständigen Organisation und Koordination fähig. In Analogie zur Biologie stehen die einzelnen Kompetenzzellen fortlaufend neuen Anforderungen gegenüber, die Anpassungen erforderlich machen und dadurch die Kompetenzentwicklung bewirken.[457] Das Modell geht davon aus, dass die Kompetenzzellen zu einem **Kompetenznetz** gebündelt werden und sich durch die Integration in unterschiedlichen kundenorientierten **Wertschöpfungsnetze** stetig weiterentwickeln (vgl. Abbildung 57). Die einzelnen Betriebe müssen ihre Kompetenzzellen so gestalten, dass sie für die Erzeugung von unterschiedlichen Leistungen nutzbar sind.[458] Dies dient darüber hinaus der Bildung vielseitiger Ressourcen- und Kompetenzpools, anhand derer die Auswahl der geeigneten Partner zur kundenorientierten Netzgestaltung erfolgen kann.[459]

[455] Vgl. Wirth & Baumann (Wertschöpfung durch vernetzte Kompetenz), 2001, S. 13
[456] Vgl. Wirth & Baumann (Wertschöpfung durch vernetzte Kompetenz), 2001, S. 109
[457] Vgl. Wirth & Baumann (Wertschöpfung durch vernetzte Kompetenz), 2001, S. 111 f.
[458] Vgl. Wirth & Baumann (Wertschöpfung durch vernetzte Kompetenz), 2001, S. 125 f.
[459] Vgl. Wirth & Baumann (Wertschöpfung durch vernetzte Kompetenz), 2001, S. 130

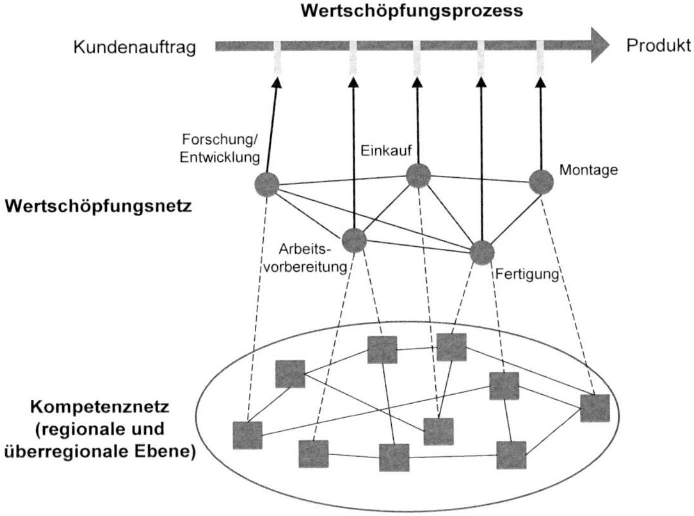

Abbildung 57: Wertschöpfungsprozess und Kompetenznetz nach WIRTH & BAUMANN[460]

Grundsätzlich lässt sich die Vorgehensweise des Ansatzes nach WIRTH & BAUMANN in **drei Phasen** unterteilen. Die erste Phase beschreibt die Auslösung einer kundenorientierten Innovation, durch welche auf Basis von Unternehmens-, Markt-, Kunden-, und Kompetenzanalysen mögliche Geschäftsfelder aufgezeigt werden. Im Zuge der Analysen werden die Stärken und Schwächen des Unternehmens sowie dessen Hauptkunden und deren wesentliche Anforderungen identifiziert. In der zweiten Phase werden synergetische Kompetenznetze gebildet. Hierzu werden zunächst die strategischen Geschäftsfelder festgelegt. Darüber hinaus werden die projektspezifischen Strukturen bezüglich des relevanten Produktes, der Technologie und der Logistik beschrieben. Auf dieser Basis erfolgen anschließend die Auswahl der Kompetenzen und Ressourcen anderer Partner, die Gestaltung der Ablauforganisation sowie der Aufbau des kundenorientierten Netzes aus den einzelnen Kompetenzeinheiten. In der dritten Phase wird das, in der zweiten Phase gebildete, Kompetenznetz als kundenorientiertes Wertschöpfungsnetz betrieben. Der Netzwerkbetrieb umfasst neben einer umfangreichen Planung der durch die beteiligten Partner bereitgestellten Kompetenzen und Kapazitäten auch deren zielorientierte Steuerung und Entwicklung. Es werden auftragsspezifische Aufgaben, von Forschung und Entwicklung über arbeitsvorbereitende Maßnahmen wie Produktionsplanung und Arbeitsverteilung bis hin zum Controlling, ausgeführt.[461]

Die Bewertung des Ansatzes nach WIRTH & BAUMANN anhand der in Kapitel 3.1.2 definierten Anforderungen ist nachfolgend in Abbildung 58 dargestellt.

---

460 i. A. a. Wirth & Baumann (Wertschöpfung durch vernetzte Kompetenz), 2001, S. 132

461 Vgl. Wirth & Baumann (Wertschöpfung durch vernetzte Kompetenz), 2001, S. 127 ff.

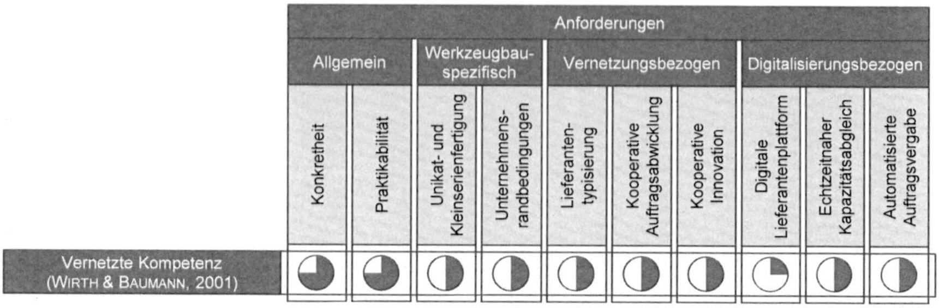

Abbildung 58: Bewertung der Wertschöpfung durch vernetzte Kompetenz nach WIRTH & BAUMANN

Der Ansatz von WIRTH & BAUMANN erfüllt die Anforderungen an Konkretheit und Praktikabilität in hohem Maße. Werkzeugbauspezifische Anforderungen werden durch das Modell teilweise erfüllt. Die Besonderheiten der Einzel- und Kleinserienfertigung werden nicht berücksichtigt, jedoch ist der Ansatz auf die Einzel- und Kleinserienfertigung übertragbar. Zudem lässt der Ansatz eine Adaption auf die spezifische Situation und Ausrichtung von Unternehmen zu. Alle vernetzungsbezogenen Kriterien werden im Ansatz nach WIRTH & BAUMANN aufgegriffen, ohne detailliert ausgestaltet zu werden. Der Erfüllungsgrad der Anforderungen ist daher jeweils gering. Auf die Themen der Digitalisierung wird eingegangen und die Vorteile der digitalen Vernetzung für die Umsetzung des Konzeptes werden dargestellt. Lieferantenplattformen werden nicht explizit erwähnt, allerdings beschreiben WIRTH & BAUMANN, dass Informationsplattformen eine wichtige Rolle für die Vernetzung von Unternehmen spielen. Ein echtzeitnaher Kapazitätsabgleich und eine automatisierte Auftragsvergabe werden erwähnt, aber nicht ausgestaltet. Folglich werden die beiden Anforderungen nur in geringem Maße erfüllt.

3.2.4 Wertschöpfung in Netzwerken (MÖLLER, 2006)

Der Ansatz für betriebsübergreifende Wertschöpfung nach MÖLLER gliedert die Wertschöpfung in einem Netzwerk in die drei **Dimensionen** Phasen, Ebenen und Aufgaben. Die Dimensionen stellen unterschiedliche Sichtweisen auf die Wertschöpfung dar, welche nicht überschneidungsfrei sind.[462] Der Ansatz ist in Abbildung 59 dargestellt.

Die erste Dimension, welche zeitlich orientiert ist, beschreibt die drei **Phasen** im Lebenszyklus eines Netzwerks. Es wird zwischen der Formierung, dem Betrieb und der Auflösung eines Netzwerks unterschieden. Die Formierung eines Netzwerkes beginnt mit der strategischen Entscheidung, ob eine Teilnahme am Netzwerk oder die Bildung eines solchen erfolgen soll. Es folgen die Identifikation und Auswahl von Netzwerkpartnern. Anschließend wird der Betrieb des Netzwerks aufgenommen.[463] Zentraler Bestandteil der Betriebsphase ist die betriebsübergreifende Leistungserstellung im Netzwerk. Der Betrieb umfasst die typischen Aufgaben der Auftragsabwicklung, wie z. B. die Definition von Teilaufgaben, die Preisbestimmung und die

[462] Vgl. Möller (Wertschöpfung in Netzwerken), 2006, S. 89

[463] Vgl. Möller (Wertschöpfung in Netzwerken), 2006, S. 91 ff.

Auftragskontrolle. Die dritte Phase beschreibt die Auflösung des Netzwerks. Diese kann sowohl geplant als auch spontan erfolgen. Ein wesentlicher Vorgang dieser Phase ist die geordnete Auftrennung gemeinsamer Ressourcen, Verbindlichkeiten und Forderungen.[464]

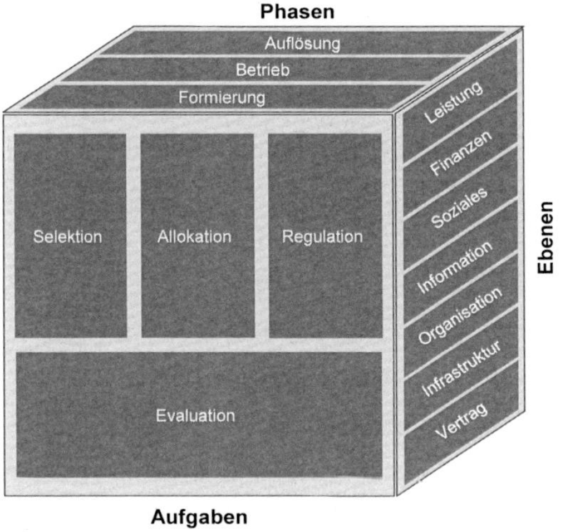

Abbildung 59: Wertschöpfung in Netzwerken nach MÖLLER[465]

MÖLLER nutzt zur Beschreibung eines Netzwerks sieben **Ebenen**. Es wird zwischen Leistungs-, Finanz-, Sozial-, Informations-, Organisations-, Infrastruktur- und Vertragsebene unterschieden. Die Leistungs- und die Finanzebene dienen der sachlichen Beschreibung der innerhalb des Netzwerks ausgetauschten Produkte, Dienstleistungen und finanziellen Mittel. Die Informationsebene befasst sich mit der Umsetzung der ebenenübergreifenden Informations- und Kommunikationskanäle. Auf der Organisationsebene findet die Gestaltung der Aufbau- und Ablauforganisation statt während auf der Sozialebene die Wechselbeziehungen der Beteiligten unter Berücksichtigung der jeweiligen Intentionen fokussiert werden. Auf der Infrastrukturebene erfolgt die Implementierung der erforderlichen IT-Systeme. Die Vertragsebene dient der rechtlichen Verankerung von Vereinbarungen. Eine Hierarchie zwischen den Ebenen existiert nicht. Es gibt allerdings Interaktionen wie beispielsweise Vorlauf-Folge-Beziehungen zwischen den Ebenen.[466]

Die dritte Dimension definiert die **Aufgaben** Selektion, Allokation, Regulation und Evaluation. Zwischen den einzelnen Aufgaben lassen sich sowohl zeitliche Abhängigkeiten als auch Ursache-Wirkungsbeziehungen erkennen. Somit wirkt sich die Erfüllung einer Aufgabe auf die anderen Aufgaben aus. Diese Verknüpfung begünstigt die Wandlungsfähigkeit eines Netzwerkes. Sofern als erste Aufgabe die Selektion erfolgt, ist dies für einen sequenziellen Ablauf ideal. Im Rahmen der Selektion werden Potenziale identifiziert, welche zur Steigerung des

---

464 Vgl. Möller (Wertschöpfung in Netzwerken), 2006, S. 97 f.
465 i. A. a. Möller (Wertschöpfung in Netzwerken), 2006, S. 89
466 Vgl. Möller (Wertschöpfung in Netzwerken), 2006, S. 99 ff.

Erfolgs des Netzwerks führen. Anschließend folgt die Allokation, welche die Zuweisung von Aktivitäten zu den jeweiligen Potenzialen im Netzwerk umfasst. Im letzten Schritt erfolgt die Regulation, welche als Projektumsetzung und -koordination definiert ist. Die Aufgaben Selektion, Allokation und Regulation werden durch die Evaluation unterstützt.[467]

Die Bewertung des Ansatzes der Wertschöpfung in Netzwerken nach MÖLLER anhand der in Kapitel 3.1.2 definierten Anforderungen ist nachfolgend in Abbildung 56 dargestellt.

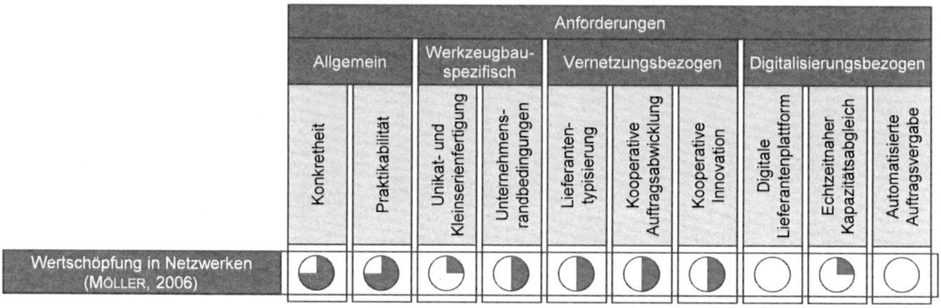

Abbildung 60: Bewertung der Wertschöpfung in Netzwerken nach MÖLLER

Der Ansatz nach MÖLLER zeigt die unterschiedlichen Perspektiven der Wertschöpfung in Netzwerken auf. Dabei werden die einzelnen Dimensionen untergliedert beschrieben und ein Bezug zu realen Systemen durch Fallstudien hergestellt. Daher ist der Erfüllungsgrad der Anforderungen Konkretheit und Praktikabilität als hoch zu bewerten. Die werkzeugbauspezifischen Anforderungen werden nicht vertieft thematisiert, allerdings können Rückschlüsse aus den Fallstudien gezogen werden. Eine Lieferantentypisierung ist in der Dimension der Aufgaben vorgesehen. Es findet jedoch keine systematische Ableitung eines Fokus der Vernetzung statt. Eine kooperative Auftragsabwicklung und auch die kooperative Entwicklung von Innovationen werden von MÖLLER vorgesehen. Es fehlt allerdings eine Ausgestaltung der Kommunikationsmittel sowie der Innovationskanäle. Der Erfüllungsgrad der vernetzungsbezogenen Anforderungen ist daher für alle drei Kriterien gering. Im Hinblick auf die digitalisierungsbezogenen Anforderungen wird nur ein Kapazitätsabgleich kurz thematisiert. MÖLLER sieht keine Echtzeitnähe des Kapazitätsabgleichs vor. Folglich ist der Erfüllungsgrad der Anforderung sehr gering.

3.2.5 Kooperationsmanagement im Werkzeugbau (SCHLEYER, 2006)

Ziel des Gestaltungsmodells für erfolgreiches Kooperationsmanagement im Werkzeugbau nach SCHLEYER ist die Unterstützung der Kooperationsaktivitäten von Werkzeugbaubetrieben.[468] Für die Gestaltung eines erfolgreichen Kooperationsmanagements nutzt SCHLEYER eine systematische Darstellung aller Wertschöpfungsaktivitäten in einem Unternehmensnetzwerk. Die in Anlehnung an PORTER[469] konzipierte Wertschöpfungskette der Branche Werk-

[467] Vgl. Möller (Wertschöpfung in Netzwerken), 2006, S. 111 ff.

[468] Vgl. Schleyer (Kooperationsmanagement), 2006, S. 211

[469] Vgl. Porter (Wettbewerbsvorteile), 2014, S. 66

zeugbau wird hierzu in eine Netzwerkform übertragen. Das Gestaltungsmodell basiert auf einer Kombination existierender Ansätze zur Vernetzung von Unternehmen (Modelle von PORTER[470], RIGGERS[471], HAKANSSON & JOHANSSON[472]). Einzelne Wertschöpfungsaktivitäten werden in ein Aktivitätsnetzwerk umgewandelt. Die Wertschöpfungsaktivitäten sind sowohl innerhalb ihrer jeweiligen Ebene des Wertschöpfungssystems als auch über die Ebenen hinaus miteinander verknüpft. Das sich durch diese Darstellungsform ergebende Netzwerk aller Wertschöpfungsaktivitäten von Werkzeugbaubetrieben wird als **Werkzeugbau-Value-System** bezeichnet. Durch das Verlassen der Einzelunternehmensperspektive ermöglicht das System, unternehmensübergreifende Verbindungen von Wertschöpfungsaktivitäten abzubilden. Das Werkzeugbau-Value-System bildet gemeinsam mit der Einzelunternehmenssicht sowie der Netzwerksicht die drei von SCHLEYER definierten Hauptbestandteile des Kooperationsmanagements (vgl. Abbildung 61).[473]

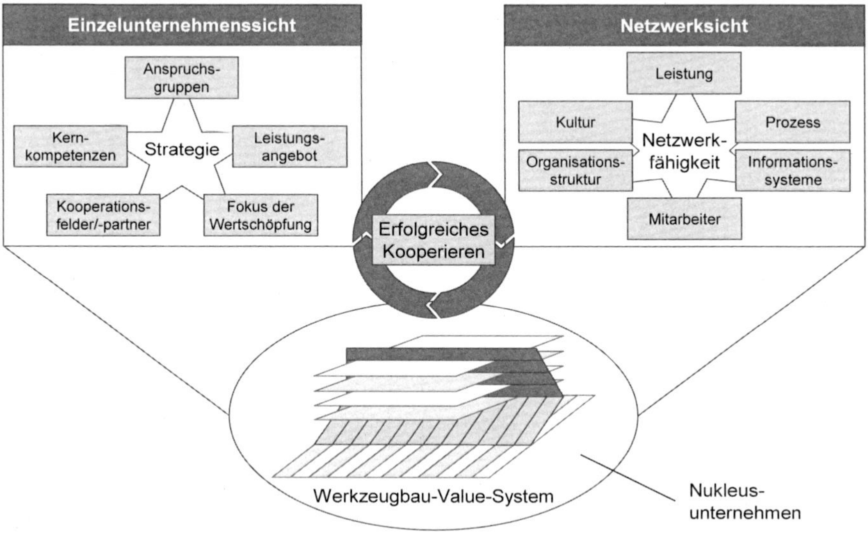

Abbildung 61: Kooperationsmanagement im Werkzeugbau nach SCHLEYER[474]

Der durch das Werkzeugbau-Value-System vorgegebene Rahmen dient zur Definition der Strategie aus Sicht eines Werkzeugbaubetriebs. Mit der Anwendung des Gestaltungsmodells durch das sogenannte **Nukleus-Unternehmen** werden geeignete Kooperationsaktivitäten ermittelt. Die Identifikation komplementärer Aktivitäten erfolgt unter der Berücksichtigung strategischer Aspekte aus Einzelunternehmenssicht. Zu diesen zählen die Anspruchsgruppen des Unternehmens, dessen Leistungsangebot und der Fokus der Wertschöpfung. Darüber hinaus

[470] Vgl. Porter (Wettbewerbsvorteile), 2014
[471] Vgl. Riggers (Value System Design), 1998
[472] Vgl. Hakansson & Johansson (Industrial Networks), 1992
[473] Vgl. Schleyer (Kooperationsmanagement), 2006, S. 176 ff.
[474] i. A. a. Schleyer (Kooperationsmanagement), 2006, S. 212

sind die Kernkompetenzen sowie vorhandene Kooperationsfelder und -partnerschaften einflussnehmende Elemente. Aus der Netzwerksicht werden Unternehmen bezüglich ihrer Fähigkeit zur unternehmensübergreifenden Vernetzung beurteilt. Die zu bewertenden Faktoren sind die Leistung, die Prozesse, die Informationssysteme sowie die Mitarbeiter des betrachteten Unternehmens. Das betrachtete Unternehmen wird darüber hinaus bezüglich der vorhandenen Organisationsstruktur und der Kultur eingeordnet.[475]

Die Bewertung des Ansatzes anhand der in Kapitel 3.1.2 definierten Anforderungen ist nachfolgend in Abbildung 62 dargestellt.

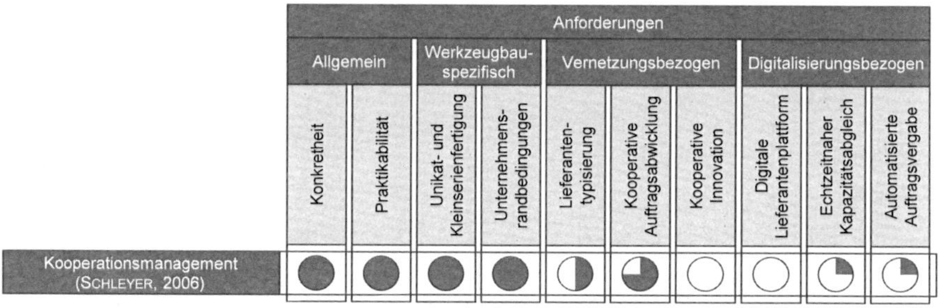

Abbildung 62: Bewertung des Kooperationsmanagements nach SCHLEYER

Das Gestaltungsmodell für erfolgreiches Kooperationsmanagement nach SCHLEYER dient der Unterstützung bei der Ausgestaltung von Kooperationsaktivitäten. Der Ansatz folgt einer deutlich erkennbaren Struktur und verifiziert seine Praktikabilität anhand von Fallbeispielen aus der Praxis. Der Erfüllungsgrad der allgemeinen Anforderungen ist daher sehr hoch. Basierend auf dem Werkzeugbau-Value-System werden branchenspezifische Fertigungsgegebenheiten berücksichtigt und die modulare Adaption von Unternehmensrandbedingungen ermöglicht. Der Erfüllungsgrad der werkzeugbauspezifischen Anforderungen ist daher ebenfalls sehr hoch. Das Gestaltungsmodell sieht die Gestaltung unterschiedlich stark ausgeprägter Kooperationsrelationen vor, die konkrete Typisierung von Lieferanten bleibt hingegen oberflächlich. Aufgrund der Darstellung von Maßnahmen und Mitteleinsatz zur unternehmensübergreifenden Gestaltung von Leistungen und Prozessen ist die Anforderung einer kooperativen Auftragsabwicklung in hohem Maße erfüllt. Kooperative Innovationen bleiben hingegen unberücksichtigt. Bezüglich der digitalisierungsbezogenen Anforderungen werden die Aspekte eines echtzeitnahen Kapazitätsabgleichs sowie die der automatisierten Auftragsvergabe in sehr geringem Maße erfüllt. Die Nutzung einer digitalen Lieferantenplattform ist nicht Teil des Ansatzes.

3.2.6 Kollaborative Wertschöpfung im Werkzeugbau (KOMOREK, 2014)

KOMOREK adressiert mit dem Gestaltungsmodell für kollaborative Wertschöpfung im industriellen Werkzeugbau den Bedarf nach einer unternehmensübergreifenden Zusammenarbeit. Ziele sind dabei die Steigerung der Effizienz innerhalb der Wertschöpfung sowie die Weiterentwicklung von Kompetenzen. Zu diesem Zweck entwickelt KOMOREK ein Gestaltungsmodell,

[475] Vgl. Schleyer (Kooperationsmanagement), 2006, S. 211 ff.

welches Werkzeugbaubetriebe bei der Auslegung und Umsetzung der kollaborativen Wertschöpfung basierend auf einer kunden- und lieferantenseitigen Vernetzung unterstützt.[476]

Die Elemente des in Abbildung 63 dargestellten Gestaltungsmodells werden als Handlungsfelder, Ergebnisse, Befähiger und Paradigmen der kollaborativen Wertschöpfung definiert. Die **Handlungsfelder** umfassen Themen, deren Umsetzung zu einer Steigerung der Wettbewerbsfähigkeit von Werkzeugbaubetrieben führt. Sie sind definiert als industrielle Auftragsabwicklung, Vernetzung mit Kunden, Vernetzung mit Lieferanten und Vernetzung von Standorten. Als Element zur Darstellung der Wertschöpfung eines Werkzeugbaubetriebs bildet die industrielle Auftragsabwicklung die Basis der Aktivitäten im Gestaltungsmodell. Die Kundenvernetzung beschreibt die vor- und nachgelagerte Unterstützung von Kunden sowohl in der Produktentwicklung als auch in der Serienproduktion. Die Lieferantenvernetzung umfasst die kompetenz- und kapazitätsbasierte Integration von Lieferanten in die interne Wertschöpfung mit dem Ziel der Optimierung der eigenen Auslastung sowie des Leistungsangebots. Die Standortvernetzung adressiert Betriebe mit mehreren eigenen Standorten und definiert das Vorgehen zur Abstimmung von Ressourcen an unterschiedlichen Betriebsstätten.[477]

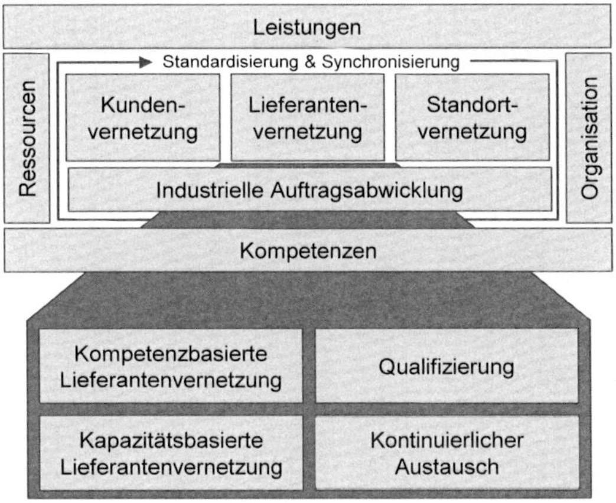

Abbildung 63: Kollaborative Wertschöpfung im Werkzeugbau nach KOMOREK[478]

Als Ergebnis der kollaborativen Wertschöpfung werden allgemein Leistungen definiert, welche weiter in Werkzeuge und Dienstleistungen unterteilt werden. Zur Realisierung der Aktivitäten der kollaborativen Wertschöpfung sind als Befähiger Kompetenzen, Ressourcen und Organisation erforderlich. Kompetenzen sind die Fähigkeiten, welche zur Effizienzsteigerung der Wertschöpfung sowie zur Differenzierung gegenüber dem Wettbewerb eingesetzt werden.

---

[476] Vgl. Komorek (Kollaborative Wertschöpfung), 2014, S. 2 f.

[477] Vgl. Komorek (Kollaborative Wertschöpfung), 2014, S. 182

[478] i. A. a. Komorek (Kollaborative Wertschöpfung), 2014, S. 182; Die Aufgaben des Handlungsfelds Lieferantenvernetzung sind aufgrund ihrer Relevanz für die vorliegende Arbeit zusätzlich in das Gestaltungsmodell eingezeichnet.

Ressourcen in Form von Finanzmitteln, Maschinen oder Mitarbeitern sind für alle wertschöpfenden Tätigkeiten erforderlich. Die Organisation strukturiert die Aktivitäten und die Ressourcen. Zudem definiert KOMOREK als Paradigma eine Standardisierung und Synchronisierung, welche für alle Aktivitäten des Werkzeugbaubetriebs anzustreben ist.[479]

Das Handlungsfeld der **Lieferantenvernetzung** ist für die vorliegende Arbeit von besonderer Relevanz. KOMOREK definiert vier Aufgaben zur Lieferantenvernetzung. Dies sind kompetenzbasierte Lieferantenvernetzung, kapazitätsbasierte Lieferantenvernetzung, Qualifizierung und kontinuierlicher Austausch. Im Rahmen der kompetenzbasierten Vernetzung beschafft ein Werkzeugbaubetrieb Leistungen, die nicht Teil der unternehmensinternen Wertschöpfung sind. Diese können der Auftragsabwicklung des Werkzeugbaubetriebs vorgelagert sein oder parallel dazu ablaufen. Durch kapazitätsbasierte Lieferantenvernetzung nutzt der Werkzeugbaubetrieb Lieferanten zum Ausgleich branchentypischer Nachfrageschwankungen. Die Vernetzung ermöglicht den Ausgleich zu geringer Kapazitäten in verschiedenen Bereichen der Wertschöpfung. Das Aufgabenfeld Qualifizierung adressiert die Identifikation und Bewertung potenzieller Lieferanten. Durch die Definition einheitlicher Anforderungen an Lieferanten wird die Auswahl geeigneter Wertschöpfungspartner sichergestellt. Weiterführend definiert KOMOREK die Aufgabe der Einführung eines kontinuierlichen, auftragsneutralen Austausches. Dessen Zweck ist die gemeinsame Weiterentwicklung zur Beschleunigung und Verbesserung der unternehmensübergreifenden Zusammenarbeit.[480]

Die Bewertung des Ansatzes zur Gestaltung kollaborativer Wertschöpfung nach KOMOREK anhand der in Kapitel 3.1.2 definierten Anforderungen ist nachfolgend in Abbildung 64 dargestellt.

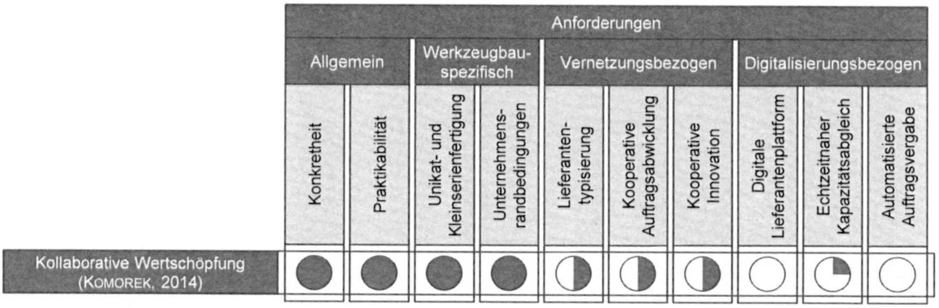

Abbildung 64: Bewertung der kollaborativen Wertschöpfung nach KOMOREK

Das Gestaltungsmodell ermöglicht auf Basis eines strukturierten, modularen Aufbaus eine Adaption der Unternehmensrandbedingungen, was anhand von mehreren Fallbeispielen belegt wird. Da das Modell entsprechend der Bedürfnisse der Branche Werkzeugbau entwickelt wurde, werden die allgemeinen und die werkzeugbauspezifischen Kriterien in sehr hohem Maße erfüllt. Hinsichtlich der lieferantenseitigen Vernetzung wird zwischen den Ausprägungen kompetenz- und kapazitätsbasiert unterschieden, eine Vorgehensweise zur Einordnung der

[479] Vgl. Komorek (Kollaborative Wertschöpfung), 2014, S. 182

[480] Vgl. Komorek (Kollaborative Wertschöpfung), 2014, S. 132 f.

Lieferanten wird nicht erläutert. KOMOREK beschreibt die Notwendigkeit der Kommunikation mit Lieferanten zu fest definierten Zeitpunkten. Zudem wird ein Austausch zur Verbesserung der Innovationsfähigkeit beschrieben. Der Ansatz erfüllt alle vernetzungsbezogenen Anforderungen dennoch nur in geringem Maße, da eine genaue Beschreibung der Kommunikations- und Innovationskanäle ausbleibt. Das Modell greift die Möglichkeiten einer digitalen Lieferantenplattform und einer automatisierten Auftragsvergabe nicht auf. Im Rahmen der digitalisierungsbezogenen Anforderungen wird lediglich die des echtzeitnahen Kapazitätsabgleichs in sehr geringem Maße erfüllt, da ein Kapazitätsabgleich als Notwendigkeit für eine kapazitätsbasierte Vernetzung erwähnt wird.

3.2.7 Impact of Industry 4.0 on Procurement (GLAS & KLEEMANN, 2016)

GLAS & KLEEMANN analysieren in ihrem Aufsatz „The Impact of Industry 4.0 on Procurement and Supply Management" (deut.: Der Einfluss von Industrie 4.0 auf den Einkauf und das Liefermanagement) die Auswirkungen der im Zusammenhang mit Industrie 4.0 entstehenden technischen Möglichkeiten im Einkauf. Hierzu leiten GLAS & KLEEMANN eine aus drei Ebenen bestehende Hierarchie von Industrie 4.0 ab. Darauf aufbauend wird der Begriff Procurement 4.0 (deut.: Einkauf 4.0) definiert.[481]

Die erste Ebene der Industrie 4.0, welche auch als **technische Perspektive** bezeichnet wird, umfasst nach dem Verständnis von GLAS & KLEEMANN die Transformation von Produkten und Dienstleistungen hin zu smarten Produkten und Dienstleistungen. Dies geschieht durch die Verknüpfung von Produkten und Dienstleistungen in Kommunikationsnetzwerken, beispielsweise in einer Cloud.[482]

Die zweite Ebene ist die **organisatorische Perspektive**. In dieser Ebene werden, aufbauend auf echtzeitnaher Datenanalyse und -verarbeitung, Prozesse flexibel angepasst und Verschwendungen modellbasiert prognostiziert und frühzeitig verhindert. Prozesse werden hierzu regelmäßig hinterfragt und angepasst.[483]

Die dritte Ebene stellt die **wertschöpfungsorientierte Perspektive** dar, die eine Vernetzung aller Akteure einer Wertschöpfungskette adressiert. Diese Vernetzung bezeichnen GLAS & KLEEMANN auch als Supply Chain Management 4.0 (deut.: Lieferkettenmanagement 4.0) oder Procurement 4.0. Darauf aufbauend werden die Verschwendungen im Zuge einzelner, isolierter Kooperationsaktivitäten verringert und der Koordinationsaufwand minimiert.[484] Die Hierarchie von Industrie 4.0 nach GLAS & KLEEMANN ist in Abbildung 65 dargestellt.

[481] Vgl. Glas & Kleemann (Impact of Industry 4.0 on Procurement), 2016, S. 57 f.
[482] Vgl. Glas & Kleemann (Impact of Industry 4.0 on Procurement), 2016, S. 57 f.
[483] Vgl. Glas & Kleemann (Impact of Industry 4.0 on Procurement), 2016, S. 57 f.
[484] Vgl. Glas & Kleemann (Impact of Industry 4.0 on Procurement), 2016, S. 57 f.

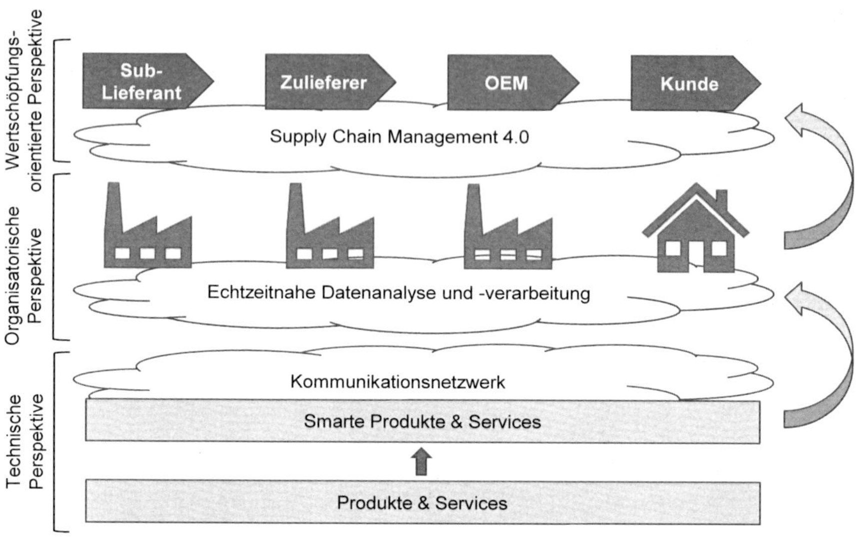

Abbildung 65: Hierarchie der Industrie 4.0 nach GLAS & KLEEMANN[485]

Zur Konkretisierung der Definition von Einkauf 4.0 haben GLAS & KLEEMANN auf Basis von Experteninterviews Hypothesen formuliert. Die sechs abgeleiteten **Hypothesen zum Einkauf 4.0** werden im Folgenden verkürzt wiedergegeben:[486]

- Der Einkauf 4.0 ermöglicht eine Automatisierung von kompletten Beschaffungsprozessen sowie eine unternehmensübergreifende, autonome Steuerung von Warenflüssen.
- Der Einkauf 4.0 gewährleistet Kooperationen in einer dynamischen Industrie 4.0-Umgebung mit sich schnell verändernden Organisationsgrenzen.
- Neben der Effizienz wird durch den Einkauf 4.0 auch der Erfüllungsgrad von kundenspezifischen und innovationsgetriebenen Ansprüchen gesteigert.
- Der Einkauf 4.0 beinhaltet ein stetiges Technologiemanagement, in dessen Rahmen eine Suche nach neuen Technologien durchgeführt wird.
- Der Einkauf 4.0 ist für den Schutz von Unternehmensrechten auf Basis eines angemessenen Risiko- und Vertragsmanagements zuständig.
- Die Anforderungen an den Einkauf 4.0 werden sich ändern und es werden neue Services um den Einkauf herum entstehen.

Die Bewertung des Ansatzes nach GLAS & KLEEMANN anhand der in Kapitel 3.1.2 definierten Anforderungen ist nachfolgend in Abbildung 66 dargestellt.

[485] i. A. a. Glas & Kleemann (Impact of Industry 4.0 on Procurement), 2016, S. 58

[486] Vgl. Glas & Kleemann (Impact of Industry 4.0 on Procurement), 2016, S. 62

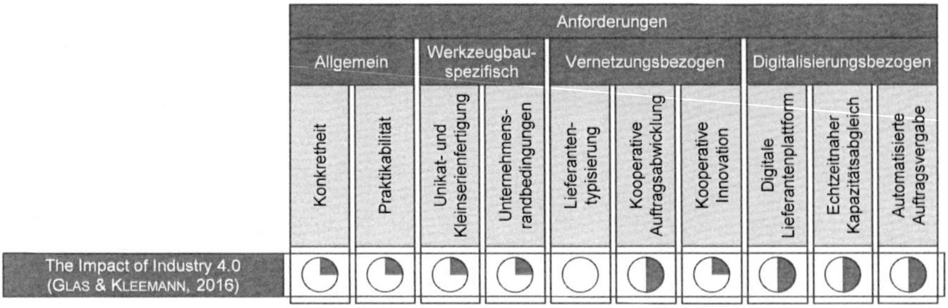

Abbildung 66: Bewertung des Impact of Industry 4.0 nach GLAS & KLEEMANN

Insgesamt zeigt der Ansatz eine mögliche zukünftige Veränderung des Einkaufs auf. Durch die Experteninterviews wird ein Bezug zur Praxis hergestellt, allerdings sind die genannten Hypothesen als wenig konkret und praxisbezogen einzuordnen. Folglich werden die allgemeinen Anforderungen an Konkretheit und Praktikabilität nur in sehr geringem Maße erfüllt. Die werkzeugbauspezifischen Anforderungen werden ebenfalls nur in sehr geringem Maße erfüllt, da die Interviewpartner nicht repräsentativ für die Branche Werkzeugbau sind. Eine Lieferantentypisierung ist kein Bestandteil des Ansatzes. Eine kooperative Auftragsabwicklung wird im Rahmen des Ansatzes vorgesehen, aber nicht ausgestaltet. Die Möglichkeit, Innovationen kooperativ zu entwickeln, wird ebenfalls nur kurz erwähnt. Bezüglich der digitalisierungsbezogenen Kriterien werden alle Aspekte berücksichtigt, aber es fehlt eine detaillierte Ausgestaltung. Insgesamt spiegelt der Ansatz die Einschätzungen der befragten Experten zum Thema Einkauf 4.0 wider. Es fehlt jedoch eine Ausgestaltung der Schritte zur Umsetzung. Folglich ist der Erfüllungsgrad der drei digitalisierungsbezogenen Anforderungen jeweils gering.

3.2.8 Einkauf 4.0 (FRAUNHOFER IML & BME, 2016)

In der Studie „Einkauf 4.0 – Digitalisierung des Einkaufs" wird der Einfluss der Digitalisierung auf den Einkauf beschrieben. Die Annahmen und Erkenntnisse des Ansatzes basieren auf einer Befragung von Einkaufsverantwortlichen in 25 Unternehmen zum Thema Industrie 4.0 und damit verbundenen Auswirkungen auf den Einkauf.[487] Basierend auf den Ergebnissen wird ein Ordnungsrahmen für den Einkauf 4.0 bestehend aus den vier Dimensionen Technologie und Systeme, Organisationen und Prozesse, Management und Mensch sowie Geschäftsmodelle definiert. In den einzelnen Dimensionen des Einkaufs 4.0 werden jeweils Ziele und Herausforderungen aufgeführt (vgl. Abbildung 67).[488]

In der Dimension **Technologie und Systeme** haben alle Ziele einen Bezug zu Big Data. Ziele sind die Echtzeitverfügbarkeit von Daten und Informationen, die Verbesserung der Datenqualität und Kommunikation, die Automatisierung von Informationsflüssen sowie die Beschleuni-

[487] Vgl. Fraunhofer IML & BME (Einkauf 4.0), 2016, S. 11
[488] Vgl. Fraunhofer IML & BME (Einkauf 4.0), 2016, S. 19

gung der Reaktion auf Veränderungen. Herausforderungen bestehen bezüglich der Unsicherheit im Umgang mit großen Datenmengen, der Datensicherheit im Allgemeinen sowie der Verfügbarkeit von Daten.

Abbildung 67: Die vier Dimensionen des Einkaufs 4.0 nach FRAUNHOFER IML & BME[489]

Ziel der Dimension **Organisation und Prozesse** sind Optimierungsmaßnahmen, zum Beispiel die Vereinfachung oder Automatisierung von Prozessen. Zur Realisierung der Ziele müssen Herausforderungen hinsichtlich starrer Strukturen in der Ablauforganisation gelöst werden. Die Dimension **Management und Mensch** fokussiert Ziele wie die Verbesserung der Personalplanung oder die Erschließung strategischer Märkte. Diesbezüglich bestehen Herausforderungen hinsichtlich einer mangelnden Risikobereitschaft der Unternehmer und einer systematischen Gestaltung des Kulturwandels unter Einbezug aller Mitarbeiter. Die vierte Dimension **Geschäftsmodelle** hat die Erhaltung der Wettbewerbsfähigkeit, die Orientierung des Geschäftsmodells am Kunden sowie die Entwicklung hin zum Dienstleister zum Ziel. Herausfordernd ist eine späte Identifikation von neuen technologischen Möglichkeiten und den daraus resultierenden Potenzialen für neue Geschäftsmodelle sowie eine häufige Unterschätzung der Fähigkeiten des Einkaufs hinsichtlich der Entwicklung neuer Geschäftsmodelle.[490]

Abschließend werden drei zentrale **Perspektiven**[491] formuliert, welche für die erfolgreiche Entwicklung zu einem Einkauf 4.0 von Bedeutung sind. Die erste Perspektive umfasst eine Digitalisierung aller Prozesse und Handlungen, um die operativen Aufgaben des Einkaufs optimal ausführen zu können. Die zweite Perspektive beschreibt eine Digitalisierung des Beschaffungsportfolios. Dies erfordert ein gesteigertes Technologieverständnis der Einkaufsmitarbeiter. Die dritte Perspektive sieht einen Wandel von einer Funktionssicht von Abteilungen und

---

[489] Eigene Darstellung i. A. a. Fraunhofer IML & BME (Einkauf 4.0), 2016, S. 19 ff.

[490] Vgl. Fraunhofer IML & BME (Einkauf 4.0), 2016, S. 19 ff.

[491] Unter dem Begriff Perspektiven werden in diesem Zusammenhang zentrale Schlussfolgerungen aus den Ergebnissen der Studie verstanden.

Unternehmen hin zu einer unternehmensübergreifenden Prozesssicht vor. Auf Basis der Prozesssicht wird eine echtzeitnahe Zusammenarbeit aller Akteure über die Abteilungs- und Unternehmensgrenzen hinweg angestrebt.[492]

Die Bewertung des Ansatzes Einkauf 4.0 des FRAUNHOFER IML & BME anhand der in Kapitel 3.1.2 definierten Anforderungen ist nachfolgend in Abbildung 68 dargestellt.

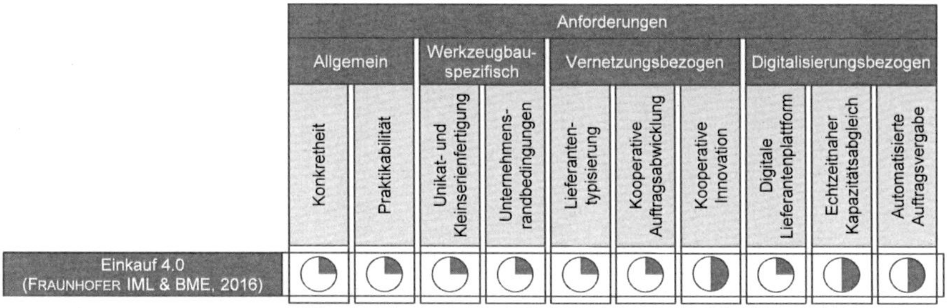

Abbildung 68: Bewertung des Einkauf 4.0 nach FRAUNHOFER IML & BME

Insgesamt zeigt der Ansatz Einkauf 4.0 des FRAUNHOFER IML & BME die wichtigsten Handlungsfelder, die jeweiligen Ziele und Herausforderungen des Einkaufs 4.0 auf. Jedoch bleibt das Modell auf einer abstrakten Ebene und erfüllt die Anforderungen an Konkretheit und Praktikabilität nur in sehr geringem Maße. Ebenso wird nicht gesondert auf die werkzeugbauspezifischen Anforderungen eingegangen, was in einem sehr geringen Erfüllungsgrad resultiert. Die Lieferantentypisierung wird am Rande thematisiert, jedoch wird die Umsetzung nicht beschrieben. Eine Kooperation während der Auftragsabwicklung wird als notwendig bezeichnet, aber hinsichtlich der Ausgestaltung nicht detailliert. Eine kooperative Innovation ist vorgesehen, allerdings nur in Form eines regelmäßigen Austauschs. Digitalisierungsbezogene Aspekte werden insbesondere hinsichtlich der durch einen echtzeitnahen Kapazitätsabgleich und eine automatisierte Auftragsvergabe entstehenden Möglichkeiten thematisiert. Die Beschreibung der Umsetzung erfolgt hierbei nur in geringem Umfang. Digitale Lieferantenplattformen werden erwähnt, aber nicht explizit erläutert. Folglich sind alle vernetzungs- und digitalisierungsbezogenen Kriterien nur in geringem oder sehr geringem Maße erfüllt.

3.2.9 Procurement 4.0 (BATRAN ET AL., 2017)

BATRAN ET AL. beschreiben im Ansatz Procurement 4.0 (deut.: Einkauf 4.0) eine mögliche Gestaltung eines digital vernetzten Einkaufs. Ausgangsbasis für die Auslegung sind die Fragen: „Was soll gekauft werden?“ und „Wie soll es gekauft werden?“. Die Entwicklung des Ansatzes erfolgt anhand von Praxisbeispielen, Fallstudien und Experteninterviews. Das Ergebnis ist ein Ansatz, welcher sich in die vier Dimensionen Wertschöpfungsketten, Co-Kreation, Führungsfähigkeit und digitale Transformation gliedert (vgl. Abbildung 69).[493]

492 Vgl. Fraunhofer IML & BME (Einkauf 4.0), 2016, S. 28 f.

493 Vgl. Batran et al. (Procurement 4.0), 2017, S. 20 f.

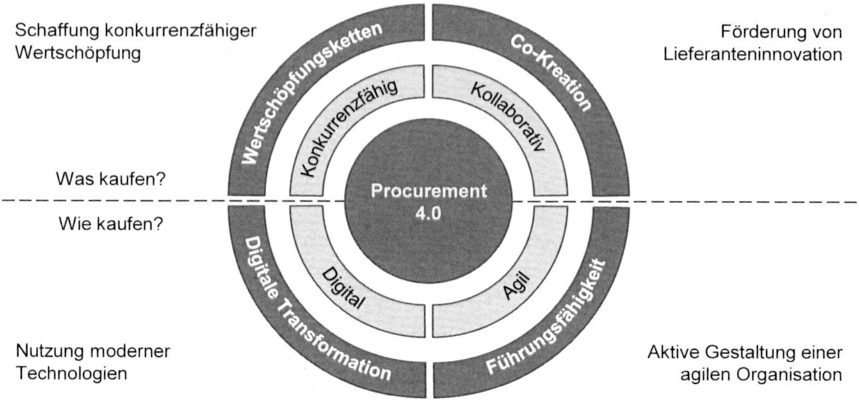

Abbildung 69: Procurement 4.0 nach BATRAN ET AL.[494]

In der Dimension **Wertschöpfungsketten** wird eine Erhöhung der Konkurrenzfähigkeit durch eine systematische Überwachung der gesamten Lieferkette durch den Einkauf beschrieben. Hierfür ist aus Sicht von BATRAN ET AL. die Gestaltung der Wertschöpfungskette über die direkten Lieferanten hinaus erfolgsentscheidend. Somit ist Transparenz über die gesamte Lieferkette, also eine Überwachung der Lieferanten des direkten Lieferanten, notwendig.[495]

Die zweite Dimension ist die **Co-Kreation**. Im Rahmen der Co-Kreation werden organisationsgrenzenübergreifend Innovationen entwickelt. Der Einkauf hat dabei die Aufgabe, innovative Lieferanten zu identifizieren, diese in Produktentwicklungsprozesse einzubeziehen und lieferantengetriebene Innovationen zu fördern. Über die Etablierung eines Kooperationsumfeldes hinaus wird eine strategische Partnerschaft angestrebt, in der ein Unternehmen als bevorzugter Kunde exklusive Rechte an Lieferanteninnovationen erhält.[496]

Die dritte Dimension **Führungsfähigkeit** berücksichtigt die Wandlung der Organisationsstruktur von einer hierarchischen Einkaufsstruktur hin zu agilen Strukturen. Als agile Strukturen beschreiben BATRAN ET AL. eine hierarchielose Schwarmorganisation, in der Mitarbeiter projektbezogen unterschiedliche Entscheidungsbefugnisse haben. Ziel der Dimension Führungsfähigkeit ist es, in verkürzten Produktlebenszyklen und Markteinführungszeiten ein effizientes Handeln zu ermöglichen.[497] Innerhalb der hierarchielosen Organisationsstruktur ist es die Aufgabe des Einkäufers, Mitarbeiter, Ressourcen und Verantwortlichkeiten betriebsübergreifend und unter Berücksichtigung der Interessen aller Stakeholder aufeinander abzustimmen.[498]

In der vierten Dimension **digitale Transformation** wird eine Erweiterung der im Einkauf genutzten Technologien erläutert. Der Fokus liegt auf der Nutzung von Big Data Analytics und

494 i. A. a. Batran et al. (Procurement 4.0), 2017, S. 21
495 Vgl. Batran et al. (Procurement 4.0), 2017, S. 20 f.
496 Vgl. Batran et al. (Procurement 4.0), 2017, S. 20 f.
497 Vgl. Batran et al. (Procurement 4.0), 2017, S. 20 f.
498 Vgl. Batran et al. (Procurement 4.0), 2017, S. 103

digitalen Plattformen. Diese Technologien ermöglichen eine ganzheitliche Transparenz über Lieferketten sowie die Leistungsfähigkeit von Lieferanten.[499] Durch die Integration digitaler Werkzeuge und Analysemethoden erfolgt eine Digitalisierung der Arbeitsprozesse, durch die insbesondere Standardabläufe, wie z. B. Preisverhandlungen und Kostenüberwachung, beschleunigt und vereinfacht werden. Dies wiederum erhöht die Effektivität des einzelnen Einkäufers.[500]

Die Bewertung des Ansatzes Procurement 4.0 nach BATRAN ET AL. anhand der in Kapitel 3.1.2 definierten Anforderungen ist nachfolgend in Abbildung 70 dargestellt.

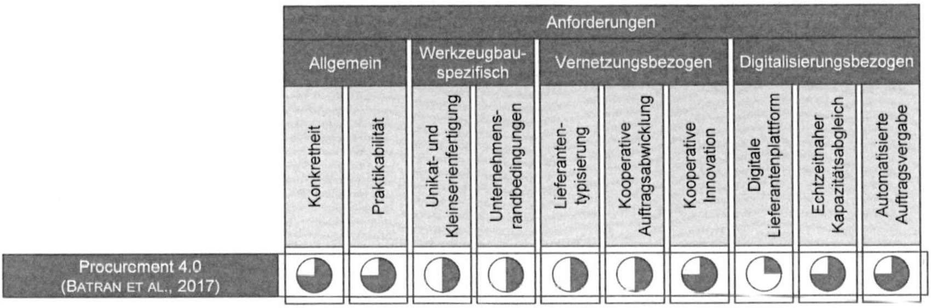

Abbildung 70: Bewertung des Procurement 4.0 nach BATRAN ET AL.

Der Ansatz Procurement 4.0 weist eine klare Struktur, eine anwendungsorientierte Beschreibung sowie Beispiele auf. Der Erfüllungsgrad der Anforderungen Konkretheit und Praktikabilität ist folglich hoch. Das Modell adressiert nicht spezifisch die Unikat- und Kleinserienfertigung, ebenso finden die spezifischen Unternehmensrandbedingungen keine Berücksichtigung. Folglich ist der Erfüllungsgrad der beiden werkzeugbauspezifischen Kriterien gering. Ein Vorgehen zur Lieferantentypisierung wird nur in geringem Umfang beschrieben. Die Vernetzung mit Lieferanten ist in der Dimension Co-Kreation das zentrale Thema. Daher ist das Kriterium kooperative Innovation in hohem Maße erfüllt. Der Erfüllungsgrad der Anforderungen kooperative Auftragsabwicklung ist gering, da eine Detaillierung der eingesetzten Kommunikationsmittel fehlt. Deutlicher werden die Potenziale einer automatisierten Auftragsvergabe dargestellt. Der Ansatz sieht einen echtzeitnahen Kapazitätsabgleich vor, welcher auch die automatisierte Auftragsvergabe erleichtert, ermöglicht wird dies durch den Einsatz von Apps. Der Erfüllungsgrad der Kriterien echtzeitnaher Kapazitätsabgleich und automatisierte Auftragsvergabe ist daher hoch. Das Modell erwähnt digitale Lieferantenplattformen. Jedoch wird nur auf die Potenziale eingegangen und die Umsetzung nicht erläutert. Der Erfüllungsgrad ist daher sehr gering.

3.2.10 Einkauf 4.0 (KLEEMANN & GLAS, 2017)

Im Ansatz Einkauf 4.0 von KLEEMANN & GLAS werden mehrstufige Vernetzung, Kommunikation in Echtzeit und intelligente Systeme als technologische Kerninhalte im Zuge von Industrie 4.0

[499] Vgl. Batran et al. (Procurement 4.0), 2017, S. 20 f.

[500] Vgl. Batran et al. (Procurement 4.0), 2017, S. 124

aufgezeigt.[501] Da diese Kerninhalte den Einkauf hinsichtlich aller Beschaffungsaufgaben verändern, sehen es Kleemann & Glas als gerechtfertigt an, von der nächsten Entwicklungsstufe des Einkaufs, dem Einkauf 4.0, zu sprechen.[502] Während der in Kapitel 3.2.7 beschriebene Ansatz der beiden Autoren die Auswirkungen von Industrie 4.0 auf den Einkauf und die sich daraus ergebenden technischen Möglichkeiten betrachtet, stellt der nachfolgend betrachtete Ansatz Einkauf 4.0 ein Modell zur vollständigen Umsetzung der Elemente von Industrie 4.0 im Einkauf dar. Da die beiden Ansätze nicht direkt aufeinander aufbauen und nur geringe inhaltliche Schnittmengen haben, sind beide Ansätze für die Auslegung eines Gestaltungsmodells zur digitalen Vernetzung von Werkzeugbaubetrieben mit Lieferanten relevant.

Der Einkauf 4.0 basiert auf den **sieben Dimensionen** Vernetzung, Lieferantenbeziehungen, Einkäufer, Organisation, autonome Prozesse, Warengruppenstrategien sowie Digitalisierungsstrategie. Analog zum klassischen Einkauf ist eine zielgerichtete Strategie, die sämtliche Unternehmensbereiche erfasst und die Funktion des Einkaufs 4.0 definiert, erforderlich. Im Bereich der Organisation erhält der Einkauf aufgrund seiner Schnittstellenfunktion eine wichtige Rolle bei der Etablierung funktionsübergreifender Teams zur Einbindung sämtlicher Bereiche in den Digitalisierungsprozess. Durch den IT-gestützten Ablauf der meisten Einzeltätigkeiten wandeln sich die operativen und taktischen Einkaufsaktivitäten zu autonomen Prozessen. Das Ziel in Echtzeit kommunizierender Systeme erfordert eine Vernetzung der Beschaffungssysteme. Auf Basis der Automatisierung der operativen Abläufe verschiebt sich der Aufgabenschwerpunkt des Einkäufers hin zu analytischen und steuernden Aktivitäten. Durch die Veränderung der Produkte unter dem Einfluss der Industrie 4.0 entstehen neue Anforderungen an die extern bezogenen Vorleistungen, weshalb eine Anpassung der Warengruppenstrategie erforderlich ist. Bezüglich der Lieferantenbeziehungen sind Partner zu wählen, welche den Anforderungen der Digitalisierung gerecht werden und geeignet sind, die Entwicklung des Einkauf 4.0 betriebsübergreifend voranzutreiben.[503] Zur Überprüfung des Umsetzungsstands des Einkaufs 4.0 definieren Kleemann & Glas ein **fünfstufiges Reifegradmodell**.

Die Bandbreite der Reifegrade reicht von einem traditionellen Einkauf (Stufe 1), der nur geringe oder keine IT-Unterstützung nutzt, bis hin zu Stufe 5, dem Einkauf 4.0 mit umfassender, echtzeitbasierter Datenkommunikation, ganzheitlicher Vernetzung sowie intelligenten Systemen. In den Zwischenstufen (Stufe 2 bis 4) werden nur Teile des Einkaufsprozesses digital unterstützt. Die Einordnung einer betrachteten Einkaufsorganisation in das Reifegradmodell erfolgt auf Basis eines Fragebogens. Inhalt des Fragebogens sind Fragen zu den oben genannten sieben Dimensionen des Einkaufs 4.0 sowie zum grundsätzlichen Status der IT. Das genannte fünfstufige Reifegradmodell des Einkaufs 4.0 (oben in Abbildung 71), die sieben Dimensionen des Einkaufs 4.0 (mittig in Abbildung 71) sowie sich verändernde Einkaufstätigkeiten (unten in Abbildung 71) bilden die zentralen Bestandteile des Einkaufs 4.0 nach Kleemann & Glas.[504]

---

[501] Vgl. Kleemann & Glas (Einkauf 4.0), 2017, S. 4

[502] Vgl. Kleemann & Glas (Einkauf 4.0), 2017, S. 43

[503] Vgl. Kleemann & Glas (Einkauf 4.0), 2017, S. 14 ff.

[504] Vgl. Kleemann & Glas (Einkauf 4.0), 2017, S. 35 f.

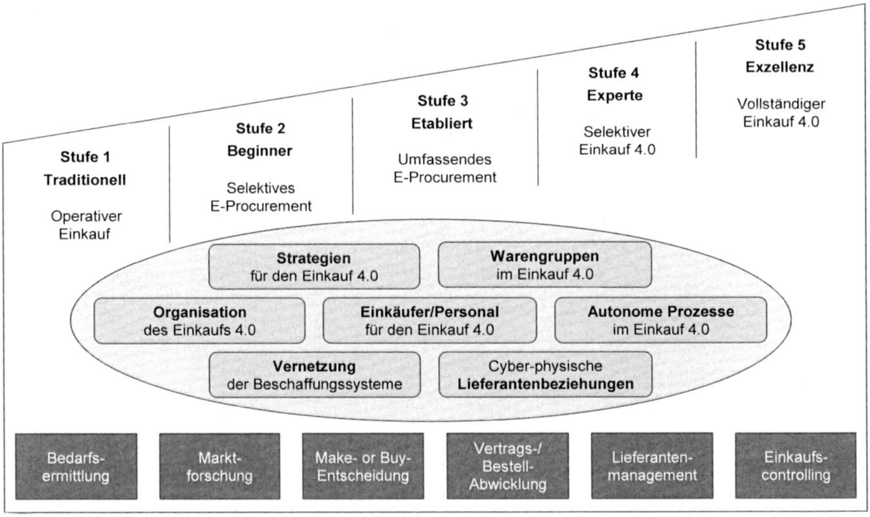

Abbildung 71: Reifegradmodell für den Einkauf 4.0 nach KLEEMANN & GLAS[505]

Gemäß den Autoren ist aktuell davon auszugehen, dass sich die meisten Einkaufsorganisationen auf niedrigen Stufen des Reifegradmodells befinden. Grund ist das Fehlen marktgängiger Einkauf 4.0-Software und entsprechender Standards, wobei KLEEMANN & GLAS die technischen Voraussetzungen des Einkaufs 4.0 bereits als gegeben ansehen.[506]

Die Bewertung des Ansatzes Einkauf 4.0 nach KLEEMANN & GLAS anhand der in Kapitel 3.1.2 definierten Anforderungen ist nachfolgend in Abbildung 72 dargestellt.

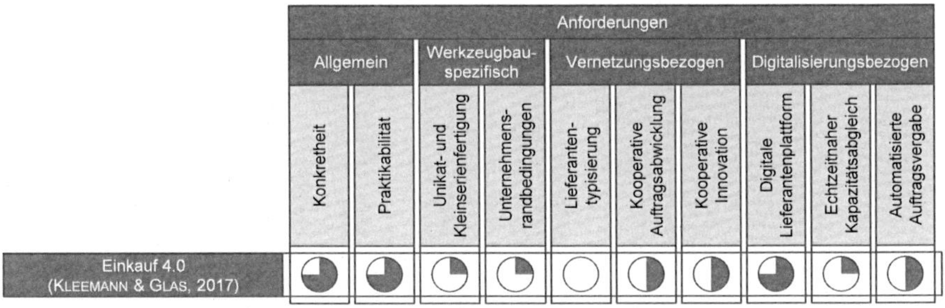

Abbildung 72: Bewertung des Einkauf 4.0 nach KLEEMANN & GLAS

Der Ansatz Einkauf 4.0 nach KLEEMANN & GLAS folgt einer eindeutigen Struktur und beinhaltet eine anwendungsorientierte Beschreibung der Umsetzung. Zudem werden Praxisbeispiele

505 i. A. a. Kleemann & Glas (Einkauf 4.0), 2017, S. 36

506 Vgl. Kleemann & Glas (Einkauf 4.0), 2017, S. 37

aufgeführt. Der Erfüllungsgrad der allgemeinen Anforderungen ist daher hoch. Die werkzeugbauspezifischen Kriterien sind nur in sehr geringem Maße erfüllt, da kein Bezug zur Branche besteht. Eine Lieferantentypisierung ist nicht Teil des Ansatzes. Eine kooperative Auftragsabwicklung und die Entwicklung von kooperativen Innovationen werden hingegen berücksichtigt. Für beide Kriterien ist der Erfüllungsgrad aufgrund fehlender Detaillierung jedoch gering. Die Gestaltung einer digitalen Lieferantenplattform erfolgt hingegen umfassend. Diesbezüglich weist der Ansatz einen hohen Erfüllungsgrad auf. Ein echtzeitnaher Kapazitätsabgleich und eine automatisierte Auftragsvergabe sind ebenfalls Teil des Ansatzes. Sie werden jedoch nicht detailliert. Entsprechend der definierten Anforderungen ist der Erfüllungsgrad somit für die Anforderung echtzeitnaher Kapazitätsabgleich sehr gering und für die automatisierte Auftragsvergabe gering.

3.3 Aggregation der Bewertung

In Kapitel 3.2 wurden zehn Ansätze zur Beschreibung oder Gestaltung der (digitalen) Vernetzung von Unternehmen mit Lieferanten vorgestellt. Die Ansätze wurden einzeln bezüglich der in Kapitel 3.1.2 definierten Anforderungen bewertet. Die aggregierte Bewertung ist in Abbildung 73 dargestellt.

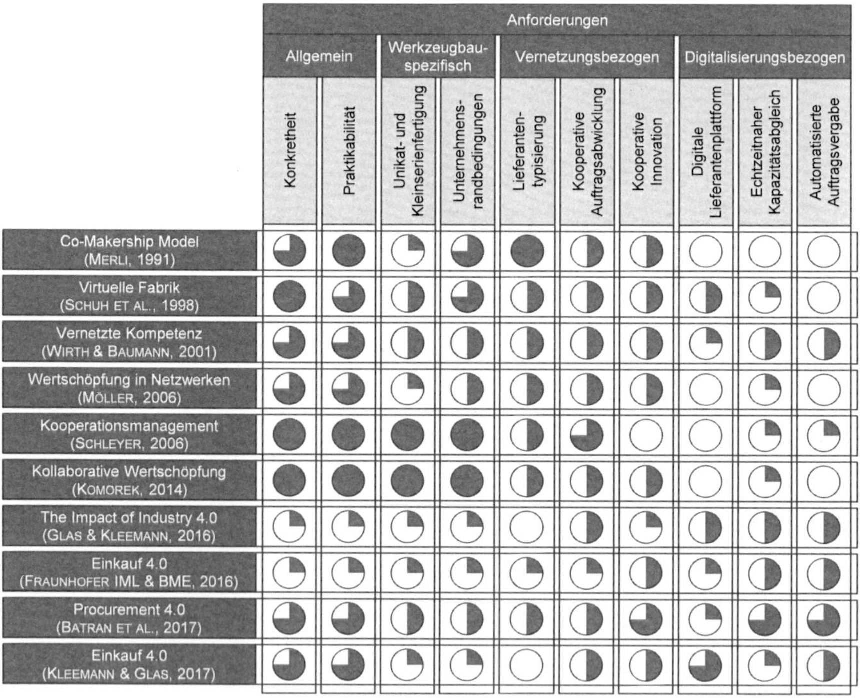

Abbildung 73: Aggregierte Bewertung der bestehenden Ansätze

Die Bewertung der **allgemeinen Anforderungen** erfolgt anhand der Anforderungen Konkretheit und Praktikabilität. Der Großteil der vorgestellten Ansätze weist eine hohe oder sehr hohe Konkretheit auf, da die Ansätze eine eindeutige Struktur aufweisen und anwendungsorientiert beschrieben sind. Zudem wurden die meisten Ansätze auf Basis realistischer Annahmen entwickelt. Lediglich der Ansatz nach GLAS & KLEEMANN sowie der Ansatz des FRAUNHOFER IML & BME weisen eine sehr geringe Konkretheit und Praktikabilität auf, da es sich um erste theoretische Ansätze zur Beschreibung des Einkaufs 4.0 handelt. Insgesamt ist festzustellen, dass die allgemeinen Anforderungen von den meisten Ansätzen erfüllt[507] werden.

Die **werkzeugbauspezifischen Anforderungen** der Berücksichtigung der Einzel- und Kleinserienfertigung sowie heterogener Unternehmensrandbedingungen werden lediglich von den Ansätzen nach SCHLEYER und KOMOREK erfüllt. Folglich erfüllen nur diese beiden Modelle die Anforderung der Anwendbarkeit in der Einzel- und Kleinserienfertigung in (sehr) hohem Maße. Die Anforderung der Anwendbarkeit unter verschiedenen Unternehmensrandbedingungen wird durch die Ansätze von MERLI, SCHUH ET AL., SCHLEYER und KOMOREK erfüllt. Insgesamt ist festzustellen, dass der Großteil der Ansätze die werkzeugbauspezifischen Anforderungen nicht ausreichend erfüllt.

Die **vernetzungsbezogenen Anforderungen** hinsichtlich der Berücksichtigung der Themenfelder Lieferantentypisierung, kooperative Auftragsabwicklung und kooperative Innovation werden von den untersuchten Ansätzen nur in Teilen erfüllt. Lediglich der Ansatz des Co-Makerships nach MERLI erfüllt die Anforderung der Lieferantentypisierung. Eine den definierten Anforderungen entsprechende Detaillierung der Gestaltung einer kooperativen Auftragsabwicklung ist lediglich im Gestaltungsmodell für erfolgreiches Kooperationsmanagement nach SCHLEYER gegeben. Die Anforderung bezüglich der Gestaltung kooperativer Innovation wird ausschließlich vom Ansatz Procurement 4.0 nach BATRAN ET AL. erfüllt. Somit erfüllt keiner der Ansätze alle vernetzungsbezogenen Anforderungen.

Die **digitalisierungsbezogenen Anforderungen** werden ebenfalls nur teilweise erfüllt. Die Anforderung der Beschreibung der Nutzung einer digitalen Lieferantenplattform wird von den meisten Ansätzen kaum berücksichtigt. Nur der Ansatz Einkauf 4.0 nach KLEEMANN & GLAS weist eine hinreichende Detaillierung auf. Die Aspekte des echtzeitnahen Kapazitätsabgleichs und der automatisierten Auftragsvergabe werden in mehreren Ansätzen erwähnt, jedoch fehlt mit Ausnahme des Ansatzes Procurement 4.0 nach BATRAN ET AL. eine detaillierte Beschreibung der Anwendung. Folglich erfüllt lediglich der Ansatz Procurement 4.0 nach BATRAN ET AL. die beiden genannten Kriterien. Somit genügt keiner der Ansätze den digitalisierungsbezogenen Kriterien in vollem Umfang. In der Gesamtbetrachtung ist festzustellen, dass die vernetzungsbezogenen Anforderungen in Kombination mit den digitalisierungsbezogenen Anforderungen von den bewerteten Ansätzen nicht ausreichend erfüllt werden.

Zusammenfassend sind die folgenden systematischen Defizite bezüglich bisher vorhandener theoretischer Ansätze festzustellen:

---

[507] Bei Vorliegen der Bewertungsausprägungen sehr hoch oder hoch wird eine Anforderung im Folgenden als erfüllt bezeichnet.

- Es fehlt eine systematische Typisierung der Lieferanten entsprechend der Anforderungen der Branche Werkzeugbau.
- Eine kooperative Auftragsabwicklung und eine kooperative Entwicklung von Innovationen wird nicht ganzheitlich ausgelegt. Zudem fehlt eine Beschreibung der Möglichkeiten zur Nutzung von Technologien der digitalen Vernetzung.
- Keiner der Ansätze enthält detaillierte Gestaltungsempfehlungen für die Nutzung einer digitalen Lieferantenplattform als zentrales Austauschmedium mit Lieferanten. Diesbezüglich fehlt es auch an einer Beschreibung möglicher Einführungskonzepte.
- Eine Vereinfachung der Auftragsvergabe durch eine Transparenz über Kapazitäten und eine Automatisierung der Auftragsvergabe wird nicht umfassend ausgelegt.

Auf Basis der Bewertung und des identifizierten systematischen Defizits wird im Folgenden der Handlungsbedarf aus der Theorie abgeleitet.

3.4 Handlungsbedarf aus der Theorie

In Kapitel 2.3.4 wurden die aktuellen Herausforderungen der Branche Werkzeugbau dargestellt. Potenzial zur Lösung dieser Herausforderungen bieten die in Kapitel 2.2.3 aufgezeigten Anwendungen der digitalen Vernetzung. Dies gilt insbesondere für die Möglichkeiten der unternehmensübergreifenden digitalen Vernetzung mit Lieferanten. Als Handlungsbedarf aus der Praxis wurde deshalb in Kapitel 2.4 die Forderung nach einer strukturierten, ganzheitlichen Gestaltung der digitalen Vernetzung von Werkzeugbaubetrieben mit Lieferanten definiert. Ein entsprechendes Gestaltungsmodell befähigt die digitale Vernetzung von Werkzeugbaubetrieben mit Lieferanten während der Auftragsvergabe und -abwicklung. Dazu sind die in Kapitel 3.1.2 definierten allgemeinen, werkzeugbauspezifischen, vernetzungsbezogenen und digitalisierungsbezogenen Anforderungen zu erfüllen.

Die Analyse und Bewertung bestehender Ansätze zeigt, dass die definierten Anforderungen von keinem der betrachteten Theorieansätze vollständig erfüllt werden. Übergeordnet sind vier systematische Defizite festzustellen. Es fehlt eine systematische Typisierung von Lieferanten entsprechend der Anforderungsprofile der Branche Werkzeugbau. Zudem werden die Möglichkeiten zur Vereinfachung des Auftragsvergabeprozesses durch einen echtzeitnahen Kapazitätsabgleich und eine automatisierte Auftragsvergabe nicht detailliert adressiert. Keiner der Ansätze bietet eine ganzheitliche Gestaltung der Zusammenarbeit von Werkzeugbaubetrieben mit Lieferanten im Rahmen einer kooperativen Auftragsabwicklung und Innovation. Außerdem wird die Nutzung und Einführung einer digitalen Lieferantenplattform von keinem der vorliegenden Ansätze vollumfassend beschreiben. Da keiner der bestehenden Ansätze die definierten Anforderungen erfüllen kann, besteht ein Handlungsbedarf aus der Theorie.

3.5 Detaillierung der Forschungsfrage

In den Kapiteln 2.4 und 3.4 wurden der Handlungsbedarf aus der Praxis und aus der Theorie bezüglich der Gestaltung der digitalen Vernetzung von Werkzeugbaubetrieben mit Lieferanten erläutert. Dadurch wurde der Forschungsbedarf bezüglich der in Kapitel 1.2 definierten Zielsetzung der vorliegenden Dissertation begründet. Dieser wurde durch die folgende handlungsleitende Forschungsfrage zusammengefasst:

Wie muss ein Modell zur Gestaltung der digitalen Vernetzung von Werkzeugbaubetrieben mit Lieferanten aufgebaut sein?

Nach KUBICEK lassen sich ausgehend von dieser zentralen Forschungsfrage weitere Fragen ableiten, welche die Beantwortung der handlungsleitenden Forschungsfrage unterstützen.[508] Der Anspruch, die digitale Vernetzung von Werkzeugbaubetrieben mit Lieferanten ganzheitlich auszulegen, resultiert in der Anforderung, verschiedene Lieferantentypen zu berücksichtigen. Demzufolge muss folgende Frage beantwortet werden:

Wie werden die Anforderungsprofile für die verschiedenen Lieferantentypen der Branche Werkzeugbau definiert?

Zudem ist die Vernetzung von Werkzeugbaubetrieben mit Lieferanten immer von einer Ausgangssituation geprägt, in der über die Vergabe von Aufträgen entschieden werden muss. Entsprechend des aufgezeigten Handlungsbedarfs aus der Praxis müssen Vergabeentscheidungen auf Basis verfügbarer Kapazitäten möglichst schnell und idealerweise durch Automatisierung unterstützt getroffen werden. Daher lautet eine weitere Unterforschungsfrage:

Wie werden verfügbare Kapazitäten mit Lieferanten abgeglichen und wie werden Aufträge automatisiert vergeben?

Zudem ist auszulegen, wie die Zusammenarbeit mit einem Lieferanten erfolgt. Hierbei sind die Potenziale aktueller technischer Entwicklungen zu berücksichtigen und sowohl die auftragsbezogene Zusammenarbeit als auch die auftragsunabhängige Kooperation zur Entwicklung von Innovationen zu betrachten. Daraus folgt die Unterforschungsfrage:

Wie wird die digitale Kooperation mit den Lieferanten eines Werkzeugbaubetriebs innerhalb der Auftragsabwicklung und in Innovationsprojekten gestaltet?

Die digitale Vernetzung von Werkzeugbaubetrieben mit Lieferanten soll so ausgelegt werden, dass eine Vielzahl an Unternehmen daran partizipieren kann. Diese Skalierbarkeit wird durch eine digitale Lieferantenplattform ermöglicht. Die Herausforderung bei der Einführung einer digitalen Lieferantenplattform besteht jedoch darin, eine Mindestgröße zu erreichen. Demzufolge ist das Betreiber- und Einführungskonzept auszulegen. Die Unterforschungsfrage lautet:

Wie muss eine digitale Lieferantenplattform für Werkzeugbaubetriebe aufgebaut und eingeführt werden?

Im Rahmen der Konzeption und Detaillierung eines umfassenden Lösungsansatzes zur Gestaltung der digitalen Vernetzung von Werkzeugbaubetrieben mit Lieferanten sind sowohl die handlungsleitende Forschungsfrage als auch die detaillierenden Unterforschungsfragen zu beantworten.

---

[508] Vgl. Kubicek (Heuristische Bezugsrahmen), 1977, S. 17 ff.

4 Konzeption des Gestaltungsmodells

Im Rahmen der Vorstellung und Bewertung bestehender Ansätze zur Vernetzung von Werkzeugbetrieben und Lieferanten wurde aufgezeigt, dass keiner der existierenden Lösungsansätze die dargestellten Anforderungen an ein Gestaltungsmodell hinreichend erfüllt (vgl. Kapitel 3). Zur Lösung des dargestellten Handlungsbedarfs aus der Praxis (vgl. Kapitel 2.4) sowie des Handlungsbedarfs aus der Theorie (vgl. Kapitel 3.4) wird daher in diesem Kapitel ein Gestaltungsmodell konzeptioniert, welches die zentrale Forschungsfrage (vgl. Kapitel 3.5) beantwortet und die gestellten Anforderungen (vgl. Kapitel 3.1.2) vollumfänglich erfüllt.

Nachfolgend werden zunächst die Grundlagen wissenschaftstheoretischer Konzeption erläutert. Dazu werden die System- sowie die Modelltheorie erläutert. Anschließend werden die Grundmerkmale des zu konzeptionierenden Gestaltungsmodells hergeleitet. Dies umfasst das reale System, die Zielsetzung, die Nutzer und den Zeitraum der Nutzung. Das Gestaltungsmodell wird schließlich durch die Definition der Gestaltungselemente konzeptioniert. Im Anschluss erfolgt eine Synthese der Gestaltungselemente zu einem ganzheitlichen Gestaltungsmodell zur digitalen Vernetzung von Werkzeugbaubetrieben mit Lieferanten. Dieses wird abschließend anhand der zentralen Forschungsfrage sowie der definierten Anforderungen kritisch reflektiert.

4.1 Grundlagen wissenschaftstheoretischer Konzeption

Für die Entwicklung eines Gestaltungsmodells ist ein wissenschaftlicher Bezugsrahmen notwendig. Nach KUHN ist ein solcher Bezugsrahmen ein allgemein anerkanntes Grundmodell, von dessen Existenz der wissenschaftliche Fortschritt einer Disziplin in hohem Maße abhängig ist.[509] Nach ULRICH & HILL muss ein **Grundmodell**, auch Paradigma genannt, folgende Kriterien erfüllen:[510]

- Problemlösungskraft (heuristische Funktion),
- Allgemeinheit (Relevanz für eine große Objektmenge),
- Präzision (eindeutige Ergebnisse) und
- Integrationskraft (pädagogische Systematisierungsfunktion).

Die Systemtheorie ist aufgrund ihrer Allgemeinheit und Problemlösungskraft als Bezugsrahmen in der Management- und Organisationstheorie besonders geeignet.[511] In Kombination mit der Systemtheorie hat sich die Modelltheorie als Hilfsmittel bei der Lösung komplexer Probleme etabliert.[512] System- und Modelltheorie umfassen theoretische sowie technisch anwendungsorientierte Aspekte, die nachfolgend eingeführt werden.

---

[509] Vgl. Kuhn (Struktur wissenschaftlicher Revolutionen), 1988, S. 10

[510] Vgl. Ulrich & Hill (Wissenschaftstheoretische Grundlagen), 1976, S. 307

[511] Vgl. Ulrich & Hill (Wissenschaftstheoretische Grundlagen), 1976, S. 308 f.

[512] Vgl. Neemann (Schutz gegen Produktimitationen), 2007, S. 33

4.1.1 Systemtheorie

Die Systemtheorie beschäftigt sich „in abstrakter Weise mit den grundlegenden und formalisierbaren Eigenschaften von Systemen, wobei die philosophischen und mathematischen Aspekte im Vordergrund stehen".[513] Die Systemtheorie ist somit die Theorie zwischen den Elementen eines Systems und stellt die Beziehungen zwischen Teil- und Gesamtsystem dar. So kann ein Detail gelöst werden, ohne dabei den Zusammenhang für das Ganze zu verlieren.[514] Die Entwicklung einer Theorie für alle Formen von biologischen, mechanischen und sozialen Systemen ist das Ziel der Systemtheorie.[515]

Der Systembegriff wird abhängig von fachlicher Ausrichtung und Anwendung unterschiedlich definiert.[516] BRUNS grenzt ein **System** anhand folgender konstituierender Merkmale ab:[517]

- Ein System setzt sich aus verschiedenen Elementen zusammen.
- Diese Elemente weisen beschreibbare Eigenschaften auf.
- Die Elemente werden durch Relationen miteinander verknüpft.
- Die Elemente bilden mit ihren Eigenschaften und Relationen eine abgegrenzte Struktur.

Nach PATZAK besteht ein System aus „einer Menge von Komponenten, welche Eigenschaften besitzen und welche durch Beziehungen miteinander zur Verfolgung gesetzter Ziele verknüpft sind".[518] In diesem Zusammenhang können Elemente wiederum selbst als Systeme betrachtet werden.[519] Grundlage hierfür ist, dass durch die Betrachtung von Strukturen miteinander verknüpfter Elemente mehr Eigenschaften eines Komplexes aufzudecken sind, als durch die isolierte Analyse des einzelnen Elements.[520] Daraus folgt, dass unabhängig von gewählten Systemgrenzen, immer ein übergeordnetes System existiert.[521] Dieses Verständnis soll für die vorliegende Arbeit führend sein.

Die charakterisierenden Elemente eines Systems und seiner Bestandteile sind nach ROPOHL Hierarchie, Aufgaben und Struktur. Durch die Hierarchie wird die Anzahl der miteinander verknüpften Teile eines Systems angegeben. Die Aufgaben lassen sich aus den Eingangs- und Ausgangsgrößen ableiten und charakterisieren das Verhalten eines Systems. Die **Struktur** definiert die Verbindung der Bestandteile eines Systems.[522] Jedes System grenzt sich gegenüber seiner Umgebung oder Umwelt durch eine definierte Systemgrenze ab. Liegen alle Ver-

---

513 Vgl. Ludwig (Management komplexer Systeme), 2001, S. 30

514 Vgl. Winzer (Generic Systems Engineering), 2016, S. 1

515 Vgl. Bertalanffy (Generaly System Theory), 1968, S. 32 f.

516 Vgl. Bruns (Systemtechnik), 1991, S. 30

517 Vgl. Bruns (Systemtechnik), 1991, S. 31

518 Vgl. Patzak (Systemtechnik), 1982, S. 19

519 Vgl. Haberfellner & Weck (Systems Engineering), 2012, S. 34

520 Vgl. Bruns (Systemtechnik), 1991, S. 31

521 Vgl. Patzak (Systemtechnik), 1982, S. 6 f.

522 Vgl. Ropohl (Systemtheorie), 2009, S. 75 ff.

knüpfungen der Elemente innerhalb der Systemgrenze, so handelt es sich um ein geschlossenes System. Weisen die Elemente nicht nur Beziehungen untereinander, sondern auch mit der Umwelt auf, liegt ein offenes System vor. Die Beziehungen der Elemente innerhalb des Systems sind stärker ausgeprägt als zwischen System und Umwelt. Die Umwelt wird als ein Element außerhalb der Systemgrenze betrachtet, welches das System beeinflussen kann oder welches durch das System beeinflusst wird.[523] Der Aufbau und die Struktur eines Systems ist in Abbildung 74 dargestellt.

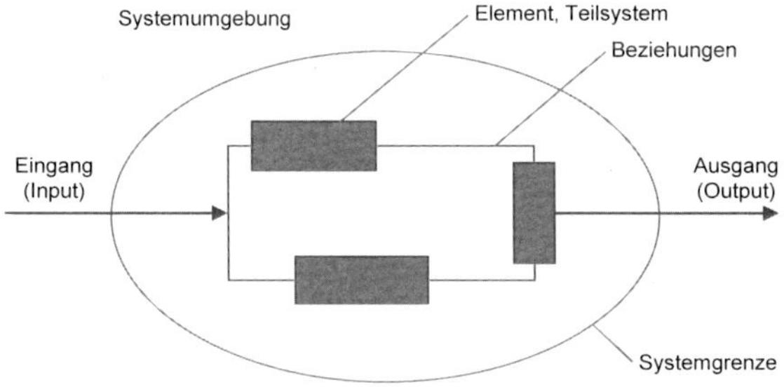

Abbildung 74: Aufbau und Struktur eines Systems[524]

Die digitale Vernetzung von Werkzeugbaubetrieben mit Lieferanten soll nachfolgend als offenes System betrachtet werden, da die Elemente der Lieferanten- bzw. Kundenvernetzung Beziehungen zu Elementen anderer Unternehmensbereiche sowie zu Elementen der Außenwelt der beteiligten Unternehmen aufweisen. Die Festlegung der Systemgrenze erfolgt in Kapitel 4.2.1.

4.1.2 Modelltheorie

Die Modelltheorie umfasst die Generierung, Pflege und Deutung von Modellen.[525] Ein Modell (ital. modello = Form, Muster, Entwurf, Vorbild)[526] beschreibt eine vereinfachte, übersichtliche und leicht verständliche Abbildung der Realität.[527] Das **Ziel eines Modells** ist es, komplexe Zusammenhänge der Realität in vereinfachter Form darzustellen und somit Erkenntnisse über grundsätzliche Zusammenhänge und Prozesse zu ermöglichen.[528] Modelle sind daher die Grundlage für die Darstellung von Systemen.[529] Als Voraussetzung für die praktische Nutzung eines Modells sind nach STACHOWIAK das reale System, die Zielsetzung, die Nutzer sowie der Zeitraum der Nutzung festzulegen. STACHOWIAK definiert zudem drei Merkmale, welche charakterisierend für Modelle sind:[530]

---

523 Vgl. Haberfellner & Weck (Systems Engineering), 2012, S. 35
524 Vgl. Paulukuhn (Typologisierung von Entwicklungsprojekten), 2005, S. 84
525 Vgl. Kühn (Lebenszyklusorientierte Leistungssysteme), 2016, S. 87
526 Vgl. Ludewig (Software Engineering Modelle), 2002, S. 8
527 Vgl. Patzak (Systemtechnik), 1982, S. 306 f.
528 Vgl. Gierhake (Integriertes Geschäftsprozessmanagement), 2000, S. 15
529 Vgl. Winzer (Generic Systems Engineering), 2016, S. 3
530 Vgl. Stachowiak (Modelltheorie), 1973, S. 131 ff.

- Abbildung: Modelle sind Darstellungen von natürlichen oder künstlichen Originalen, welche selbst Modelle sein können.
- Verkürzung: Modelle beinhalten nicht alle Attribute des durch sie repräsentierten Objekts, sondern erfassen lediglich relevante Aspekte des Originals.
- Pragmatik: Modelle nutzen eine problemspezifische Darstellung oder Beschreibung und sind daher dem Original nicht stets eindeutig zuordenbar.

Zur Klassifizierung von Modellen bietet die Literatur eine Vielzahl unterschiedlicher Konzepte.[531] Nachfolgend wird die in der Literatur etablierte Klassifizierung nach PATZAK vorgestellt, nach welcher Modelle in die Kategorien Beschreibungsmodelle, Erklärungsmodelle, Gestaltungsmodelle und Meta-Modelle gegliedert werden (vgl. Abbildung 75). Eine eindeutige Zuordnung von Modellen zu einzelnen Modellkategorien ist jedoch nicht immer zweifelsfrei möglich.[532]

Beschreibungsmodelle	**Erklärungsmodelle**
▪ Ziel: Darstellung von Sachverhalten oder Phänomenen ▪ Beispiel: Straßenkarte, Röntgenaufnahme	▪ Ziel: Analyse von Gesetzmäßigkeiten, Prognosen möglichen Verhaltens ▪ Beispiel: 3D-Modelle eines Werkzeugs zur Kollisionssimulation
Gestaltungsmodelle	**Meta-Modelle**
▪ Ziel: Veränderung der Realität, Erläuterung eines Zielzustands ▪ Beispiel: Konstruktionszeichnung	▪ Ziel: Gestaltung von Modellen, Benennung von Relevanzen ▪ Beispiel: Konstruktionsrichtlinien

Abbildung 75: Grundlegende Klassifizierung von Modellen[533]

Beschreibungsmodelle werden oft auch als deskriptive Modelle, Monitormodelle oder Darstellungsmodelle bezeichnet. Sie dienen der möglichst präzisen Erfassung von Sachverhalten oder Phänomenen und versuchen diese verständlich darzustellen. Dabei wird ein statischer Zustand ohne Berücksichtigung des Zeitablaufs beschrieben. Die Prämissen für das Vorliegen der beschriebenen Zustände werden nicht dargestellt.[534]

Erklärungsmodelle basieren auf Beschreibungsmodellen und stellen Gesetzmäßigkeiten der beschriebenen Sachverhalte sowie deren Ursache dar. Erklärungsmodelle dienen als Verbesserung des zugrundeliegenden Beschreibungsmodells (kausales Modell) oder als Vorhersage zukünftiger Zustände (Prognosemodell).[535]

Gestaltungsmodelle beinhalten Ansätze für einen Einsatz möglicher Einflussgrößen zur zielgerichteten Veränderung der Realität. Gestaltungsmodelle werden sowohl in normative Modelle, die eine Leitbildfunktion besitzen, als auch in präskriptive Modelle, die eine Vorbild- oder

[531] Vgl. Bandte (Komplexität in Organisationen), 2007, S. 200 ff.; Stachowiak (Modelltheorie), 1973, S. 157 ff.

[532] Vgl. Bandte (Komplexität in Organisationen), 2007, S. 205

[533] Vgl. Giehler (Erhöhung der Planungsproduktivität), 2010, S. 78

[534] Vgl. Lehner et al. (Wirtschaftsinformatik), 2008, S. 30 f.; Patzak (Systemtechnik), 1982, S. 313

[535] Vgl. Lehner et al. (Wirtschaftsinformatik), 2008, S. 31

Musterfunktion einnehmen, unterteilt. Darüber hinaus sind Entscheidungs- und Planungsmodelle die letzte Untergruppierung der Gestaltungsmodelle. Sie dienen als Hilfsmittel für Entscheidungsträger.[536]

Meta-Modelle werden auch als generische Modelle oder Referenzmodelle bezeichnet. Im Gegensatz zu anderen Modellen beschreiben Meta-Modelle nicht die Realität, sondern systematisch andere Modelle. Ein Meta-Modell veranschaulicht, welche Aspekte und Komponenten bei der Gestaltung und Nutzung von Modellen relevant sind und wie diese zusammenhängen.[537]

Das Erstellen von Modellen wird als Modellierung bezeichnet. Im Rahmen der Modellierung sollten festgelegte Anforderungen und Grundsätze beachtet werden. Hierfür bilden die **Grundsätze ordnungsgemäßer Modellierung** ein weit verbreitetes Rahmenwerk:[538]

- Der Grundsatz der Richtigkeit fordert die semantische und syntaktische Richtigkeit des Modells. So müssen die beschriebene Struktur (z. B. die Aufbauorganisation) und das beschriebene Verhalten (z. B. die Geschäftsprozesse) des dargestellten realen Systems unter Einhaltung definierter Notationsregeln korrekt dargestellt sein.
- Der Grundsatz der Relevanz fordert, alle relevanten Aspekte in das Modell aufzunehmen und gleichzeitig alle Aspekte unberücksichtigt zu lassen, welche ohne Nutzenverlust aus dem Modell weggelassen werden können.
- Der Grundsatz der Wirtschaftlichkeit fordert ein angemessenes Kosten-Nutzen-Verhältnis des Modells.
- Der Grundsatz der Klarheit fordert, dass ein Modell für den Leser bzw. Nutzer verständlich ist, indem es intuitiv lesbar, übersichtlich und strukturiert ist.
- Der Grundsatz der Vergleichbarkeit fordert eine modellübergreifend konforme Anwendung der Modellierungsempfehlungen.
- Der Grundsatz des systematischen Aufbaus fordert definierte Schnittstellen zu korrespondierenden Modellen, da durch jedes Modell nur ein Teilaspekt eines realen Systems wiedergegeben wird.

Im Rahmen der Kapitel 2.4 und 3.4 wurden der Handlungsbedarf aus der Praxis und aus der Theorie dargestellt. Hierbei wurde deutlich, dass ein neues Zielbild für die digitale Vernetzung von Werkzeugbaubetrieben mit Lieferanten benötigt wird. Daher wird das **Gestaltungsmodell** als geeignete Modellart gewählt, um eine Lösung für die digitale Vernetzung von Werkzeugbaubetrieben mit Lieferanten entwickeln und abbilden zu können.

4.2 Merkmale des Gestaltungsmodells

Ziel dieser Arbeit ist die Entwicklung eines Gestaltungsmodells zur digitalen Vernetzung von Werkzeugbaubetrieben mit Lieferanten. Das Gestaltungsmodell soll die Elemente aufzeigen,

---

536 Vgl. Lehner et al. (Wirtschaftsinformatik), 2008, S. 31 f.

537 Vgl. Lehner et al. (Wirtschaftsinformatik), 2008, S. 32

538 Vgl. Rosemann et al. (Prozessmodellierung), 2012, S. 49 f.

welche zur Gestaltung der Lieferantenvernetzung adressiert werden müssen, um die maßgeblichen Zielgrößen in Werkzeugbaubetrieben zu erreichen. Das Gestaltungsmodell soll zudem Antworten auf die in Kapitel 3.5 detaillierten Forschungsfragen geben.

Ein Modell muss die Eigenschaften Abbildung, Verkürzung und Pragmatik aufweisen (vgl. Kapitel 4.1.2).[539] Im nachfolgenden Kapitel 4.3 wird das Modell zunächst konzeptioniert und anschließend im Kapitel 5 detailliert. Somit wird die **Abbildung** durchgeführt. Da im Rahmen eines wissenschaftlichen Gestaltungsmodells nicht alle Elemente eines Systems dargestellt werden, sondern eine Fokussierung auf relevante Elemente stattfindet, ist die **Verkürzung** sichergestellt. Für die Erreichung der **Pragmatik** müssen die Merkmale reales System, Zielsetzung, Nutzer und Zeitraum der Nutzung definiert werden.[540] Die nachfolgende Definition der vier Merkmale ist in der Vorgehensweise an KOMOREK[541] und SALMEN[542] angelehnt.

4.2.1 Reales System

Das reale System, auf welches sich das Gestaltungsmodell bezieht, ist die in Kapitel 2.3 beschriebene Branche Werkzeugbau. Sie zeichnet sich dadurch aus, dass Werkzeugbaubetriebe in Bezug auf den Umsatz oder die Mitarbeiter vergleichsweise klein sind. Als ein Lösungsansatz für die Gestaltung der digitalen Vernetzung von Werkzeugbaubetrieben mit Lieferanten bezieht sich das Gestaltungsmodell auf das reale System der **Wertschöpfung eines Werkzeugbaubetriebs und seiner Lieferanten**. Der Kern des Gestaltungsmodells ist der Einkauf des Werkzeugbaus.

Die Branche **Werkzeugbau ist ein offenes System**, das Umweltbedingungen ausgesetzt ist, die sich bspw. durch Kunden- und Lieferantenbeziehungen verändern.[543] Die Anwendung des Gestaltungsmodells soll sowohl für Werkzeugbaubetriebe mit einem Standort als auch für Werkzeugbaubetriebe mit mehreren Standorten möglich sein.

4.2.2 Zielsetzung

Das Ziel des Gestaltungsmodells ist die Darstellung eines anzustrebenden Zustands für die digitale Vernetzung von Werkzeugbaubetrieben mit Lieferanten. In diesem sollen die in Kapitel 2.2.4 beschriebenen Chancen der digitalen Vernetzung zur Lösung der aktuellen Herausforderungen in der Branche Werkzeugbau (vgl. Kapitel 2.3.4) genutzt werden.

Das Gestaltungsmodell soll Anwendern **Orientierung zur Gestaltung der Lieferantenvernetzung** bieten. Daher sind auch die Herausforderungen, welche die Umsetzung der digitalen Vernetzung mit Lieferanten mit sich bringt, zu berücksichtigen. Das Gestaltungsmodell soll relevante Inhalte aufzeigen und die Zusammenhänge zwischen den Gestaltungselementen erklären.

---

[539] Vgl. Stachowiak (Modelltheorie), 1973, S. 131 ff.

[540] Vgl. Stachowiak (Modelltheorie), 1973, S. 157 ff.

[541] Vgl. Komorek (Kollaborative Wertschöpfung), 2014, S. 84 ff.

[542] Vgl. Salmen (Digital vernetzter Shopfloor), 2016, S. 124 ff.

[543] Vgl. Komorek (Kollaborative Wertschöpfung), 2014, S. 97

4.2.3 Nutzer

Die Nutzer des Gestaltungsmodells sind diejenigen, für die die Vernetzung von Werkzeugbaubetrieben mit Lieferanten relevant ist. Die Nutzer des Gestaltungmodells werden in Anwender und Verwender untergliedert.[544]

Die **Anwender** sind Personen, die aktiv an der Gestaltung der Vernetzung von Werkzeugbaubetrieben mit Lieferanten beteiligt sind. Dies umfasst sowohl die Mitarbeiter eines Werkzeugbaubetriebs als auch die Mitarbeiter von Lieferanten des Werkzeugbaubetriebs. Weitere Nutzer des Gestaltungsmodells sind Anbieter von digitalen Plattformen (bspw. Softwareunternehmen), welche die notwendigen Rahmenbedingungen für eine digitale Vernetzung von Werkzeugbaubetrieben mit Lieferanten anbieten. Sie sollen das Gestaltungsmodell in der Praxis anwenden. Daher werden konkrete Funktionen oder Positionen nicht explizit benannt. Anwender können somit alle Beteiligten an einer Umgestaltung der Vernetzung von Werkzeugbaubetrieben mit Lieferanten sein. Dies umfasst sowohl die operative Durchführung einzelner Aktivitäten als auch strategische und taktische Fragen.

Die **Verwender** des Gestaltungsmodells sind nicht aktiv an der Gestaltung der Vernetzung von Werkzeugbaubetrieben mit Lieferanten beteiligt. Sie nutzen das Gestaltungsmodell zur Verbesserung des Verständnisses für betriebsübergreifende Wertschöpfung. Die Verwender des Gestaltungsmodells werden somit durch die in Kapitel 2.3.3 eingeführten Anspruchsgruppen eines Werkzeugbaubetriebs repräsentiert.

4.2.4 Zeitraum der Nutzung

Der Zeitraum der Nutzung des Gestaltungsmodells unterliegt **keiner festgelegten Beschränkung**. Das Gestaltungsmodell wird als Lösungsansatz entwickelt, um den aktuellen Handlungsbedarf aus der Praxis und der Theorie für die Gestaltung der digitalen Vernetzung von Werkzeugbaubetrieben mit Lieferanten zu adressieren. Daher kann die Nutzung des Gestaltungsmodells ab sofort erfolgen. Die in Kapitel 2 dargestellten Grundlagen sowie die in Kapitel 3 aufgezeigten bestehenden wissenschaftlichen Ansätze unterliegen jedoch einem stetigen Wandel. Der Zeitraum der Nutzung wird beendet, wenn zukünftige Entwicklungen in der Branche Werkzeugbau oder im Lieferantenmanagement dazu führen, dass das Gestaltungsmodell gänzlich oder in Teilen nicht mehr zutreffend ist. Der Zeitpunkt dieses Ereignisses ist aus heutiger Perspektive nicht konkret absehbar. Daher sollte durch die Wissenschaft **regelmäßig geprüft** werden, ob das Gestaltungsmodell zur digitalen Vernetzung von Werkzeugbaubetrieben noch aktuell ist und zu validen Ergebnissen führt.

4.3 Konzeptionierung des Gestaltungsmodells

In diesem Teil der Arbeit soll das Gestaltungsmodell zur digitalen Vernetzung von Werkzeugbaubetrieben mit Lieferanten inhaltlich entwickelt werden. Dazu sollen die notwendigen Elemente hergeleitet werden. Durch die Adressierung und Verknüpfung dieser Elemente kann die digitale Vernetzung von Werkzeugbaubetrieben mit Lieferanten gestaltet werden.

544 Vgl. Komorek (Kollaborative Wertschöpfung), 2014, S. 97

Wie in Kapitel 2.3.3.3 beschrieben, ist eine Kooperation mit Lieferanten für eine effiziente Wertschöpfung in Werkzeugbaubetrieben elementar. Im Rahmen von Kooperationen werden Aufträge an Lieferanten vergeben und operativ bearbeitet. Die Gestaltung der digitalen Vernetzung von Werkzeugbaubetrieben mit Lieferanten ist somit primär ein Aspekt des **operativen Managements**. Nach BLEICHER stellt dieses die Umsetzung des normativen und strategischen Managements im operativen Vollzug dar. Im operativen Management ist neben der wirtschaftlichen Effizienz auch die Effektivität des Mitarbeiterverhaltens im sozialen Zusammenhang zu berücksichtigen. Somit sind die vertikale und horizontale Kommunikation sowie die (unternehmensübergreifende) Kooperation von Mitarbeitern zu betrachten.[545]

Im Rahmen des operativen Managements wird nach BLEICHER zwischen den **Bezugssystemen** Strukturen, Aktivitäten und Verhalten unterschieden.[546] Ein Gestaltungsmodell für die digitale Vernetzung von Werkzeugbaubetrieben mit Lieferanten muss das operative Management adressieren. Die drei Dimensionen Struktur, Aktivitäten und Verhalten sind somit zu berücksichtigen. Das Gestaltungsmodell enthält deshalb Strukturelemente, ein Verhaltenselement und Aktivitätselemente (vgl. Abbildung 76).

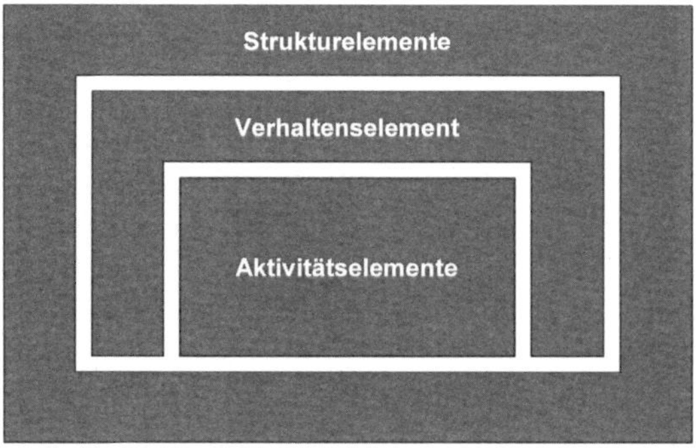

Abbildung 76: Kernelemente des Gestaltungsmodells

Die **Aktivitätselemente** bilden den Kern des Gestaltungsmodells. Sie gestalten die digitale Vernetzung von Werkzeugbaubetrieben im Hinblick auf Auftragsvergabesituationen, die konkrete Auftragsbearbeitung sowie die Entwicklung von Innovationen. Da an den einzelnen Prozessen häufig neben dem Einkauf des Werkzeugbaubetriebs und dem Vertrieb der Lieferanten auch weitere Mitarbeiter beteiligt sind, besteht eine Wechselwirkung zwischen dem Verhaltenselement und anderen Unternehmensbereichen. Folglich bilden die Aktivitätselemente den Übergang zu anderen Unternehmensbereichen.

Die Aktivitätselemente werden in ein **Verhaltenselement** eingebettet. Dieses beschreibt den Rahmen des Austauschs zwischen Werkzeugbaubetrieb und Lieferanten. Es ist somit für die

[545] Vgl. Bleicher (Integriertes Management), 2011, S. 90 f.

[546] Vgl. Bleicher (Integriertes Management), 2011, S. 91

kommunikativen Abläufe im Rahmen der angestrebten digitalen Vernetzung von hoher Bedeutung.

Die **Strukturelemente** bilden durch die Einordnung der Lieferanten sowie durch die Definition der notwendigen Einkaufsorganisation die Basis. Die Berücksichtigung der Strukturelemente ist somit Voraussetzung für die Aktivitätselemente. Die Wechselwirkungen sind entsprechend zu beachten.

Die einzelnen Elemente des Gestaltungsmodells zur digitalen Vernetzung von Werkzeugbaubetrieben mit Lieferanten werden im Folgenden hergeleitet und erläutert. Da die Aktivitätselemente auf den Strukturelementen und dem Verhaltenselement aufbauen, beginnt die folgende Darstellung mit den Strukturelementen.

4.3.1 Strukturelemente

Die Strukturelemente bilden die Basis für die digitale Vernetzung von Werkzeugbaubetrieben mit Lieferanten. Gemäß des in Kapitel 3.4 dargelegten Handlungsbedarfs aus der Theorie ist hierfür die strukturelle Unterscheidung von verschiedenen Lieferantentypen relevant, da je nach Lieferantentyp unterschiedliche Teilbereiche der Vernetzung von Bedeutung sind. Dieser Bedarf wird durch das Gestaltungselement **Lieferantentypisierung** aufgegriffen. Zudem erfordert die digitale Vernetzung von Werkzeugbaubetrieben mit Lieferanten werkzeugbauseitig eine strukturelle Anpassung des Einkaufs an die Möglichkeiten der digitalen Vernetzung. Insbesondere verändern sich die Aufgaben der Einkaufsmitarbeiter und in Folge dessen auch die benötigten Kompetenzen. Diese Aspekte sowie die optimale organisationale Einbindung des Einkaufs werden im Gestaltungselement **Einkaufsorganisation** berücksichtigt.

4.3.1.1 Lieferantentypisierung

Werkzeugbaubetriebe müssen mit unterschiedlichen Lieferanten zusammenarbeiten.[547] Die Unterschiede betreffen dabei das Leistungsspektrum, die Unternehmensgröße sowie die Leistungsfähigkeit der Lieferanten. Da je nach benötigtem Leistungsumfang unterschiedliche Anforderungen an die Lieferanten gestellt werden, ist eine systematische Lieferantentypisierung erforderlich (vgl. Kapitel 2.3.3.3).

Entscheidend für die Einstufung von Lieferanten ist eine **leistungsumfangsbasierte Typisierung**. Hierzu werden das von einem Lieferanten angebotene Leistungsspektrum sowie seine Ressourcen und Kompetenzen bewertet. Darüber hinaus wird eine **performancebasierte Typisierung** vorgenommen. Diese dient zur Sicherstellung von Qualität und Liefertermintreue. Aufbauend auf der leistungsumfangs- und performancebasierten Typisierung erfolgt die Auswahl eines **typgerechten digitalen Vernetzungsfokus**. Der digitale Vernetzungsfokus beschreibt, in wie weit ein Lieferant in die im Folgenden erläuterten Aktivitätselemente eingebunden wird. Die Gestaltungsaspekte sowie das Ergebnis des Gestaltungselements Lieferantentypisierung sind in Abbildung 77 dargestellt.

[547] Vgl. Schuh et al. (Procurement 4.0 in the Tool and Die Industry), 2017, S. 141

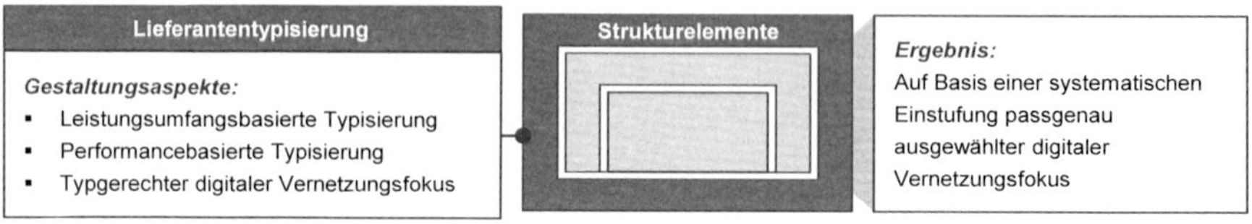

Abbildung 77: Gestaltungselement Lieferantentypisierung

Das Ergebnis der Lieferantentypisierung ist ein auf Basis einer systematischen Einstufung passgenau ausgewählter digitaler Vernetzungsfokus für jeden typologisierten Lieferanten. Das Strukturelement Lieferantentypisierung dient somit als Basis für die weiteren Elemente des Gestaltungsmodells.

4.3.1.2 Einkaufsorganisation

Durch die digitale Vernetzung verändern sich die Aufgaben des Einkaufs und dementsprechend die Anforderungen an die Einkaufsorganisation und die vorhandenen Kompetenzen.[548] Für die Umsetzung des vorliegenden Gestaltungsmodells ist es essenziell, dass die Einkaufsorganisation entsprechend gestaltet wird. Zudem ist eine Mitarbeiterqualifizierung in Bezug auf digitalisierungsbezogene Kompetenzen, beispielsweise Datenanalysefähigkeiten, notwendig.

Die wesentliche Funktion des Einkaufs verschiebt sich in Folge der entstehenden technischen Möglichkeiten vom Erreichen von Kostenvorteilen innerhalb des operativen Beschaffungsprozesses zum Generieren von Informationen über mögliche Lieferanten.[549] Demzufolge sind die **Aufgaben im digital vernetzten Einkauf** neu zu definieren. Aufgrund der veränderten Aufgaben ist eine Prüfung der aktuell vorhandenen Kompetenzen anhand der Anforderungen zur Erfüllung der Aufgaben im digital vernetzten Einkauf erforderlich.[550] Daher sind auf Basis der Aufgaben **digitalisierungsbezogene Kompetenzprofile** für die Einkaufsmitarbeiter abzuleiten und Entwicklungspläne für die Mitarbeiter auszugestalten. Der Einkauf erhält zudem aufgrund des höheren Anteils an strategischen Tätigkeiten und der zunehmenden Kooperation mit Lieferanten eine größere Rolle im Unternehmen. Folglich ist eine **vernetzungsfähige Aufbau- und Ablauforganisation** für den Einkauf auszulegen. In diesem Zusammenhang sind auch die Schnittstellen zu anderen Unternehmensbereichen zu definieren. Abbildung 78 zeigt die Gestaltungsaspekte sowie das Ergebnis des Strukturelements Einkaufsorganisation.

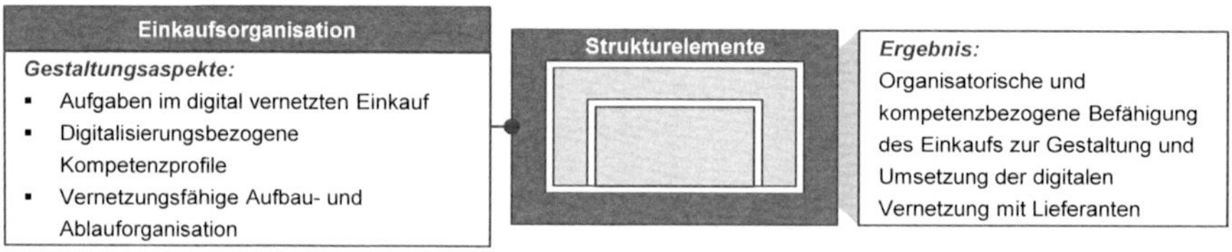

Abbildung 78: Gestaltungselement Einkaufsorganisation

[548] Vgl. Helmold & Terry (Lieferantenmanagement 2030), 2016, S. 5

[549] Vgl. Helmold & Terry (Lieferantenmanagement 2030), 2016, S. 5

[550] Vgl. Kovács & Pató (Competency Requirements in Supply Chains), 2014, S. 83 f.

Das Ergebnis einer entsprechend der genannten Gestaltungsaspekte ausgelegten Einkaufsorganisation ist die organisatorische und kompetenzbezogene Befähigung des Einkaufs zur Gestaltung und Umsetzung der digitalen Vernetzung mit Lieferanten. Hierfür ist eine Veränderung und Weiterentwicklung bestehender Einkaufsorganisationen in Werkzeugbaubetrieben notwendig. Da durch die Digitalisierung weniger operative Einkaufstätigkeiten anfallen (vgl. Kapitel 2.2.3.3), geht dies nicht zwangsläufig mit einer Erhöhung der Mitarbeiteranzahl im Einkauf einher.

4.3.2 Verhaltenselement

Das Verhaltenselement des Gestaltungsmodells beschreibt das operative Kooperationsverhalten zwischen Werkzeugbaubetrieben und ihren Lieferanten. Das Verhaltenselement soll nach BLEICHER eine verhaltensrealisierende Wirkung haben.[551] Die Anbahnung einer Kooperation und auch die anschließende Kommunikation erfolgen im Kontext der digitalen Vernetzung idealerweise plattformbasiert (vgl. Kapitel 3.1.2.4). Das verhaltensbezogene Gestaltungselement wird deshalb durch die **digitale Lieferantenplattform** gebildet.

4.3.2.1 Digitale Lieferantenplattform

Auf einer digitalen Lieferantenplattform sind sowohl Werkzeugbaubetriebe als auch Lieferanten registriert und mit ihrem Nutzerprofil hinterlegt.[552] Eine digitale Lieferantenplattform dient durch die Ermöglichung der Kommunikation zwischen Werkzeugbaubetrieben und Lieferanten als Lösung zur Verbesserung der Kenntnisse des Lieferantenmarkts. Aufgrund der diesbezüglich in der Branche Werkzeugbau üblicherweise eingeschränkten Kenntnisse (vgl. Kapitel 2.3.3.3) ist dies von Bedeutung. Zudem wird eine Vereinfachung der Kommunikation zwischen Werkzeugbaubetrieben und Lieferanten ermöglicht.

Für die Umsetzung einer digitalen Plattformstruktur sind **nutzerfokussierte Plattformfunktionen** von Bedeutung. Sowohl für Lieferanten als auch für Kunden muss die Nutzung der digitalen Lieferantenplattform mit geringem Aufwand möglich sein.[553] Daher sind alle Funktionen entsprechend der Ansprüche der jeweiligen Nutzergruppe auszulegen. Aufgrund fehlender IT-Kompetenzen ist dies in der Regel nicht durch einen Werkzeugbaubetrieb umsetzbar. Daher sind die Einrichtung und der Betrieb der digitalen Lieferantenplattform durch ein Unternehmen mit entsprechenden IT-Kompetenzen zu empfehlen. Um für Unternehmen in der Praxis nutzbar zu sein, sind alle auf einer digitalen Lieferantenplattform bereitgestellten Daten systematisch zu schützen. Die Auslegung der digitalen Lieferantenplattform umfasst daher auch den Gestaltungsaspekt **infrastruktureller und organisationaler Datenschutz**. Für die Einführung einer digitalen Lieferantenplattform ist es zudem entscheidend, eine kritische Anzahl an

[551] Vgl. Bleicher (Integriertes Management), 2011, S. 95

[552] Vgl. Schuh et al. (Procurement 4.0 in the Tool and Die Industry), 2017, S. 143

[553] Vgl. Engelhardt et al. (Erfolgsfaktoren digitaler Plattformen), 2017, S. 11

Nutzern zu erreichen.[554] Dies wird durch eine schrittweise **Initiierungsstrategie und** ein **skalierbares Geschäftsmodell** berücksichtigt. Die Gestaltungsaspekte sowie das Ergebnis des Gestaltungselements digitale Lieferantenplattform sind in Abbildung 79 dargestellt.

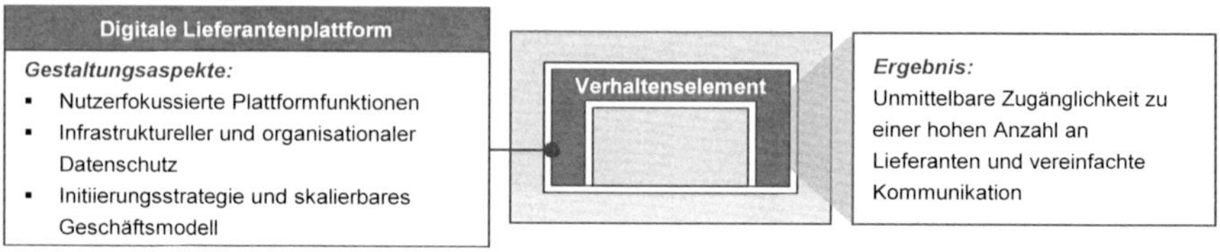

Abbildung 79: Gestaltungselement digitale Lieferantenplattform

Das Ergebnis der Nutzung einer entsprechend der oben genannten Gestaltungsaspekte ausgelegten digitalen Lieferantenplattform ist eine unmittelbare Zugänglichkeit einer hohen Anzahl an Lieferanten. Darüber hinaus wird durch die Hinterlegung aller relevanten Daten und einheitliche Standards die Kommunikation vereinfacht. Die Vorteile beziehen sich sowohl auf die Nutzung in der Zusammenarbeit mit nationalen als auch internationalen Lieferanten.

4.3.3 Aktivitätselemente

Die erfolgreiche Gestaltung der Vernetzung von Werkzeugbaubetrieben mit Lieferanten basiert auf der operativen Umsetzung von Auftragsvergaben, Auftragsabwicklung und Innovationsprojekten. Aufgrund der aktuell guten Auftragslage in der Industrie und auch in der Branche Werkzeugbau (vgl. Kapitel 2.3.4) besteht bei der Auftragsvergabe häufig eine Schwierigkeit darin, Lieferanten mit ausreichenden freien Kapazitäten zu finden. Zudem sollte die Bearbeitung einer Vielzahl unterschiedlicher Fertigungsaufträge idealerweise unternehmensübergreifend geplant werden, um die Erreichung einer hohen Termintreue zu ermöglichen. Diese Herausforderung wird im Rahmen des Gestaltungselements **echtzeitnaher Kapazitätsabgleich** adressiert. Zudem ist es von Bedeutung, den operativen Aufwand zur Auslösung von Auftragsvergaben möglichst gering zu halten und eine hohe Vergleichbarkeit in der Lieferantenauswahl sicherzustellen. Dies ist über eine (Teil-)Automatisierung der Auftragsvergabeprozesse und eine algorithmenbasierte Bewertung der Lieferanteneignung möglich. Ein weiteres Gestaltungselement stellt daher die **automatisierte Auftragsvergabe** dar.

Nach der Auftragsvergabe erfolgt die kunden- und lieferantenseitige Auftragsabwicklung. Im Status quo der Branche Werkzeugbau findet häufig kein Austausch zwischen Lieferant und Werkzeugbaubetrieb statt. In Folge werden auftretende Fehler häufig erst spät entdeckt und sind mit einem hohen finanziellen und zeitlichen Aufwand für ihre Behebung verbunden. Dies kann durch einen systematischen und von neuen Kommunikationsmitteln unterstützten Austauschprozess verbessert werden. Dieses Potenzial wird durch das Gestaltungselement **kooperative Auftragsabwicklung** adressiert. Durch immer kürzere Produktlebenszyklen und den hohen Bedarf für effizientere Produktionsmitteln in Hochlohnländern sind Werkzeugbaubetriebe gezwungen, innerhalb kürzester Zeit Produkt- und Fertigungsprozessinnovationen zu

[554] Vgl. Evans & Schmalensee (Matchmakers), 2016, S. 12

generieren. Das hierfür notwendige Know-how in einer Vielzahl von Detailthemen sowie die benötigten Ressourcen übersteigen häufig die Möglichkeiten eines einzelnen Werkzeugbaubetriebs. Durch eine Zusammenarbeit mit Lieferanten eröffnet sich die Möglichkeit, Zugang zu Know-how und Kapazitäten zu erhalten, ohne mit potenziellen Konkurrenten zusammenarbeiten zu müssen. Diese Aspekte werden durch das Gestaltungselement **kooperative Innovation** adressiert.

4.3.3.1 Echtzeitnaher Kapazitätsabgleich

Ein echtzeitnaher Kapazitätsabgleich hat für die Branche Werkzeugbau eine besondere Bedeutung, da Werkzeuge häufig unter hohem Termindruck hergestellt werden müssen. Die primäre Aufgabe eines Kapazitätsabgleichs ist Überprüfung der Abdeckung des Kapazitätsbedarfs durch das vorhandene Kapazitätsangebot. Die damit einhergehende Transparenz ermöglicht es der Produktionsplanung und -steuerung, im Falle eines zu geringen Kapazitätsangebots zu reagieren und die Kapazitäten abzustimmen.[555]

Die überwiegend manuell durchgeführte Suche nach Lieferanten mit freien Kapazitäten kann durch digitale Technologien hochauflösend gestaltet werden. Notwendige Grundlage ist eine **echtzeitnahe Datenvernetzung**. Die hierdurch zur Verfügung stehenden Daten können für eine Bewertung der intern und extern zur Verfügung stehenden Kapazitäten genutzt werden. Somit ist eine **kontinuierliche Kapazitätsbewertung** möglich. Grundsätzlich erfordert ein Kapazitätsabgleich jedoch die Offenlegung von Kapazitäten seitens wichtiger Lieferanten eines Werkzeugbaubetriebs. Häufig sind Lieferanten hierzu nicht bereit, da Kunden die Transparenz über die Kapazitätsauslastung dazu nutzen könnten, Einkaufspreise zu senken. Demzufolge muss ein echtzeitnaher Kapazitätsabgleich eine **dynamische Informationsflussoptimierung** beinhalten, welche die Unsicherheit der Lieferanten ausgleicht und eine Wahrung der Interessen der Lieferanten gewährleistet. Die Gestaltungsaspekte sowie das Ergebnis des Gestaltungselements echtzeitnaher Kapazitätsabgleich sind in Abbildung 80 dargestellt.

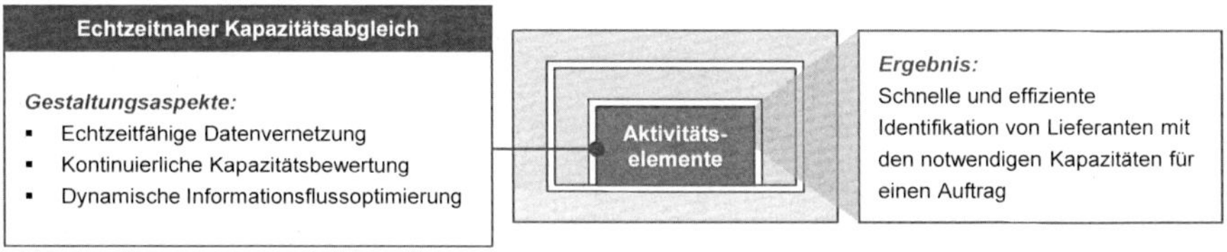

Abbildung 80: Gestaltungselement echtzeitnaher Kapazitätsabgleich

Das Ergebnis des echtzeitnahen Kapazitätsabgleichs ist eine schnelle und effiziente Identifikation von Lieferanten mit den notwendigen Kapazitäten für die Bearbeitung eines Auftrags. Mit Hilfe einer dynamischen Kapazitätsbewertung werden Kapazitäten kontinuierlich ausgewertet, und es werden Vorschläge für die Reservierung von Kapazitäten abgeleitet. Um dies zu ermöglichen, wird ein unmittelbarer Interessenausgleich zwischen Kunde und Lieferant umgesetzt.

[555] Vgl. Koppold (Kapazitätsplanung und -steuerung), 2017, S. 99

4.3.3.2 Automatisierte Auftragsvergabe

Nach der Identifikation von Lieferanten mit freien Kapazitäten erfolgt die Auftragsvergabe an den bestgeeigneten Lieferanten. Aktuell werden Auftragsvergabeentscheidungen in Werkzeugbaubetrieben häufig erfahrungsbasiert getroffen und sind somit stark personenabhängig. Zudem werden Ressourcen für die individuelle Analyse der Lieferanteneignung gebunden. Um die Kooperation mit Lieferanten möglichst effizient zu gestalten, ist es von Bedeutung, Aufträge mit geringem Personalaufwand und mit hoher Vergleichbarkeit vergeben zu können.[556] Um dies zu ermöglichen, sind die Rahmenbedingungen und Abläufe einer automatisierten Auftragsvergabe zu gestalten.

Auf Basis der kontinuierlichen und zunehmend detaillierteren Erfassung von Lieferantendaten wird in Kombination mit geeigneten Algorithmen eine transparente Bewertung von Lieferanten möglich. Drauf basierend ist eine **algorithmenbasierte Lieferantenidentifikation** zu gestalten, welche die Ressourcen und Kompetenzen eines Lieferanten auftragsbezogen bewertet. Auf Basis der Nutzung einer Lieferantenplattform ist eine deutlich größere Menge an Lieferantenbewertungen verfügbar. Anhand von einfachen Bewertungskriterien, bspw. im Stil der Sternebewertung bei Amazon für die Qualität und Termintreue, ist eine **netzwerkübergreifende Lieferantenbewertung** möglich. Aufbauend auf der hohen Bewertungsanzahl können auch qualitative Bewertungskriterien berücksichtigt werden. Um zu gewährleisten, dass keine überhöhten Preise für eine Fremdvergabe bezahlt werden, ist eine **referenzpreisbezogene Kostenbewertung** vorzunehmen. Die Gestaltungsaspekte sowie das Ergebnis des Gestaltungselements automatisierte Auftragsvergabe sind in Abbildung 81 dargestellt.

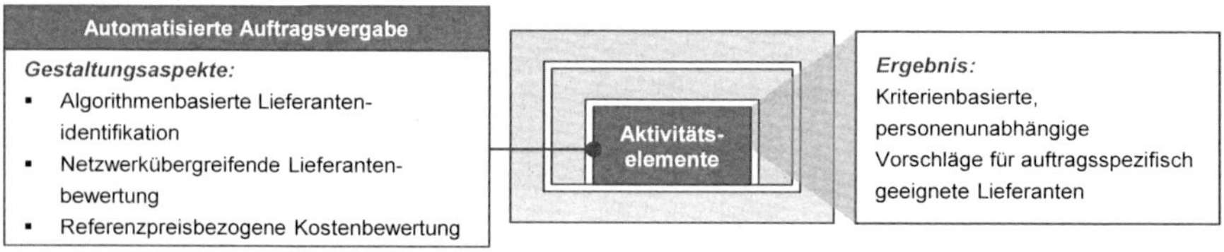

Abbildung 81: Gestaltungselement automatisierte Auftragsvergabe

Das Ergebnis des Aktivitätselements automatisierte Auftragsvergabe sind kriterienbasierte, personenunabhängige Vorschläge für auftragsspezifisch geeignete Lieferanten. Hierzu erfolgt die Identifikation potenziell geeigneter Lieferanten auf Basis von Algorithmen. Die Evaluation der Lieferanteneignung baut zudem auf einer Bewertung von Lieferanten durch alle Nutzer der digitalen Lieferantenplattform auf. Zusätzlich erfolgt ein Abgleich mit Referenzpreisen.

4.3.3.3 Kooperative Auftragsabwicklung

Die kooperative Auftragsabwicklung beschreibt die durchgängige Zusammenarbeit von in- und externen Geschäftseinheiten in der Auftragsabwicklung. Dabei bedeutet kooperativ, dass Leistungen verschiedener Leistungserbringer gemeinsam auf die Kundenbedürfnisse ausgerichtet

[556] Vgl. Schuh et al. (Procurement 4.0 in the Tool and Die Industry), 2017, S. 145 ff.

werden. Durchgängige Prozess- und Informationsflüsse bilden die hierfür notwendige Basis. Folglich erfolgt die kooperative Auftragsabwicklung unternehmensübergreifend.[557]

Die Kooperation mit Lieferanten ist in der Branche Werkzeugbau bereits verbreitet (vgl. Kapitel 2.3.3.3). Allerdings erfolgt die Zusammenarbeit in der Auftragsabwicklung nicht kontinuierlich, sondern, falls überhaupt, im Stil eines Stage-Gate-Prozesses[558]. Demzufolge findet ein Austausch nur an zuvor definierten Gates statt, beispielsweise nach Abschluss der Konstruktion oder nach Produktion der ersten Teile mit einem neuen Werkzeug. Im Rahmen einer kooperativen Auftragsabwicklung erfolgt hingegen eine kontinuierliche und **bedarfsorientierte Interaktion** zwischen Kunde und Lieferant. Die Kooperationsintensität variiert hierbei bedarfsgerecht von kurzen Telefonaten bis hin zum permanenten Einsatz von Mitarbeitern des Kunden auf dem Shopfloor des Lieferanten. Um durch die höhere Interaktionshäufigkeit gegenüber einem Stage-Gate-Prozess nicht deutlich höhere Kosten zu verursachen, müssen digitale Kommunikations- und Unterstützungsmittel im Rahmen einer prozessbegleitenden digitalen Kommunikation genutzt werden. Dies umfasst sowohl bereits etablierte Kommunikationsmittel, wie beispielsweise Videokonferenzen, als auch neue Kommunikationsmittel, wie AR-Brillen. Zudem fokussiert der kooperative Auftragsabwicklungsprozess eine kontinuierliche **betriebsübergreifende Auftragsstatusverfolgung**. Hierbei werden sowohl kunden- als auch lieferantenseitig Prozessschritte überwacht. Abbildung 82 zeigt die Gestaltungsaspekte sowie das Ergebnis des Gestaltungselements kooperative Auftragsabwicklung.

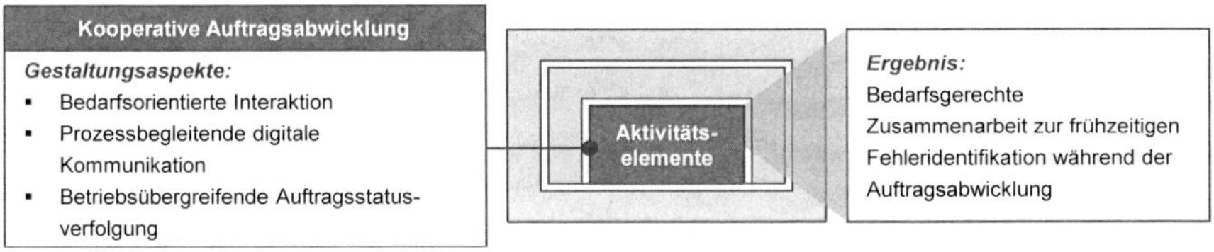

Abbildung 82: Gestaltungselement kooperative Auftragsabwicklung

Das Ergebnis des Aktivitätselements kooperative Auftragsabwicklung ist eine bedarfsgerechte Zusammenarbeit zur frühzeitigen Fehleridentifikation während der Auftragsabwicklung. Hierzu werden die Interaktion und Kooperation entsprechend des jeweiligen Auftrags und des Lieferantentyps ausgelegt. Zudem werden digitale Kommunikationsmittel verstärkt eingesetzt und Mitarbeiter mit Hilfe digitaler Auswertungen unterstützt. Der kooperative Auftragsabwicklungsprozess wird zudem betriebsübergreifend und kontinuierlich optimiert.

557 Vgl. Gizanis (Kooperative Auftragsabwicklung), 2006, S. 31

558 Ein Stage-Gate-Prozess bezeichnet eine Überprüfung und Freigabe von festgelegten Fortschrittsständen.

4.3.3.4 Kooperative Innovation

Eine Innovation beruht grundsätzlich auf einer Idee. Deren Umsetzung zu einer Innovation erfolgt auf systematische Weise durch Organisation und Steuerung im Rahmen des Innovationsmanagements.[559] Kooperative Innovationen, auch Lieferanteninnovationen genannt, werden in Zusammenarbeit zwischen einem Kunden und einem oder mehrerer seiner Lieferanten entwickelt. Dies ist insbesondere für die große Anzahl an kleineren Werkzeugbaubetrieben von Vorteil, die zu den KMU zählen, da KMU in Folge beschränkter Ressourcen selten in der Lage sind, ausreichende Ressourcen auf komplexe Innovationsprojekte zu fokussieren.[560]

Ziel des Aktivitätselements kooperative Innovation ist es, die Innovationfähigkeit von Werkzeugbaubetrieben zu steigern und Innovationen systematisch in Kooperation mit Lieferanten zu entwickeln. Durch ein **digitales Ideenmanagement** wird die Ausgangsbasis (Ideen) für die Schaffung von Innovationen gelegt. Das digitale Ideenmanagement ist grundsätzlich ein Onlineportal, auf dem jeder mit den entsprechenden Zugangsdaten Ideen eintragen und einsehen kann. Die erfolgreiche Nutzung erfordert darüber hinaus eine systematische Kategorisierung und Filterung von Ideen. Geeignete Ideen werden anschließend innerhalb der **wertkettenübergreifenden Innovationsförderung** weiterentwickelt. Innerhalb dieser Zusammenarbeit bringen Lieferanten und Kunden ihre individuellen Kompetenzen für einzelne Prozessschritte ein. Eine eindeutige und frühzeitige Regelung der Anteile an entstehenden Patenten und Produkten sichert eine offene Zusammenarbeit. Darüber hinaus dient ein **betriebsübergreifendes Wissensmanagement** als Ausgangsbasis für kontinuierliche Verbesserung sowie Prozessinnovationen. Hierzu wird ein gemeinsames Wiki-System mit unterschiedlichen Sichtbarkeitsstufen betrieben. Die Gestaltungsaspekte sowie das Ergebnis des Gestaltungselements kooperative Innovation sind in Abbildung 83 dargestellt.

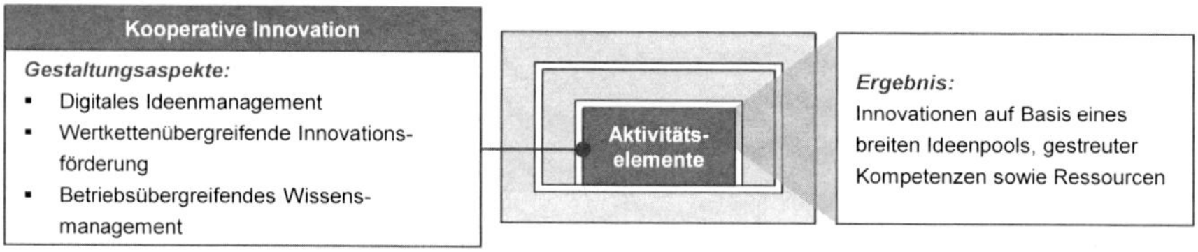

Abbildung 83: Gestaltungselement kooperative Innovation

Das Ergebnis des Aktivitätselements kooperative Innovation ist die Möglichkeit, Innovationen auf Basis eines breiten Ideenpools sowie verteilten Kompetenzen und Ressourcen zu entwickeln. Hierzu werden die Lieferanten eines Werkzeugbaubetriebs in ein digitales Ideenmanagement und eine wertkettenübergreifende Innovationsförderung eingebunden. Kontinuierliche Verbesserung und Prozessinnovationen werden zudem durch ein betriebsübergreifendes Wissensmanagement unterstützt.

559 Vgl. Schuh & Bender (Grundlagen des Innovationsmanagements), 2012, S. 1

560 Vgl. Hempe (Innovationskommunikation), 2008, S. 1

4.4 Synthese der Bestandteile zum Gestaltungsmodell

Das Gestaltungsmodell zur digitalen Vernetzung von Werkzeugbaubetrieben mit Lieferanten berücksichtigt durch seine sieben Gestaltungselemente die drei Dimensionen Strukturen, Verhalten und Aktivitäten des Bezugssystems nach BLEICHER. Die Gestaltungselemente lassen sich dementsprechend in zwei Strukturelemente, ein Verhaltenselement und vier Aktivitätselemente gliedern. Die Gestaltungselemente des Gestaltungsmodells zur digitalen Vernetzung von Werkzeugbaubetrieben mit Lieferanten werden in Abbildung 84 explizit dargestellt. Die Darstellung stellt den Zusammenhang der einzelnen Gestaltungselemente dar und basiert auf der Positionierung der drei Elementarten in Kapitel 4.3.

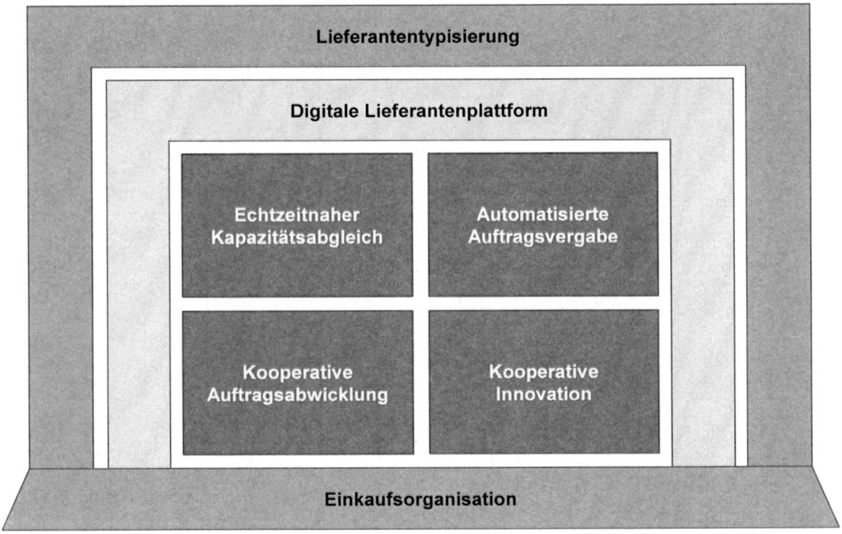

Abbildung 84: Gestaltungsmodell zur digitalen Vernetzung von Werkzeugbaubetrieben mit Lieferanten

Die Aktivitätselemente stehen im Kern des Gestaltungsmodells zur digitalen Vernetzung von Werkzeugbaubetrieben mit Lieferanten. Sie stellen die operativen Prozesse im Rahmen der Zusammenarbeit mit Lieferanten sicher. Im Rahmen des **echtzeitnahen Kapazitätsabgleichs** werden Kapazitätsdaten von Lieferanten gesammelt und mit den benötigten Kapazitäten im Fall von Kundenanfragen abgeglichen. Dies ermöglicht eine Reduktion der Anzahl notwendiger Anfragen bei Fremdvergaben und folglich einen schnelleren und aufwandsärmeren Prozess als ohne Kapazitätsabgleich. Voraussetzung sind entsprechende Schnittstellen zum Datenaustausch, und die Bereitschaft der Lieferanten, ihre Kapazitäten für den Kapazitätsabgleich zur Verfügung zu stellen. Die **automatisierte Auftragsvergabe** ermöglicht eine weitere Beschleunigung des Fremdvergabeprozesses. Diese basiert auf einer Identifikation von Lieferanten mit der notwendigen technischen Ausstattung und einer anschließenden kennzahlenbasierten Bewertung der Lieferanteneignung. Vor der abschließenden Lieferantenauswahl stellt ein Abgleich der Angebotspreise mit Referenzpreisen die Verhältnismäßigkeit der

Kosten sicher. Der Grad der Automatisierung der Auftragsvergabe wird entsprechend einer Kosten-Nutzen-Abwägung definiert. Die **kooperative Auftragsabwicklung** dient zur frühzeitigen Identifikation von Fehlern sowie zur Steigerung der Lieferqualität und der Effizienz der Lieferanten. Hierfür werden, abweichend von einem klassischen Stage-Gate-Prozess, Situationen definiert, in denen ein Austausch zwischen Kunde und Lieferant erfolgt. Um den Aufwand des Austauschs zu reduzieren, erfolgt dieser über ein bedarfsgerecht ausgewähltes Kommunikationsmittel. Zudem wird die Auftragsabwicklung sowohl lieferanten- als auch kundenseitig gemeinsam kontinuierlich optimiert. Das Innovationspotenzial der Lieferanten wird durch das Gestaltungselement **kooperative Innovation** adressiert. Hierfür werden ein digitales Ideenmanagement und eine systematische Innovationsförderung eingesetzt. Weiteres Innovationspotenzial wird durch ein betriebsübergreifendes Wissensmanagement geschaffen.

Die operativen Prozesse im Rahmen der Aktivitätselemente werden von einem Verhaltenselement umrahmt. Die **digitale Lieferantenplattform** stellt mit ihren Funktionen die Schnittstelle zwischen Werkzeugbaubetrieb und Lieferant dar. Um den Aspekten der Datensicherheit und des Datenschutzes gerecht zu werden, ist eine Plattformstruktur mit definierten Nutzerrollen erforderlich. Zudem sind das Geschäftsmodell für den Betrieb sowie das Konzept für den initialen Aufbau der digitalen Lieferantenplattform zu betrachten.

Die Aktivitätselemente und das Verhaltenselement basieren auf den Strukturelementen. Durch die **Lieferantentypisierung** wird eine typgerechte Umsetzung der Aktivitäten der Lieferantenvernetzung ermöglicht. Zudem bildet die Lieferantentypisierung die Ausgangsbasis für die Auslegung von Kooperationsstrategien und eine systematische Lieferantenentwicklung. Die Umsetzung des Gestaltungsmodells erfordert zudem eine entsprechend der vorhandenen Ausstattung, Kompetenzen und Strukturen ausgestattete **Einkaufsorganisation**. In der Auslegung der Einkaufsorganisation sind insbesondere die entstehenden digitalisierungsbezogenen Anforderungen zu berücksichtigen.

Die Aktivitäten der kooperativen Auftragsabwicklung sowie der kooperativen Innovation sind per Definition nicht als betriebsinterne, sondern betriebsübergreifende Aktivitäten zu betrachten. Zudem bestehen zahlreiche Schnittstellen zu verschiedenen Unternehmensbereichen. Bezüglich der Elemente ist daher auf die kunden- und lieferantenseitige Harmonisierung mit dem jeweiligen Gesamtunternehmen zu achten. Gleiches gilt in abgeschwächter Form für die Elemente echtzeitnaher Kapazitätsabgleich und automatisierte Auftragsvergabe. Diese betrachten primär Einkaufs- bzw. Vertriebstätigkeiten, besitzen aber auch abteilungsübergreifende Schnittstellen. Per Definition sind sie ebenfalls betriebsübergreifend ausgelegt. Da das Gestaltungsmodell die Gestaltung einer betriebsübergreifenden digitalen Vernetzung zum Ziel hat, werden die Aktivitätselemente im Kern des Modells angeordnet. Der Rahmen wird durch das Verhaltenselement und das Strukturelement gebildet.

4.5 Kritische Reflexion

Im Rahmen der Konzeption des Gestaltungsmodells zur digitalen Vernetzung von Werkzeugbaubetrieben mit Lieferanten soll die anfangs im Rahmen von Kapitel 1.2 definierte handlungsleitende Forschungsfrage beantwortet werden. Diese lautet:

Wie muss ein Modell zur Gestaltung der digitalen Vernetzung von Werkzeugbaubetrieben mit Lieferanten aufgebaut sein?

Das in Kapitel 4.3 konzeptionierte und in Kapitel 4.4 synthetisierte Gestaltungsmodell beantwortet diese Forschungsfrage. Das entsprechende Gestaltungsmodell ist in die drei Dimensionen Struktur, Verhalten und Aktivitäten gegliedert und besteht aus den Gestaltungselementen Lieferantentypisierung, Einkaufsorganisation, digitale Lieferantenplattform, echtzeitnaher Kapazitätsabgleich, automatisierte Auftragsvergabe, kooperative Auftragsabwicklung sowie kooperative Innovation. Diese werden im Rahmen von Kapitel 5 detailliert.

Im Rahmen dieses Abschnitts wird überprüft, ob das konzeptionierte Gestaltungsmodell die in Kapitel 3.1.2 gestellten Anforderungen an ein Modell zur Gestaltung der digitalen Vernetzung von Werkzeugbaubetrieben mit Lieferanten erfüllt. Die definierten Anforderungen sind in Abbildung 85 dargestellt.

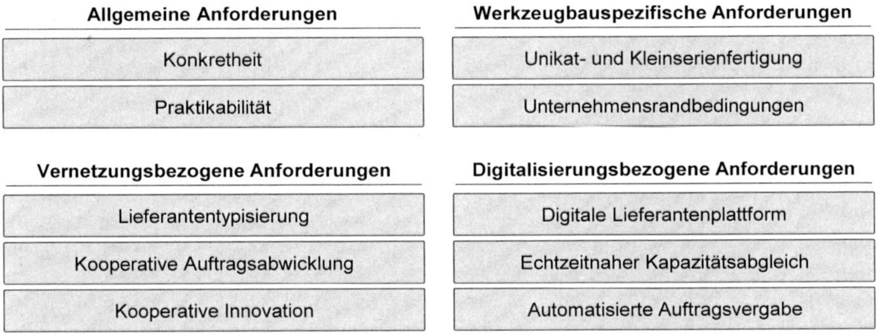

Abbildung 85: Anforderungen an ein Gestaltungsmodell zur digitalen Vernetzung von Werkzeugbaubetrieben mit Lieferanten

Das konzeptionierte Gestaltungsmodell erfüllt die **allgemeinen Anforderungen** hinsichtlich der Konkretheit und der Praktikabilität. Der Aufbau des Gestaltungsmodells ist am bewährten Konzept des integrierten Managements nach BLEICHER[561] in den drei Dimensionen Aktivitäten, Verhalten und Struktur orientiert. Demzufolge folgt das Gestaltungselement einer logischen Struktur. Zudem baut das Modell auf im Rahmen von Forschungs- und Industrieprojekten (vgl. Kapitel 1.3) ermittelten, realistischen Annahmen auf. Das Gestaltungsmodell ist somit konkret und praktikabel.

Die **werkzeugbauspezifischen Anforderungen** im Hinblick auf die Eignung für die Unikat- und Kleinserienfertigung sowie die Eignung für unterschiedliche Unternehmensrandbedingungen sind ebenfalls erfüllt. Die Konzeption des Gestaltungsmodells erfolgte explizit für die Branche Werkzeugbau. Daher erfolgt beispielsweise die Ausgestaltung des Gestaltungselements Lieferantentypisierung entsprechend der verschiedenen Arten von Lieferanten der Branche

[561] Vgl. Bleicher (Integriertes Management), 2011, S. 91

Werkzeugbau. Daher ist das Gestaltungsmodell in hohem Maße für die Unikat- und Kleinserienfertigung geeignet. Durch die offene Gestaltung der digitalen Lieferantenplattform und den modularen Aufbau des Gestaltungsmodells ist der entwickelte Ansatz an unterschiedliche Unternehmensrandbedingungen anpassbar.

Die **vernetzungsbezogenen Anforderungen** hinsichtlich einer Lieferantentypisierung, einer kooperativen Auftragsabwicklung sowie einer kooperativen Innovation sind ebenfalls vollständig erfüllt. Durch das Strukturelement Lieferantentypisierung wird eine modulare Konfiguration der Vernetzung auf Basis einer definierten Zuordnung zu Lieferantentypen beschrieben. Das Aktivitätselement kooperative Auftragsabwicklung umfasst die Auslegung einer bedarfsabhängigen Kooperation während der Auftragsabwicklung und die Auswahl hierfür genutzter Kommunikationsmittel. Die Anforderung kooperative Innovation wird ebenfalls durch ein Aktivitätselement explizit adressiert. Dieses beschreibt die Nutzung verschiedener Innovationskanäle sowie ein gemeinsames Wissensmanagement.

Die **digitalisierungsbezogenen Anforderungen** hinsichtlich der Berücksichtigung einer digitalen Lieferantenplattform, einer automatisierten Auftragsvergabe sowie eines echtzeitnahen Kapazitätsabgleichs werden durch entsprechende Gestaltungselemente ebenfalls erfüllt. Das Verhaltenselement digitale Lieferantenplattform umfasst eine digitale Plattform, welche für die Identifikation von Lieferanten und für die betriebsübergreifende Kommunikation eingesetzt wird. Das Aktivitätselement echtzeitnaher Kapazitätsabgleich beschreibt einen systembasierten Abgleich von Kapazitäten auf Basis von Planungsdaten. Die automatisierte Auftragsvergabe wird ebenfalls in einem Aktivitätselement ausgestaltet. Folglich werden alle erforderlichen Themenfelder im Gestaltungsmodell berücksichtigt.

Das konzeptionierte Gestaltungsmodell erfüllt alle Anforderungen an ein Gestaltungsmodell zur digitalen Vernetzung von Werkzeugbaubetrieben mit Lieferanten. Es dient zudem der Beantwortung der in Kapitel 3.5 abgeleiteten Unterforschungsfragen:

Wie werden die Anforderungsprofile für die verschiedenen Lieferantentypen der Branche Werkzeugbau definiert?

Die Anforderungsprofile an die verschiedenen Lieferantentypen der Branche Werkzeugbau werden im Rahmen des Strukturelements Lieferantentypisierung definiert. Hierbei werden sowohl der Leistungsumfang als auch die Performance eines Lieferanten in die Bewertung mit einbezogen. Darauf aufbauend wird ein typgerechter digitaler Vernetzungsfokus abgeleitet.

Wie werden verfügbare Kapazitäten mit Lieferanten abgeglichen und wie werden Aufträge automatisiert vergeben?

Die Herstellung von Transparenz über verfügbare Kapazitäten ist über das Aktivitätselement echtzeitnaher Kapazitätsabgleich vorgesehen. Möglichkeiten zur automatisierten Vergabe von Leistungen werden im Aktivitätselement automatisierte Auftragsvergabe beschrieben.

Wie wird die digitale Kooperation mit den Lieferanten eines Werkzeugbaubetriebs innerhalb der Auftragsabwicklung und in Innovationsprojekten gestaltet?

Das Gestaltungselement kooperative Auftragsabwicklung umfasst die Auslegung der Kooperation mit Lieferanten im Rahmen des Auftragsabwicklungsprozesses. Digitalisierungsmöglichkeiten werden durch eine bedarfsgerechte Auswahl von Kommunikationsmitteln berücksichtigt. Das Gestaltungselement kooperative Innovation beschreibt Möglichkeiten zur Initiierung und Förderung von Innovationsprojekten.

Wie muss eine digitale Lieferantenplattform für Werkzeugbaubetriebe aufgebaut und eingeführt werden?

Eine digitale Lieferantenplattform für Werkzeugbaubaubetriebe und ihre Lieferanten wird als Verhaltenselement explizit ausgelegt. Hierzu werden die Plattformstruktur, das Geschäftsmodell und die Initiierungsstrategie gestaltet.

Die Gestaltungselemente werden nachfolgend in Kapitel 5 detailliert.

5 Detaillierung des Gestaltungsmodells

In Kapitel 4 wurde das Gestaltungsmodell zur digitalen Vernetzung von Werkzeugbaubetrieben mit Lieferanten konzeptioniert und gegenüber der zentralen Forschungsfrage sowie definierten Anforderungen kritisch reflektiert. Das konzeptionierte Gestaltungsmodell enthält **Aktivitätselemente**, **Verhaltenselemente** und **Strukturelemente**.

Im folgenden Kapitel werden die einzelnen Gestaltungselemente detailliert. Dazu werden jeweils dem Themengebiet zugeordnete Grundlagen erläutert und die Gestaltungsaspekte der einzelnen Gestaltungselemente beschrieben. Die Betrachtung der Wechselwirkungen der Gestaltungselemente erfolgt im Anschluss an die Detaillierung.

5.1 Strukturelemente

Die Strukturelemente bilden die Basis für die digitale Vernetzung von Werkzeugbaubetrieben mit Lieferanten. Hierzu werden die Strukturelemente **Lieferantentypisierung** und **Einkaufsorganisation** genutzt. Die Strukturelemente werden nachfolgend detailliert.

5.1.1 Lieferantentypisierung

Eine effiziente und flexible Wertschöpfung in Kooperation mit Lieferanten basiert auf einer anforderungsgerechten Zusammenarbeit mit Lieferanten. Wie in Kapitel 2.3.3.3 beschrieben, beziehen Werkzeugbaubetriebe verschiedenartige Wertschöpfungsumfänge von Lieferanten. In Folge der variierenden Beschaffenheit und Komplexität der zugekauften Produkte und Dienstleistungen sind die Anforderungen an die Lieferanten unterschiedlich. Ziel eines Werkzeugbaubetriebs muss es daher sein, Lieferanten entsprechend der Anforderungen in verschiedene Gruppen, sogenannte Typen, einzuteilen.

Nachfolgend werden zunächst die für eine Lieferantentypisierung relevanten Grundlagen erläutert (vgl. Kapitel 5.1.1.1). Im Rahmen dessen wird ein grundsätzliches Verständnis für die Thematik der Typisierung geschaffen. Bezogen auf die Zusammenarbeit mit Lieferanten ist sowohl eine leistungsumfangs- als auch eine performancebasierte Typisierung möglich und notwendig. Durch die zunehmende digitale Vernetzung und das damit verbundene Vorhandensein von aktuellen Lieferantendaten und -bewertungen wird eine **regelmäßig aktualisierte Lieferantentypisierung** ermöglicht. Daraus lassen sich Strategien für die Zusammenarbeit mit den einzelnen Lieferantentypen ableiten. Die Gestaltungsaspekte der Lieferantentypisierung sind in Abbildung 86 dargestellt.

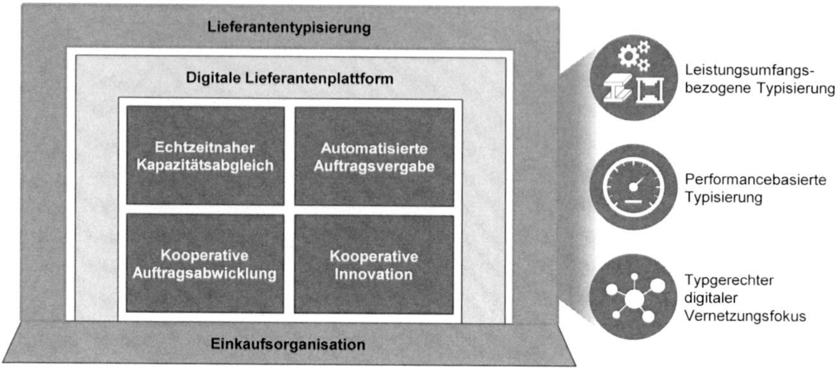

Abbildung 86: Gestaltungsaspekte der Lieferantentypisierung

Die ganzheitliche Lieferantentypisierung basiert auf einer regelmäßig durchgeführten **leistungsumfangsbezogenen Typisierung**. Hierbei wird geprüft, für welche Arten von Aufträgen ein Lieferant die notwendigen Ressourcen besitzt. Die **performancebasierte Typisierung** stellt eine zweite Dimension der Lieferantentypisierung dar und beruht auf der Bewertung der Kompetenzen und der Leistungsfähigkeit von Lieferanten. Aus der Lieferantentypisierung folgt die Ableitung eines **typgerechten digitalen Vernetzungsfokus**. Nachfolgend werden zunächst die relevanten Grundlagen der Lieferantentypisierung vorgestellt.

5.1.1.1 Grundlagen

Die Bedeutungen des Wortes Typ sind so unterschiedlich, dass im Folgenden als Grundlage der Typisierung zunächst eine Begriffsdefinition erfolgen muss. Eine Definition des Begriffs Typisierung erfordert eine Abgrenzung zu den Begriffen Typ, Typologisierung und Typologie. Der Begriff **Typ** oder Typus beschreibt eine Vielzahl von Erscheinungen, welche mindestens ein gemeinsames Merkmal aufweisen.[562] Nach SCHIERENBECK & WÖHLE enthalten Typen „stetige Merkmale und sind messbar in dem Sinne, dass die Merkmale abstufbar sind und so mit einer Skala eine Ordnung hergestellt werden kann."[563] Folglich lassen sich unterschiedliche Arten von Typen unterscheiden:[564]

- Realtypen, die empirisch nachweisbare Erscheinungen erfassen, und Idealtypen, die gedachte, empirisch nicht nachweisbare Gebilde beschreiben.
- Individualtypen, bei denen nur ein einziger Gegenstand erfasst wird, und Allgemeintypen, die eine Klasse von Erscheinungen beinhalten.
- Eindimensionale Typen, die ein abstufbares Merkmal nutzen, und mehrdimensionale Typen, die mehrere Merkmale heranziehen.

---

562 Vgl. Springer Gabler Verlag (Gabler Wirtschaftslexikon - Stichwort: Typologie), 2018, S. 1

563 Vgl. Schierenbeck & Wöhle (Grundzüge der Betriebswirtschaftslehre), 2008, S. 35

564 Vgl. Kosiol (Unternehmung als wirtschaftliches Aktionszentrum), 1978, S. 37 ff.; Schierenbeck & Wöhle (Grundzüge der Betriebswirtschaftslehre), 2008, S. 35

Demnach sind Unternehmen, und folglich auch Lieferanten, als allgemeine Realtypen mehrdimensionaler Art einzustufen.

Der Begriff **Typologisierung** beschreibt eine systematische Einteilung einer Grundgesamtheit aus Begriffen, Gegenständen oder Erscheinungen in Gruppen, welche durch definierte Merkmale bestimmt sind.[565] Eine **Typologie** ist das Ergebnis des Gruppierungsprozesses im Rahmen einer Typologisierung.[566] Eine **Typisierung** bezeichnet die Einordung eines konkreten Begriffes, Gegenstandes oder Unternehmens in eine zuvor definierte Typologie.[567] Abbildung 87 stellt den Zusammenhang der Begriffe Typologisierung, Typologie und Typisierung zusammenfassend dar.

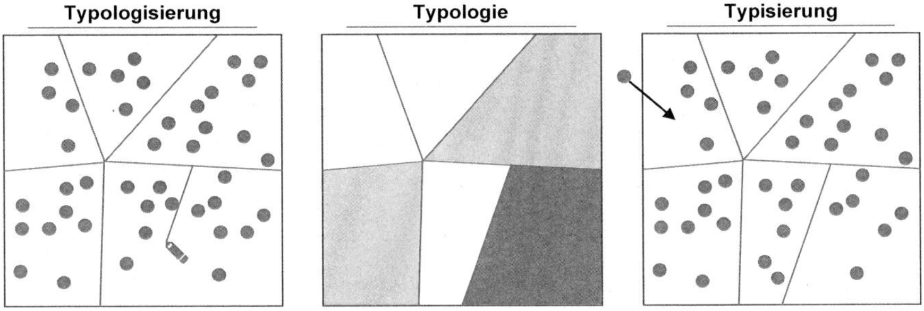

Abbildung 87: Begriffsabgrenzung Typologisierung, Typologie und Typisierung[568]

Typologien dienen dazu, die Komplexität der Umwelt zu reduzieren und so einen Untersuchungsgegenstand verständlich zu machen.[569] Im Rahmen der Erarbeitung einer Typologie ist zu berücksichtigen, dass jeder definierte Typ eine möglichst hohe interne Homogenität aufweist. Hierdurch werden die charakteristischen Eigenschaften des jeweiligen Typen hervorgehoben. Im Vergleich miteinander sollten die Typen hingegen eine möglichst hohe Heterogenität aufweisen.[570] Die Typologisierung kann durch sachlogische Herleitung oder statistische Methoden erfolgen. Eine auf einer sachlogischen Herleitung aufbauende Typologie ist intuitiv und konstruktiv. Die sachlogische Herleitung kann zusätzlich mit statistischen Methoden kombiniert werden.[571]

Unternehmen können nach **unterschiedlichsten Sichtweisen** typologisiert werden. Häufig verwendete Kriterien sind Rechtsform, Branche und Größenklasse. Beispielsweise gliedern die Deutsche Bundesbank und das Statistische Bundesamt deutsche Unternehmen nach der Art ihrer Erzeugnisse oder Leistungen in Branchen. Im Handelsgesetzbuch wird die Einteilung hingegen nach Beschäftigten, Umsatz und Bilanzsumme vorgenommen. Durch die Analyse

565 Vgl. Wirtschaftslexikon24 (Begriff Typologisierung), 2018, S. 1
566 Vgl. Lamnek & Krell (Qualitative Sozialforschung), 2016, S. 124
567 Vgl. Kuhlmann (Gestaltung von Geschäftsprozessen), 2011, S. 90
568 i. A. a. Kuhlmann (Gestaltung von Geschäftsprozessen), 2011, S. 90
569 Vgl. Kluge (Empirisch begründete Typenbildung), 1999, S. 13
570 Vgl. Kuhlmann (Gestaltung von Geschäftsprozessen), 2011, S. 91
571 Vgl. Rittstieg (Prozesssynchronisierung), 2012, S. 117

ihrer technisch-ökonomischen Struktur können Industriebetriebe zudem nach einer Vielzahl weiterer Merkmale typologisiert werden.[572]

Eine **Typologisierung der Branche Werkzeugbau** stellt aufgrund der stark heterogenen Struktur eine Herausforderung dar. Diesbezüglich ist insbesondere das in Kapitel 2.3.2.2 erläuterte Leistungsspektrum zu berücksichtigen. KUHLMANN[573] und RITTSTIEG[574] leiten hieraus eine Typologisierung auf Basis des Grads der Planbarkeit sowie des Grads der Ähnlichkeit ab. Der Grad der Planbarkeit beschreibt, in wie weit ein Auftrag kurz- oder langfristig geplant werden kann. Der Grad der Ähnlichkeit beschreibt die Varianz der Tätigkeiten innerhalb der Auftragsabwicklung. KÜHN hingegen nimmt eine Typologisierung in die Gruppen Schnelligkeitsbefähiger, Komplexitätsreduzierer, Kostenreduzierer und Innovationsbefähiger vor.[575] Beide Typologisierungsansätze eignen sich primär für Werkzeugbaubetriebe selbst und reflektieren die unterschiedlichen Anforderungen an Lieferanten der Branche Werkzeugbau nicht.

Für eine allgemeine Typologisierung von Lieferanten wurden bereits zahlreiche Ansätze etabliert. In der Literatur werden hierfür häufig die Begriffe Segmentierung und Klassifizierung synonym verwendet. Das bekannteste Beispiel ist die in Kapitel 2.1.2.2 vorgestellte Lieferantensegmentierung mit der ABC-Analyse auf Basis des Beschaffungsvolumens. Ein weiteres Beispiel ist das Portfolio zur Lieferantenklassifizierung nach ZACHAU & MOMBER[576] auf Basis der strategischen Bedeutung und der Lieferantenbewertung (vgl. Kapitel 2.1.3.2). Eine spezifische Lieferantentypisierung für die Branche Werkzeugbau wurde jedoch bisher nicht etabliert.

5.1.1.2 Leistungsumfangsbezogene Typisierung

Die leistungsumfangsbezogene Typisierung dient zur Einordnung der Leistungsumfänge, welche an einen Lieferanten vergeben werden. Lieferanten der Branche Werkzeugbau lassen sich anhand des Leistungsprofils in verschiedene Gruppen unterteilen. SCHUH ET AL. unterteilt die Lieferanten der Branche Werkzeugbau in die Lieferantentypen Rohmaterial- und Normalienlieferanten, Konstruktions- und Fertigungsdienstleister, Komplettwerkzeuglieferanten und sonstige Lieferanten.[577] Die genannten Lieferantentypen werden nachfolgend auf Basis des Erfahrungswissens des Autors aus Industrie- und Forschungsprojekten umfassend beschrieben. Anschließend erfolgt eine Beschreibung des Vorgehens zur Typisierung.

Rohmateriallieferanten liefern an die Branche Werkzeugbau primär Rund- oder Vierkantstangen aus verschiedenen Stahl-, Aluminium- oder Kupfersorten. Zudem beziehen viele Werkzeugbaubetriebe bereits auf Maß vorgeschliffene Materialien direkt von einem Rohmateriallieferanten. Dies bedeutet, dass die Außenmaße bereits auf +/- 0,02 mm Genauigkeit vorbereitet

---

[572] Vgl. Kuhlmann (Corporate Tooling), 2017, S. 91; Schierenbeck & Wöhle (Grundzüge der Betriebswirtschaftslehre), 2008, S. 38 ff.

[573] Vgl. Kuhlmann (Gestaltung von Geschäftsprozessen), 2011, S. 91 ff.

[574] Vgl. Rittstieg (Prozesssynchronisierung), 2012, S. 117 ff.

[575] Vgl. Kühn (Lebenszyklusorientierte Leistungssysteme), 2016, 130 ff.

[576] Vgl. Zachau & Momber (Professionelles Lieferantenmanagement), 1999, S. 41

[577] Vgl. Schuh et al. (Procurement 4.0 in the Tool and Die Industry), 2017, S. 141

wurden. **Normalienlieferanten** liefern Komponenten oder Baugruppen, welche in einer Vielzahl von Werkzeugen zum Einsatz kommen und daher in einer DIN-, ISO- oder lieferanteneigenen Norm hinsichtlich ihrer Abmaße und Funktion definiert sind. Der Leistungsumfang von Normalienlieferanten kann komplette Formaufbauten inkl. Heißkanal umfassen. Eine intensive Zusammenarbeit mit Normalienlieferanten ermöglicht Werkzeugbaubetrieben eine Fokussierung auf die Herstellung formgebender Komponenten. Rohmaterial- und Normalienlieferanten haben typischerweise ein breites Kundenspektrum in verschiedenen Branchen außerhalb des Werkzeugbaus. Zudem haben sie typischerweise deutlich mehr Mitarbeiter als Werkzeugbaubetriebe und verfügen über unternehmenseigene Online-Bestellsysteme.

Konstruktionsdienstleister übernehmen im Unterauftrag eines Werkzeugbaubetriebs Aufgaben im Bereich der Werkzeugentwicklung. Diese Leistungen umfassen Methodenplanung, Simulation, CAD-Konstruktion oder Zeichnungsableitung. Die Konstruktionsdienstleister werden dabei selbst nicht fertigend tätig. Viele Werkzeugbaubetriebe arbeiten mit Konstruktionsdienstleistern geringer Größe, welche sich auf die Branche Werkzeugbau spezialisiert haben, zusammen. Zudem bieten einige Ingenieursdienstleister mit mehreren Hundert Mitarbeitern Dienstleistungen im Bereich der Werkzeugentwicklung an. **Fertigungsdienstleister** übernehmen einzelne Fertigungsschritte oder die vollständige Fertigung von Einzelteilen eines Werkzeugs. Das Spektrum der Fertigungsdienstleister der Branche Werkzeugbau ist heterogen, da Werkzeugbaubetriebe sowohl mit auf Einzelverfahren spezialisierten Fertigungsdienstleistern als auch mit Fertigungsdienstleistern, welche vollständig bearbeitete Komponenten liefern, zusammenarbeiten. Daher treten einige Lieferanten sowohl als Fertigungsdienstleister als auch als Komplettwerkzeuglieferant auf.

Komplettwerkzeuglieferanten sind Werkzeugbaubetriebe, welche ihre Leistungen extern am Markt anbieten. Sie beliefern sowohl Kunden mit eigener Serienproduktion als auch andere Werkzeugbaubetriebe, welche größere Leistungsbündel an den Endkunden verkaufen. Komplettwerkzeuglieferanten müssen folglich über eine weitestgehend vollständige Prozesskette in der mechanischen Fertigung und eine eigene Montage verfügen. Diesbezüglich ist anzumerken, dass bei Fremdvergabe eines kompletten Werkzeugs der Vergabeumfang am Anfang und Ende der Prozesskette variiert. Dies umfasst insbesondere folgende Ausprägungen:

- Vergabe mit oder ohne Methodenplanung und Simulation,
- Vergabe mit oder ohne CAD-Konstruktion und
- Vergabe mit oder ohne Try-out.

Diese Prozessschritte sind besonders Know-how intensiv und werden daher teilweise aus Gründen der Geheimhaltung oder fehlender Kompetenzen beim Lieferanten nicht mit fremdvergeben.

Sonstige Lieferanten der Branche Werkzeugbau sind insbesondere Lieferanten von Verbrauchsgütern, wie z. B. Fräswerkzeugen, als auch Lieferanten von Maschinen und sonstigen Investitionsgütern. Lieferanten der genannten Leistungsumfänge sind häufig neben der Branche Werkzeugbau noch für viele weitere Branchen tätig. Sie verfügen daher häufig über eine hohe Anzahl an Mitarbeitern als auch über eigene Bestellsysteme. Da das Leistungsspektrum von sonstigen Lieferanten andersartige Kompetenzen erfordert als die zuvor vorgestellten Lieferantentypen und die Anforderungen stark heterogen sind, werden sie im Rahmen der Lieferantentypisierung anhand des Leistungsumfangs nicht mit eingeordnet.

Die leistungsumfangsbasierte Typisierung eines Lieferanten erfolgt auf Basis der notwendigen Kompetenzen in den einzelnen Schritten der in Kapitel 2.3.3.1 vorgestellten Wertschöpfungskette. Für eine genauere Beschreibung der Prozessschritte sei auf EVERSHEIM & KLOCKE verwiesen.[578] Hierbei ist zwischen notwendigen Kompetenzen eines Lieferanten und zusätzlichen Kompetenzen, welche eine ganzheitliche Vergabe ermöglichen, zu unterscheiden. Die **Lieferantentypisierung anhand des Leistungsumfangs** ist in Abbildung 88 dargestellt.

Legende
● Notwendige Kompetenz
○ Zusätzliche Kompetenz

		Rohmaterial-lieferant¹	Normalien-lieferant	Konstruktions-dienstleister	Fertigungs-dienstleister²	Komplettwerk-zeuglieferant³
Werkzeug-entwicklung	Methodenplanung			○		○
	Simulation			○		○
	CAD-Konstruktion			●		○
	Zeichnungsableitung			○		○
Arbeits-planung	Ablauf- und Kapazitätsplanung		●		○	●
	Untervergabemanagement		○		○	●
	CAM-Programmierung		●		○	●
	Arbeitsdokumentenerstellung		○		○	●
Mech. Fertigung	Fräsen	○	●		○	●
	Drehen	○	●		○	●
	Schleifen	○	●		○	●
	Senkerodieren				○	●
	Drahterodieren				○	●
	Sonstige Fertigungsverfahren	●	○		○	○
	Härten		●		○	○
Montage	Zusammenbau		○			●
	Manuelle Anpassung					●
	Funktionsprüfung		○			●
Try-out	Musterung					○
	Vermessung	●	●			○
	Korrekturmaßnahmenableitung					○

1) Kompetenzen im Bereich des Gießens relevant, die für andere Lieferantentypen nicht relevant sind
2) Kompetenzen in mindestens einem Bereich der mechanischen Fertigung notwendig
3) Kompetenzen im Bereich der mechanischen Fertigung zwingend nur in den werkzeugtypabhängig wichtigsten Technologien notwendig

Abbildung 88: Leistungsumfangsbezogene Typisierung

[578] Vgl. Eversheim & Klocke (Strategie und Technologie), 1998, S. 35 ff.

Anhand von Abbildung 88 wird deutlich, dass ein Komplettwerkzeuglieferant auch als Fertigungs- oder Konstruktionsdienstleister aktiv sein kann. Die Lieferantentypisierung ist jedoch für eine ganzheitliche Einordnung eines Lieferanten noch nicht ausreichend, da zusätzlich zum Leistungsumfang Aspekte der Leistungsfähigkeit bzw. Performance zu berücksichtigen sind.

5.1.1.3 Performancebasierte Typisierung

Die performancebasierte Typisierung vervollständigt die Typisierung der Lieferanten eines Werkzeugbaubetriebs. Sie stellt zudem die erforderliche Grundlage für die Ableitung des typgerechten digitalen Vernetzungsfokus dar. Um die performancebasierte Typisierung vornehmen zu können, sind **relevante Kriterien** zu definieren. Für die Branche Werkzeugbau relevante Kriterien werden von Gulden[579], Hensen[580], Komorek[581] und Kuhlmann[582] thematisiert. Auf Basis der genannten wissenschaftlichen Arbeiten lassen sich Qualität, Kosten, Verfügbarkeit und Differenzierung als zentrale Dimensionen für eine performancebasierte Typisierung identifizieren. Um eine performancebasierte Typisierung zu ermöglichen, sind messbare Kriterien für die genannten Dimensionen zu definieren und zu gewichten. Die entsprechenden Kriterien wurden auf Basis eines Konsortialprojekts mit zehn Werkzeugbaubetrieben, welche aufgrund ihrer Heterogenität für die Branche repräsentativ sind, erarbeitet. Die Kriterien sind in Abbildung 89 dargestellt. Im Rahmen einer Evaluation der Kriterien werden alle von einem Lieferanten gestellten Angebote berücksichtigt und mit den jeweiligen Angeboten anderer Lieferanten verglichen.

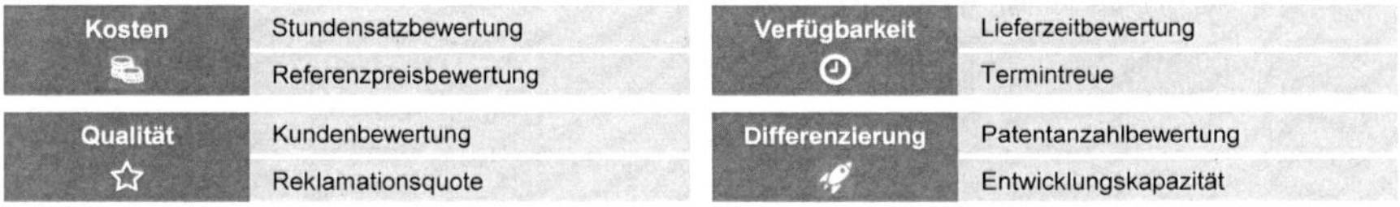

Abbildung 89: Kriterien zur performancebasierten Typisierung

In der Dimension **Kosten** werden Stundensatz- sowie eine Referenzpreisbewertung berücksichtigt. Durch diese Kombination ist sichergestellt, dass der Lieferant günstige Stundensätze nicht durch eine hohe Stundenanzahl ausgleicht. Die beiden Bewertungskriterien werden mittels der nachfolgenden Formeln berechnet:

$$Stundensatzbewertung = \frac{Min.\ Durchschnittsstundensatz\ aller\ Lieferanten}{Durchschnittsstundensatz\ des\ Lieferanten} \quad (1)$$

$$Referenzpreisbewertung = \sum_{i=1}^{Anzahl\ Angebote} \frac{Min.\ Angebotspreis\ eines\ Lieferanten}{Angebotspreis\ des\ Lieferanten} \quad (2)$$

[579] Vgl. Gulden (Wertorientierte Gestaltung), 2009, S. 35 ff.

[580] Vgl. Hensen (Strategische Auslegung), 2017, S. 121 f.

[581] Vgl. Komorek (Kollaborative Wertschöpfung), 2014, S. 47 f.

[582] Vgl. Kuhlmann (Corporate Tooling), 2017, S. 154 ff.

In der Dimension **Verfügbarkeit** sind Termintreue und Lieferzeitbewertung zu berücksichtigen. Die Berechnung erfolgt durch die nachfolgenden Formeln:

$$Termintreue = \frac{Anzahl\ pünktlicher\ Lieferungen}{Anzahl\ aller\ Lieferungen} \tag{3}$$

$$Lieferzeitbewertung = \sum_{i=1}^{Anzahl\ Angebote} \frac{Min.\ Lieferzeit\ eines\ Lieferanten}{Lieferzeit\ des\ Lieferanten} \tag{4}$$

In der Dimension **Qualität** sind Kundenzufriedenheit und Reklamationsquote zu berücksichtigen. Die qualitätsbezogene Kundenbewertung erfolgt durch eine Zufriedenheitsbewertung zwischen 0 % und 100 % auf Basis der Bewertung durch die an der Beschaffung beteiligten Funktionen. Hierdurch wird sichergestellt, dass Qualitätsmängel, die nicht zu einer Reklamation führen, berücksichtigt werden. Die Berechnung der Reklamationsquote erfolgt durch die nachfolgende Formel:

$$Reklamationsquote = \frac{Anzahl\ Reklamationen}{Anzahl\ aller\ Lieferungen} \tag{5}$$

In der Dimension **Differenzierung** wird bewertet, ob eine hohe Wahrscheinlichkeit besteht, dass ein Lieferant an Innovationen mitwirken kann. Hierzu werden die Kriterien Patentanzahlbewertung und Entwicklungskapazität herangezogen. Für die Patentanzahlbewertung wird eine vereinfachte Skala herangezogen. Hat ein Lieferant null Patente, erhält er eine Wertung von 0 %. Besitzt er ein bis neun Patente, beträgt die Wertung 50 % und bei 10 oder mehr Patenten 100 %. Für die Entwicklungskapazität wird ebenfalls eine vereinfachte Skala herangezogen. Ein Mitarbeiteranteil im Bereich der Entwicklung von weniger als 5 % führt zu einer Bewertung von 0 %. Bei 5 % bis 10 % Mitarbeiteranteil im Bereich der Entwicklung erhält der Lieferant eine Bewertung in Höhe von 50 % und bei mehr als 10 % Mitarbeiteranteil im Bereich der Entwicklung beträgt die Wertung 100 %.

Durch eine Gewichtung können die Kriterien zu einer Performancekennzahl zusammengefasst werden. Die Gewichtung soll mittels einer relativen Priorisierung durch einen **paarweisen Vergleich** ermittelt werden. Durch den paarweisen Vergleich werden eine Reihenfolge der Bedeutung sowie eine relative Gewichtung einzelner Kriterien untereinander bestimmt. Zur Ermittlung der Bedeutung zueinander eignen sich bspw. Brainstormings in Gruppen, singuläre Vergleiche in Workshops, oder die Delphi-Methode zur indirekten Ableitung auf Basis von Fragebögen.[583]

Abbildung 90 zeigt das Vorgehen beim paarweisen Vergleich der Bewertungskriterien. In Bezug auf alle Kriterien wird bestimmt, ob dieses sehr viel wichtiger, wichtiger, gleich wichtig, weniger wichtig oder wesentlich weniger wichtig als ein anderes ist. Darauf basierend werden vier, drei, zwei, ein oder null Punkte vergeben bzw. gegenläufig viele für den umgekehrten

---

[583] Vgl. Binner (Methoden-Baukasten), 2016, S. 43 f.

Vergleich. Die gegenläufige Richtung wird als komplementärer Vergleich bezeichnet. Anschließend werden die Punkte zeilenweise aufsummiert. Bei 28 Paarvergleichen, die summiert mit dem komplementären Vergleich immer vier Punkte ergeben, resultiert die Gesamtsumme von 112 Punkten, die maximal in dieser Matrix vergeben werden kann. Schließlich wird relativ zur Gesamtsumme vergebener Punkte eine Gewichtung des Zielkriteriums vorgenommen, die in Summe 100 % ergibt.[584]

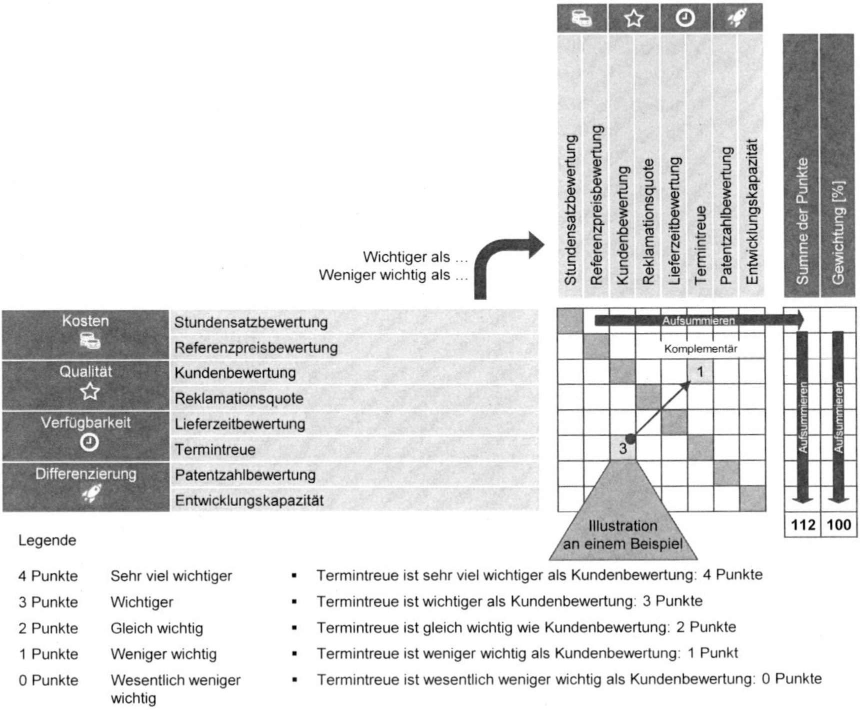

Abbildung 90: Kriteriengewichtung mittels paarweiser Vergleich

Das erläuterte Vorgehen ist unabhängig vom Unternehmen und vom leistungsumfangsbezogenen Lieferantentypen immer gleich. Jedoch ist für jeden Leistungsumfangstypen eine unternehmensindividuelle Gewichtung vorzunehmen. Auf Basis der Gewichtung und der ermittelten Kriterien kann anschließend die **Gesamtbewertung** von Lieferanten eines Werkzeugbaubetriebs vorgenommen werden. Zudem ist auf Basis der einzelnen Gewichtungen eine dimensionsspezifische Wertung möglich. Grundsätzlich wird hierbei durch die Normierung immer eine Wertung zwischen 0 % und 100 % erreicht. Die notwendige Vorgehensweise zur Berechnung ist in Abbildung 91 dargestellt.

[584] Vgl. Kuhlmann (Corporate Tooling), 2017, S. 156 f.

		Gewichtung	Wert	Gewichteter Wert	Dimensionswert
Kosten	Stundensatzbewertung	a	b	a x b	a x (b / (a +b)) + c x (d / (c + d))
	Referenzpreisbewertung	c	d	c x d	
Qualität	Kundenbewertung				
	Reklamationsquote				
Verfügbarkeit	Lieferzeitbewertung				
	Termintreue				
Differenzierung	Patentzahlbewertung				
	Entwicklungskapazität				

Aufsummieren

Gesamtperformancebewertung: X %

Anmerkung: a, b, c, d als Beispielwerte zur Erklärung der Funktionsprinzips

Abbildung 91: Performancebasierte Gesamtbewertung

Aufbauend auf der vorgenommenen Bewertung in den relevanten Dimensionen der Leistungsbewertung ist anschließend eine **Typisierung der Lieferantentypen** möglich, sofern zuvor eine entsprechende Typologie definiert wurde. Als Grenzwerte für die Typologie wird die Erreichung eines Dimensionswerts in Höhe von 80 % angesetzt. Zudem werden nur Lieferanten in der Typisierung berücksichtigt, welche eine Gesamtbewertung in Höhe von mindestens 50 % erreichen. Auf Basis dieser Vorgaben werden die Lieferanten vier Typen zugordnet, welche mit Wirtschaftlichkeitsgarant, Verfügbarkeitsgarant, Qualitätsgarant und Innovationsgarant bezeichnet werden. Diesbezüglich ist anzumerken, dass die Grenzwerte für die Zuordnung zu den performancebasierten Lieferantentypen unternehmensindividuell angepasst werden können. Abbildung 92 zeigt die Typologie für die performancebasierte Typisierung.

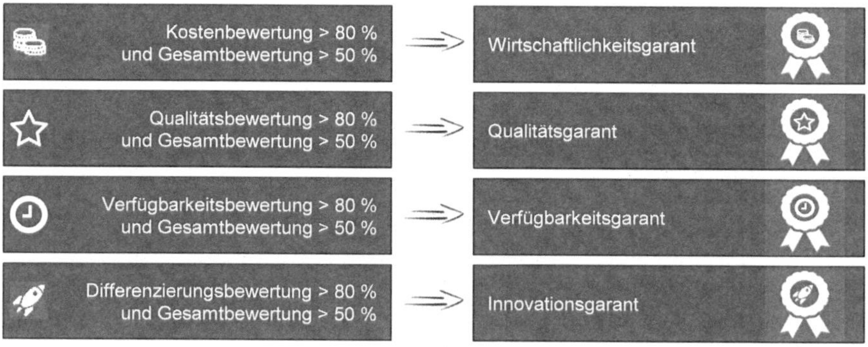

Abbildung 92: Typologie für die performancebasierte Typisierung

Ein Werkzeugbaubetrieb sollte idealerweise für jeden Leistungsumfangstypen über mehrere Lieferanten in allen der vier genannten performancebasierten Typen verfügen. Hierdurch ist gewährleistet, dass jederzeit auf entsprechend leistungsfähige Lieferanten zurückgegriffen werden kann.

5.1.1.4 Typgerechter digitaler Vernetzungsfokus

Aufbauend auf der leistungsumfangsbezogenen und der performancebasierten Typisierung ist im nächsten Schritt für die gebildeten Lieferantentypen ein typgerechter digitaler Vernetzungsfokus abzuleiten. In Bezug auf den Vernetzungsfokus ist grundsätzlich zwischen transaktionalen und relationalen Beziehungen zu unterscheiden. Aufbauend auf dieser Unterscheidung wird der digitale Vernetzungsfokus ausgelegt.

Im Rahmen von **transaktionalen Beziehungen** werden Güter, Informationen und monetäre Leistungen ausgetauscht, ohne dabei eine feste Bindung zwischen Kunde und Lieferant einzugehen. Der Lieferant bietet ein standardisiertes Leistungsspektrum an. Diese Geschäftsbeziehungen beruhen auf geringer Komplexität und Spezifität. Der Daten- und Informationsaustausch wird auf ein Mindestmaß beschränkt. Diese Art der Beziehung dient nur der kurzfristigen Gewinnmaximierung.[585]

In **relationalen Beziehungen** steht die Partnerschaft zwischen Lieferant und Kunde im Vordergrund. Solche Beziehungen basieren auf gegenseitigem Vertrauen, Risikoteilung und Offenheit. Beteiligte Unternehmen haben gemeinsame Ziele und wollen langfristig Wettbewerbsvorteile erzielen. Die enge Zusammenarbeit führt zu einem umfänglichen Vertrauen und die Gefahr kurzfristiger Lieferantenwechsel wird minimiert.[586]

Für die Ableitung des digitalen Vernetzungsfokus werden die in den Kapiteln 5.1.1.2 und 5.1.1.3 eingeführten Lieferantentypen in einer Matrix dargestellt. Die entstehende Matrix, welche in Abbildung 93 dargestellt ist, umfasst 20 Felder. Für jedes dieser Felder wird eine Zuordnung zum primären Beziehungstyp sowie der **digitale Vernetzungsfokus** angegeben. Bei mehreren Elementen mit gleichem digitalen Vernetzungsfokus wurden die Felder zur Verbesserung der Übersichtlichkeit zusammengefasst.

Aus dem digitalen Vernetzungsfokus leitet sich die **Gestaltungsnotwendigkeit der Aktivitätselemente** des Gestaltungsmodells im Hinblick auf die einzelnen Lieferantenbeziehungen eines Werkzeugbaubetriebs ab. Somit sind unterschiedliche Aktivitäten entsprechend des digitalen Vernetzungsfokus zu priorisieren. Für den performancebasierten Lieferantentypen Wirtschaftlichkeitsgarant ist die automatisierte Auftragsvergabe zu fokussieren, um eine möglichst effiziente Auftragsvergabe zu gewährleisten. Die automatisierte Auftragsvergabe ist auch für den performancebasierten Lieferantentypen Qualitätsgarant zu fokussieren. Im Fall komplexer Fremdvergaben an Komplettwerkzeuglieferanten, Fertigungsdienstleister oder Konstruktionsdienstleister ist zusätzlich die Gestaltung einer kooperativen Auftragsabwicklung von besonderer Bedeutung, da es in diesem Fall zu einem Wissensaustausch mit positiver Auswirkung auf die qualitative Leistungsfähigkeit der beteiligten Unternehmen kommt. Ein echtzeitnaher Kapazitätsabgleich ist hingegen für den performancebezogenen Lieferantentypen Verfügbarkeitsgarant zu fokussieren, da hierdurch die Geschwindigkeit bei der Auftragsvergabe reduziert werden kann. Eine zusätzliche Reduktion der Durchlaufzeit ist durch eine kooperative

---

585 Vgl. Daecke (Supply Chain-Beziehungen), 2013, S. 98 f.

586 Vgl. Daecke (Supply Chain-Beziehungen), 2013, S. 99 f.

Auftragsabwicklung bei Fremdvergaben an Komplettwerkzeuglieferanten, Fertigungsdienstleister oder Konstruktionsdienstleister anzustreben. Das Aktivitätselement kooperative Innovation ist für Lieferanten, welche dem performancebasierten Lieferantentypen Innovationsgarant zuzuordnen sind, von besonderer Bedeutung. Die Nachhaltigkeit der Innovationen kann für die leistungsbezogenen Lieferantentypen Komplettwerkzeuglieferant, Fertigungsdienstleister und Konstruktionsdienstleister durch eine kooperative Auftragsabwicklung zusätzlich verbessert werden.

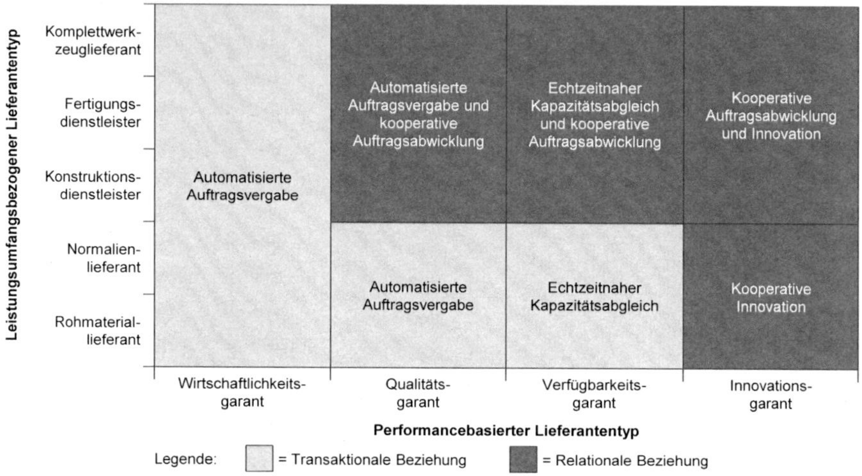

Abbildung 93: Ableitung des typgerechten digitalen Vernetzungsfokus

Die Umsetzung der jeweiligen Teilelemente der digitalen Vernetzung wird im Rahmen der Detaillierung der Aktivitätselemente in Kapitel 5.3 beschrieben. Die Bedeutung des jeweiligen Aktivitätselements für eine individuelle Lieferantenbeziehung leitet sich aus dem aufgezeigten Vorgehen zur Lieferantentypisierung ab. Die Lieferantentypisierung bildet somit den strukturellen Rahmen zur Einordnung der Lieferantenbeziehungen. Aufgrund der in der Regel höheren Marktmacht von Werkzeugbautrieben gegenüber Komplettwerkzeuglieferanten, Fertigungsdienstleistern und Konstruktionsdienstleistern und den damit verbundenen Gestaltungsmöglichkeiten werden diese Lieferantentypen bei der weiteren Gestaltung fokussiert. Dies entspricht dem zuvor definierten Betrachtungsfokus dieser Arbeit.

5.1.2 Einkaufsorganisation

Im Rahmen der digitalen Vernetzung von Werkzeugbaubetrieben mit Lieferanten ergeben sich neue Aufgaben für den Einkauf. Zur Erfüllung dieser Aufgaben ist eine Anpassung der Organisation des Einkaufs notwendig. Zudem sind die Mitarbeiter innerhalb der Einkauforganisation zu qualifizieren, um die Potenziale der digitalen Vernetzung nutzen zu können. Entsprechend der Ausführungen in Kapitel 2.2.3.3 beschreibt das Gestaltungselement Einkauforganisation die Organisation des Einkaufs 4.0. Abbildung 94 zeigt die zugehörigen Gestaltungsaspekte.

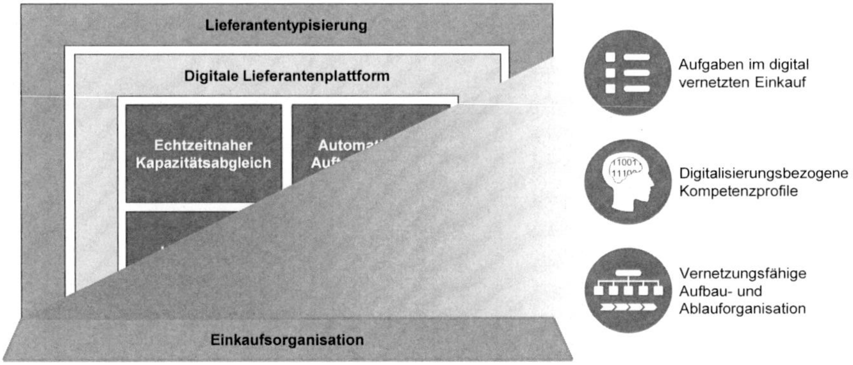

Abbildung 94: Gestaltungsaspekte der Einkaufsorganisation

Die Funktion des Einkaufs verändert sich durch die aktuell entstehenden technischen Möglichkeiten im Zuge der digitalen Vernetzung.[587] Daher sind die **Aufgaben im digital vernetzten Einkauf** neu zu definieren. Damit einhergehend verändern sich die benötigten Kompetenzen der Einkaufsmitarbeiter.[588] Folglich sind auf Basis der Aufgaben **digitalisierungsbezogene Kompetenzprofile** für die Einkaufsmitarbeiter zu definieren und notwendige Qualifizierungsmaßnahmen abzuleiten. Der Einkauf erhält zudem aufgrund des höheren Anteils an strategischen Tätigkeiten und der zunehmenden Kooperation mit Lieferanten eine größere Rolle im Unternehmen. Folglich ist eine **vernetzungsfähige Aufbau- und Ablauforganisation** auszulegen.

Nachfolgend werden zunächst die für die Erläuterung des Gestaltungselements Einkaufsorganisation relevanten Grundlagen vorgestellt (vgl. Kapitel 5.1.2.1). Anschließend erfolgt die Darstellung der drei Gestaltungsaspekte der Einkaufsorganisation.

5.1.2.1 Grundlagen

Der Einkauf bezeichnet alle betrieblichen Tätigkeiten, welche zur Gewährleistung der Materialversorgung eines Unternehmens dienen.[589] Eine Einordnung und Abgrenzung des Einkaufs wurde bereits in Kapitel 2.1.1.1 vorgenommen. Im Folgenden werden daher ausschließlich die Grundlagen der Einkaufsorganisation betrachtet.

Organisationen definieren die Strukturen und Abläufe betrieblichen Handelns innerhalb von Unternehmen.[590] Die Einkaufsorganisation bildet den Rahmen, in dem Einkäufer tätig sind. Die Einkaufsorganisation untergliedert sich in die Aufbauorganisation und die Ablauforganisation.[591] Die **Aufbauorganisation** legt die Kriterien fest, nach denen Aufgaben und Aktivitäten im Unternehmen im Rahmen von Arbeitsteilung gebündelt werden. Der Einkauf stellt in der

[587] Vgl. Helmold & Terry (Lieferantenmanagement 2030), 2016, S. 5

[588] Vgl. Kovács & Pató (Competency Requirements in Supply Chains), 2014, S. 83 f.

[589] Vgl. Schuh (Einkaufsmanagement), 2014, S. 5

[590] Vgl. Arnolds (Materialwirtschaft und Einkauf), 2013, S. 327

[591] Vgl. Sievers & Kruschel (Einkauf auf dem Weg zum Wertbeitragsmanagement), 2010, S. 212 f.

Regel ein abgegrenztes Teilsystem in der Unternehmensorganisation dar. Aufgrund der Interaktionsanforderungen des Einkaufs mit anderen Funktionalbereichen darf jedoch keine losgelöste Gestaltung der Einkaufsorganisation erfolgen.[592] Das Ergebnis der Aufbauorganisation ist ein Aufgabengefüge, in dessen Rahmen die Mitarbeiter die ihnen übertragenen Aufgaben erfüllen. Darauf aufbauend regelt die Ablauforganisation den Austausch von Informationen zwischen den einzelnen Stellen innerhalb des Bereiches und mit den übrigen Unternehmensbereichen.[593] Die **Ablauforganisation** definiert die zeitliche Reihenfolge bestimmter Einkaufsaktivitäten in Form von Geschäftsprozessen sowie deren Einbindung in die unternehmensweite Projektarbeit. Zudem beschreibt die Ablauforganisation die prozessuale und informationsbasierte Abbildung in IT-Systemen.[594]

Aus den Definitionen wird deutlich, dass **Aufgaben** die Ausgangsbasis für eine organisationale Auslegung der Einkaufsorganisation bilden. Diesbezüglich ist zwischen strategischen und operativen Aufgaben des Einkaufs zu unterscheiden. Wichtigste Ressource der Einkaufsorganisation sind die dort tätigen Mitarbeiter mit ihren Kompetenzen.[595] Der Begriff Kompetenz stammt aus dem lateinischen und bedeutet „zu etwas geeignet, fähig oder befugt sein". Bei beruflichen Kompetenzen geht es darum, berufsbezogene und fachspezifische Anforderungen zu erfüllen. Der Kompetenzbegriff bezieht sich somit auf gestellte Anforderungen, ist aber im Gegensatz zum Begriff der Qualifikation untrennbar mit der jeweiligen Person verbunden. Das Vorhandensein gewisser Kompetenzen ist Voraussetzung für die Erfüllung der beruflichen Aufgaben.[596]

Da sich aus den Aufgaben im digital vernetzten Einkauf die Anforderungen an die Kompetenzprofile der Mitarbeiter ergeben, werden diese vor den digitalisierungsbezogenen Kompetenzprofilen erläutert. Der strukturelle Rahmen in Form der vernetzungsfähigen Ablauf- und Aufbauorganisation wird in Kapitel 5.1.2.4 beschrieben.

5.1.2.2 Aufgaben im digital vernetzten Einkauf

Zur Realisierung der Möglichkeiten der digitalen Vernetzung von Werkzeugbaubetrieben mit Lieferanten ist eine Anpassung der Aufgaben des Einkaufs erforderlich. Durch die digitale Vernetzung verändern sich sowohl die strategischen als auch die operativen Aufgaben in Werkzeugbaubetrieben. Die **zentralen Aufgaben des digital vernetzten Einkaufs** in einem Werkzeugbaubetrieb sind in Abbildung 95 dargestellt.

[592] Vgl. Schuh & Ünlü (Ordnungsrahmen Einkaufsmanagement), 2014, S. 12
[593] Vgl. Arnolds (Materialwirtschaft und Einkauf), 2013, S. 349
[594] Vgl. Arnolds (Materialwirtschaft und Einkauf), 2013, S. 328 f.
[595] Vgl. Schuh & Ünlü (Ordnungsrahmen Einkaufsmanagement), 2014, S. 13
[596] Vgl. North et al. (Kompetenzmanagement), 2018, S. 35 ff.

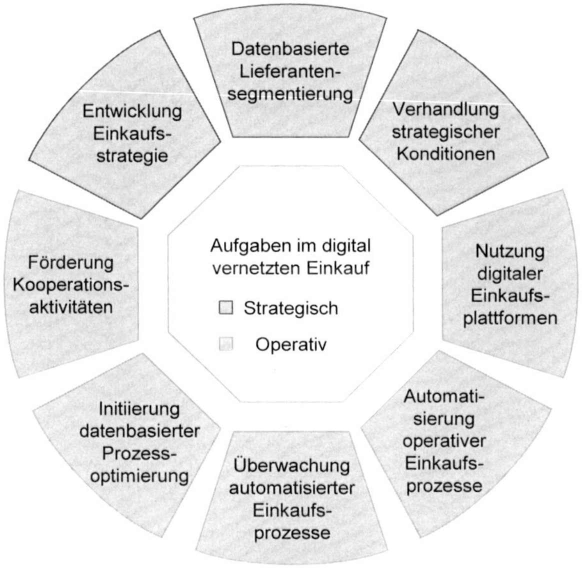

Abbildung 95: Aufgaben im digital vernetzten Einkauf

Zu den zentralen strategischen Aufgaben im digital vernetzten Einkauf zählen die Entwicklung einer Einkaufsstrategie, die datenbasierte Lieferantensegmentierung und das Verhandeln strategischer Konditionen. Zudem hat der Einkauf fünf zentrale operative Aufgaben. Dies sind die Nutzung digitaler Einkaufsplattformen, die Automatisierung operativer Einkaufsprozesse, die Überwachung automatisierter Einkaufsprozesse, die Initiierung datenbasierter Prozessoptimierung sowie die Förderung von Kooperationsaktivitäten. Die operativen Aufgaben bilden wie im bisherigen konventionellen Einkauf die Haupttätigkeit der Einkaufsabteilung eines Werkzeugbaubetriebs. Jedoch werden diese Aufgaben zukünftig zunehmend datenbasiert unterstützt und automatisiert. Die zentralen Aufgaben des digital vernetzten Einkaufs werden nachfolgend im Detail beschrieben.

Die **Entwicklung einer Einkaufsstrategie** ist eine übergeordnete, strategische Aufgabe innerhalb des digital vernetzten Einkaufs. Im Rahmen der Entwicklung der Einkaufsstrategie wird festgelegt, wie der zukünftige Fokus in Bezug auf relevante Lieferantenmärkte, Vergabeentscheidungskriterien und Kooperationspartnerschaften gelegt wird. Dazu sind die strategischen Ziele des Einkaufs und des Lieferantenmanagements zu bestimmen (vgl. Kapitel 2.1.2.1). Zusätzlich ist es von Bedeutung, dass der Einkauf eine Strategie zur Nutzung von Möglichkeiten der digitalen Vernetzung entwickelt und Maßnahmen für die notwendige Mitarbeiterqualifizierung ableitet. In diesem Zusammenhang sind auch die Kompetenzprofile (vgl. Kapitel 5.1.2.3) der benötigten Mitarbeiter zu definieren und Schulungsbedarfe zu ermitteln.

Die Lieferantensegmentierung (vgl. Kapitel 2.1.2.2) ist im digital vernetzten Einkauf ebenfalls eine strategische Aufgabe. Durch die digitale Vernetzung entsteht die Möglichkeit einer **datenbasierten Lieferantensegmentierung**. Die strategische Aufgabe des Einkaufs ist es, die

Kriterien zur Lieferantensegmentierung zu definieren und die datenbasierte Einordnung von Lieferanten zu überprüfen. Die datenbasierte Einordnung der Lieferanten selbst erfolgt automatisch auf Basis von Lieferantenstammdaten, historischen Bestell- und Qualitätsdaten sowie Auditberichten. Hierdurch wird die Trennung von Lieferantensegmentierung, Lieferantentypisierung und Lieferantenklassifizierung zunehmend aufgehoben. Im digital vernetzten Einkauf besteht die zentrale strategische Aufgabe darin, die jeweiligen Kategorien festzulegen und Einordnungen zu plausibilisieren.

Auch die **Verhandlung strategischer Konditionen** ist eine strategische Aufgabe. In Folge der Automatisierung von operativen Vergabeentscheidungen steigt die Wichtigkeit dieser Aufgabe weiter an, da Rahmenverträge automatisierte Abläufe deutlich vereinfachen. Insbesondere von Bedeutung sind in diesem Zusammenhang festgelegte Rabattkonditionen für den Einkauf größerer Bestellpakete bei einzelnen Lieferanten. Solche Konditionen sind in einer Einkaufsplattform zu hinterlegen. Zudem ist zu definieren, in welchem Umfang Kapazitätsdaten ausgetauscht werden. Ebenfalls ist der angestrebte Kooperationsumfang in der Auftragsabwicklung und in Innovationsprojekten festzulegen.

Die **Nutzung digitaler Einkaufsplattformen** (vgl. Kapitel 5.2.1) ist eine zentrale operative Aufgabe des digital vernetzten Einkaufs. Über digitale Einkaufsplattformen werden zukünftig große Teile des Lieferantenscoutings und der Lieferantenbewertung (vgl. Kapitel 2.1.3.1) abgewickelt. Die Aufgabe des Einkaufs ist es, regelmäßig zu prüfen, ob weitere Lieferanten, welche auf einer digitalen Lieferantenplattform registriert sind, für Fremdvergaben in Betracht kommen. Zudem sind die genutzten Bewertungskriterien in der Lieferantenauswahl den Bedürfnissen des jeweiligen Werkzeugbaubetriebs anzupassen.

Die **Automatisierung von operativen Einkaufsprozessen** stellt zukünftig selbst eine operative Aufgabe des Einkaufs dar. Der konventionelle Einkauf ist geprägt von einer Vielzahl an operativen Aufgaben im Rahmen der Bestellabwicklung[597], wie beispielsweise dem Versand von Angebotsanfragen, der Durchführung von Angebotsbewertungen und der Auslösung von Bestellungen. Aufgrund der hohen Variantenvielfalt der Einkaufsumfänge in der Branche Werkzeugbau ist es nicht realistisch, alle diese Prozesse gleichzeitig und fehlerfrei zu automatisieren. Aufgabe des digital vernetzten Einkaufs ist es daher, diese Prozesse kontinuierlich zu automatisieren und auftretende Fehler zu beseitigen.

Eng mit der zuvor beschriebenen Aufgabe verknüpft ist die **Überwachung operativer Einkaufsprozesse**. Mit der Automatisierung von Einkaufsprozessen ist bei fehlender Absicherung ein erhebliches finanzielles Risiko durch fehlerhafte Fremdvergaben verbunden, da Aufträge softwarebasiert fremdvergeben werden. Große Teile dieses Risikos sind durch softwareseitige Maßnahmen zu beheben. Dennoch bleibt es unerlässlich, bei großen Einkaufsvolumen und bei automatisiert getroffenen Einkaufsentscheidungen zumindest stichprobenartig manuell zu prüfen. Der entstehende Personalaufwand zur Überwachung ist hierbei im Vergleich zur manuellen Durchführung der operativen Einkaufsprozesse deutlich geringer.

[597] Vgl. Kleemann & Glas (Einkauf 4.0), 2017, S. 9

Durch die Analyse von Bestell-, Liefer- und Qualitätsdaten lassen sich Optimierungspotenziale identifizieren. Die Initiierung einer **datenbasierten Prozessoptimierung** auf dieser Basis ist eine der zentralen Aufgaben des digital vernetzen Einkaufs. Hierzu sind Datenanalysen notwendig und Gespräche mit den Lieferanten über die zu standardisierenden Prozesse zu führen. Zudem ist die Umsetzung der Optimierungsmaßnahmen im Rahmen von Lieferantenaudits zu überprüfen. Ziel des digital vernetzten Einkaufs ist es, eine möglichst hohe Transparenz über interne und externe Abläufe zu schaffen. Hierdurch wird sowohl die Identifikation von Optimierungspotenzialen als auch die Überprüfung der Maßnahmenumsetzung vereinfacht.

Die **Förderung der Kooperationsaktivitäten** mit Lieferanten basiert nicht direkt auf den Chancen der digitalen Vernetzung, dennoch ist diese Aufgabe für einen erfolgreichen Einkauf bedeutsam. Lieferanten müssen kontinuierlich in die Prozesse des Werkzeugbaubetriebs integriert werden und dabei unterstützt werden, sich technisch weiterzuentwickeln. In diesem Rahmen sind bisher wenig genutzte Maßnahmen wie Schulungen von Bedeutung. Hierdurch wird sichergestellt, dass ausgewählte Lieferanten den Anforderungen gerecht werden.

Durch die digitale Vernetzung des Einkaufs werden sich die Aufgaben des Einkaufs wandeln. Dennoch bleiben sowohl strategische als auch operative Aufgaben erhalten. Insbesondere im Bereich des operativen Einkaufs ergeben sich jedoch deutliche Veränderungen im Rahmen der Aufgabenbearbeitung, da Prozesse automatisiert werden.

5.1.2.3 Digitalisierungsbezogene Kompetenzprofile

Um die Aufgaben im digital vernetzten Einkauf zu erfüllen, werden Mitarbeiter und Mitarbeiterinnen mit entsprechenden Kompetenzen benötigt. Diese Kompetenzen unterscheiden sich zum Teil von den bisherigen Anforderungen.[598] Auf Basis einer Analyse von Literatur[599] zu (zukünftig benötigten) Kompetenzprofilen im Einkauf sowie den Erfahrungen des Autors werden nachfolgend für den digital vernetzten Einkauf benötigte Kompetenzprofile erläutert und bewertet. Die Kompetenzen werden zur Verbesserung der Übersichtlichkeit in die Gruppen digitalisierungsbezogene Fähigkeiten, operative Fähigkeiten und soziale Fähigkeiten unterteilt. Abbildung 96 zeigt den **Vergleich der bisherigen Anforderungen mit den zukünftigen Anforderungen**. Hierzu wird eine qualitative Bewertungsskala mit den Stufen 1 bis 5 genutzt. Im Folgenden werden die jeweiligen Fähigkeiten definiert und die notwendige Entwicklung zur Ermöglichung eines digital vernetzen Einkaufs erläutert.

[598] Vgl. Kovács & Pató (Competency Requirements in Supply Chains), 2014, S. 83 f.

[599] Vgl. Kovács & Pató (Competency Requirements in Supply Chains), 2014, S. 83 ff.; Fraunhofer IML & BME (Einkauf 4.0), 2016, S. 22 f.; Grimm (Schnittstellenmanager in der Beschaffung), 2017, S. 142 ff.; Dieckmann (Agilität im Einkauf), 2017, S. 57 ff.

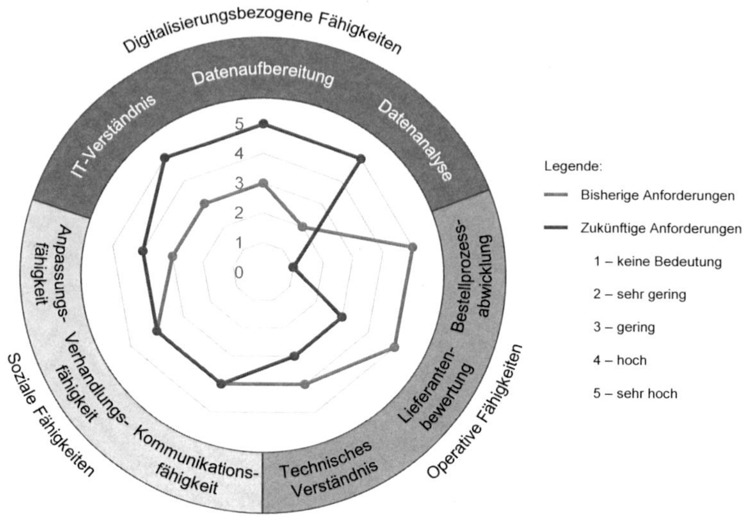

Abbildung 96: Digitalisierungsbezogene Kompetenzprofile

Die **digitalisierungsbezogenen Fähigkeiten** werden in die drei Untergruppen IT-Verständnis, Datenaufbereitung und Datenanalyse unterteilt. Einerseits ist ein grundsätzliches Verständnis für IT und Softwareprogramme erforderlich. Das schnelle Erlernen von Softwareprogrammen spielt hierbei eine zentrale Rolle. Darüber hinaus sind spezifische Fähigkeiten in den Bereichen der Datenaufbereitung und -analyse von Bedeutung. Im Rahmen der Datenaufbereitung werden Daten aus verschiedenen Quellen zusammengefasst und für die weitere Nutzung in einem zentralen Datensystem sowie für die Nutzung in der nachfolgenden Datenanalyse aufbereitet (vgl. Kapitel 2.2.2.3). Die Datenanalyse selbst findet dann für einfache Anwendungen in Programmen wie Microsoft Excel oder IBM SPSS statt. Für komplexe Datenanalysen werden Kenntnisse in Programmen wie Microsoft R, Oracle Data Mining ODM oder Matlab benötigt. Zudem bietet es viele Vorteile im Einkauf über eigene Programmierkenntnisse zu verfügen. Für Datenanalysen und die Vorbereitung von automatisierten Abläufen sind die Programmiersprachen Python und JavaScript von besonderer Relevanz.

Bisher ist die Bedeutung von digitalisierungsbezogenen Fähigkeiten im Einkauf noch vergleichsweise gering. Aktuell erfolgt die Nutzung von Softwareprogrammen überwiegend zur Dokumentation und Vereinfachung operativer Abläufe. Datenaufbereitungen und -analysen finden auf Basis von Daten, welche in einem ERP-System oder in Excel erfasst werden, überwiegend manuell statt. Für die Datenanalysen selbst wird nahezu ausschließlich Excel genutzt. Um die Effizienzsteigerungsmöglichkeiten des digital vernetzten Einkaufs zu erschließen, sind erweiterte digitalisierungsbezogene Kompetenzen erforderlich. Diesbezüglich sind insbesondere Kompetenzen im Bereich der Anwendung von Programmen zur Datenaufbereitung und Datenanalyse von Bedeutung. Jedoch benötigen nicht alle Mitarbeiter im Einkauf hochspezialisierte IT-Kenntnisse, da zunehmend nutzerfreundlichere Softwarelösungen für den Einkauf entwickelt werden[600]. Grundsätzlich sind digitalisierungsbezogene Fähigkeiten im digital vernetzten Einkauf von hoher Bedeutung.

Hinsichtlich der **operativen Fähigkeiten** erfolgt eine Unterteilung in Bestellprozessabwicklung, Lieferantenbewertung und technisches Verständnis. Unter der Fähigkeit Bestellprozessabwicklung werden alle Tätigkeiten, von der Anfrage bei verschiedenen Lieferanten über die Auslösung der Bestellung bis zur Erfassung des Wareneingangs, zusammengefasst. Hierbei handelt es sich primär um Kenntnisse zur effizienten Abwicklung von standardisierten Prozessen. Die Kompetenz der Lieferantenbewertung umfasst die Fähigkeit, einen Lieferanten auf Basis von persönlichen Kontakten, Vor-Ort-Besuchen, Audits und abgeschlossenen Lieferungen hinsichtlich seiner Leistungsfähigkeit korrekt einzuschätzen. Unter dem Begriff technisches Verständnis wird die Fähigkeit zur Beurteilung der Komplexität einer Bestellung (z. B. eines Werkzeugs oder eines Einzelteils) und die Fähigkeit, Lösungsvorschläge für technische Probleme zu entwickeln, zusammengefasst.

Durch die digitale Vernetzung wird die Bedeutung operativer Fähigkeiten im Einkauf abnehmen. Insbesondere werden Bestellabwicklungsprozesse weitestgehend automatisiert ablaufen.[601] Auch Lieferantenbewertungen lassen sich, wie in Kapitel 5.1.2.2 beschrieben, weitestgehend digital unterstützen. Eine weiterhin hohe Bedeutung behalten jedoch das technische Verständnis und das generelle Wissen über die technischen Anforderungen in der Branche Werkzeugbau. Um eine optimale Integration externer Wertschöpfungspartner zu gewährleisten, ist ein ausgeprägtes technisches Verständnis erforderlich.

Für einen erfolgreich digital vernetzten Einkauf sind Kompetenzen im Bereich sogenannter **sozialer Fähigkeiten** von Bedeutung. Soziale Fähigkeiten sind definiert als das Ausmaß, in dem ein Mensch fähig ist selbstständig, umsichtig und nutzenbringend zu handeln.[602] Hervorzuheben sind Kommunikations-, Verhandlungs-, und Anpassungsfähigkeit. In diesem Kontext ist Kommunikationsfähigkeit sowohl für die unternehmensinterne als auch für die Kommunikation mit Lieferanten von hoher Bedeutung. Eine Tätigkeit im Einkauf erfordert eine frühzeitige und offene Kommunikation von Problemen und Lösungsansätzen. Die Verhandlungsfähigkeit beschreibt die Fähigkeit, im Gespräch mit Lieferanten vorteilhafte Konditionen auszuhandeln. Anpassungsfähigkeit wird im Einkauf sowohl hinsichtlich des zu beschaffenden Produktspektrums als auch hinsichtlich der unternehmensinternen Rahmenbedingungen benötigt.

Durch die digitale Vernetzung wird die Bedeutung sozialer Fähigkeiten im Einkauf nur wenig beeinflusst. Die zwischenmenschliche Kommunikation ist bei Problemfällen weiterhin von hoher Bedeutung. Verhandlungsfähigkeiten sind für das Aushandeln wichtiger Rahmenverträge unerlässlich. Die Bedeutung der Anpassungsfähigkeit steigt, da Einkaufsaufgaben immer weniger aus der Bearbeitung von Standardaufgaben bestehen. Die Bedeutung der sozialen Fähigkeiten ist im digital vernetzten Einkauf daher in allen Unterpunkten hoch.

---

[600] Vgl. Glas & Kleemann (Impact of Industry 4.0 on Procurement), 2016, S. 62

[601] Vgl. Kleemann & Glas (Einkauf 4.0), 2017, S. 18

[602] Vgl. Grimm (Schnittstellenmanager in der Beschaffung), 2017, S. 138

Zusammenfassend ist hinsichtlich der Kompetenzprofile festzustellen, dass die Bedeutung digitalisierungsbezogener Fähigkeiten stark zunimmt. Operative Fähigkeiten werden im Zuge der zunehmenden Automatisierung hingegen weniger wichtig. Die Bedeutung sozialer Fähigkeiten bleibt nahezu unverändert. Aus den beschriebenen Kompetenzen lässt sich ein **Handlungsbedarf hinsichtlich der Qualifikation** von Einkaufsmitarbeitern in der Branche Werkzeugbau ableiten. Mitarbeiter, welche über hohe digitalisierungsbezogene und soziale Fähigkeiten verfügen, sind verstärkt zu akquirieren. Zudem sind bestehende Mitarbeiter spezifisch in den Bereichen Datenaufbereitung und -analyse zu schulen.

5.1.2.4 Vernetzungsfähige Aufbau- und Ablauforganisation

Durch die digitale Vernetzung verändert sich das Aufgaben- und Kompetenzprofil des digital vernetzten Einkaufs. Daher ist die unternehmensinterne Positionierung des Einkaufs im Hinblick auf den Zuständigkeitsbereich, die hierarchische Einbindung sowie Schnittstellen zu überprüfen. Zunächst wird nachfolgend ein optimierter Zuständigkeitsbereich sowie die damit verbundene Ablauforganisation definiert. Anschließend wird die hierarchische Struktur inkl. Schnittstellen skizziert. Somit erfolgt die Definition der übergeordneten Aufbauorganisation.

Die grundsätzlichen Aufgaben des Einkaufs wurden bereits in Kapitel 5.1.2.2 beschrieben. Bezüglich der Definition des **Zuständigkeitsbereichs des Einkaufs** ist zu beachten, dass Werkzeugbaubetriebe stark unterschiedliche Leistungsumfänge zukaufen (vgl. Kapitel 5.1.1.2). Um die Möglichkeiten der digitalen Vernetzung vollständig zu nutzen, sollte eine Einkaufsabteilung sämtliche Fremdvergabeumfänge sowie die Entwicklung der entsprechenden Lieferanten verantworten.

Die Auslösung einer Bedarfsmeldung erfolgt durch den zuständigen Fachbereich. So meldet beispielsweise die Arbeitsvorbereitung einen Bedarf für die Fremdvergabe der Fräsprozesse an einer Komponente aufgrund interner Kapazitätsengpässe an die Einkaufsleitung. Je nach Entwicklungsstand der Automatisierungslösungen für den Einkauf werden solche Bestellanfragen anschließend vollständig oder teilweise automatisiert weiterverarbeitet und in Anfragen an den Lieferanten überführt (vgl. Kapitel 5.3.2). Der Einkauf ist unabhängig von der automatischen oder manuellen Abwicklung für Preis, Qualität und Lieferzeit des Bestellumfangs verantwortlich. Zudem erfolgt im Einkauf die Analyse der entstehenden Daten aus den Einkaufsvorgängen. Die entsprechende **Ablauforganisation** ist in Abbildung 97 dargestellt. Aufgrund der stark heterogenen Größe von Einkaufsabteilungen ist die Ablauforganisation im Detail unternehmensindividuell auszulegen.

Abbildung 97: Ablauforganisation des digital vernetzten Einkaufs

Hierarchisch ist eine **Einbindung der Einkaufsleitung** direkt unterhalb der Werkzeugbauleitung und somit auf derselben Hierarchiestufe mit den Vorgesetzten der Abteilungen Projektmanagement, Vertrieb, Werkzeugentwicklung, Arbeitsplanung und Werkzeugproduktion anzustreben. Hierdurch wird der Austausch zwischen Einkaufsmitarbeitern und den wertschöpfenden Abteilungen verbessert. Der Einkauf fungiert als zentraler Servicepartner und unterstützt die Werkzeugbauleitung bei der optimalen Konfiguration der Wertschöpfung im Hinblick auf den Umfang von Fremdvergaben in den einzelnen Funktionsbereichen. Die entsprechende Aufbauorganisation ist in Abbildung 98 beispielhaft dargestellt. Die Anzahl der Abteilungen, welche der Werkzeugbauleitung direkt unterstellt sind, ist in der beschriebenen Auslegung der Organisationsstruktur flexibel.

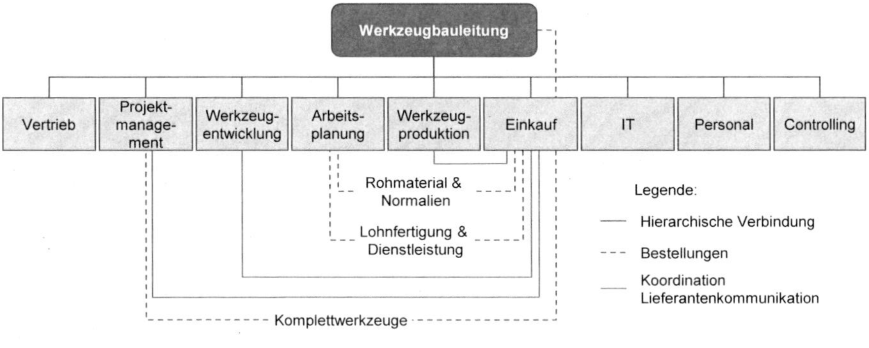

Abbildung 98: Aufbauorganisation eines Betriebs mit digital vernetztem Einkauf

Die **Aufbauorganisation des Einkaufs** ist nicht dargestellt, da diese stark unternehmensindividuell und größenabhängig ist. Grundsätzliche Funktionen innerhalb der Aufbauorganisation sind die Rollen Einkaufleiter, strategischer Einkäufer und Einkaufssachbearbeiter. Der Einkaufsleiter führt die Einkaufsabteilung und hat die entsprechende Verantwortung hinsichtlich der Personalführung und der strategischen Weiterentwicklung. Strategische Einkäufer übernehmen die strategischen Einkaufsaufgaben und haben intensiven Kontakt zu Lieferanten und anderen Abteilungen. Einkaufssachbearbeiter übernehmen den Großteil der operativen Einkaufsaufgaben.

Die **zentralen Schnittstellen** der Einkaufsabteilung zu anderen Unternehmensbereichen sind in Abbildung 98 ebenfalls dargestellt. Das Projektmanagement meldet Bedarfe für die Beschaffung kompletter Werkzeuge an den Einkauf. Über die Arbeitsplanung werden Rohmaterial-, Normalien- sowie Dienstleistungsbedarfe gemeldet. Größere Investitionen werden durch die Werkzeugbauleitung für den Einkauf freigegeben. Zusätzlich koordiniert der Einkauf den Austausch zwischen den Lieferanten und den jeweiligen Fachabteilungen des Werkzeugbaus. Diesbezüglich ist ein enger Austausch mit Werkzeugentwicklung und -produktion erforderlich. Ebenso werden technische Rückfragen direkt mit der Werkzeugentwicklung und -produktion geklärt. Für eine detaillierte Beschreibung der zu koordinierenden Zusammenarbeit der Lieferanten mit der Werkzeugentwicklung und -produktion des Werkzeugbaubetriebs sei auf Kapitel 5.3.3 und 5.3.4 verwiesen.

5.2 Verhaltenselement

Das Verhaltenselement beschreibt das Kooperationsverhalten zwischen Werkzeugbaubetrieben und Lieferanten. Die Anbahnung einer Kooperation und auch die anschließende Kommunikation sollten plattformbasiert im Rahmen des Verhaltenselements **digitale Lieferantenplattform** erfolgen. Das Gestaltungselement wird nachfolgend detailliert.

5.2.1 Digitale Lieferantenplattform

Die digitale Vernetzung von Werkzeugbaubetrieben mit Lieferanten erfordert eine digitale Lieferantenplattform als zentrale Kommunikations- und Austauschplattform. Die digitale Lieferantenplattform dient zur Erhöhung der Transparenz über die am Markt verfügbaren Lieferanten sowie zur Vereinfachung von Auftragsvergaben, Auftragswicklungsprozessen und Innovationsprojekten. Zudem bietet eine digitale Lieferantenplattform die Basis für eine betriebsübergreifende Vernetzung cyber-physischer Systeme (vgl. Kapitel 2.2.2.1). Das Verhaltenselement digitale Lieferantenplattform gliedert sich in drei Gestaltungsaspekte (vgl. Abbildung 99).

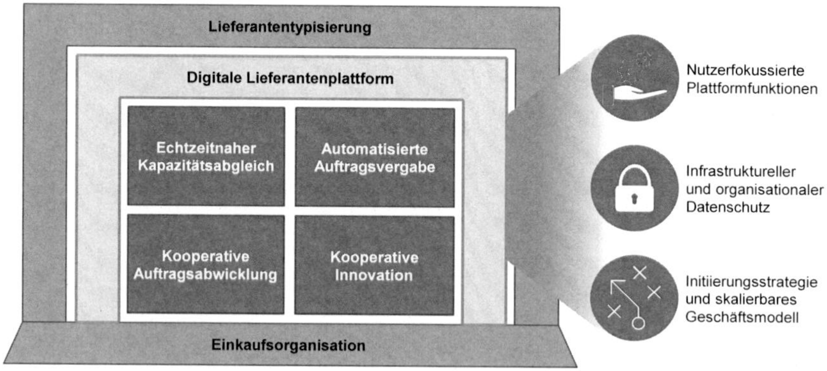

Abbildung 99: Gestaltungsaspekte der digitalen Lieferantenplattform

Der erste Gestaltungsaspekt der digitalen Lieferantenplattform sind **nutzerfokussierte Plattformfunktionen**. Der Gestaltungsaspekt beinhaltet die Beschreibung der wichtigsten Funktionen und wie diese auf den jeweiligen Nutzertypen ausgerichtet sind. Der Ausrichtung auf den jeweiligen Nutzer ist für eine hohe kunden- und lieferantenseitige Akzeptanz von zentraler Bedeutung.[603] Der Einsatz einer digitalen Lieferantenplattform geht mit der Notwendigkeit der Verwaltung einer großen Menge sensibler Daten einher. Die dadurch entstehenden Risiken sowie entsprechende Lösungsaspekte werden im Rahmen des Gestaltungsaspekts **infrastruktureller und organisationaler Datenschutz** thematisiert. Da der Nutzen einer digitalen Lieferantenplattform immer stark mit der Anzahl der aktiven Lieferanten und Kunden korreliert und zunächst eine kritische Menge an Nutzern erreicht werden muss[604], thematisiert der dritte Gestaltungsaspekt die Thematik **Initiierungsstrategie und skalierbares Geschäftsmodell**.

Nachfolgend werden zunächst die für die Erläuterung des Gestaltungselements digitale Lieferantenplattform relevanten Grundlagen vorgestellt (vgl. Kapitel 5.2.1.1). Anschließend erfolgt die Darstellung der drei Gestaltungsaspekte der digitalen Lieferantenplattform.

5.2.1.1 Grundlagen

Im Allgemeinen wird unter einer Plattform eine **einheitliche Basis** verstanden, welche die Strukturierung, Entwicklung und Anwendung von Geschäftsmodellen sowie Unternehmensprozessen unterstützt.[605] Eine digitale Plattform umfasst die Zusammenführung von verschiedenen Funktionen unter einer Zugangsseite, welche über einen zentralen Einstiegspunkt erreichbar ist.[606] Der Zweck einer digitalen Plattform ist es, das Zusammenkommen von Lieferanten und Kunden sowie den Austausch von Waren, Dienstleistungen und sozialen Interaktionen zu gewährleisten und dabei für alle Beteiligten Wertschöpfungsmöglichkeiten zu schaffen.[607]

Grundsätzlich sind zwei Typen von digitalen Plattformen zu unterscheiden: Datenzentrierte und transaktionszentrierte digitale Plattformen. In **datenzentrierten digitalen Plattformen** steht eine datenbasierte Vernetzung im Fokus. Eine datenzentrierte digitale Plattform bietet den eingebundenen Akteuren eine Aufbereitung und Auswertung von Datenströmen. In **transaktionszentrierten digitalen Plattformen** steht hingegen die Funktion als Vermittler, als digitaler Marktplatz, im Fokus. Eine transaktionszentrierte digitale Plattform bringt Angebot und Nachfrage zusammen und ermöglicht die Realisation von Interaktionen und Transaktionen. Eine digitale Lieferantenplattform ist eine transaktionszentrierte digitale Plattform, da das Zusammenführen von Angebot und Nachfrage (engl.: Matchmaking) im Zentrum der Plattformfunktionen steht. Wichtige Elemente sind daher eine Informations- und Suchfunktion, ein Angebotsmechanismus sowie ein Bewertungs- und Reputationsmechanismus.[608]

Der **Wert einer digitalen Plattform** für ein bestimmtes Kundensegment hängt stark vom Umfang des Angebots ab. Das Angebot erbringt der Plattformeigentümer meist nicht selbst, sondern entsprechende Lieferanten. Für die Lieferanten ist es wiederum wichtig, dass die digitale

[603] Vgl. Engelhardt et al. (Erfolgsfaktoren digitaler Plattformen), 2017, S. 11
[604] Vgl. Evans & Schmalensee (Matchmakers), 2016, S. 12
[605] Vgl. Knoll & Rinderle-Ma (Plattformen), 2015, S. 323
[606] Vgl. Bauer (Architekturen für Web-Anwendungen), 2009, S. 168
[607] Vgl. Choudary et al. (Plattform-Revolution), 2017, S. 26
[608] Vgl. Engelhardt et al. (Erfolgsfaktoren digitaler Plattformen), 2017, S. 5 ff.

Plattform einen umfangreichen Kundenstamm hat, dem sie ihr Angebot zur Verfügung stellen kann, um so den Aufwand zur Integration mit der digitalen Plattform zu rechtfertigen. Somit bedingen Kunden als auch Lieferanten in Wechselwirkung den Wert, welche ihnen die Plattform bietet (umgangssprachlich auch Henne-oder-Ei-Problem).[609] Der steigende Nutzen einer digitalen Plattform mit steigender Nutzerzahl wird als positiver Netzwerkeffekt bezeichnet. Bei schlechtem Management einer digitalen Plattform kann allerdings auch ein gegenteiliger Effekt auftreten. Ein sinkender Nutzen bei steigender Nutzerzahl wird als negativer Netzwerkeffekt bezeichnet.[610]

Nach VAN ALSTYNE ET AL. besitzen alle digitalen Plattformen ein **Ökosystem** mit einer vergleichbaren Struktur und vier Arten von Akteuren (vgl. Abbildung 100). Der Eigentümer der digitalen Plattform kontrolliert das Wissen über die Plattformstruktur und übt eine Zugangskontrolle gegenüber den restlichen Nutzern aus. Die Provider stellen die IT-Oberfläche der digitalen Plattform zur Verfügung. Die Produzenten bieten ihre Waren oder Dienstleistungen an, und die Konsumenten nutzen dieses Angebot. Produzenten und Konsumenten können eine Plattform nur einmalig oder auch dauerhaft nutzen. Der Fokus einer Plattform liegt immer auf dem Austausch von Waren, Daten, Werten und Feedback.[611] Entsprechend des vorliegenden Anwendungsfalls sind Konsumenten Werkzeugbaubetriebe bzw. Kunden. Produzenten sind bestehende Lieferanten oder potenzielle Lieferanten. Der Eigentümer oder Provider der digitalen Lieferantenplattform ist eine neutrale Instanz, beispielweise ein Softwareunternehmen. Die genannten Akteure des Ökosystems entsprechen somit den Nutzern des Gestaltungsmodells (vgl. Kapitel 4.2.3).

Abbildung 100: Akteure einer digitalen Plattform[612]

Aufbauend auf den erläuterten Grundlagen einer digitalen Plattform werden nachfolgend die Gestaltungsaspekte einer digitalen Lieferantenplattform ausgeführt.

---

[609] Vgl. Hahn (Cloud Plattformen), 2016, S. 597

[610] Vgl. Jaekel (Macht der digitalen Plattformen), 2017, S. 46 f.

[611] Vgl. van Alstyne et al. (Pipelines, Platforms and the New Rules of Strategy), 2016, S. 56

[612] i. A. a. van Alstyne et al. (Pipelines, Platforms and the New Rules of Strategy), 2016, S. 58

5.2.1.2 Nutzerfokussierte Plattformfunktionen

Im Mittelpunkt einer digitalen Lieferantenplattform stehen Funktionen, welche es den Nutzern ermöglichen, sich gegenseitig zu finden und Geschäftsbeziehungen zum gemeinsamen Vorteil einzugehen.[613] Hierbei ist die Ausrichtung der Funktionen an den Bedürfnissen der Werkzeugbaubetriebe (Kunden) und ihrer Lieferanten entscheidend für den Markterfolg einer digitalen Lieferantenplattform. Die nachfolgend detaillierte digitale Lieferantenplattform stellt somit eine transaktionszentrierte Plattform dar, in deren Mittelpunkt eine Informations- und Suchfunktion, ein Angebotsmechanismus sowie ein Bewertungs- und Reputationsmechanismus stehen.[614] Nachfolgend werden die Plattformstruktur und die vorgesehenen nutzerfokussierten Plattformfunktionen vorgestellt.

Um die nutzerfokussierte Gestaltung einer digitalen Lieferantenplattform zu gewährleisten, ist zwischen den Funktionen für die beiden Nutzergruppen Lieferanten und Kunden zu differenzieren. Zudem ist zwischen der nutzerspezifischen Oberfläche (engl.: Frontend) und der einheitlichen Datenbank und Serverstruktur (engl.: Backend) der digitalen Lieferantenplattform zu unterscheiden. Die beschriebene Struktur und die jeweiligen Funktionen sind in Abbildung 101 dargestellt.

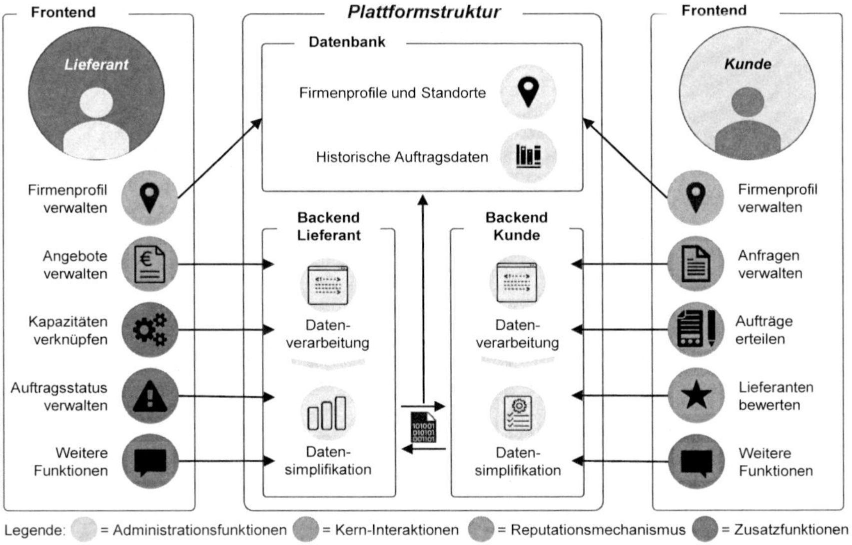

Abbildung 101: Nutzerfokussierte Plattformfunktionen

Für den Betrieb einer digitalen Lieferantenplattform sind **Administrationsfunktionen** notwendig, über welche die Nutzer verwaltet werden. Kunden- und lieferantenseitig ist die Admin-

[613] Vgl. Evans & Schmalensee (Matchmakers), 2016, S. 122

[614] Vgl. Engelhardt et al. (Erfolgsfaktoren digitaler Plattformen), 2017, S. 5 ff.

istrationsfunktion über die Funktion „Firmenprofil verwalten" gegeben. Mittelpunkt jedes digitalen Plattform-Ökosystems bildet die Frage nach dem „Warum", also nach der Existenzberechtigung. Die Existenzberechtigung muss durch die **Kern-Interaktion** einer digitalen Lieferantenplattform gewährleistet sein. Die Kern-Interaktion stellt die wichtigste Aktivität auf der digitalen Lieferantenplattform dar.[615] Im Fall der digitalen Lieferantenplattform ist die Kern-Interaktion das Finden von Lieferanten bzw. Kunden. Hierfür notwendige Funktionen sind kundenseitig die Funktionen „Anfragen verwalten" und „Aufträge verwalten" sowie die lieferantenseitige Funktion „Angebote verwalten". Neben der Kerninteraktion ist ein Reputationsmechanismus notwendig, welcher das Problem des fehlenden Vertrauens zwischen den Nutzern löst.[616] Der notwendige **Reputationsmechanismus** ist durch die Funktion „Lieferanten bewerten" gegeben. Alle weiteren Funktionen der digitalen Lieferantenplattform sind Zusatzfunktionen, welche ggf. auch zur Vereinfachung der Kern-Interaktion dienen. Das in Kapitel 5.3.2 erläuterte Aktivitätselement automatisierte Auftragsvergabe nutzt die Kerninteraktionen der digitalen Lieferantenplattform als Basis zur Abwicklung der überbetrieblichen Kooperation.

Über alle genannten Funktionen werden Daten durch das Frontend für die Datenbank der digitalen Lieferantenplattform zur Verfügung gestellt. Jedoch können lediglich die Daten zum Firmenprofil direkt in der Datenbank abgespeichert werden. Alle anderen Daten müssen im **Backend** der digitalen Lieferantenplattform weiterverarbeitet werden. Hierzu erfolgt eine Datensimplifikation sowie, falls notwendig eine Datenanonymisierung. In dieser aufbereiteten Form werden die Daten in der Datenbank der digitalen Lieferantenplattform in einer Cloud des Betreibers gespeichert. Durch eine Übertragung zwischen lieferanten- und kundenseitigem Backend wird eine Weitergabe der Daten realisiert. Durch die systematische Datenerfassung in der Datenbank der digitalen Lieferantenplattform entsteht Big Data. Die gespeicherten Daten können beispielsweise für Prognosen über Lieferpreis oder Lieferzeit genutzt werden. Bei entsprechender Datenverfügbarkeit sind solche Prognosen ohne eine vorherige Anfrage bei Lieferanten möglich.

5.2.1.3 Infrastruktureller und organisationaler Datenschutz

Durch die Nutzung einer digitalen Lieferantenplattform in Werkzeugbaubetrieben entstehen zahlreiche Chancen, aber es existieren auch zu adressierende Risiken. Die digitale Lieferantenplattform stellt ein komplexes digitales Hilfsmittel dar, welches stets funktionsfähig sein muss. Zudem sind auf der digitalen Lieferantenplattform zahlreiche Daten hinterlegt, was mit dem Risiko der Sichtbarkeit sensibler Daten einhergeht. Die entstehenden Risiken lassen sich somit in die Kategorien Funktionsstörung und Informationsverlust gliedern, welche direkt mit den Anforderungen Funktionssicherheit (engl.: Safety) und Informationssicherheit (engl.: Security) verknüpft sind. Beide Aspekte gilt es bei der Ausgestaltung der digitalen Lieferantenplattform zu berücksichtigen.[617]

---

[615] Vgl. Jaekel (Macht der digitalen Plattformen), 2017, S. 58

[616] Vgl. Jaekel (Macht der digitalen Plattformen), 2017, S. 60

[617] Vgl. Abts & Mülder (Grundkurs Wirtschaftsinformatik), 2017, S. 599 f.

Bei einer digitalen Lieferantenplattform ist das **Risiko einer Funktionsstörung**, vor allem durch die innere Komplexität der Funktionen und der damit verbundenen Programmierung, begründet. Durch die Vielzahl an Funktionen und die Schnittstellen zu anderen Softwaresystemen besteht die Gefahr der Fehlbedienung der digitalen Lieferantenplattform als auch der Fehlfunktion eines korrekt bedienten Systems. Fehlbedienungen können beispielsweise durch falsche Angaben über den Maschinenpark oder verfügbare Kapazitäten eines Lieferanten entstehen. Fehlfunktionen bei korrekt bedienten Systemen können durch falsche Verknüpfungen in der Softwarestruktur begründet sein. Zudem besteht das Risiko eines Komplettausfalls der digitalen Lieferantenplattform durch Beschädigungen an der Hardware des Servers.

Das **Risiko des Informationsverlusts** ist insbesondere durch die Gefahr der Verletzung von Besitzrechten an Daten und Informationen der Nutzer der digitalen Lieferantenplattform begründet. Auf der digitalen Lieferantenplattform sind Lieferantenkontakte, Bestelldaten und ggf. CAD-Daten einer Vielzahl von Unternehmen vorhanden. Diese Informationen können für Externe, insbesondere konkurrierende Unternehmen, wertvoll sein. Dies führt zum Risiko eines Daten- oder Informationsdiebstahls. Bei der Abwicklung von Bestellungen über die digitale Lieferantenplattform kann es bei Erschleichung der Zugangsdaten (z. B. mittels einer Schadsoftware) zu missbräuchlichen Bestellungen kommen. Die genannten Risiken sind auf eine Vielzahl an Ursachen zurückzuführen. Zu nennen sind diesbezüglich insbesondere:[618]

- Sicherheitslücken in der Softwarestruktur,
- Hardware- oder softwareseitige Fehlfunktionen und
- Fehlbedienungen des Systems durch Mitarbeiter.

Um den Risiken zu begegnen, ist ein organisationaler und ein infrastruktureller Datenschutz notwendig (vgl. Abbildung 102). Der organisationale Datenschutz umfasst Anforderungen an die Betreiber und Nutzer einer digitalen Lieferantenplattform. Der infrastrukturelle Datenschutz adressiert den Aufbau der Software- und Hardwarestruktur.

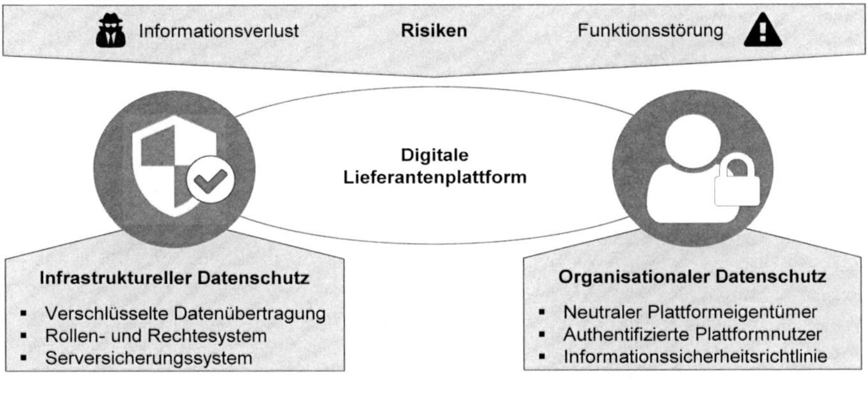

Abbildung 102: Infrastruktureller und organisationaler Datenschutz

[618] Vgl. Salmen (Digital vernetzter Shopfloor), 2016, S. 222

Der **infrastrukturelle Datenschutz** basiert auf dem sogenannten Security by Design zur Sicherstellung von Authentisierung, Autorisierung und Nachweisbarkeit. Im Rahmen dieses Ansatzes werden viele Aspekte des Datenschutzes bereits bei der konzeptionellen Auslegung der Plattformstruktur berücksichtigt. Im Rahmen eines systematischen Rollen- und Rechtesystems wird hierbei darauf geachtet, dass Nutzer nur die kleinste Menge an Rechten besitzen, die zur jeweiligen Aufgabenerfüllung notwendig sind.[619] Zudem erfolgen Datenübertragungen grundsätzlich verschlüsselt. Hierzu wird beispielsweise eine Secure Socket Layer Verschlüsselung (SSL-Verschlüsselung) genutzt. Solche Verfahren setzen voraus, dass alle Plattformnutzer die Verschlüsselung unterstützen.[620] Bei besonders kritischen Informationen (z. B. CAD-Daten) findet die Datenübertragung direkt zwischen den Nutzern der digitalen Lieferantenplattform statt, und der Plattformeigentümer erhält keine Einsicht in die Daten. Dies ermöglicht einen besseren Schutz der Daten vor Missbrauch. Ein weiterer Aspekt des infrastrukturellen Datenschutzes ist ein Serversicherungssystem, auf dessen Basis eine regelmäßige Sicherung aller auf der digitalen Lieferantenplattform hinterlegten Daten erfolgt.

Im Rahmen des **organisationalen Datenschutzes** werden Anforderungen an den Plattformeigentümer sowie die Nutzer der digitalen Lieferantenplattform gestellt, um zu gewährleisten, dass die digitale Lieferantenplattform nicht missbräuchlich benutzt wird. Erste Anforderung des organisationalen Datenschutzes ist die Neutralität des Plattformeigentümers.[621] Ein Plattformeigentümer wird als neutral bezeichnet, wenn er neben seiner Aufgabe als Plattformeigentümer nicht gleichzeitig auch als Lieferant oder Kunde auftritt. Hierdurch wird gewährleistet, dass der Plattformeigentümer den Gesamtnutzen aller Nutzer maximieren möchte und sich keinen Einkaufs- oder Verkaufsvorteil für eigene Produkte sichern möchte. Zweite Anforderung des organisationalen Datenschutzes sind authentifizierte Plattformnutzer. Ein Plattformnutzer gilt als authentifiziert, wenn der Unternehmensstatus und ein berechtigtes Interesse an der Nutzung der digitalen Lieferantenplattform nachgewiesen wurden. Eine Überprüfung des Unternehmerstatus erfolgt über das Handelsregister, und die Prüfung des Interesses kann anhand des Produktspektrums des Nutzers beispielsweise über die Website eines neu angemeldeten Unternehmens erfolgen. Hierdurch wird der Zugang von externen Dritten zur digitale Lieferantenplattform erschwert. Dritte Anforderung des organisationalen Datenschutzes ist die Unterzeichnung einer verbindlichen Informationssicherheitsrichtlinie durch alle Nutzer der digitalen Lieferantenplattform.

Zur Sicherstellung eines hohen Datensicherheitsstandards während des Betriebs der digitalen Lieferantenplattform sind relevante Normen wie beispielsweise ISO 27001 oder BSI-Standard 100-1 anzuwenden.[622] Zudem ist eine Zusammenfassung der Regeln in verbindlichen Nutzungsbedingungen für die digitale Lieferantenplattform zusammenzufassen.

---

[619] Vgl. Diemer (Industrie 4.0-Plattformen), 2014, S. 385

[620] Vgl. Stich et al. (Software-definierte Plattformen), 2018, S. 34

[621] Vgl. Engelhardt et al. (Erfolgsfaktoren digitaler Plattformen), 2017, S. 19

[622] Vgl. Diemer (Industrie 4.0-Plattformen), 2014, S. 386

5.2.1.4 Initiierungsstrategie und skalierbares Geschäftsmodell

Die Initiierung einer digitalen Lieferantenplattform stellt, in Folge des beschriebenen Wechselwirkungsproblems hinsichtlich der Nutzergruppen, eine Herausforderung dar (vgl. Kapitel 5.2.1.1). Die Herausforderung ist darin begründet, dass die Attraktivität einer digitalen Lieferantenplattform für eine Nutzergruppe (z. B. Lieferanten) steigt, wenn die Größe der jeweils anderen Nutzergruppe (z. B. Kunden) steigt. Folglich muss für beide Nutzergruppen eine **kritische Masse an Nutzern** erreicht werden. Um die kritische Masse zu erreichen, ist eine geeignete Initiierungsstrategie zu definieren. Sobald die kritische Masse erreicht ist, weisen Nutzerzahlen typischerweise ein exponentielles Wachstum auf, da die digitale Lieferantenplattform für weitere Nutzer aufgrund der bestehenden Nutzerzahl automatisch attraktiv ist.[623]

Die Überwindung des Henne-Ei-Problems ist zentraler Inhalt zahlreicher Forschungsarbeiten.[624] Basierend auf der Literaturanalyse lassen sich **drei relevante Strategien**, die sich für die Initiierung einer digitalen Lieferantenplattform für die Vernetzung von Werkzeugbaubetrieben mit Lieferanten eignen, identifizieren. Die relevanten Ansätze lassen sich als Single-Side-Strategie, Nischenmarkt-Strategie und Anbieter-als-Zugpferd-Strategie bezeichnen.

Im Rahmen der **Single-Side-Strategie** (deut.: Eine-Seite-Strategie) wird zunächst nur eine Gruppe von Nutzern angesprochen und an die digitale Lieferantenplattform angebunden.[625] Während der Initiierung der digitalen Lieferantenplattform ist es auf Basis der Single-Side-Strategie zu empfehlen, eine initiale Anzahl an Lieferanten als strategische Partner zu gewinnen. Gemeinsam mit diesen Lieferanten wird, bevor die digitale Lieferantenplattform Kunden gegenüber geöffnet wird, daran gearbeitet, die digitale Lieferantenplattform an die Bedürfnisse der Lieferanten anzupassen.

Die **Nischenmarkt-Strategie** begrenzt die Aktivität der digitalen Lieferantenplattform in der ersten Zeit auf eine abgegrenzte Nische bzw. einen Teilmarkt, in dem das Henne-Ei-Problem leicht zu lösen ist.[626] Für eine digitale Lieferantenplattform ist es beispielsweise zunächst empfehlenswert, sich auf die Vermittlung von Fertigungsdienstleistern an Werkzeugbaubetriebe zu konzentrieren. Eine Integration und Erschließung weiterer Märkte findet zu einem späteren Zeitpunkt statt. So erfolgt die Integration von Vermittlungsfunktionen für Konstruktionsdienstleister und Komplettwerkzeuglieferanten erst nachgelagert.

Unmittelbar nach dem Start einer digitalen Lieferantenplattform, während der sogenannten Einführungsphase, ist es bedeutsam, möglichst viele Nutzer vom Angebot der digitalen Lieferantenplattform zu überzeugen. Leistungen werden zunächst kostenfrei angeboten und es werden regelmäßig neue Funktionen freigeschaltet. Auf diese Weise können Funktionen erprobt und die Akzeptanz der Nutzer evaluiert werden. Die **Anbieter-als-Zugpferd-Strategie**

---

623 Vgl. Engelhardt et al. (Erfolgsfaktoren digitaler Plattformen), 2017, S. 13

624 Vgl. Hahn (Cloud Plattformen), 2016, S. 597; Evans & Schmalensee (Matchmakers), 2016, S. 71 ff.; Choudary et al. (Plattform-Revolution), 2017, S. 87 ff.; Engelhardt et al. (Erfolgsfaktoren digitaler Plattformen), 2017, S. 13

625 Vgl. Choudary et al. (Plattform-Revolution), 2017, S. 86 f.

626 Vgl. Engelhardt et al. (Erfolgsfaktoren digitaler Plattformen), 2017, S. 20

ist in dieser Phase ein Katalysator. Im Rahmen dieser Strategie zunächst eine bestimmte Nutzergruppe fokussiert. Hierzu wird ein großer Mehrwert geboten, sodass diese die Abwicklung von Geschäften über die digitale Lieferantenplattform gegenüber der direkten Abwicklung mit den Kunden vorziehen.[627] Die Strategie zielt darauf, dass Lieferanten die Nutzung der digitalen Lieferantenplattform durch ihre Kunden initiieren und fortan ihre Geschäftsbeziehungen über die digitale Lieferantenplattform organisieren.

Die Einführung einer digitalen Lieferantenplattform erfolgt in den drei **Phasen Errichtung, Initiierung und Monetarisierung**. Die drei vorgestellten Strategien zielen darauf ab, möglichst schnell eine kritische Anzahl an Nutzern zu erreichen und somit eine möglichst kurze Initiierungsphase zu realisieren. Abbildung 103 stellt die drei Phasen der Einführung einer digitalen Lieferantenplattform im Zeitverlauf dar.

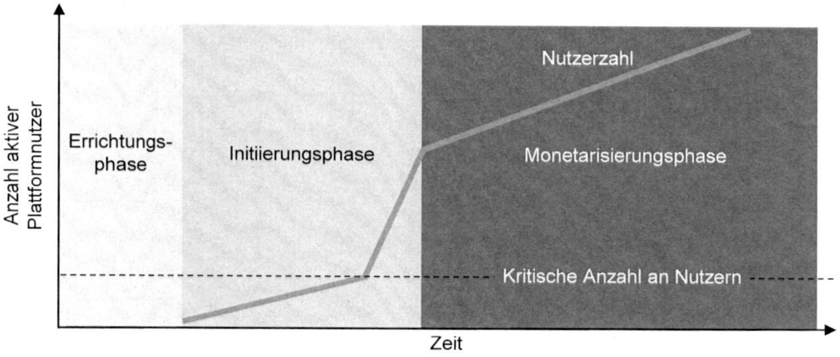

Abbildung 103: Phasen bei Einführung einer digitalen Lieferantenplattform

Nach dem Erreichen einer kritischen Anzahl an Nutzern steigt die Wachstumsgeschwindigkeit der Nutzerzahlen stark an. Da die Plattformfunktionen bisher kostenlos angeboten wurden und gleichzeitig viel in die digitale Lieferantenplattform investiert wurde, ist es für den Plattformeigentümer von hoher Bedeutung, zeitnah Gebühren für die Plattformnutzung zu erheben, ohne das Wachstum der Nutzerzahlen zu früh zu bremsen. Die Einführung von Gebühren ist gleichzusetzen mit dem Beginn der Monetarisierungsphase, welche typischerweise mit einer Abschwächung des Wachstums der Nutzerzahlen einhergeht. Der Vorteil der späten Einführung der Gebühren ist, dass Nutzer sich bereits an die Funktionen der digitalen Lieferantenplattform gewöhnt haben und daher häufig nicht mehr auf diese verzichten möchten.

Für eine digitale Lieferantenplattform kommen mehrere **Gebührenmodelle** für die Nutzer in Frage. Sowohl ein Modell mit einer festen Grundgebühr als auch Modelle mit transaktionsbasierten Gebühren sind möglich. Zudem ist zu definieren, ob Funktionen kostenlos angeboten werden. Eine Kombination aus kostenlosen und gebührenpflichtigen Funktionen wird als Freemium-Modell bezeichnet. Das Wort Freemium ist eine Wortneuschöpfung basierend auf den

[627] Vgl. Choudary et al. (Plattform-Revolution), 2017, S. 99 f.

Worten free (kostenlos) und premium (im Sinne von Aufpreis).[628] Das Grundprinzip des Freemium-Gebührenmodells für eine digitale Lieferantenplattform ist in Abbildung 104 dargestellt.

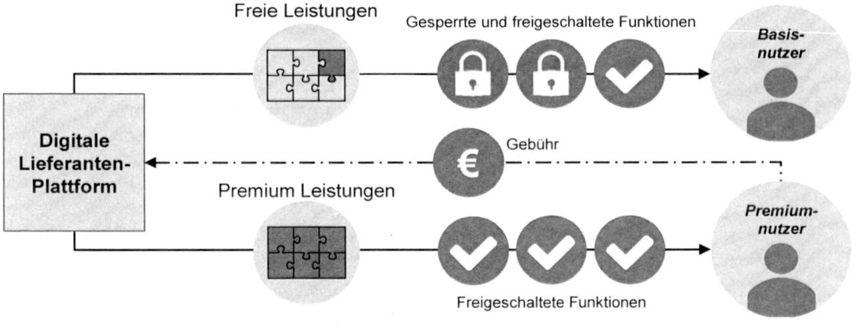

Abbildung 104: Freemium-Gebührenmodell

Im Rahmen einer **Basismitgliedschaft** wird ein Teil der Funktionen kostenlos zur Verfügung gestellt. Nutzer haben somit die Möglichkeit, die digitale Lieferantenplattform mit einem eingeschränkten Leistungsumfang zu nutzen. Die Leistungen werden so ausgewählt, dass sie für die Durchführung eines Geschäftsvorgangs ausreichend sind. Eine Basismitgliedschaft umfasst daher Anfragenerstellung, Angebotsabgabe, Rechnungsübermittlung und Bewertungsabgabe. Jedoch stehen die Funktionen nur in begrenztem Umfang zur Verfügung. Für Kunden wird beispielsweise die Anzahl an möglichen Anfragen pro Monat limitiert. Für Lieferanten ist in gleicher Weise die Anzahl an Angeboten, die abgegeben werden können, begrenzt. Zudem stehen einige Funktionen, wie z. B. die Einsicht der Lieferantenbewertungen, nur Premiummitgliedern zur Verfügung. Gebühren werden nur transaktionsbasiert bei Zustandekommen eines Liefervertrags zwischen Lieferant und Kunde erhoben.

Durch das Upgrade auf eine **Premiummitgliedschaft** sind alle Geschäftsvorgänge unbegrenzt durchführbar. Zudem erhalten die Premiummitglieder vergünstigte Konditionen für die Transaktionsgebühren bei Zustandekommen eines Liefervertrags. Die Transaktionsgebühren werden grundsätzlich sehr niedrig angesetzt, um zu vermeiden, dass Lieferanten und Kunden ihre Geschäfte direkt abwickeln, um hohe Plattformgebühren zu vermeiden.

Durch die Nutzung eines Freemium-Gebührenmodells ist das Geschäftsmodell der digitalen Lieferantenplattform skalierbar. Funktionen können auch zu späteren Zeitpunkten als kostenpflichtige Funktionen aufgenommen werden. Zudem lassen sich durch die beschriebene Plattformstruktur Erweiterungen des Geschäftsmodells um zusätzliche Funktionsumfänge realisieren.

5.3 Aktivitätselemente

Die Aktivitätselemente des Gestaltungsmodells zur digitalen Vernetzung von Werkzeugbaubetrieben mit Lieferanten beschreiben die operative Umsetzung von Auftragsvergaben und

[628] Vgl. Springer Gabler Verlag (Gabler Wirtschaftslexikon - Stichwort: Freemium), 2018, S. 1

Projekten in Zusammenarbeit mit Lieferanten. Hierzu dienen die Aktivitätselemente **echtzeitnaher Kapazitätsabgleich**, **automatisierte Auftragsvergabe**, **kooperative Auftragsabwicklung** und **kooperative Innovation**. Diese werden nachfolgend detailliert erläutert.

5.3.1 Echtzeitnaher Kapazitätsabgleich

In vielen Werkzeugbaubetrieben wird die Planung von Aufträgen und Kapazitäten unsystematisch und reaktiv durchgeführt. Sie beruht zudem häufig auf individuellen Anweisungen an die Mitarbeiter.[629] Dieser Problematik wird durch einen echtzeitnahen Kapazitätsabgleich entgegengewirkt. Die primäre Aufgabe eines Kapazitätsabgleichs ist es, zu prüfen, ob der Kapazitätsbedarf vom vorhandenen Kapazitätsangebot gedeckt werden kann. Die damit einhergehende Transparenz ermöglicht es im Rahmen der Produktionsplanung und -steuerung, im Falle eines zu geringen Kapazitätsangebots zu reagieren und die Kapazitäten abzustimmen.[630]

Der echtzeitnahe Kapazitätsabgleich im Rahmen der digitalen Vernetzung von Werkzeugbaubetrieben mit Lieferanten basiert auf der echtzeitnahen Verwertung von Auftragsabwicklungsdaten. Daher ist eine Verbindung mit allen cyber-physischen Systemen anzustreben, die im Rahmen der Auftragsabwicklung eingesetzt werden. Dies ermöglicht eine hochauflösende Planung und eine frühzeitige Selbstoptimierung des Systems.

Der echtzeitnahe Kapazitätsabgleich erfordert das Vorliegen aller relevanten Planungsinformationen auf aktuellstem Stand. Eine **echtzeitfähige Datenvernetzung** bildet somit die notwendige Basis des echtzeitnahen Kapazitätsabgleichs. Auf Basis der erhobenen Planungsdaten ist eine **kontinuierliche Kapazitätsbewertung** möglich. Im Rahmen der Kapazitätsbewertung erfolgt eine Gegenüberstellung von benötigten Kapazitäten mit den verfügbaren internen Kapazitäten sowie den Kapazitäten von Lieferanten, mit denen eine enge Kooperation besteht. Zudem wird eine systematische Bewertung der Risiken von Lieferengpässen und Terminverzögerungen vorgenommen. Um für die Lieferanten Anreize zu setzen, Kapazitäten und somit auch Informationen über ihre Auslastungssituation offenzulegen, ist eine **dynamische Informationsflussoptimierung** zwischen Werkzeugbaubetrieben und Lieferanten zu berücksichtigen. Durch die dynamische Informationsflussoptimierung wird gewährleistet, dass keinem der Nutzer des echtzeitnahen Kapazitätsabgleichs Nachteile entstehen. Die drei Gestaltungsaspekte des echtzeitnahen Kapazitätsabgleichs sind in Abbildung 105 dargestellt.

---

[629] Vgl. Boos et al. (Planen im Werkzeugbau), 2015, S. 6

[630] Vgl. Koppold (Kapazitätsplanung und -steuerung), 2017, S. 99

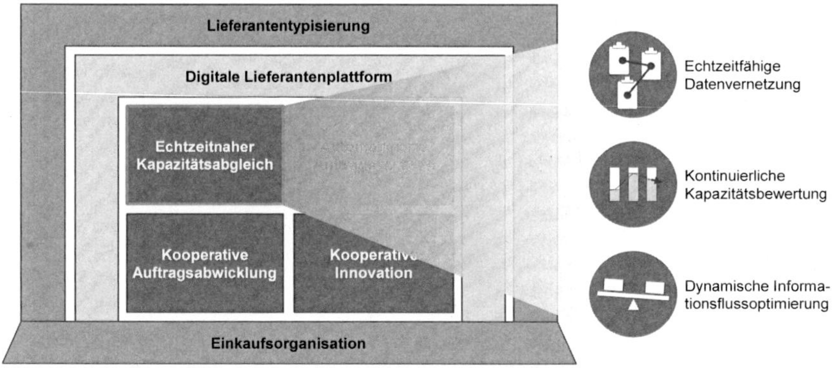

Abbildung 105: Gestaltungsaspekte des echtzeitnahen Kapazitätsabgleichs

Im Folgenden wird zunächst das notwendige Grundverständnis für das Gestaltungselement echtzeitnaher Kapazitätsabgleich geschaffen. Die drei Gestaltungsaspekte werden in den Kapiteln 5.3.1.2 bis 5.3.1.4 beschrieben.

5.3.1.1 Grundlagen

Die Durchführung von Kapazitätsabgleichen erfolgt im Rahmen des **Kapazitätsmanagements** produzierender Unternehmen. Weitere Aufgaben des Kapazitätsmanagements sind die Ermittlung des Kapazitätsangebots und der Kapazitätsbedarfe. Bei einem Kapazitätsabgleich werden die Kapazitätsbedarfe mit dem Kapazitätsangebot der Werke eines Unternehmens sowie seiner Lieferanten verglichen.[631] Dabei errechnet sich der Kapazitätsbedarf aus den terminierten Arbeitsgängen der Aufträge. Das Kapazitätsangebot spiegelt die Ressourcen in der Produktion wider.[632] Die Aufgabe eines Kapazitätsabgleichs ist es, zu prüfen, ob der Kapazitätsbedarf vom vorhandenen Angebot gedeckt werden kann. Die damit einhergehende Transparenz ermöglicht es der Produktionssteuerung im Falle eines zu geringen Kapazitätsangebots zu agieren und die Kapazitäten abzustimmen.[633]

Falls im Rahmen eines Kapazitätsabgleichs ein Engpass festgestellt wird, bestehen in Form von Kapazitätsanpassung, Kapazitätsverlagerung und Fremdvergabe drei verschiedene Reaktionsmöglichkeiten (vgl. Abbildung 106). Im Rahmen einer Kapazitätsanpassung wird die Kapazität in der unternehmensinternen Produktion, beispielsweise durch Überstunden, angepasst. Soweit es möglich ist, können Aufträge durch eine Kapazitätsverlagerung zeitlich verschoben werden. Hierdurch kommt es zu einer Glättung der Kapazitätsnachfrage. Schließlich besteht die Möglichkeit der Fremdvergabe durch die Auslagerung einzelner Arbeitsgänge an Lieferanten.[634]

[631] Vgl. Lochmahr & Wildemann (Einführung logistischer Konzepte), 2007, S. 513

[632] Vgl. Schieferdecker (Produktionsplanung und -steuerung), 2012, S. 369

[633] Vgl. Koppold (Kapazitätsplanung und -steuerung), 2017, S. 98 f.

[634] Vgl. Schuh et al. (Aufgaben der Produktionsplanung), 2012, S. 50

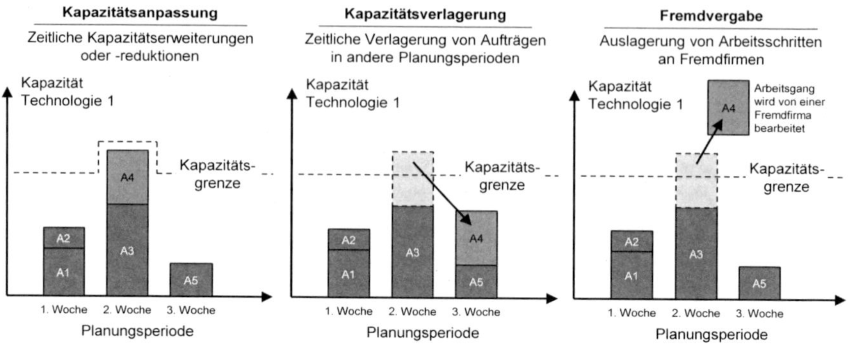

Abbildung 106: Reaktionsmöglichkeiten auf Basis eines Kapazitätsabgleichs[635]

Für eine umfassende Planung ist ein Kapazitätsabgleich unter Berücksichtigung von Lieferantenkapazitäten unternehmensübergreifend durchzuführen. Hierbei sind die **Restriktionen** aller Lieferanten zu berücksichtigen. Im Gegensatz zu einem unternehmensinternen Kapazitätsabgleich steigt die Komplexität des Planungsproblems im Falle einer unternehmensübergreifenden Betrachtung, da die Anzahl an Restriktionen und der Informationsbedarf um ein Vielfaches höher sind. Zudem sehen viele Lieferanten die Offenlegung der Kapazitätsauslastung als kritisch an, da die herausgegebenen Informationen bei Preisverhandlungen als Druckmittel gegenüber dem Lieferanten verwendet werden können.[636]

Zur Erfassung von notwendigen **Daten** zur Durchführung eines Kapazitätsabgleichs ist die Differenzierung zwischen Stamm- und Bewegungsdaten erforderlich. Während die Stammdaten aufgrund der auftragsneutralen Struktur langfristig von Bedeutung sind, beziehen sich die Bewegungsdaten auf prozessorientierte sowie auftragsbezogene Informationen. Somit ist die Lebensdauer von Informationen über den Kapazitätsbedarf bzw. das verfügbare Kapazitätsangebot beschränkt, da sie sich auf Ereignisse beziehen.[637] Für den Kapazitätsabgleich ist die Aktualität der Daten essentiell. Zur Sicherstellung der Aktualität der Daten ist eine echtzeitnahe Datenbereitstellung von Bedeutung.[638]

Zur Realisierung von Kapazitätsabgleichen bestehen unterschiedliche **technische Lösungen**. Für die unternehmensweite Planung von Kapazitäten können die sogenannten ERP-Systeme genutzt werden. Diese verwalten die unternehmens- und auftragsbezogenen Daten und dienen zur Kontrolle, Steuerung und Auswertung der Unternehmensprozesse. Dabei steht die mittel- bis langfristige Planung im Fokus. Durch die Auswertung der Daten aus den ERP-Systemen verschiedener Unternehmen kann eine Planung erfolgen, welche das gesamte Netzwerk umfasst. Allerdings erfolgt diese Planung lediglich in gewissen Zeitabständen, weshalb das Kriterium der Echtzeitnähe nicht erfüllt wird. MES (Manufacturing Execution Systems) sind

635 i. A. a. Schuh et al. (Aufgaben der Produktionsplanung), 2012, S. 50

636 Vgl. Klug (Logistikmanagement), 2010, S. 141

637 Vgl. Hübbers (Modell zur Kapazitätsplanung), 2013, 68f.

638 Vgl. Salmen (Digital vernetzter Shopfloor), 2016, S. 149

Fertigungsmanagementsysteme, welche prozessnah operieren und daher in der Lage sind, Kapazitätsdaten in Echtzeit zur Verfügung zu stellen. Außerdem verfügen diese Systeme über eine Funktion zur Zuordnung von Aufträgen zu Betriebsmitteln.[639]

5.3.1.2 Echtzeitfähige Datenvernetzung

Für die Durchführung eines echtzeitnahen Kapazitätsabgleichs sind die kundenseitige Kapazitätsnachfrage und das lieferantenseitige Kapazitätsangebot miteinander zu vergleichen. Die kundenseitige Kapazitätsnachfrage ergibt sich aus der Planung des jeweiligen Werkzeugbaubetriebs. Üblicherweise sind die entsprechenden Daten in den ERP- und MES-Systemen eines Werkzeugbaubetriebs verfügbar. Das lieferantenseitige Kapazitätsangebot wird hingegen in den Systemen des Lieferanten abgebildet. Daher sind Systemschnittstellen auszulegen.

Eine echtzeitnahe Datenvernetzung ist nur gegeben, wenn innerhalb des jeweiligen Unternehmens die **Verknüpfung von Informationen auf allen Unternehmensebenen** (vgl. Kapitel 2.2.3.1) in Echtzeit gewährleistet ist. Diesbezüglich sind Informationen in CPS, MES- und ERP-Systemen relevant. CPS übertragen die Informationen der Feldebene in Form von beispielsweise Maschinen oder Sensordaten in ein MES-System. In Bezug auf das MES-System sind Informationen zur geplanten Maschinenbelegung, Fertigungsreihenfolge sowie Maschinen- und Personalkapazitätsplanung relevant. Diese Informationen, welche der Steuerungs- und Prozessleitebene zuzuordnen sind, werden in der Feinplanung und Steuerung verwendet.[640] Die weiteren Unternehmensebenen werden durch ein ERP-System abgedeckt. In Bezug auf einen echtzeitnahen Kapazitätsabgleich relevante Funktionen eines ERP-Systems sind die Auftragsplanung und die Kapazitätsvorschau, welche im Rahmen der Grobplanung genutzt werden. Es ist anzumerken, dass es für die Branche Werkzeugbau mehrere Anbieter von Planungssystemen gibt, welche ERP- und MES-Funktionen miteinander verbinden. Sofern ein entsprechendes System beim Lieferanten nicht eingesetzt wird, sind die relevanten CPS sowie das MES- und ERP-System über entsprechende Schnittstellen zu verbinden, um die Informationsaktualität vor Übertragung der Informationen zur Lieferantenplattform zu gewährleisten und eine sogenannte Single Source of Truth zu schaffen. Die interne Datenvernetzung ermöglicht zudem eine Verbesserung interner Planungsentscheidungen auf Basis der geschaffenen Transparenz. Abbildung 107 stellt die beschriebene Systemstruktur sowie die Schnittstelle zur Lieferantenplattform zusammenfassend dar.

---

[639] Vgl. Menges et al. (Produktionsplanung und -steuerung), 2014, S. 309 ff.

[640] Vgl. Boos et al. (Planen im Werkzeugbau), 2015, S. 11 ff.

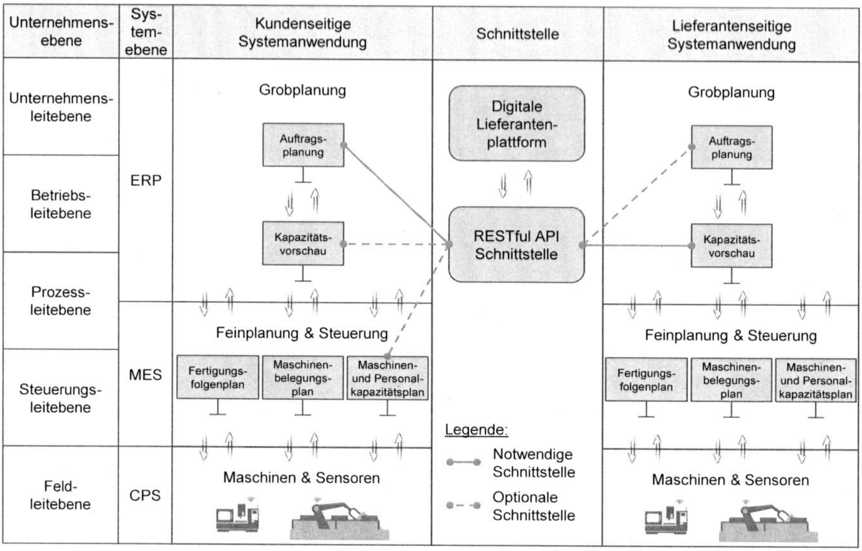

Abbildung 107: Struktur der echtzeitfähigen Datenvernetzung

Ist die zuvor beschriebene vertikale Vernetzung über alle Unternehmensebenen gewährleistet, ist eine **Schnittstelle zwischen digitaler Lieferantenplattform und ERP-System** des Unternehmens ausreichend. Über die Schnittstelle ist eine Informationsübertragung in Bezug auf Kapazitäten von Maschinen und Personal über ein neutrales Datenformat zu gewährleisten. Das neutrale Datenformat ist von Bedeutung, damit Lieferanten und Kunden mit verschiedenen ERP-Systemen die digitale Lieferentenplattform nutzen können. Daher ist die Nutzung einer **RESTful API Schnittstelle** zu empfehlen. Ein API (Application Programming Interface, deut.: Anwendungsprogrammierschnittstelle) ist ein Programmteil, welches die Kommunikation zwischen zwei Programmen ermöglicht. REST steht für Representational State Transfer und beschreibt die Gestaltung der API mit Hilfe von einfachen Basisoperatoren, welche von nahezu allen Programmen genutzt werden können. Über die RESTful API Schnittstelle ist eine Übertragung von Auftrags- und Kapazitätsdaten in Echtzeit möglich.

Aus Datenschutz- und Effizienzgründen ist der Datentransfer über die Schnittstellen zwischen der Lieferantenplattform und den verschiedenen ERP-Systemen von Kunden und Lieferanten auf ein notwendiges Maß zu begrenzen. Dementsprechend ist die **Datenselektion und -granularität** zu definieren. Es sind Daten zu selektieren, welche auf die betriebsübergreifende Bewertung der Kapazitätssituation einen signifikanten Einfluss haben. Folglich sind Daten zu folgenden Ereignissen von besonderer Bedeutung:

- Erhalt oder Veränderung von Kundenaufträgen,
- Ausfall von Maschinen oder Mitarbeitern,
- Untervergaben an Lieferanten und
- Verzögerungen in der Auftragsabwicklung.

Sofern die vertikale Vernetzung innerhalb eines Unternehmens nicht gegeben ist, sind Alternativlösungen zu prüfen. Eine Möglichkeit stellt die Herstellung einer direkten Schnittstelle zwischen digitaler Lieferantenplattform und Maschinen- und Personalkapazitätsplan im MES-System dar. Die dort vorhandene Datengranularität ist jedoch im Regelfall nicht notwendig. Daher ist die Gewährleistung der vertikalen Vernetzung innerhalb eines Unternehmens und die Nutzung einer Schnittstelle zum ERP-System zu bevorzugen.

5.3.1.3 Kontinuierliche Kapazitätsbewertung

Nachdem die notwendige Gestaltung der Schnittstellen zur Übertragung von Kapazitätsdaten an die digitale Lieferantenplattform vorgestellt wurde, wird nachfolgend der Gestaltungsaspekt kontinuierliche Kapazitätsbewertung erläutert. Hierzu ist es notwendig, die lieferantenseitig verfügbaren Kapazitäten technologiespezifisch zu bewerten. Eine Verfügbarkeit ist nur gewährleistet, wenn ausreichende Maschinen- und Personalkapazitäten zur Verfügung stehen. Hierbei ist zu berücksichtigen, dass ein Mitarbeiter häufig mehrere Maschinen bedienen kann. Entsprechend ergibt sich die **verfügbare Kapazität K_T** über die nachfolgende Formel:

$$K_{T1} = min\left(\frac{K_{TP1}}{BG_{T1}}\,;\,K_{TM1}\right) \tag{6}$$

K_{T1} = Kapazität für Technologie 1

K_{TP1} = Personalkapazität mit Fähigkeit zur Bedienung von Technologie 1

K_{TM1} = Maschinenkapazität für Technologie 1

BG_{T1} = Bedienergrad für Technologie 1

Der Bedienergrad BG_T bezeichnet die Anzahl Maschinen, welche von einem Mitarbeiter in der jeweiligen Technologie bedient werden kann. In der Regel wird mehr Maschinenkapazität K_{TM} als Personalkapazität K_{TP} benötigt. Ausnahme stellen komplexe Geometrien mit wenig abzuspanendem Volumen dar, welche einen verhältnismäßig hohen Programmieraufwand verursachen.

Auf Basis der berechneten Kapazitäten pro Technologie kann der **Kapazitätsabgleich** durchgeführt werden. Hierfür ist die Angabe des Liefertermins und des Kapazitätsbedarfs pro Technologie notwendig. Über den Kapazitätsabgleich ist zu prüfen, ob in allen Technologien ausreichende Kapazitäten vorhanden sind. Daher ist folgende Bedingung für alle benötigten Technologien zu prüfen:

$$B_{T1...N} \leq K_{T1...N} \tag{7}$$

$B_{T1...N}$ = Kapazitätsbedarf Technologie 1 bis N

$K_{T1...N}$ = Kapazität Technologie 1 bis N

Ist die Bedingung für eine der benötigten Technologien nicht erfüllt, wird der Lieferant bei einem einfachen Kapazitätsabgleich nicht als Suchergebnis für eine konkrete Kapazitätsanfrage erscheinen. Für einen effizienten Kapazitätsabgleich ist die Definition der zu betrachtenden Technologien von Bedeutung. Diesbezüglich sind **drei Detaillierungsgrade** zu unterscheiden:

- Unterscheidung nach Fertigungstechnologien (Fräsen, Drehen, Schleifen etc.),
- Unterscheidung nach Maschinentechnologie (5-Achs-Fräsen, 3-Achs-Fräsen etc.) und
- Unterscheidung nach Maschinentechnologie und Komponentengröße (Fräsmaschine mit Tischgröße von mindestens 500 mm x 500 mm etc.).

Durch die Auswahl des Detaillierungsgrads ergeben sich zunehmende Anforderungen an die Datengranularität und den benötigten Umfang der Schnittstelle zwischen dem ERP-System des Lieferanten und des Kunden. Ein hoher Detaillierungsgrad bietet jedoch weitergehende Möglichkeiten für eine kontinuierliche Kapazitätsbewertung. Insbesondere eröffnet sich die Möglichkeit einer detaillierten, frühzeitigen Identifikation von Engpässen.

Für eine **frühzeitige Engpassidentifikation** ist der beschriebene Kapazitätsabgleich mit einem Prognosemodell zu kombinieren. Hierzu werden der Kapazitätsbedarf B_T und die verfügbare Kapazität K_T in der jeweiligen Engpasstechnologie kontinuierlich erfasst. Auf Basis der Erfassung des Kapazitätsangebots ergibt sich ein durchschnittliches Kapazitätsangebot $ØK_A$ aller auf der Lieferantenplattform erfassten Lieferanten. Zudem wird erfasst, mit wie viel Vorlauf Aufträge mit Bedarf in der jeweiligen Technologie gebucht werden. In Kombination mit den bereits gebuchten Kapazitäten K_G wird ein Erwartungswert für den noch zu buchenden Technologiebedarf $E(B_T)$ in der jeweiligen Woche berechnet. Kunden, welche über potenzielle Engpässe in einer Technologie 1 informiert werden wollen, erhalten eine Information, sofern folgende Situation eintritt:

$$ØK_{AT1} \leq K_{GT1} + E(B_{T1}) \tag{8}$$

$ØK_{AT1}$ = Durchschnittliches Kapazitätsangebot in Technologie 1

K_{GT1} = Bereits gebuchte Kapazitäten für Technologie 1

$B_{T1...N}$ = Kapazitätsbedarf Technologie 1 bis N

$E(B_{T1...N})$ = Erwartungswert der Buchungen für Kapazität Technologie 1

Die sich ergebenden Zusammenhänge sind beispielhaft in Abbildung 108 visualisiert. In der Darstellung ist sind sowohl zurückliegende Planungsperioden als auch zukünftige Planungsperioden zu sehen. Auf Basis des Prognosemodells ist erkennbar, dass in den Kalenderwochen (KW) 16, 17 und 19 ein Engpass zu erwarten ist.

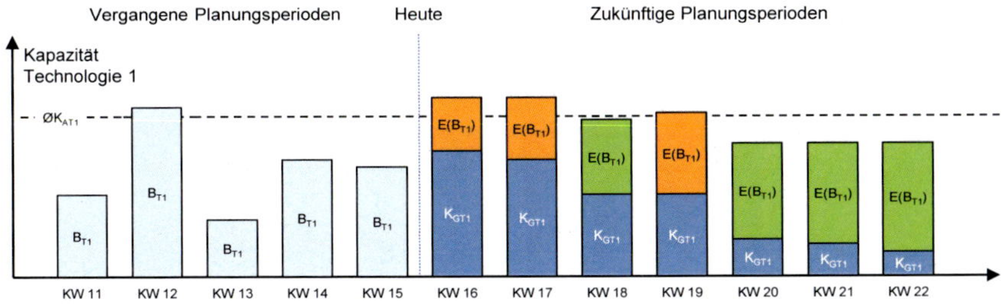

Abbildung 108: Echtzeitnahe Engpassprognose

Durch die frühzeitige und systematische Identifikation von Engpässen ist das frühzeitige Einleiten von Gegenmaßnahmen realisierbar. Dies ermöglicht es den Nutzern des echtzeitnahen Kapazitätsabgleichs, hohe Einkaufspreise bei einer Vergabe zu einem späteren Zeitpunkt zu vermeiden. Im Kontext des echtzeitnahen Kapazitätsausgleichs sind jedoch auch die Interessen der Lieferanten zu wahren. Die hierzu notwendigen Schritte beschreibt der nachfolgende Gestaltungsaspekt der dynamischen Informationsflussoptimierung.

5.3.1.4 Dynamische Informationsflussoptimierung

Die Offenlegung von Kapazitäten geht mit einem hohen Risiko einher, da die Informationen bei unbefugtem Zugriff missbräuchlich genutzt werden können. Insbesondere können Lieferanten mit niedriger Kapazitätsauslastung von ihren Kunden unter Druck gesetzt werden. Daher müssen Kapazitätsinformationen soweit wie möglich geheim bleiben.[641] Folglich ist die Gewährleistung des in Kapitel 5.2.1.3 beschriebenen infrastrukturellen und organisationalen Datenschutz von hoher Bedeutung. Insbesondere sind die Daten vor einem Fremdzugriff zu schützen. Der Informationsfluss zwischen den Nutzern des echtzeitnahen Kapazitätsabgleichs ist folglich dynamisch zu optimieren.

Es ist wichtig, dass Kunden nicht in der Lage sind, durch auf der digitalen Lieferantenplattform einsehbaren Informationen auf die Geschäftssituation von Lieferanten zu schließen. Daher werden Kapazitätsdaten grundsätzlich Kunden gegenüber niemals direkt offengelegt. Kunden erhalten Kapazitätsinformationen in der Regel nur in Form einer **Auflistung von Lieferanten** mit ausreichenden Kapazitäten für eine konkrete Anfrage. Zudem ist die Anzahl der Kapazitätsanfragen innerhalb eines Zeitraums begrenzt, um ein iteratives Annähern an die verfügbare Lieferantenkapazität durch eine Vielzahl von Anfragen zu verhindern. Der entsprechend auf ein notwendiges Ausmaß begrenzte Informationsfluss ist in Abbildung 109 dargestellt. Aus der Abbildung wird deutlich, dass nur der Eigentümer der Lieferantenplattform Transparenz über die entsprechenden Kapazitätsinformationen hat. Sollte der Eigentümer der Lieferantenplattform gleichzeitig als Kunde auftreten, ist ein echtzeitnaher Kapazitätsabgleich nur im Rahmen einer engen partnerschaftlichen Zusammenarbeit möglich, da sonst Nachteile für die Lieferanten entstehen.

641 Vgl. Lochmahr & Wildemann (Einführung logistischer Konzepte), 2007, S. 513

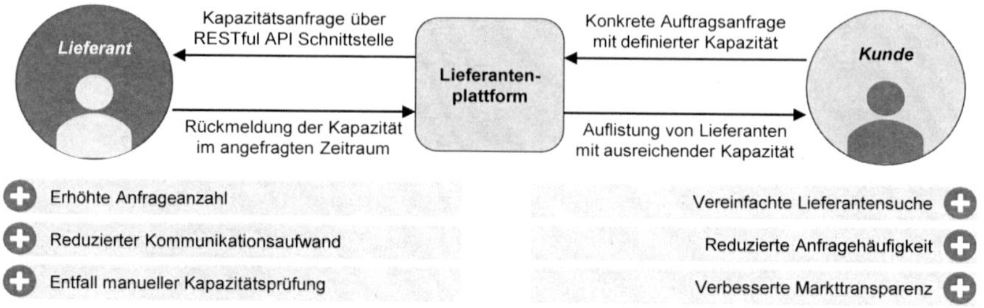

Abbildung 109: Minimaler Informationsfluss

Unabhängig von den erwähnten Sicherheitsmaßnahmen müssen Lieferanten ein eigenes Interesse daran haben, ihre Kapazitätsdaten mit der digitalen Lieferantenplattform zu teilen. Deshalb müssen sich aus dem echtzeitnahen Kapazitätsabgleich Vorteile für den Lieferanten ergeben. Zudem kann sich ein indirekter Nutzen für einen Lieferanten ergeben, sofern die Vorteile auf Kundenseite zu einer steigenden Nachfrage beim Lieferanten führen.

Lieferantenseitiger Vorteil eines echtzeitnahen Kapazitätsabgleichs ist die erhöhte Anfrageanzahl, welche Lieferanten über die digitale Lieferantenplattform erhalten. Gleichzeitig wird der Kommunikationsaufwand reduziert, da Lieferanten nur auf Anfragen reagieren müssen, sofern ausreichende Kapazitäten für die Bearbeitung zur Verfügung stehen. Sofern dies nicht der Fall ist, wird der Lieferant dem Kunden gegenüber nicht als verfügbarer Lieferant aufgeführt. Um zu gewährleisten, dass Lieferanten dennoch flexibel planen können, ist es Lieferanten zu ermöglichen Anfragen trotz einer geringen Überkapazität zu erhalten. Dies gilt sofern Aufträge durch Überstunden oder Sonderschichten noch bearbeitet werden können. Weiterer Vorteil des echtzeitnahen Kapazitätsabgleichs ist der Entfall manueller Kapazitätsprüfungen, da diese systembasiert erfolgen.

Kundenseitiger Vorteil eines echtzeitnahen Kapazitätsabgleichs ist die vereinfachte Suche nach Lieferanten mit ausreichend freien Kapazitäten. Anstelle der manuellen Anfrage bei einer Vielzahl an Lieferanten und des Abwartens der Rückmeldung zu freien Kapazitäten erfolgt eine einmalige Suche über eine digitale Lieferantenplattform. Daraus ergibt sich zudem eine reduzierte Anfragehäufigkeit und eine verbesserte Transparenz über Lieferanten und verfügbare Kapazitäten. Folglich sind Fremdvergaben schneller und mit geringerem Aufwand realisierbar.

Die bisher beschriebene Form des echtzeitnahen Kapazitätsabgleichs bezieht sich auf die Identifikation eines Lieferanten für eine konkrete Anfrage. Im Rahmen von strategischen Partnerschaften ist eine deutlich weitergehende Offenlegung von Kapazitäten möglich. Dies ist insbesondere bei der festen Vorreservierung von Kapazitäten sinnvoll. In diesem Rahmen können die ERP-Systeme von Lieferant und Kunde vollständig miteinander verknüpft werden. Durch eine entsprechende Gestaltung der Schnittstellen kann der Lieferant im ERP-System des Kunden wie eine interne Ressource beplant werden. Die weitere Abwicklung der Transfers läuft über die Lieferantenplattform. Um die Interessen des Lieferanten zu wahren, ist zu gewährleisten, dass nur Kapazitäten innerhalb eines vordefinierten Zeitraums einsehbar sind.

Insgesamt werden Fremdvergaben durch den echtzeitnahen Kapazitätsabgleich deutlich vereinfacht. Zudem stellt die Information, ob ausreichende Kapazitäten verfügbar sind, eine Voraussetzung für eine vollständige Automatisierung von Auftragsvergaben dar. Für die Realisierung des echtzeitnahen Kapazitätsabgleichs ist der Informationsfluss jedoch dynamisch zu optimieren und auf ein notwendiges Maß zu beschränken.

5.3.2 Automatisierte Auftragsvergabe

Auftragsvergaben werden in Werkzeugbaubetrieben häufig auf Basis von Erfahrungen durch einzelne Mitarbeiter durchgeführt. Folglich ist die Transparenz über die Entscheidungsfindung gering und der Personalaufwand bei der Auftragsvergabe signifikant hoch. Das Gestaltungselement automatisierte Auftragsvergabe stellt einen Lösungsansatz dar, um die Transparenz bei Auftragsvergaben zu steigern und den Personalaufwand zu senken. Die drei Gestaltungsaspekte der automatisierten Auftragsvergabe sind in Abbildung 110 dargestellt.

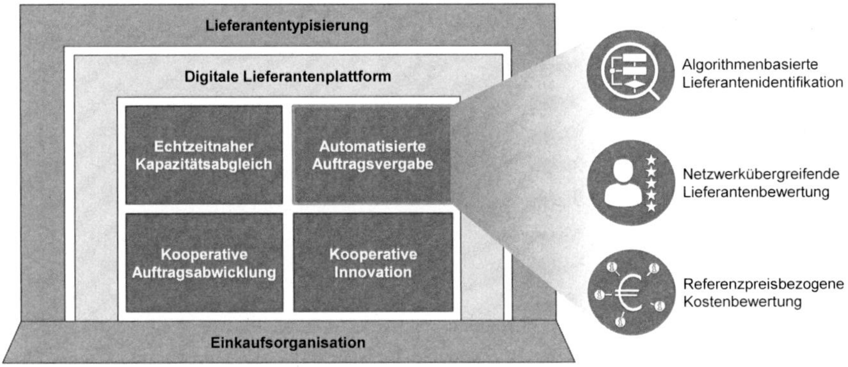

Abbildung 110: Gestaltungsaspekte der automatisierten Auftragsvergabe

Die automatisierte Auftragsvergabe beginnt mit einer **algorithmenbasierten Lieferantenidentifikation**, innerhalb derer potenzielle Lieferanten vorausgewählt werden. Hierzu erfolgt auf Basis eines Filteralgorithmus ein Abgleich der zwingend notwendigen Anforderungen zur Erfüllung eines Auftrags mit den jeweiligen Kompetenzen und Ressourcen eines Lieferanten. Ergebnis der algorithmenbasierten Lieferantenidentifikation ist eine Liste von Lieferanten, die prinzipiell in der Lage sind, den jeweiligen Auftrag zu erfüllen. Wie gut die prinzipiell geeigneten Lieferanten einen Auftrag vermutlich erfüllen werden, wird anhand definierter Kriterien und Erfahrungswerten aller Nutzer der digitalen Lieferantenplattform im Rahmen des Gestaltungsaspekts **netzwerkübergreifende Lieferantenbewertung** untersucht. Um zu verhindern, dass Angebote mit überhöhten Preisen angenommen werden, erfolgt zusätzlich eine **referenzpreisbezogene Kostenbewertung**. Im Rahmen dieser werden die Angebotspreise der geeigneten Lieferanten automatisch mit den Preisen für ähnliche Auftragsumfänge abgeglichen. Im Fall einer deutlichen Abweichung erfolgt eine automatische Information an den Einkauf. Grundsätzlich kann eine Auftragsvergabe auf Basis der drei Gestaltungsaspekte und eine anschließende Bestellauslösung vollständig automatisiert erfolgen. Jedoch sind in der Unternehmenspraxis umfangreiche Absicherungsmaßnahmen notwendig, um Missbrauch zu verhindern. Folglich ist im Rahmen einer Kosten-Nutzen-Betrachtung über die Wirtschaftlichkeit des Automatisierungsgrads zu entscheiden.

Im Folgenden wird zunächst das notwendige Grundverständnis für das Gestaltungselement automatisierte Auftragsvergabe geschaffen. Die drei Gestaltungsaspekte werden in den Kapiteln 5.3.2.2 bis 5.3.2.4 beschrieben. Nur bei gleichzeitiger Umsetzung aller drei Gestaltungsaspekte ist ein hoher Automatisierungsgrad bei der Auftragsvergabe möglich.

5.3.2.1 Grundlagen

Um ein grundlegendes Verständnis für das Gestaltungselement automatisierte Auftragsvergabe zu schaffen, werden die Begriffe Auftragsvergabe und automatisiert nachfolgend definiert. Die **Auftragsvergabe**, welche in der Literatur oft als Synonym für Bestellung verwendet wird, ist Aufgabe des operativen Einkaufs und baut auf dem Vergleich der Angebote relevanter Lieferanten auf (vgl. Kapitel 2.1.3.3). Voraussetzung für die Vergabe des Auftrags ist die Einigung des Kunden und des Lieferanten bezüglich der gegenseitigen Verpflichtungen. Daraus entsteht ein Vertrag zwischen den beiden Parteien.[642] In der Vergangenheit wurden Auftragsvergaben häufig primär basierend auf dem Angebotspreis durchgeführt. Zum Vergleich der Angebotspreise werden Angebote bei mehreren potenziellen Lieferanten, sogenannte Vergleichsangebote, angefordert. Diese eindimensionale Auswahl anhand des Angebotspreises ist aufgrund der zunehmenden Komplexität im Unternehmensumfeld nicht mehr ausreichend. Die Auswahl des bestgeeigneten Lieferanten sollte folglich anhand einer Vielzahl von Bewertungsdimensionen möglich sein.[643] Um die Einhaltung von unternehmensspezifischen Regeln zu überprüfen, wird bei Auftragsvergaben in der Regel das sogenannte Vier-Augen-Prinzip angewandt. Dies bedeutet, dass alle Arbeitsschritte nochmals von einer zweiten Person geprüft werden.[644]

Ein Prozess wird als **automatisiert** bezeichnet, wenn er „unter festgelegten Bedingungen ohne menschliches Eingreifen abläuft und arbeitet.“[645] Eine Automatisierung kann auf fünf verschiedenen Ebenen eines Unternehmens erfolgen: Unternehmensleitebene, Betriebsebene, Produktionsleitebene, Prozessleitebene und Feldebene (vgl. Kapitel 2.2.3.1). Auftragsvergaben sind auf der Produktionsleitebene einzuordnen.[646] Eine automatisierte Auftragsvergabe stellt zudem eine hohe Anforderung an die Datenverarbeitung und -analyse. Sie ist folglich auf dem im Kapitel 2.2.1.2 vorgestellten Reifegradmodell für die Implementierung von Industrie 4.0 der vierten und höchsten Stufe „Adaptabilität“ zuzuordnen. Der Umfang der Automatisierung ist in Abhängigkeit von der Komplexität der Entscheidung sowie des Kosten-Nutzen-

[642] Vgl. Schuh & Guo (Grundlagen des Einkaufsmanagements), 2014, S. 17
[643] Vgl. Schuh et al. (Lieferantenauswahl), 2014, S. 183
[644] Vgl. Schuh & Guo (Grundlagen des Einkaufsmanagements), 2014, S. 23
[645] Vgl. Deutsches Institut für Normung (DIN IEC 60050-351), 2014, S. 26
[646] Vgl. Heinrich et al. (Grundlagen Automatisierung), 2017, S. 7 ff.

Verhältnisses festzulegen. STICH ET AL. merken diesbezüglich an, dass es häufig sinnvoll ist, nur einzelne Prozesse automatisiert zu gestalten.[647]

Im Bereich des Einkaufs lassen sich zahlreiche Prozesse automatisieren. Ausgangsbasis für die Automatisierung ist in der Regel das Vorliegen **strukturierter Daten**. Hierzu sind vorliegende, strukturierte Daten mit externen Daten, welche sowohl strukturiert als auch unstrukturiert sein können, zu verknüpfen. Beispiel für strukturierte Daten sind Transaktionsdaten, welche in einem ERP-System hinterlegt sind. E-Mail-Verläufe sind ein Beispiel für unstrukturierte Daten.[648] Durch die Verknüpfung von strukturierten und unstrukturierten Daten ist eine Verbesserung der Informationsqualität möglich und eine darauf aufbauende Automatisierung. Die Analysen von SCHLÜNSEN & SCHENTLER zeigen, dass ca. 70 % des Aufwands zur Schaffung einer Automatisierungslösung für den Einkauf in die Datenaufbereitung investiert werden müssen.[649]

Aufbauend auf der geschaffenen Datenbasis werden Big Data Analytics Methoden (vgl. Kapitel 2.2.2.3) eingesetzt und eine Automatisierung der Auftragsvergabe erreicht. Diesbezüglich ist anzumerken, dass sich die Automatisierung primär auf operative Auftragsaufgaben bezieht. Bei strategischen Aufgaben des Einkaufs ist eine Unterstützung des Menschen durch automatisierte Auswertungen möglich.[650]

5.3.2.2 Algorithmenbasierte Lieferantenidentifikation

Um automatisierte Auftragsvergaben durchführen zu können, sind geeignete Lieferanten anhand eines regelbasierten Vorgehens zu identifizieren.[651] Für die Automatisierung sind die definierten Prüfungs- und Bewertungsregeln in einen Algorithmus zu überführen. Ausgangsbasis für eine automatisierte Lieferantenidentifikation ist ein vollständig **spezifizierter Beschaffungsbedarf**. Entsprechend des benötigten Leistungsumfangs werden die Prüfkriterien definiert. Die Prüfkriterien für die zweischrittige Prüfung unterscheiden sich für jeden der in Kapitel 5.1.1.2 definierten Lieferantentypen. Zudem ist eine unternehmensindividuelle Anpassung vorgesehen. Hierdurch wird sichergestellt, dass nur relevante Kriterien betrachtet werden.

Im ersten Schritt der algorithmenbasierten Lieferantenidentifikation wird eine **Vorselektion** vorgenommen. Hierzu erfolgt ein Abgleich des benötigten Leistungsumfangs mit dem Leistungsangebot des Lieferanten. Durch die Leistungsumfangsprüfung wird sichergestellt, dass ein potenzieller Lieferant über alle notwendigen Technologien zur Bearbeitung eines Auftrags verfügt. Folglich ist zu prüfen, ob ein Lieferant alle benötigten Fertigungstechnologien anbieten kann. Hierzu gehören insbesondere Drehen, Fräsen, Senkerodieren, Drahterodieren und Schleifen. In Sonderfällen sind auch Verfahren wie das 3D-Laserdrucken zu berücksichtigen. Sofern aus Kundensicht erforderlich, ist zudem sicherzustellen, dass beispielweise die Daten-

[647] Vgl. Stich et al. (Software-definierte Plattformen), 2018, S. 33
[648] Vgl. Schlünsen & Schentler (Digitalisierung im Einkauf), 2016, S. 88 f.
[649] Vgl. Schlünsen & Schentler (Digitalisierung im Einkauf), 2016, S. 97
[650] Vgl. Kleemann & Glas (Einkauf 4.0), 2017, S. 18 f.
[651] Vgl. Schuh et al. (Procurement 4.0 in the Tool and Die Industry), 2017, S. 145

bereitstellung in einem bestimmten Konstruktions- oder Simulationsprogramm angeboten werden kann. Zudem werden relevante Rahmenbedingungen wie beispielsweise das Vorhandensein von Zertifizierungen oder die Einhaltung einer maximalen räumlichen Distanz zum Standort des Werkzeugbaubetriebs geprüft.

Ausgangsbasis für diese Prüfung sind auf der digitalen Lieferantenplattform hinterlegte Lieferantenprofile und Maschinenlisten. Im einfachsten Fall muss der Kunde auf der Lieferantenplattform angeben, welche Technologien erfahrungsgemäß für die Fertigung einer Komponente oder eines Werkzeugs benötigt werden. Im Zuge der Weiterentwicklung von CAD-Analysetools wird es in Zukunft möglich sein, auf diese Angabe zu verzichten und stattdessen die benötigten Fertigungsverfahren auf Basis der CAD-Daten automatisch zu ermitteln. Sofern ein Lieferant die Kriterien der Leistungsumfangsprüfung nicht erfüllt, wird er für die folgenden Schritte zur automatisierten Auftragsvergabe nicht weiter betrachtet. Der Schritt der automatisierten Leistungsumfangsprüfung ist in Abbildung 111 auf der linken Seite dargestellt. Für den beispielhaft dargestellten Auswahlprozess wird Lieferant 2 von der weiteren Betrachtung ausgeschlossen, da dieser die Fertigungsverfahren Drehen und Senkerodieren nicht anbieten kann.

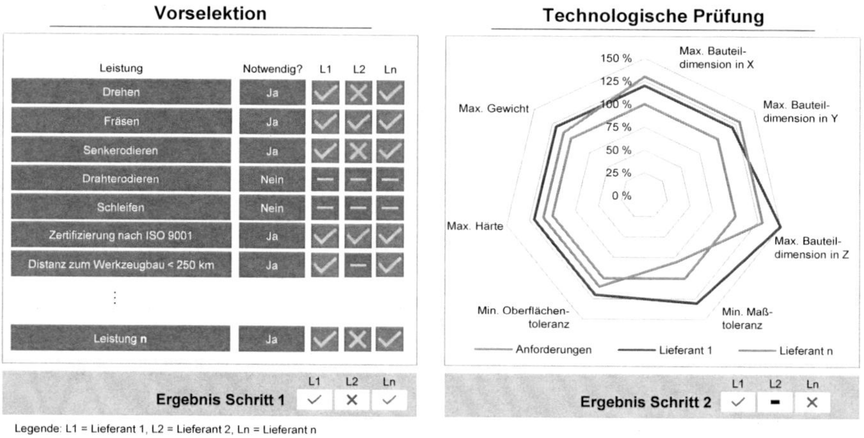

Abbildung 111: Algorithmenbasierte Lieferantenidentifikation

Im zweiten Schritt erfolgt eine komponenten- oder werkzeugspezifische **technologische Prüfung**. Diese umfasst zunächst eine Prüfung der technologischen Voraussetzungen. Eine bei komplexen Werkzeugen evtl. notwendige Prüfung von Materialbelastungsgrenzen im Rahmen einer Simulation ist in diesem Schritt noch nicht inbegriffen. Wichtige Kriterien für die technologische Prüfung sind maximale Komponentendimensionen, minimale Maßtoleranzen, minimale Oberflächentoleranzen, maximale Härte, Komponenten- oder Werkzeuggewicht.[652] Die technologische Prüfung lässt sich über ein Spinnennetzdiagramm visualisieren und erläutern

[652] Vgl. Boos et al. (Fertigungstechnologien Einsetzen), 2017, 13-18; Schuh et al. (Procurement 4.0 in the Tool and Die Industry), 2017, S. 145

(vgl. Kapitel 2.1.3.3). Jedes relevante Kriterium wird über eine Ecke des Spinnennetzdiagramms dargestellt. Die Achsen werden so normiert, dass ein Erfüllungsgrad der Anforderung von 100 % dem Wert der jeweiligen Kundenanfrage entsprechen. Bei einem Erfüllungsgrad von mindestens 100 % verfügt der Lieferant über die notwendige technologische Ausstattung zur Erfüllung der Kundenanfrage. Liegt der Erfüllungsgrad für eines der Kriterien unter 100 %, ist der Lieferant technologisch für die Erfüllung der Kundenanfrage nicht geeignet. Kriterien, welche die Unterschreitung eines Werts erfordern, wie beispielsweise die minimale Maßtoleranz einer Komponente, sind vor der Auswertung zu invertieren.[653]

Herausforderung bei der technologischen Prüfung ist die **Messbarkeit der technologischen Fähigkeiten** eines Lieferanten bezüglich der definierten Kriterien. Diesbezüglich ist eine automatisierte Auswertung anzustreben. Hierzu bieten sich drei Möglichkeiten an, um die notwendige Datenbasis zu erhalten:

- Lieferantenselbstauskunft,
- Historische Auftragsdaten und
- Maschinendaten.

Durch eine Lieferantenselbstauskunft ist es am leichtesten möglich, die entsprechenden Daten zu erhalten. Allerdings ist aufgrund des Aufwands zur detaillierten Angabe aller Informationen die mögliche Datengranularität gering und Lieferanten können leicht beabsichtigt oder unbeabsichtigt falsche Angaben machen. Daher ist eine Kombination aus historischen Auftragsdaten und Maschinendaten vorzuziehen. Durch historische Daten kann geprüft werden, ob bereits ähnliche Komponenten gefertigt wurden. Sofern entsprechende Datenschutzvereinbarungen getroffen wurden, ist die Prüfung über eine Ähnlichkeitsanalyse möglich. Auf Basis einer Maschinenliste sind ebenfalls zahlreiche Kriterien, bspw. die möglichen Komponentengrößen sowie Maßtoleranzen, überprüfbar.

Die Überprüfung hinsichtlich der Komponentengröße in X-, Y- und Z-Richtung erfolgt durch einen Vergleich der Kundenanforderung mit dem Bearbeitungsraum auf der größten Bearbeitungsmaschine für das jeweils benötigte Verfahren. Ob die minimale Maßtoleranz einer Komponente eingehalten werden kann, wird durch den Abgleich mit der Maschinengenauigkeit aller größentechnisch geeigneten Maschinen überprüft. Liegt die Maschinengenauigkeit unterhalb der minimalen Maßtoleranz, ist davon auszugehen, dass die notwendige Maßtoleranz erreicht werden kann. Für die minimale Oberflächentoleranz und die maximale Härte ist eine direkte Vergleichbarkeit zu einem Maschinenwert nicht gegeben. Lediglich können relevante Parameter, wie beispielsweise die Maschinensteifigkeit, identifiziert werden. Daher sind Erfahrungswerte für die besten erreichten Werte auf einem Maschinentyp heranzuziehen. Dabei kann sowohl auf Erfahrungen mit Maschinen des Lieferanten als auch von anderen Lieferanten zurückgegriffen werden. Die Prüfung hinsichtlich des Komponentengewichts ist durch einen Abgleich mit den Krankapazitäten des Lieferanten durchzuführen, da diese üblicherweise den limitierenden Faktor darstellen.

---

[653] Vgl. Schuh et al. (Procurement 4.0 in the Tool and Die Industry), 2017, S. 145

Die aufgezeigten Prüfschritte sind in einem Algorithmus abzubilden, welcher bei der Erstellung einer Bedarfsmeldung durch einen Kunden auf der Lieferantenplattform automatisch durchlaufen wird. Für die kontinuierliche Verbesserung der Datenbasis ist es anzustreben möglichst viele Informationen über abgeschlossene Aufträge, den Maschinenpark sowie ggf. auch auf der Firmenwebsite des Lieferanten frei verfügbare Informationen einzubinden, und die Prüfkriterien aufbauend auf Big Data Analytics Methoden kontinuierlich zu verbessern.

5.3.2.3 Netzwerkübergreifende Lieferantenbewertung

Für eine automatisierte Auftragsvergabe sind technologisch geeignete Lieferanten systematisch zu bewerten. Da Werkzeuge und darin enthaltene Komponenten komplexe Produkte darstellen, sollten neben dem Preis auch andere Kriterien betrachtet werden. Besonders **relevante Kriterien** sind Qualität, Termintreue, Preis und die Beziehung zum Lieferanten, welche in einem mathematischen Modell mit Hilfe der nachfolgenden Formeln abgebildet werden:[654]

$$\textit{Qualität } (Q) = \frac{\textit{Anzahl korrekter Lieferungen}}{\textit{Anzahl aller Lieferungen}} \tag{9}$$

$$\textit{Termintreue } (T) = \frac{\textit{Anzahl pünktlicher Lieferungen}}{\textit{Anzahl aller Lieferungen}} \tag{10}$$

$$\textit{Beziehung } (B) = \frac{\textit{Dauer der Beziehung mit dem jeweiligen Lieferanten}}{\textit{Dauer der längsten Lieferantenbeziehung}} \tag{11}$$

$$\textit{Preis } (P) = \frac{\textit{Angebotspreis des Lieferanten}}{\textit{Günstigster Angebotspreis für die jeweilige Anfrage}} \tag{12}$$

$$\textit{Eignungsgrad } (E) = \frac{a \times Q + b \times T + c \times B + d \times P}{a + b + c + d} \tag{13}$$

a, b, c, d = Gewichtungsfaktoren mit einem Wert zwischen 0 und 1

Für die Kriterien Qualität und Termintreue ist jeweils ein sinnvoller Betrachtungszeitraum zu wählen. Hierfür bieten sich beispielsweise die letzten 12 Monate an. Vorteil der vorgeschlagenen Formel ist, dass ausschließlich sogenannte **quantifizierbare Faktoren**, welche direkt messbar sind, in der Bewertung berücksichtigt werden. Hierdurch ist eine hohe Transparenz, Vergleich- und Automatisierbarkeit gewährleistet. Um zusätzlich eine größere Datenbasis in die Bewertung einzubeziehen, können für die Kriterien Qualität und Termintreue nicht nur abgeschlossene Lieferungen an den jeweiligen Kunden berücksichtigt werden, sondern alle Lieferungen des Lieferanten, welche über die digitale Lieferantenplattform abgewickelt wurden. Durch die Vergrößerung der Datenbasis wird die Bewertungsqualität verbessert.

Die **Gewichtungsfaktoren** ermöglichen eine individuelle Definition des Eignungsgrads E und normieren diesen durch die Einbringung des Quotienten auf einen Wert zwischen 0 % und

[654] Vgl. Schuh et al. (Procurement 4.0 in the Tool and Die Industry), 2017, S. 146 f.

100 %. Ein Eignungsgrad von 100 % ist gleichbedeutend mit einer maximalen Erfüllung aller Kriterien. Die Höhe der jeweiligen Gewichtungsfaktoren ist in Abhängigkeit des benötigten Lieferantentyps und des Lieferumfangs zu definieren. So spielen insbesondere für zeitkritische Projekte die Bewertungskriterien Qualität und Termintreue eine besonders hohe Rolle. Langfristig ist es anzustreben, die Gewichtungsfaktoren mit Hilfe von Data Analytics kontinuierlich zu optimieren. Hierfür muss die Güte einer Auswahlentscheidung zunächst nach Abschluss der Lieferung des Lieferanten manuell bewertet werden. Durch eine Korrelationsanalyse zwischen den Bewertungsfaktoren und der Bewertung der Güte der Auswahlentscheidung werden die Gewichtungsfaktoren kontinuierlich angepasst. Hierdurch wird gegenüber der anfänglichen manuellen Gewichtung eine deutliche Verbesserung erzielt.

Grundsätzlich ist es zu empfehlen, den Auftrag an einen Lieferanten zu vergeben, welcher den höchsten Eignungsgrad aufweist. Allerdings sollte zusätzlich im Rahmen einer **Leistungsfähigkeitsprüfung** überprüft werden, ob ein Lieferant bezüglich der einzelnen Kriterien je nach eingehendem Auftragstyp bestimmte unternehmensindividuelle Mindestanforderungen erfüllt. Dies gilt insbesondere für die Kriterien Qualität, Termintreue und Preis. Das Kriterium Beziehung spielt im Hinblick auf einen Mindestwert nur bei besonders Know-how-kritischen Aufträgen eine Rolle, welche nicht an einen Lieferanten vergeben werden sollten, mit dem bisher noch keine Zusammenarbeit besteht. Die Mindestanforderungen sind so hoch zu setzen, dass ein größerer Schaden durch eine schlechte Lieferantenleistung nur mit sehr geringer Wahrscheinlichkeit auftritt. Das erläuterte Vorgehen ist auf der linken Seite von Abbildung 112 dargestellt.

Ein bevorzugter Lieferant wird durch die Nutzung der vorgestellten Formeln automatisiert im Rahmen der **Eignungsbewertung** ermittelt. Die Gewichtungsfaktoren sind hierfür unternehmensindividuell festzulegen. Ein beispielhaftes Bewertungsergebnis ist auf der rechten Seite von Abbildung 112 dargestellt. Im Rahmen der automatisierten Fremdvergabe wird der Lieferant mit der höchsten Eignungsbewertung automatisch ausgewählt. Vor der endgültigen Vergabe sollte zusätzlich eine referenzpreisbezogene Kostenbewertung zur Absicherung durchgeführt werden (vgl. Kapitel 5.3.2.4).

Leistungsfähigkeitsprüfung

Kriterium	Auftragsspezifische Mindestanforderung	L1	L2	Ln
Qualität Q	90 %	95 %	98 %	80 %
Termintreue T	95 %	99 %	99 %	95 %
Beziehung B	0 %	80 %	50 %	100 %
Preis P	80 %	85 %	100 %	80 %

	L1	L2	Ln
Ergebnis	✓	✓	✗

Eignungsbewertung

	L1	L2	Ln
Eignungsgrad E	93 %	94 %	87 %

Eignungsgrad E = (a x Q + b x T + c x B + d x P) / (a + b + c + d)

Beispielrechnung für a = 0,4; b = 0,3; c = 0,1 und d = 0,2

Empfehlung	**Lieferant 2**

Legende: L1 = Lieferant 1, L2 = Lieferant 2, Ln = Lieferant n

Abbildung 112: Netzwerkübergreifende Lieferantenbewertung

5.3.2.4 Referenzpreisbezogene Kostenbewertung

Das bisher aufgezeigte Vorgehen birgt ein hohes Risiko für Fehlvergaben oder die Vergabe eines Auftrags zu einem unangemessen hohen Preis. Daher ist vor dem Abschluss einer automatisierten Auftragsvergabe eine referenzpreisbezogene Kostenbewertung durchzuführen. Diese Absicherung erlaubt es auf das gemäß SCHUH & GUO im Einkauf etablierte Vier-Augen-Prinzip zu verzichten.[655]

Ausgangsbasis für eine referenzpreisbezogene Kostenbewertung ist eine präzise **Beschreibung der aktuellen Anfrage**. Hierzu sind die Auftragsart und der passende Lieferantentyp zu definieren. Zudem sind Informationen über den Leistungsumfang und die angestrebte Zeitschiene notwendig. In einer ganzheitlichen Umsetzung der automatisierten Auftragsvergabe werden diese Informationen bereits im Zuge der algorithmenbasierten Lieferantenidentifikation (vgl. Kapitel 5.3.2.2) und in der netzwerkübergreifenden Lieferantenbewertung erfasst.

Der automatisierte Referenzpreisabgleich basiert auf dem **Vergleich von historischen Auftragsdaten mit der aktuellen Anfrage**. Die historischen Auftragsdaten sind hierbei nicht auf die Daten des anfragenden Werkzeugbaubetriebs beschränkt. Bei Nutzung einer digitalen Lieferantenplattform und entsprechenden Datenschutzvereinbarungen können die Auftragsdaten aller über eine digitale Lieferantenplattform abgewickelten Transaktionen als Ausgangsbasis dienen. Dies bietet im Fall einer hohen Anzahl von Plattformnutzern signifikante Vorteile. Die Vorgehensweise zur Ermittlung des Referenzpreises variiert in Abhängigkeit des Übereinstimmungsgrads mit vorhandenen historischen Aufträgen.

Im Fall **vollständiger Übereinstimmung** der aktuellen Anfrage mit einem Auftrag innerhalb der historischen Auftragsdaten handelt es sich um einen sogenannten Folgeauftrag. Der bereits abgeschlossene historische Auftrag ist in diesem Fall hinsichtlich der Preisentwicklung zu bereinigen. Anschließend kann die Angemessenheit eines vorliegenden Angebots bewertet werden. Sofern das zuvor bestbewertete Angebot innerhalb einer unternehmensindividuell zu definierenden Spanne um den Referenzpreis liegt, erfolgt die automatisierte Fremdvergabe. Andernfalls ist eine manuelle Prüfung des Angebots durch einen Einkäufer zu empfehlen.

Sofern eine **hohe Übereinstimmung** mit mehreren historischen Aufträgen vorliegt, ist eine Interpolation des Referenzpreises auf Basis ähnlicher Aufträge vorzunehmen. Hierzu werden die aktuelle Anfrage sowie ähnliche historische Aufträge hinsichtlich ihrer Komplexität bewertet. Der Referenzpreis wird anschließend auf Basis der beiden Aufträge mit dem höchsten Ähnlichkeitsgrad ermittelt. Auf dieser Basis wird automatisiert über die Auslösung der Auftragsvergabe oder die Notwendigkeit einer manuellen Prüfung entschieden.

Sofern in der Datenbank keine Aufträge mit signifikanter Ähnlichkeit vorliegen, ist eine Referenzpreisermittlung auf Basis der **Übereinstimmung mit Teilleistungen** zu nutzen. Teilleistungen können in diesem Fall sowohl Komponenten als auch Fertigungsschritte sein. Durch Kombination der Teilleistungen aus verschiedenen historischen Auftragsdaten wird der Refe-

[655] Vgl. Schuh & Guo (Grundlagen des Einkaufsmanagements), 2014, S. 23

renzpreis ermittelt. Lässt sich ein Auftrag nicht zu mindestens 80 % in Teilleistungen untergliedern, zu denen historische Auftragsdaten vorliegen, ist eine automatisierte Auftragsvergabe nicht empfehlenswert. In diesem Fall ist die preisliche Angemessenheit der Angebote der Lieferanten durch einen Einkaufsmitarbeiter zu prüfen. Die erläuterten Zusammenhänge sind in Abbildung 113 dargestellt.

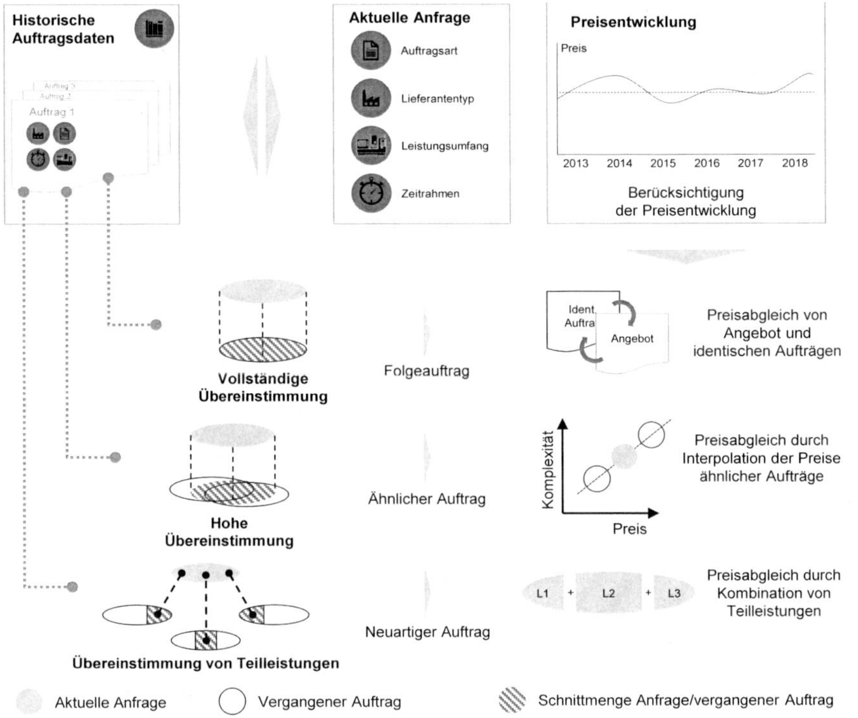

Abbildung 113: Referenzpreisbezogene Kostenbewertung

Die referenzpreisbezogene Kostenbewertung dient zur Absicherung von automatisierten Auftragsvergaben. Hierdurch wird vor der Auftragsvergabe geprüft, ob der Angebotspreis des bestgeeigneten Lieferanten mit historischen Einkaufspreisen vergleichbar ist. Neben dieser Absicherung sind vor der vollständig automatisierten Auftragsvergabe zahlreiche weitere Absicherungen zu treffen. Diese beziehen sich insbesondere auf die Themen Daten- und Systemsicherheit sowie die Schnittstellen zu buchhalterisch genutzten Systemen. Solange die automatisierte Auftragsvergabe nicht hinreichend abgesichert ist, empfiehlt sich die Nutzung einer Teilautomatisierung und einer datenbasierten Unterstützung von Auftragsvergabeentscheidungen entsprechend dem aufgezeigten Vorgehen.

5.3.3 Kooperative Auftragsabwicklung

Kooperationen mit Lieferanten werden in der Branche Werkzeugbau häufig genutzt (vgl. Kapitel 2.3.3.3). Allerdings erfolgt selten eine kontinuierliche Kooperation und Lieferantenentwicklung. Vielfach wird die Lieferantenleistung nur zu bestimmten vordefinierten Zeitpunkten geprüft. Solche Zeitpunkte sind beispielsweise der Abschluss der Konstruktion oder die Produktion der ersten Teile mit einem neuen Werkzeug. Hierdurch wird das lieferanten- und kundenseitig vorhandene Know-how erst nach erheblichen Verzögerungen für Problemlösungen optimal eingesetzt.

Die kooperative Auftragsabwicklung fokussiert hingegen die durchgängige Zusammenarbeit von in- und externen Geschäftseinheiten in der Auftragsabwicklung. Dabei bedeutet kooperativ, dass Leistungen verschiedener Leistungserbringer gemeinsam auf die Kundenbedürfnisse ausgerichtet werden. Durchgängige Prozess- und Informationsflüsse bilden die hierfür notwendige Basis. Daher erfolgt die kooperative Auftragsabwicklung unternehmensübergreifend.[656] Die drei Gestaltungsaspekte der kooperativen Auftragsabwicklung sind in Abbildung 114 dargestellt.

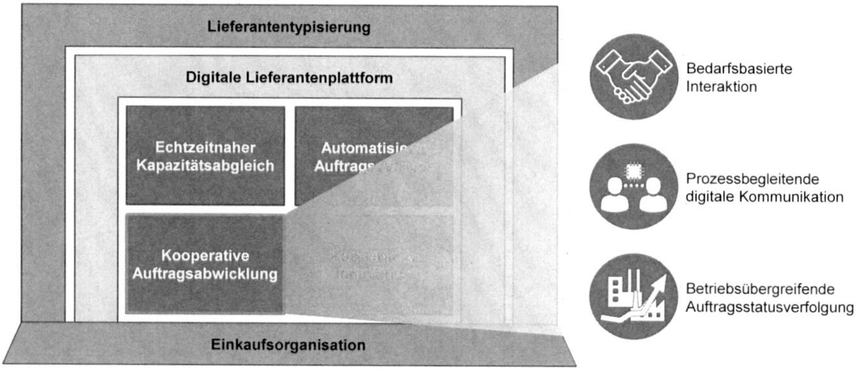

Abbildung 114: Gestaltungsaspekte der kooperativen Auftragsabwicklung

Im Rahmen der kooperativen Auftragsabwicklung erfolgt eine kontinuierliche und **bedarfsorientierte Interaktion** zwischen Kunde und Lieferant. Die Kooperationsintensität variiert hierbei bedarfsgerecht. Um bei erhöhter Interaktionshäufigkeit nicht deutlich höhere Kosten zu verursachen, muss eine **prozessbegleitende digitale Kommunikation** genutzt werden. Dies umfasst bereits etablierte digitale Kommunikationsmittel, wie beispielsweise Videokonferenzen, bis hin zu neuen Kommunikationsmitteln (z. B. AR-Brillen). Zudem fokussiert der kooperative Auftragsabwicklungsprozess eine kontinuierliche **betriebsübergreifende Auftragsstatusverfolgung**. Hierbei werden kunden- und lieferantenseitig Wertschöpfungsketten (vgl. Kapitel 2.3.3.1) systematisch überwacht.

---

[656] Vgl. Gizanis (Kooperative Auftragsabwicklung), 2006, S. 31

Im Folgenden wird zunächst das notwendige Grundverständnis für das Gestaltungselement kooperative Auftragsabwicklung geschaffen. Die drei Gestaltungsaspekte werden in den Kapiteln 5.3.3.2 bis 5.3.3.4 beschrieben.

5.3.3.1 Grundlagen

Nach GIZANIS ist eine durchgängige Zusammenarbeit von in- und externen Geschäftseinheiten während der Auftragsabwicklung eine kooperative Auftragsabwicklung. Daher erfolgt eine Bündelung der Leistungen verschiedener Leistungserbringer, welche die Auftragsabwicklung entsprechend der Bedürfnisse eines Kunden ausrichten. Durchgängige Prozess- und Informationsflüsse bilden die notwendige Ausgangsbasis. Die kooperative Auftragsabwicklung umfasst somit den Einbezug externer Lieferanten in die Leistungserstellung.[657]

KILLICH unterscheidet verschiedene **Formen von Kooperationen** anhand der Merkmale Richtung, Ausdehnung, Bindungsintensität, Zeitdauer und der an der Kooperation beteiligten Unternehmensfunktionen.[658] Um ein Grundverständnis für die Form der Kooperation zu schaffen, wird das Gestaltungselement kooperative Auftragsabwicklung in Abbildung 115 anhand der von KILLICH definierten Kooperationsmerkmale eingeordnet. Es werden sowohl Prozesse auf der gleichen Ebene der Wertschöpfungskette als auch aufeinander folgende Prozesse betrachtet. Folglich kommt es im Rahmen der kooperativen Auftragsabwicklung zu horizontalen und vertikalen Kooperationen (vgl. Kapitel 2.1.1.2).

Merkmal	Ausprägung					
Richtung	horizontal	vertikal	lateral			
Ausdehnung	lokal	regional	national	global		
Bindungsintensität	gering	moderat	hoch			
Verbindlichkeit	Absprache	Vertrag	Kapitalbeteiligung			
Zeitdauer	temporär	unbegrenzt				
Zielidentität	redistributiv	reziprok				
Funktionen	F&E	Vertrieb	Einkauf	Marketing	Produktion	Sonstige

Legende: ■ Relevante Ausprägung für eine kooperative Auftragsabwicklung im Werkzeugbau

Abbildung 115: Einordnung kooperativer Auftragsabwicklung[659]

In der Branche Werkzeugbau sind alle Arten der Ausdehnung, von lokalen bis zu globalen Kooperationen, möglich. Die Bindungsintensität ist als moderat einzustufen, da die kooperationsrelevanten Aktivitäten mit den Lieferanten teilweise abgestimmt werden, aber ein Teil der Aktivitäten auch unabgestimmt dem jeweiligen Unternehmen obliegt. Für eine Verbindlichkeit

[657] Vgl. Gizanis (Kooperative Auftragsabwicklung), 2006, S. 31

[658] Vgl. Killich (Formen der Unternehmenskooperation), 2011, S. 18

[659] Eigene Darstellung, i. A. a. Killich (Formen der Unternehmenskooperation), 2011, S. 18

im Rahmen der kooperativen Auftragsabwicklung werden Verträge mit definierten Leistungsumfängen genutzt. Die Kooperation endet somit mit der vollständigen Leistungserbringung durch den Lieferanten und ist folglich temporär. Jedoch kann eine erneute Kooperation auf Basis eines neuen Vertrags jederzeit beginnen. Die kooperative Auftragsabwicklung stellt eine reziproke Kooperation dar, da es zu einem Austausch von Leistungen kommt. Je nach Leistungsumfang sind Werkzeugengineering und Werkzeugproduktion (vgl. Kapitel 2.3.3.1) an der kooperativen Auftragsabwicklung beteiligt. Zudem ist eine Beteiligung des Projektmanagements möglich.

Für eine kooperative Auftragsabwicklung ist eine effiziente betriebsübergreifende Kommunikation und Koordination von zentraler Bedeutung.[660] Zur Beschreibung von Kommunikation hat sich die **LASSWELL-Formel** etabliert. Sie lautet: „Wer sagt was in welchem Kanal zu wem mit welchem Effekt?“[661] Basierend auf dieser Standardformel wird deutlich, dass im Rahmen der kooperativen Auftragsabwicklung festgelegt werden muss, in welchen Situationen und zwischen welchen Beteiligten eine Kommunikation stattfindet. Zudem sind Kommunikationsmittel und -zweck zu definieren. Diese Punkte werden im Rahmen der Gestaltungsaspekte bedarfsorientierte Interaktion und prozessbegleitende digitale Kommunikation nachfolgend detailliert.

5.3.3.2 Bedarfsorientierte Interaktion

Die kooperative Auftragsabwicklung basiert auf einer Arbeitsteilung zwischen einem Werkzeugbaubetrieb und einem Lieferanten sowie einer engen Abstimmung innerhalb der einzelnen Prozessschritte. Insbesondere sind in diesem Zusammenhang eine detaillierte Klärung von Auftragsspezifikationen sowie die Erarbeitung und Abstimmung von Problemlösungen erforderlich. Im Rahmen der Auslegung der Interaktionsintensität sind zwei gegenläufige Aspekte zu berücksichtigen:

- **Erfüllung des Informationsbedarfs:** Für die Erreichung von Qualitäts-, Termin-, Innovations- und Prozesskostenzielen müssen dem Lieferanten alle Informationen zur Verfügung stehen. Zusätzlich ermöglicht eine Unterstützung durch den Lieferanten in Form von Workshops und Schulungen eine Verbesserung der Zielerreichung.
- **Vermeidung von Kommunikationsaufwand:** Kommunikation führt im ersten Schritt sowohl für den Kunden als auch für den Lieferanten zu Zeitaufwänden des Personals und somit auch zu Kosten. Daher ist der Kommunikationsaufwand im Sinne einer Ressourcenschonung auf ein sinnvolles Maß zu begrenzen.

Anhand dieser Ziele wird deutlich, dass die Herausforderung darin besteht, eine bedarfsorientierte Interaktion zu gestalten. Die Rahmenbedingungen der bedarfsorientierten Interaktion werden in Abbildung 116 zusammenfassend dargestellt.

---

[660] Vgl. Kleinert (Bewertung der kapazitiven Lieferantenflexibilität), 2011, S. 48 ff.

[661] Vgl. Lasswell (Structure and Function of Communication), 1964, S. 37

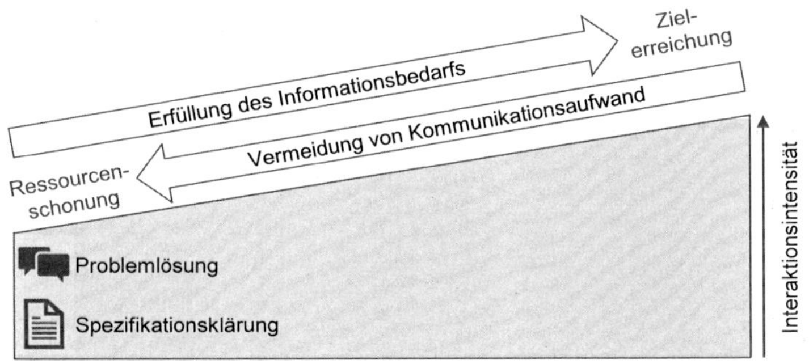

Abbildung 116: Rahmenbedingungen bedarfsorientierter Interaktion

Die Interaktionsintensität ist in Abhängigkeit des jeweiligen Prozessschritts sowie der Auftragskomplexität zu gestalten. Hierzu wird die in Kapitel 2.3.3.1 eingeführte Wertschöpfungskette weiter in operative Tätigkeiten unterteilt. Für jede Tätigkeit wird der auftragsunabhängige Interaktionsbedarf betrachtet. Dieser wird anhand der Bewertungsstufen „nicht vorhanden", „sehr gering", „gering", „hoch" und „sehr hoch" bewertet. Ob eine Regelkommunikation erforderlich ist, wird in Abhängigkeit des jeweiligen Auftrags festgelegt. Dazu wird jeder Auftrag einer von **drei Komplexitätsstufen** zugeordnet. In Abhängigkeit der Auftragskomplexität erfolgt die Festlegung der auftragsspezifischen Regelkommunikation zwischen den Fachabteilungen des Werkzeugbaubetriebs und des Lieferanten:

- Stufe 1 umfasst Aufträge, welche den Lieferanten vor neuartige Anforderungen stellen und hohe Qualitätsanforderungen beinhalten. Regelkommunikation ist bei geringem, hohem und sehr hohem allgemeinen Interaktionsbedarf zu nutzen.
- Stufe 2 umfasst Aufträge, welche ähnlich zu bisherigen Aufträgen des Lieferanten sind und hohe Qualitätsanforderungen beinhalten. Regelkommunikation ist bei hohem und sehr hohem allgemeinen Interaktionsbedarf zu nutzen.
- Stufe 3 umfasst Wiederholaufträge und Aufträge mit geringen Qualitätsanforderungen. Regelkommunikation ist bei sehr hohem allgemeinen Interaktionsbedarf zu nutzen.

Die Unterscheidung zwischen hohen und geringen Qualitätsanforderungen ist nicht allgemein definierbar, da alle werkzeugspezifischen Maß-, Form- und Lage- sowie Oberflächentoleranzen zu berücksichtigen sind. Grenzwerte sind daher einmalig unternehmensindividuell zu definieren. Abbildung 117 stellt die Zusammenhänge zusammenfassend dar und zeigt beispielhaft die Auslegung der Regelkommunikation für einen Auftrag der Komplexitätsstufe 2. In diesem Fall würde eine Regelkommunikation im Rahmen von Methodenplanung, Simulation, CAD-Konstruktion, Musterung und Korrekturmaßnahmenableitung stattfinden. Die Auswahl des hierfür bestgeeigneten Kommunikationsmittels ist in Kapitel 5.3.3.3 beschrieben.

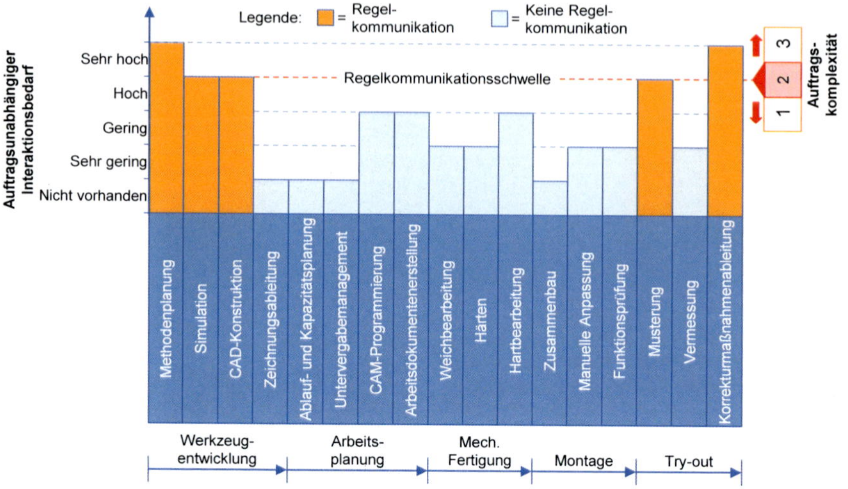

Abbildung 117: Auslegung bedarfsorientierter Interaktion

Anhand von Abbildung 117 wird deutlich, dass Methodenplanung und Korrekturmaßnahmenableitung stets zwischen Werkzeugbaubetrieb und Lieferant abzustimmen sind. Darüber hinaus ist die dargestellte Gestaltung der Interaktion im Rahmen einer kooperativen Auftragsabwicklung deutlich flexibler als etablierte Stage-Gate-Prozesse. Zudem kann die Auslegung leicht um eine Bewertung der Lieferanten ergänzt werden. So kann beispielsweise die Regelkommunikationsschwelle für den Lieferantentyp Qualitätsgarant (vgl. Kapitel 5.1.1.3) gegenüber der bisherigen Auslegung um eine Stufe nach oben gesetzt werden. Insgesamt ergibt sich daraus eine bedarfsorientierte Interaktion, welche im folgenden Abschnitt hinsichtlich des Kommunikationsmittels ausgelegt wird.

5.3.3.3 Prozessbegleitende digitale Kommunikation

Im Rahmen des Gestaltungsaspekts bedarfsorientierte Interaktion werden Zeitpunkt und Intensität von Kommunikationsaktivitäten festgelegt. Nachfolgend wird hingegen die Auswahl digitaler Kommunikationsmittel zur Unterstützung und Vereinfachung der kooperativen Auftragsabwicklung fokussiert. Eine prozessbegleitende digitale Kommunikation ist ein zentraler Erfolgsfaktor für eine kooperative Auftragsabwicklung. Dass die **Auswahl des bestgeeigneten Kommunikationsmittels** hierfür von zentraler Bedeutung ist, wird durch die Analyse der bereits in Kapitel 5.3.3.1 vorgestellten LASSWELL-Formel deutlich.

Die Auswahl des Kommunikationsmittels sollte **in Abhängigkeit von der Komplexität** des fremdvergebenen Prozessschritts erfolgen. Daher wird die Kommunikationsmittelauswahl für jede kooperative Auftragsabwicklung individuell ausgelegt. Persönliche Meetings, Telefon und E-Mail sind als Kommunikationsmittel zwischen Werkzeugbaubetrieben und Lieferanten etabliert. Zudem werden Videokonferenzen zunehmend genutzt. Applikationen für mobile Endgeräte (sogenannte Apps), digitale Plattformen sowie VR- und AR-Brillen bieten neue Möglichkeiten für die zwischenbetriebliche Kommunikation.[662] VR-Brillen simulieren eine dreidimensionale virtuelle Realität (VR). AR-Brillen nutzen hingegen AR (Augmented Reality (deut.: erweiterte Realität)) und kombinieren die Realität mit virtuellen Elementen.[663]

Für die Auswahl des Kommunikationsmittels für die jeweilige zwischenbetriebliche Kommunikation sind sechs Anforderungen zu berücksichtigen. Die Bewertung erfolgt analog zu Kapitel 3.1.1 anhand einer 5-stufigen LIKERT-Skala. Die Bewertungskriterien und -ergebnisse werden nachfolgend erläutert und anschließend visuell dargestellt.[664]

- Die Anforderung **Echtzeitfähigkeit** bewertet, inwieweit die Kommunikation zeitgleich empfangen und verarbeitet werden kann. Das Kriterium weist für Meetings, Telefon, Videokonferenzen und VR/AR-Brillen einen hohen Erfüllungsgrad auf. E-Mails hingegen ermöglichen nur eine zeitlich versetzte Kommunikation.
- Die Anforderung **Interaktionslevel** bewertet die Einfachheit der Interaktion zwischen den Nutzern. Persönliche Meetings bieten das höchste Interaktionslevel. Es folgen Videokonferenzen sowie die Kommunikation mit Hilfe von AR/VR-Brillen.
- Die Anforderung **Datensicherheit** bewertet, wie gut Kommunikationsinhalte gegen den Zugriff von nicht beteiligten Personen geschützt werden können. Diesbezüglich ist anzumerken, dass die tatsächliche Datensicherheit stark vom Verhalten der Nutzer abhängig ist. Daher unterscheiden sich die Bewertungen nur geringfügig.
- Die Anforderung **Mobilität** bewertet, wie einfach ein Kommunikationsmittel genutzt werden kann, während andere Tätigkeiten ausgeführt werden. Beispielsweise kann ein Werkzeugmacher bei Nutzung einer AR-Brille sowie einem persönlichen Meeting weiterhin beide Hände zum Arbeiten nutzen. Alle anderen Kommunikationsmittel sind hingegen an stationäre Einrichtungen, wie z. B. ein Videokonferenzsystem, gebunden.
- Die Anforderung **Verfügbarkeit** bewertet die Disponibilität der benötigten Hilfsmittel und des Personals. Zum Beispiel sind E-Mails mit Hilfe von Computern oder Mobiltelefonen verfügbar, während aktuell wenige Firmen über AR- oder VR-Brillen verfügen. Für persönliche Meetings gibt es keine technischen Anforderungen, aber der Zeitaufwand für Dienstreisen ist hoch. Dies begründet den sehr geringen Erfüllungsgrad.
- Die Anforderung **Kosten** bewertet die Höhe der Initialkosten und die Kosten pro Kommunikationsvorgang. Geringe Kosten führen zu einem hohen Erfüllungsgrad. Für Apps, digitale Plattformen, VR- und AR-Brillen sind die Initialkosten für Softwareprogrammierung und Hardware sehr hoch, aber die Kosten pro Nutzung gering. Persönliche Meetings weisen hingegen in Folge von Reisekosten sehr hohe Kosten pro Kommunikationsvorgang auf.

Abbildung 118 stellt die Bewertung der Kommunikationsmittel anhand der vorgestellten Kriterien zusammenfassend dar. Zur Visualisierung werden die bereits in Kapitel 3.1.1 eingeführten Harvey Balls genutzt.

[662] Vgl. Bruderer et al. (Kommunikationswandel), 2018, S. 21 ff.

[663] Vgl. Taupiac et al. (Immercity), 2018, S. 223

[664] Vgl. Schuh et al. (Cooperative Order Processing), 2018, S. 105 ff.

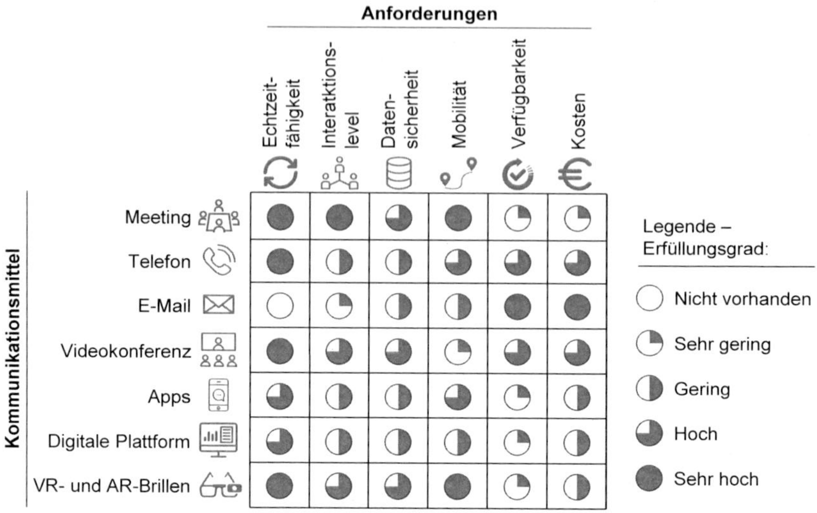

Abbildung 118: Evaluation relevanter Kommunikationsmittel[665]

Auf Basis der Evaluation relevanter Kommunikationsmittel ist eine Auswahl des bestgeeigneten Kommunikationsmittels möglich. Hierzu ist die **Relevanz der vorgestellten Anforderungen** für die einzelnen Schritte der Wertschöpfungskette zu bewerten. Da die Relevanz der Anforderungen stark von der Komplexität des fremdvergebenen Produkts und Prozessschritts abhängt, kann die Bewertung nur beispielhaft beschrieben werden.[666]

Als **Beispiel** wird die Fremdvergabe eines kompletten Spritzgusswerkzeugs für das Gehäuse eines Autoscheinwerfers von einem deutschen Werkzeugbaubetrieb an einen chinesischen Werkzeugbaubetrieb betrachtet. Der chinesische Werkzeugbaubetrieb arbeitet somit als Komplettwerkzeuglieferant des deutschen Kunden, während der deutsche Werkzeugbaubetrieb weiterhin gegenüber dem Endkunden für Qualität, Termintreue und Berichterstattung verantwortlich ist. Folglich ist ein Prozess zur Sicherstellung eines effizienten kooperativen Austauschs notwendig.

Die Auswahl des Kommunikationsmittels für die jeweiligen Prozessschritte wird anhand des vorgestellten Beispiels in Abbildung 119 dargestellt. Als Prozessschritte werden die Phasen Werkzeugentwicklung (WZ-Entwicklung), Arbeitsplanung und Werkzeugproduktion betrachtet. Aufgrund der unterschiedlichen Anforderungen wird die Phase Werkzeugproduktion unterteilt in mechanische Fertigung, Montage und Try-out dargestellt.

---

[665] i. A. a. Schuh et al. (Cooperative Order Processing), 2018, S. 105

[666] Vgl. Schuh et al. (Cooperative Order Processing), 2018, S. 106 f.

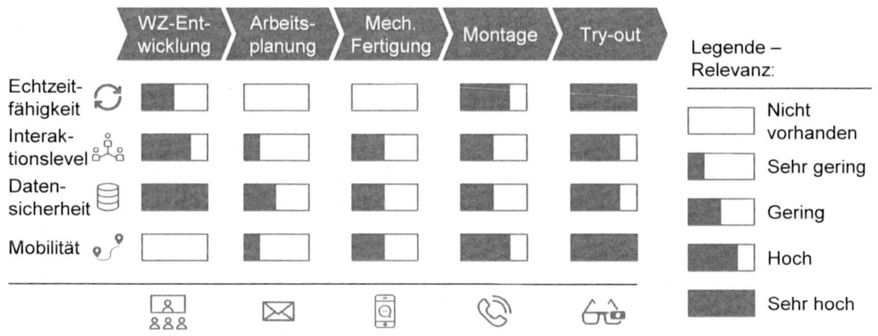

Abbildung 119: Beispielhafte Kommunikationsmittelauswahl[667]

Die dargestellte Kommunikationsmittelauswahl ist beispielhaft. Für wenige komplexe Prozessschritte und Werkzeuge sind häufig einfache Kommunikationsmittel und eine geringe Kommunikationshäufigkeit ausreichend. Daher muss die Auswahl des Kommunikationsmittels individuell erfolgen. Im Rahmen der kooperativen Auftragsabwicklung ist zudem **unabhängig vom Prozessschritt die Nutzung einer digitalen Plattform**, auf der alle relevanten Daten sowie der aktuelle Auftragsstatus hinterlegt ist, in Betracht zu ziehen. Die hiermit verbundenen Funktionalitäten sind auch als Unterfunktion der in Kapitel 5.2.1 vorgestellten Lieferantenplattform realisierbar. Sie werden im nachfolgend beschriebenen Gestaltungsaspekt aufgegriffen.

5.3.3.4 Betriebsübergreifende Auftragsstatusverfolgung

Bereits heute werden in vielen Werkzeugbaubetrieben Informationen bezüglich des aktuellen Auftragsstatus auf dem Shopfloor oder in Informationssystemen bereitgestellt.[668] Häufig werden Informationen über den Auftragsstatus bei Fremdvergaben jedoch nicht berücksichtigt und es entstehen Probleme oder Verzögerungen bei späteren Prozessschritten. Dieser Problematik ist durch eine **datenbasierte Informationsbereitstellung** im Rahmen einer betriebsübergreifenden Auftragsstatusverfolgung entgegenzuwirken. Die datenbasierte Informationsbereitstellung muss nach SALMEN folgende Eigenschaften besitzen:[669]

- Aktualität: Informationen werden mit geringem Zeitverzug bereitgestellt.
- Widerspruchsfreiheit: Informationen widersprechen sich nicht gegenseitig.
- Anforderungsgerechtheit: Art der Information und Darstellungsweise sind anwenderkonform gestaltet.

Die Aktualität der betriebsübergreifenden Auftragsstatusverfolgung ist durch eine echtzeitnahe Informationsbereitstellung zu gewährleisten. Hierzu werden idealerweise die Daten aus den Planungssystemen des Werkzeugbaubetriebs mit den Systemen der Lieferanten verbunden. Zukünftig ist eine Verknüpfung der jeweiligen cyber-physischen Systeme in den Unternehmen

---

[667] i. A. a. Schuh et al. (Cooperative Order Processing), 2018, S. 106

[668] Vgl. Salmen (Digital vernetzter Shopfloor), 2016, S. 149

[669] Vgl. Salmen (Digital vernetzter Shopfloor), 2016, S. 149

(vgl. Kapitel 2.2.2.1) im Rahmen des Internet der Dinge und Dienste (vgl. Kapitel 2.2.2.2) möglich. Die zuvor beschriebene Lieferantenplattform kann hierfür eine Ausgangsbasis bilden und eine anschließende Untersuchung mit Hilfe von Datenanalyse-Algorithmen (vgl. Kapitel 2.2.2.3) ermöglichen. Durch die beschriebene Verknüpfung von Informationssystemen von Kunden und Lieferanten wird zudem die Widerspruchsfreiheit sichergestellt. Auf Basis der Vernetzung und Synchronisierung aller relevanten Datenquellen wird ein verifizierter Datenstand erreicht, der als Entscheidungsbasis dienen kann. Ein solcher Datenstand wird auch als Single Source of Truth bezeichnet. Die Anforderungsgerechtheit wird durch eine Beschränkung auf besonders relevante Informationen sowie eine einfache und intuitive Darstellung sichergestellt.

Auf Basis der Darstellung der digitalen Auftragsstatusverfolgung ist eine variable Granularität der Informationsdarstellung möglich. Auf dieser Basis ist eine Anwendung der Prinzipien Watchdog und Drill-Down möglich. Das **Watchdog-Prinzip** umfasst eine automatisierte Auswertung von Prozessen. Beim Über- oder Unterschreiten von zuvor definierten Grenzwerten wird eine automatische Information an den Verantwortlichen gesendet. In Folge entfällt die manuelle Überwachung der Grenzwerteinhaltung. Das Watchdog-Prinzip lässt sich mit dem Drill-Down-Prinzip kombinieren. Das **Drill-Down-Prinzip** ermöglicht es, zunächst in vordefinierten Auswertestrukturen einen Grobbereich zu betrachten und dann in Teilbereichen immer detailliertere Informationen abzurufen.[670]

Die Anforderungsgerechtheit wird zudem durch die Auswahl des Informationsdarstellungssystems beeinflusst. Hierfür kommen Laptopbildschirme, große Bildschirme mit Touch-Funktionalität, Tablet-Computer sowie VR- und AR-Brillen in Betracht. Mit allen diesen Systemen ist zudem eine anwenderspezifische Darstellung der Informationen möglich. Idealerweise lassen sich die Informationen der betriebsübergreifenden Auftragsstatusverfolgung auf verschiedenen Endgeräten anzeigen. Hierbei ist zu beachten, dass die Darstellungsweise für jedes Endgerät optimiert werden muss. Dies gilt insbesondere für die nutzerkonforme Darstellung von Kennzahlen und Informationen durch eine intuitive Nutzung von Farben und Symbolen.[671]

Neben den beschriebenen Prinzipien ist bei der Auslegung einer digitalen betriebsübergreifenden Auftragsstatusverfolgung zu berücksichtigen, dass Kunden und Lieferanten unterschiedliche **Funktionen** benötigen. Lediglich eine übergeordnete Profil- und Auftragsverwaltung werden in jedem Fall benötigt. Für die weiteren Hauptfunktionen des beispielhaft ausgestalteten, digitalen Informationsboards zur betriebsübergreifenden Auftragsstatusverfolgung sind die Funktionen jeweils aufeinander abgestimmt auszulegen. So muss es Lieferanten möglich sein, manuell eine Statusmeldung einzutragen, falls eine Verknüpfung zu einem Planungssystem nicht vorhanden ist. Die angegebenen Statusinformationen können anschließend über die Funktion Statusprüfung vom Kunden aufgerufen werden. Weiterhin ist eine Fehlerverwaltungsfunktion mit Funktionen zur Fehlermeldung und Fehlerprüfung vorzusehen. Ergänzend

[670] Vgl. Büttner & Brück (Use Case Industrie 4.0), 2017, S. 64 f.

[671] Vgl. Salmen (Digital vernetzter Shopfloor), 2016, S. 151 f.

kann eine Chatfunktion zum Stellen und Beantworten von Fragen genutzt werden.[672] Ein Dashboard mit den beschriebenen Funktionen ist anhand eines Beispielauftrags in Abbildung 120 dargestellt.

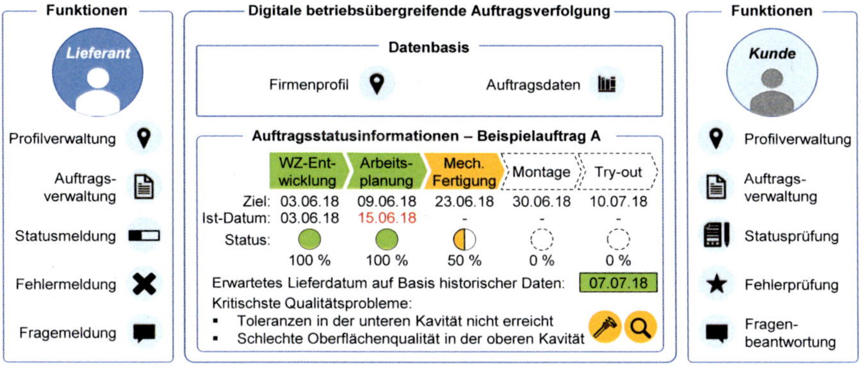

Abbildung 120: Digitale betriebsübergreifende Auftragsstatusverfolgung[673]

Für die Darstellung des Auftragsstatus wird eine vereinfachte Wertschöpfungskette mit den Phasen Werkzeugentwicklung, Arbeitsplanung, mechanische Fertigung, Montage und Try-out genutzt. Für jede der Phasen werden Ziel-Datum, Ist-Datum und der Status als Angabe des Fortschritts innerhalb des jeweiligen Arbeitsschritts angegeben. Sobald ein Ziel-Datum nicht erreicht wurde, wird das Ist-Datum farblich hervorgehoben und der Kunde erhält nach vordefinierten Regeln eine automatische Information. Zusätzlich kann auf Basis historischer Daten ein erwartetes Lieferdatum errechnet werden, wenn hierzu ausreichend große Datenmengen ähnlicher Werkzeuge vorliegen (Big Data Analytics). Die Angabe der bisher aufgetretenen kritischsten Qualitätsprobleme schafft zusätzlich Transparenz.

Die dargestellte betriebsübergreifende Auftragsstatusverfolgung kann zudem direkt mit einem betriebsübergreifenden Fehlermanagement verknüpft werden. Im Rahmen eines solchen Fehlermanagements werden auftretende Qualitätsprobleme in Abstimmungen mit Experten der Lieferanten sowie des Werkzeugbaubetriebs ausgewertet. Zusätzlich stellen alle Partnerunternehmen Daten für algorithmenbasierte Analysen zur Verfügung.

5.3.4 Kooperative Innovation

Die Entwicklung von Innovationen ist für Werkzeugbaubetriebe vor dem Hintergrund der aktuellen Herausforderungen von zentraler Bedeutung (vgl. Kapitel 2.3.4). Werkzeugbaubetriebe sind jedoch häufig aufgrund ihrer vergleichsweise geringen Unternehmensgröße hinsichtlich der Ressourcen, welche für Innovationsprojekte aufgewendet werden können, eingeschränkt. In Folge dessen ist die Bearbeitung komplexer Innovationsprojekte, wie beispielsweise die Entwicklung intelligenter Werkzeuge mit integrierter Sensorik und Aktorik, nur eingeschränkt

[672] Vgl. Schuh et al. (Cooperative Order Processing), 2018, S. 108

[673] Schuh et al. (Cooperative Order Processing), 2018, S. 108

möglich. Vor diesem Hintergrund sind kooperative Innovationen, welche in Zusammenarbeit eines Werkzeugbaubetriebs mit anderen Unternehmen entstehen, von zentraler Bedeutung. Die drei Gestaltungsaspekte des Gestaltungselements kooperative Innovation sind in Abbildung 121 dargestellt.

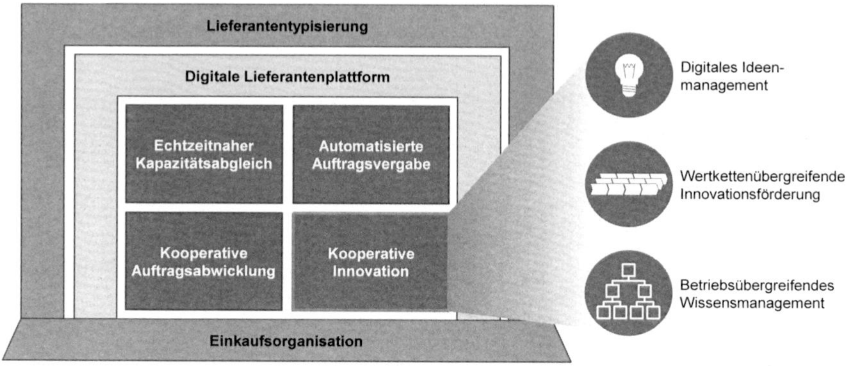

Abbildung 121: Gestaltungsaspekte der kooperativen Innovation

Der erste Gestaltungsaspekt ist das **digitale Ideenmanagement**. Hierzu werden Innovationsideen in Form von beispielsweise ersten Konzeptentwürfen oder Kundenwünschen in einem Bereich der digitalen Lieferantenplattform erfasst. Durch die Zusammenführung der Ideen verschiedener Unternehmen und die digital unterstützte Clusterung der Ideen, wird die Ausgangsbasis zur Schaffung von Innovationen verbessert. Die Weiterverfolgung der Ideen und die sich daraus ergebenden Inventionen werden innerhalb des Gestaltungsaspekts **wertkettenübergreifende Innovationsförderung** thematisiert. Der Fokus liegt hierbei auf einer effizienten Aufteilung der Entwicklungsaufgaben auf verschiedene Unternehmen sowie einer zielgerichteten Durchführung von gemeinsamen Workshops. Insbesondere lassen sich hierdurch interdisziplinäre Fragestellungen besser bearbeiten. Die Entwicklung von kooperativen Innovationen wird zusätzlich durch **ein betriebsübergreifendes Wissensmanagement** unterstützt. Im Rahmen dessen werden Ergebnisse von Innovationsprojekten betriebsübergreifend zur Verfügung gestellt und so eine kontinuierliche Veränderung und Optimierung initiiert. Die Gestaltungsaspekte des Gestaltungselements kooperative Innovation adressieren somit jeweils einen der Schritte des nachfolgend in Kapitel 5.3.4.1 beschriebenen Innovationsprozesses.

Im Folgenden wird zunächst das notwendige Grundverständnis für das Gestaltungselement kooperative Innovation geschaffen. Die drei Gestaltungsaspekte werden anschließend in den Kapiteln 5.3.4.2 bis 5.3.4.4 beschrieben.

5.3.4.1 Grundlagen

Um ein Grundverständnis zu schaffen wird nachfolgend zunächst der Begriff Innovation definiert. Nach TROTT entsteht eine **Innovation** grundsätzlich aus einer Idee, welche folglich den Ausgangspunkt des Innovationsprozesses darstellt. Die Idee selbst ist zunächst ein Konzept, ein Gedanke oder eine Sammlung von Gedanken. Sie kann im betrachteten Kontext eine Lösung zu einem bekannten Problem, eine grundlegende Neuschöpfung oder die neuartige

Kombination bekannter Bestandteile darstellen. Damit eine Idee verarbeitet werden kann, muss sie verständlich beschrieben und dokumentiert werden.[674] Die Umsetzung der Idee in ein Produkt, eine Dienstleistung oder einen Prozess wird als Invention bezeichnet.[675] Wird eine Invention als Neuheit wahrgenommen, die das Potenzial besitzt, ihr bestehendes Marktumfeld zu verändern, so wird eine Invention als Innovation (lateinisch: innovatio = Erneuerung, Veränderung) beschrieben.[676] Der Zusammenhang der Begrifflichkeiten ist in Abbildung 122 zusammenfassend dargestellt.

Abbildung 122: Phasen des Innovationsprozesses[677]

Entsprechend der Definition von Innovation als Veränderung wird deutlich, dass Innovationen unterschiedlicher Formen relevant sind. Durch die Weiterentwicklung bestehender oder die Entwicklung neuer Produkte bzw. Dienstleistungen entstehen Produkt- und Serviceinnovationen. Neuartige Leistungsangebote gehen in der Regel mit innovativen Prozessen, wie z. B. der Nutzung des 3D-Druckverfahrens in der Fertigungsprozesskette, einher, welche als Prozessinnovation bezeichnet werden. Darüber hinaus resultiert die Umsetzung einer Innovation gegebenenfalls in umfangreichen Veränderungen der Aktivitäten und Abläufe auf mehreren Ebenen innerhalb einer Organisation, sodass eine organisationale Innovation beschrieben werden kann.[678]

Eine **kooperative Innovation** ist eine Innovation, welche in Zusammenarbeit mit einem oder mehreren Lieferanten entsteht. In der Literatur wird hierfür teilweise auch der Begriff Lieferanteninnovation verwendet. Für eine detailliertere Diskussion der relevanten Begrifflichkeiten sei auf WINTER verwiesen.[679] Im Rahmen dieser Arbeit werden unter kooperativen Innovationen und dem namensgleichen Gestaltungselement alle Aktivitäten im Rahmen eines Innovationsprozesses verstanden, die sowohl vom Kunden als auch vom Lieferanten umgesetzt werden. Kooperative Innovationen beziehen sich hierbei auf Produkt-, Service- und Prozessinnovationen.

---

674 Vgl. Trott (Innovation Management), 2017, S. 15

675 Vgl. Müller-Prothmann & Dörr (Innovationsmanagement), 2014, S. 7

676 Vgl. Schuh & Bender (Grundlagen des Innovationsmanagements), 2012, S. 2

677 Vgl. Trott (Innovation Management), 2017, S. 15

678 Vgl. Trott (Innovation Management), 2017, S. 16 ff.

679 Vgl. Winter (Management von Lieferanteninnovationen), 2014, S. 26 ff.

Kundenseitig ist das Ziel von kooperativen Innovationen die Ermöglichung von Preiserhöhungen oder Kostensenkungen. Zudem lassen sich Entwicklungszeiten durch die enge Einbindung von Lieferanten senken.[680] Lieferanten versuchen durch kooperative Innovationen ihren Umsatz mit dem jeweiligen Kundenunternehmen zu erhöhen.[681] Somit entstehen durch kooperative Innovationen beidseitige Vorteile.

5.3.4.2 Digitales Ideenmanagement

Das digitale Ideenmanagement dient zur Sammlung und Verwaltung von Ideen für kooperative Innovationen. Ideen entstehen in Werkzeugbaubetrieben häufig ausgehend von operativen Prozessen und dem umfangreichen (Erfahrungs-)Wissen der Mitarbeiter. Durch das digitale Ideenmanagement wird eine Möglichkeit zur Integration von Lieferanten in den Innovationsprozess des Werkzeugbaubetriebs geschaffen. Um Mitarbeiter zu motivieren, ihre Ideen zu teilen, muss das Eintragen von Ideen möglichst einfach sein. Daher bietet sich die Nutzung eines **Online-Portals zum digitalen Ideenmanagement**, welches per Webbrowser erreicht werden kann, an. Zudem wird über ein Online-Portal ein einfaches Management von Zugangsrechten ermöglicht. Die Struktur des Online-Portals zum digitalen Ideenmanagement ist in Abbildung 123 dargestellt und wird nachfolgend detailliert beschrieben.

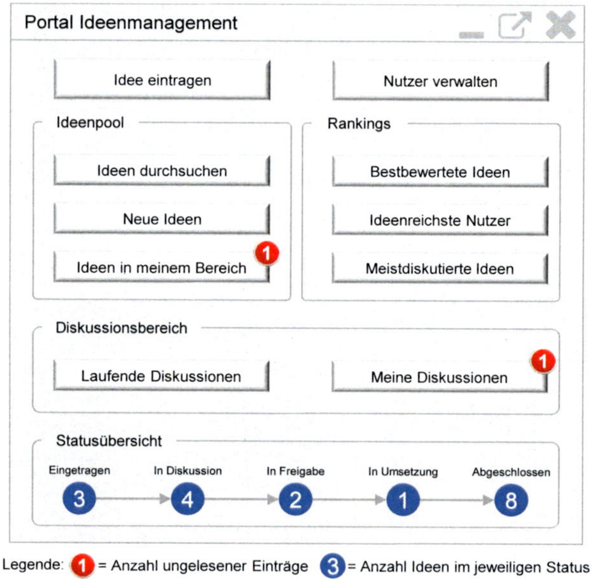

Abbildung 123: Startseite eines Online-Portals für Ideenmanagement

[680] Vgl. Eggers (Produktentwicklung mit Lieferanten), 2017, S. 73 f.

[681] Vgl. Batran et al. (Procurement 4.0), 2017, S. 21

Das Ideenportal ist in seinem strukturellen Aufbau für alle Nutzer sowohl auf Kunden- als auch auf Lieferantenseite gleich. Dennoch ist zwischen Nutzern und Moderatoren sowohl auf Kunden- als auch auf Lieferantenseite zu unterscheiden. Unterschiede bestehen hinsichtlich der Zugriffsrechte und des Betrachtungsbereichs der angezeigten Informationen. Eine Umsetzung und Verwaltung des nachfolgend beschriebenen Ideenportals kann sowohl durch einen Werkzeugbaubetrieb selbst erfolgen als auch als Unterfunktion in einer marktverfügbaren digitalen Lieferantenplattform integriert werden. Das Online-Portal gliedert sich in die nachfolgenden **fünf Funktionsbereiche**:

- Übergeordnete Funktionen,
- Ideenpool,
- Rankings,
- Diskussionsbereich und
- Statusübersicht.

Die beiden **übergeordneten Funktionen** sind „Ideen eintragen" und „Nutzer verwalten". Das Eintragen von Ideen ist möglichst nutzerfreundlich zu gestalten, daher erfolgt die Beschreibung der Ideen in Stichworten sowie unter optionaler Zuhilfenahme eines Uploads von Fotos, Videos, CAD-Daten oder Handskizzen. Für die Einordnung der Idee wird in Dropdownmenüs eine Zuordnung zu betroffenen Bereichen vorgenommen. Zudem werden der Ideengeber und der Zeitpunkt der Eintragserstellung automatisch erfasst. Dies ist für die spätere Klärung von Patent- und Nutzungsrechten von Bedeutung. Die Funktion „Nutzer verwalten" dient zum Anlegen von neuen Nutzern und zum Management der Nutzerdaten sowie der Zugangsrechte. Jeder Nutzer kann hierbei seine eigenen Nutzerdaten verändern. Das Anlegen von Nutzern und Verändern von Zugangsrechten ist nur durch Moderatoren möglich. Diesbezügliche Veränderungen seitens eines Lieferanten müssen, bevor sie wirksam werden, durch einen kundenseitigen Moderator freigegeben werden.

Der Funktionsbereich **Ideenpool** gliedert sich in drei Funktionen. Die Funktion „Ideen durchsuchen" dient zum Abgleich, ob vergleichbare Ideen in der Vergangenheit bereits betrachtet wurden. Hierzu werden Suchbegriffe mit den Texteinträgen zu allen bisher eingereichten Ideen abgeglichen. Lieferanten können über die Suchfunktion nur Ideen sehen, für die sie Leserechte erhalten haben. Dies sind in der Regel alle Ideen, welche ein Lieferant selbst vorgeschlagen hat sowie zusätzlich seitens des Kunden freigeschaltete Ideen. Die Funktion „Neue Ideen" bietet eine Übersicht über alle Ideen, welche seit dem letzten Login des jeweiligen Nutzers angelegt wurden. Die Funktion „Ideen in meinem Bereich" bietet eine Übersicht aller Ideen, welche dem Tätigkeitsbereich des jeweiligen Nutzers zugeordnet wurden.

Ebenfalls in drei Funktionen unterteilt ist der Funktionsbereich **Rankings**. Der Bereich dient überwiegend dazu, Transparenz zu schaffen sowie die Motivation der Nutzer durch spielerische Elemente zu erhöhen. Hierzu werden insbesondere Rankinglisten genutzt, welche jeweils die zehn bestbewerteten Vorschläge anzeigen. Unter der Funktion „Bestbewertete Idee" werden die Ideen mit der höchsten Durchschnittsbewertung auf einer 5-stufigen Skala angezeigt. Zudem wird dort der jeweilige Initiator der Idee genannt. Die Funktion „Ideenreichste Nutzer" führt diejenigen Nutzer auf, welche die meisten Vorschläge gemacht haben. Über die

Funktion „Meistdiskutierte Ideen" werden diejenigen Ideen angezeigt, zu denen innerhalb des Diskussionsbereichs die meisten Kommentare abgegeben wurden. Grundsätzlich werden die Ideen hierbei nur über ein Schlagwort angezeigt und weitergehende Informationen sind nur mit entsprechenden Nutzerrechten abrufbar.

Der **Diskussionsbereich** dient zur Weiterentwicklung und Bewertung von Ideen. Ausgehend von der Startseite des Portals sind über die Funktion „Laufende Diskussionen" alle Ideen und zugehörigen Kommentare einsehbar, für die der jeweilige Nutzer Zugangsrechte besitzt. Die Funktion „Meine Diskussionen" bietet dem Nutzer die Möglichkeit, eine direkte Übersicht an Diskussionen zu erhalten, denen er von einem Moderator zugeordnet wurde. Durch die Zuordnung wird er auch aufgerufen, die Güte der Idee auf einer einfachen Skala (z. B. anhand von Schulnoten) bezüglich ihrer Qualität und Umsetzbarkeit zu bewerten. Die neben dem Funktionsbutton gezeigte Zahl zeigt die Anzahl der Ideen, welche der Nutzer noch bewerten muss. Nutzer sind aufgefordert, Ideen, zu denen sie zugeordnet wurden, innerhalb eines vorgegebenen Zeitraums zu bewerten.

Der Funktionsbereich **Statusübersicht** dient dazu, eine Übersicht über den Fortschrittsstand der Ideen zu schaffen. Als Status unterschieden werden hierbei „Eingetragen", „In Diskussion", „In Freigabe", „In Umsetzung" und „Abgeschlossen". Hierzu wird jeweils die Anzahl der Ideen im jeweiligen Status angezeigt. Moderatoren können sich zusätzlich alle Ideen im jeweiligen Status ansehen. Hierbei haben die Moderatoren der Lieferanten jedoch nur Zugriff auf Ideen, an denen sie beteiligt sind.

Um eine Überführung von Ideen hin zu Inventionen und Innovationen zu gewährleisten, ist ein systematischer Prozess im Hintergrund des beschriebenen Online-Portals zum digitalen Ideenmanagement erforderlich. Insbesondere sind die Nutzerrechte in den einzelnen Prozessschritten sowie die entstehenden Rechte an Innovationen und damit ggf. verbundenen Patenten zu regeln. Der **Ablauf des digitalen Ideenmanagements** ist in Abbildung 124 dargestellt und wird nachfolgend erläutert.

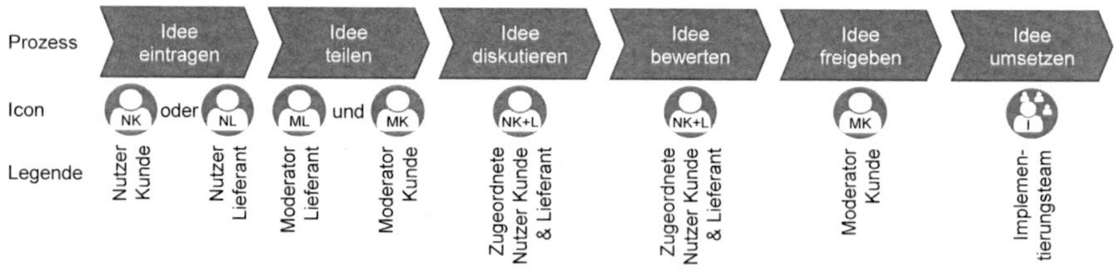

Abbildung 124: Ablauf des digitalen Ideenmanagements

Eine Idee wird von einem Mitarbeiter auf Kunden- oder Lieferantenseite in das Online-Portal zum digitalen Ideenmanagement eingetragen. Anschließend entscheidet ein Moderator, ob und mit wem die Idee geteilt wird. Wenn die Idee von einem Mitarbeiter des Lieferanten initiiert wurde, wird an dieser Stelle vom Moderator des Lieferanten entschieden, ob die Idee an den Kunden weitergegeben wird. Im Fall von Ideen des Kunden entscheidet der Moderator des Kunden, welche Lieferanten Zugriff auf die vorgeschlagene Idee erhalten. Zudem definieren die Moderatoren, welche Mitarbeiter an der Diskussion und Bewertung teilnehmen dürfen. Die

Diskussion und Bewertung findet anschließend über einen festgelegten Zeitraum hinweg statt. Innerhalb dieses Zeitraums sind Veränderungen an der Ideenbewertung möglich, da neue Diskussionsbeiträge zu einer Neubewertung führen können. Nach Ablauf des Diskussionszeitraums bereiten die Moderatoren eine Entscheidungsvorlage für das Management auf Kunden- und Lieferantenseite in Bezug auf die Umsetzung der vorgeschlagenen Idee vor. Anschließend beginnt die Umsetzung der Idee, welche in den nachfolgenden Gestaltungselementen beschrieben wird, da die Umsetzung nicht Teil des Ideenmanagements ist.

5.3.4.3 Wertkettenübergreifende Innovationsförderung

Wertkettenübergreifende Innovationsförderung beschreibt die Überführung einer beschriebenen Idee in eine Invention im Rahmen der kooperativen Zusammenarbeit eines Werkzeugbaubetriebs mit einem oder mehreren Lieferanten. Grundlegend ist die Beteiligung mehrerer Instanzen aus der Wertschöpfungskette eines Werkzeugbaubetriebs (vgl. Kapitel 2.3.3.1) und entsprechender Ansprechpartner auf Seiten der Lieferanten. Hierbei ist es nicht von Bedeutung, ob die Lieferanten alle Schritte der Wertschöpfungskette abbilden oder sich auf bestimmte Wertschöpfungsschritte fokussieren. Von Bedeutung ist vielmehr die systematische Beteiligung der Mitarbeiter auf allen Hierarchieebenen. So sind Geschäftsführer, Meister und Abteilungsleiter sowie Ingenieure und Facharbeiter systematisch in den Innovationsprozess einzubeziehen. Das entstehende Prinzip wertkettenübergreifender Innovationsförderung ist in Abbildung 125 dargestellt.

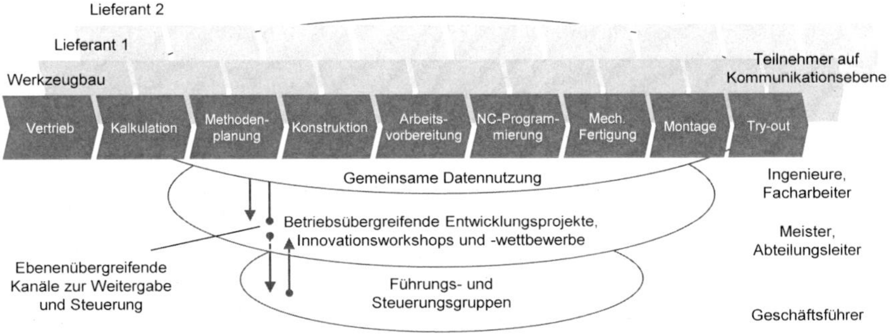

Abbildung 125: Wertkettenübergreifende Innovationsförderung

Die wertkettenübergreifende Innovationsförderung basiert auf der hierarchieebenenübergreifenden Kommunikation von Informationen. Zudem werden definierte Steuerungsmechanismen genutzt und das Management des Kunden und des Lieferanten an vordefinierten inhaltlichen Entscheidungspunkten eingebunden. Die konkrete Umsetzung hängt vom jeweils genutzten Innovationskanal ab. **Innovationskanäle**, über die kooperativ an der Umsetzung von Ideen mit dem Ziel der Schaffung von Innovationen gearbeitet wird, sind:

- Betriebsübergreifende Entwicklungsprojekte,
- Innovationsworkshops und
- Innovationswettbewerbe.

Betriebsübergreifende Entwicklungsprojekte basieren auf einem definierten Auftrag eines Werkzeugbaubetriebs an einen oder mehrere Lieferanten. Die Aufgaben der Lieferanten sind somit vertraglich definiert. Somit sind die Eigentumsrechte an den Entwicklungen im Vertrag über das Entwicklungsprojekt festgelegt. Für die erfolgreiche Umsetzung des Entwicklungsprojekts ist es von Bedeutung, den Informationsaustausch zwischen allen Beteiligten möglichst einfach zu gestalten. Hierzu sind zentrale Ansprechpartner zu definieren und Daten zentral bereitzustellen. Für die Datenbereitstellung eignet sich ein gemeinsamer Cloud-Speicher. Durch regelmäßige Online-Besprechungen ist zudem sicherzustellen, dass Entwicklungsprojekte entsprechend der Kundenwünsche verlaufen. Bei Problemen sind weitere Experten zu konsultieren. Zudem ist ein regelmäßiger Zyklus für Reportings an das Management des Kunden zu definieren.

Innovationsworkshops dienen dazu, im Rahmen eines ein- oder zweitägigen Workshops eine vorgegebene Problemstellung zu lösen. Daher werden Mitarbeiter eines oder mehrerer Lieferanten sowie interne Experten eingeladen, im Rahmen des Workshops an einer vorgegebenen Problemstellung oder Lösungsidee zu arbeiten.[682] Die Konzeption und Durchführung eines Innovationsworkshops unterteilt sich nach HERRMANN & HUBER in sechs Phasen:[683]

- Festlegung der Zielsetzung für den Workshop,
- Auswahl der Teilnehmer,
- Durchführung des Workshops,
- Erstellung eines ersten Ergebnisüberblicks,
- Nachbefragung der Teilnehmer und
- Erstellung eines Ergebnisberichts.

Durch Innovationsworkshops werden konkrete Lösungsansätze entwickelt. Für die erfolgreiche Durchführung von Innovationsworkshops ist eine systematische Moderation des Workshops wichtig. Zudem sollten teilnehmende Lieferanten möglichst nicht in Konkurrenz zueinanderstehen.[684]

Im Rahmen von **Innovationswettbewerben** wird hingegen bewusst die Konkurrenz von Lieferanten untereinander genutzt.[685] Im Kontext wertkettenübergreifender Innovationsförderung stellen insbesondere Wettbewerbe zum Vergleich der Vorgehensweise für die Entwicklung und Fertigung von Produkten eine interessante Möglichkeit dar. Da Innovationswettbewerbe nur wenig auf die Nutzung einer partnerschaftlichen Zusammenarbeit zwischen Kunde und Lieferant setzen, sollten sie jedoch zurückhaltend genutzt werden.

Unabhängig vom gewählten Innovationskanal bildet das **DART-Prinzip**, bestehend aus Dialogue, Access, Risk Assesment und Transparency, die zentrale Grundlage für die kooperative Zusammenarbeit im Kontext von Innovationen. Dialogue (deut.: Dialog) beschreibt die Forderung nach einem tiefgehenden und interaktiven Austausch. Mit dem Aspekt Access (deut.:

[682] Vgl. Batran et al. (Procurement 4.0), 2017, S. 87 f.

[683] Vgl. Herrmann & Huber (Produktmanagement), 2013, S. 131

[684] Vgl. Winter (Management von Lieferanteninnovationen), 2014, S. 64 f.

[685] Vgl. Winter (Management von Lieferanteninnovationen), 2014, S. 66

Zugang) wird abgebildet, dass Zugang zu Leistungen und Informationen wichtiger ist als der direkte Besitz. Risk Assesment (deut.: Risikoanalyse) umfasst die regelmäßige Prüfung der jeweiligen Risiken durch die beteiligten Mitarbeiter auf Seiten des Kunden und des Lieferanten. Über den Aspekt Transparency (deut.: Transparenz) wird die gegenseitige Informierung über Vorgänge und Entscheidungen eingefordert.[686] Durch die Einhaltung des DART-Prinzips wird sichergestellt, dass die wertkettenübergreifende Innovationsförderung nicht zu einseitigen Vor- oder Nachteilen für einzelne Beteiligte führt.

5.3.4.4 Betriebsübergreifendes Wissensmanagement

Für die Schaffung von Innovationen ist es von hoher Bedeutung, dass bisherige Erkenntnisse des Unternehmens und seiner Lieferanten leicht zugänglich sind. Daher stellt das Wissensmanagement den dritten Gestaltungsaspekt des Gestaltungselements kooperative Innovation dar. Ein systematisches, betriebsübergreifendes Wissensmanagement ermöglicht zudem die Weiterentwicklung einer Invention zu einem marktreifen Produkt oder Prozess, aus dem eine Innovation entstehen kann.

Nach NORTH lässt sich **Wissen** als eine zweckdienliche Verbindung von Informationen definieren. Wie anhand der Wissenstreppe nach NORTH (vgl. Kapitel 5.3.4.1) deutlich wird, baut das Wissensmanagement auf einem systematischen Informations- und Datenmanagement auf. Durch das Wissensmanagement wird der Mensch als Wissensträger befähigt. Das Wissensmanagement trägt somit zur Sicherstellung der Wettbewerbsfähigkeit eines Unternehmens bei.[687]

Das betriebsübergreifende Wissensmanagement umfasst das Management von Informationen und Daten von Werkzeugbaubetrieben und Lieferanten, um daraus die jeweiligen Mitarbeiter als Wissensträger zu befähigen. Hierzu ist Wissen, welches auf Mitarbeiterebene vorliegt, zunächst systematisch zu erfassen und auf Team-, Einheiten- sowie Organisationsebene bereitzustellen.[688] Das auf Organisationsebene bereitstehende Wissen wird anschließend mit Lieferanten und/oder Kunden geteilt.

Für die operative Umsetzung dieses Prozesses bietet sich ein **Wiki-System** an. Ein Wiki stellt ein offenes Autorensystem für Websites dar, dessen Inhalte von den Benutzern aufgerufen sowie bearbeitet werden können.[689] Mittels eines Wiki-Systems können Inhalte von den Mitarbeitern leicht gesucht, erstellt und bearbeitet werden. Zudem kann die Steuerung der Zugriffs- und Schreibrechte auf jeder Ebene sowie zwischen den Unternehmen durch Administratoren festgelegt werden. Abbildung 126 stellt die Gestaltung des betriebsübergreifenden Wissensmanagements in Bezug auf die Wissenssystem- und Wiki-System-Perspektive zusammenfassend dar.

---

[686] Vgl. Prahalad & Ramaswamy (The Future of Competition), 2004, S. 23 ff.

[687] Vgl. North (Wissensorientierte Unternehmensführung), 2016, S. 37 f.

[688] Vgl. Steinmann et al. (Management), 2013, S. 444

[689] Vgl. Springer Gabler Verlag (Gabler Wirtschaftslexikon - Stichwort: Wiki), 2018, S. 1

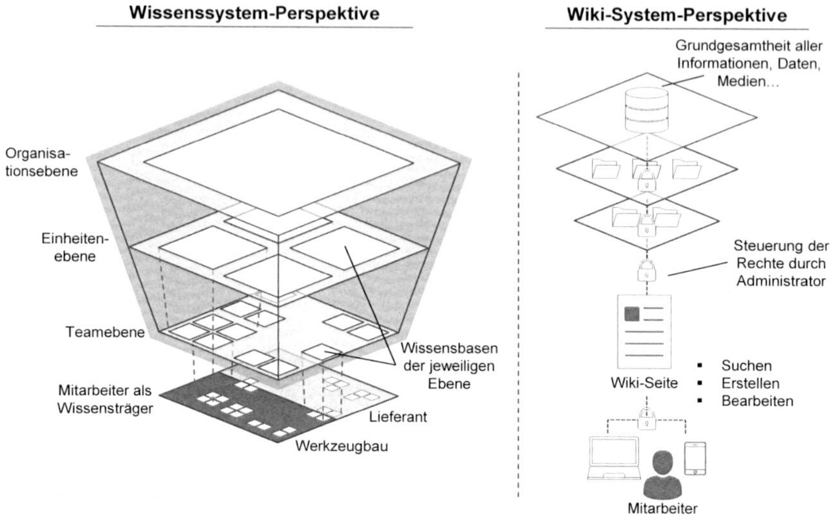

Abbildung 126: Betriebsübergreifendes Wissensmanagement

Abgrenzend zum digitalen Ideenmanagement (vgl. Kapitel 5.3.4.2) bezieht sich das beschriebene betriebsübergreifende Wissensmanagement auf die Verwaltung von Informationen über gesicherte Erkenntnisse und nicht auf neue Ideen. Das betriebsübergreifende Ideenmanagement dient somit als Ausgangsbasis für die Weiterentwicklung von Ideen und Inventionen zu Innovationen. Ein betriebsübergreifendes Wissensmanagement ist somit ein zentraler Befähiger von kooperativer Innovation.

Im Zuge der digitalen Vernetzung und immer höherer Speicherleistung ist es zudem möglich, große Datenmengen in das Wiki-System einzubinden. Durch die **Verknüpfung des Wiki-Systems mit dem Internet der Dinge und Dienste** (vgl. Kapitel 2.2.2.2) wird es möglich, die Zugriffsrechte auf große Informationsmengen zu verwalten. Aktuelle Wiki-Systeme bieten bereits entsprechende Möglichkeiten Zugriffsrechte, auf weitere, unternehmensinterne Datenbanken zu verwalten. Das Wiki-System basiert folglich nicht mehr ausschließlich auf manuell eingegebenen Informationen, sondern dient als Verwaltungssystem für die Zugriffsrechte auf die Grundgesamtheit aller im Kooperationsnetzwerk vorhandenen Informationen, Daten und Medien. Da in den Datenbanken der Unternehmen auch sensitive Daten, wie beispielsweise CAD-Daten von Neuprodukten, abliegen, hat die Verwaltung der Zugriffsrechte eine hohe Bedeutung.

Die Umsetzung des beschriebenen betriebsübergreifenden Wissensmanagements ist sowohl in Form einer individuell programmierten Lösung als auch unter Nutzung marktverfügbarer Software möglich. Zusammenfassend lassen sich vier **Erfolgsfaktoren für ein erfolgreiches betriebsübergreifendes Wissensmanagement** definieren:

- Systematische Verwaltung von Zugriffsrechten,
- Überprüfung neuer Beiträge durch Moderatoren,
- Einforderung der Nutzung durch das Management und
- Vorstellung von Leuchtturmprojekten als Erfolgsbeispiele.

Durch den Aufbau eines betriebsübergreifenden Wissensmanagements wird die Innovationsfähigkeit aller beteiligten Unternehmen deutlich gestärkt. Zudem werden durch die zunehmende Menge der bereitstehenden Daten Big Data Anwendungen möglich, welche weiteres Innovationspotenzial bieten.

5.4 Wechselwirkungen der Gestaltungselemente

Die sieben Gestaltungselemente des Gestaltungsmodells zur digitalen Vernetzung von Werkzeugbaubetrieben mit Lieferanten wurden in den Kapiteln 5.1, 5.2 und 5.3 detailliert. Die Gestaltungselemente sind allerdings nicht isoliert zu betrachten, da Wechselwirkungen zwischen den dargestellten Gestaltungselementen bestehen. Weiterhin existieren Beziehungen zu anderen Bereichen eines Werkzeugbaubetriebs und zur Außenwelt.

Die Aktivitätselemente automatisierte Auftragsvergabe, echtzeitnaher Kapazitätsabgleich, kooperative Auftragsabwicklung und kooperative Innovation bilden den Kern des Gestaltungsmodells. Auf Basis dieser Elemente wird die Vergabe und Bearbeitung von Aufträgen gestaltet. Eine umfassende Datenanalyse erfolgt insbesondere im Rahmen der **automatisierten Auftragsvergabe**. Die hierbei erfassten und genutzten Daten sind zudem Ausgangsbasis für den **echtzeitnahen Kapazitätsabgleich**. Die Rahmenbedingungen für die **kooperative Auftragsabwicklung** werden durch die Auftragsvergabe definiert. Folglich bestehen hier ebenfalls Wechselwirkungen. Die **kooperative Innovation** erfolgt in großen Teilen auftragsunabhängig. Eine enge Zusammenarbeit bei der kooperativen Auftragsabwicklung stärkt jedoch die unternehmensübergreifende Bindung und hat somit eine positive Auswirkung auf die kooperative Innovation.

Das Verhaltenselement **digitale Lieferantenplattform** beschreibt die zentrale Instanz zur digitalen Kommunikation und Interaktion zwischen einem Werkzeugbaubetrieb und Lieferanten. Zudem werden alle relevanten Daten über die digitale Lieferantenplattform erfasst und strukturiert. Folglich bestehen starke Wechselwirkungen zwischen der digitalen Lieferantenplattform und den Aktivitätselementen. Insbesondere bestehen direkte Beziehungen zu den Gestaltungselementen automatisierte Auftragsvergabe und echtzeitnaher Kapazitätsabgleich, da diese über die digitale Lieferantenplattform abgewickelt werden sollten.

Die Strukturelemente Lieferantentypisierung und Einkaufsorganisation stellen den Rahmen des Gestaltungsmodells dar. Auf Basis der **Lieferantentypisierung** erfolgt eine Einordnung der Lieferanten. Hieraus wird die Intensität der Zusammenarbeit abgeleitet. Diese definiert den Umfang der Zusammenarbeit im Rahmen der vier Aktivitätselemente. Die Einkaufsorganisation beschreibt die Aufgaben, die Kompetenzen und die Struktur des Einkaufs. Da die Mitarbeiter des Einkaufs bei der Durchführung und Koordination der Aktivitätselemente eine zentrale Rolle einnehmen, bestehen Wechselwirkungen zwischen der Einkaufsorganisation und den Aktivitätselementen. Insbesondere erfordert die effiziente Umsetzung der Aktivitätselemente eine qualifizierte und strukturiert arbeitende Einkaufsorganisation.

Über die Wechselwirkungen des Gestaltungselements hinaus bestehen Beziehungen mit anderen Bereichen des Werkzeugbaubetriebs, zu Lieferanten und zur sonstigen Außenwelt. Entsprechend der Zielsetzung des Gestaltungsmodells stellt dieses einen angestrebten Zustand für die digitale Vernetzung von Werkzeugbaubetrieben mit Lieferanten dar. Die Vernetzungsaktivitäten erfolgen im Rahmen aller vier Aktivitätselemente zudem wird die Kommunikation in großen Teilen über die digitale Lieferantenplattform abgewickelt. Folglich bestehen starke Wechselwirkungen zwischen den Aktivitäts- und Verhaltenselementen und den **Lieferanten eines Werkzeugbaubetriebs**.

Innovationsprojekte und Auftragsabwicklung erfolgen in der Branche Werkzeugbau meist auf Basis einer Initiative des Kunden. Daher bestehen leichte Wechselwirkungen zwischen den Aktivitätselementen kooperative Innovation und kooperativen Auftragsabwicklungen und den Beziehungen zwischen einem Werkzeugbaubetrieb und seinem **Kunden**. Die beiden genannten Aktivitätselemente setzen zudem den Einbezug einer Vielzahl von Funktionen innerhalb des Werkzeugbaubetriebs voraus. Folglich bestehen werkzeugbauinterne Wechselwirkungen zu Werkzeugentwicklung, Arbeitsplanung und Werkzeugproduktion.

6 Verifizierung anhand von Fallbeispielen

In Kapitel 5 wurde das entwickelte Gestaltungsmodell mit seinen sieben Gestaltungselementen detailliert. In diesem Kapitel erfolgt die Verifizierung des Gestaltungsmodells anhand von drei Fallbeispielen. Dazu wird der entwickelte Ansatz im Anwendungszusammenhang überprüft. Durch die Verifizierung werden die **letzten beiden Phasen der angewandten Forschung nach ULRICH & HILL** (vgl. Kapitel 1.3) adressiert. Hierdurch werden die praktische Anwendbarkeit des Gestaltungsmodells sichergestellt und der zu durchlaufende Forschungsprozess abgeschlossen.

Die Verifizierung erfolgt anhand von Fallbeispielen bei der **GEDIA Gebrüder Dingerkus GmbH**, der **iform GmbH** und der **WBA Aachener Werkzeugbau Akademie GmbH**. Aufgrund der Komplexität der ganzheitlichen Anwendung des Gestaltungsmodells adressieren die Fallbeispiele unterschiedliche Aspekte des Gestaltungsmodells. Im Rahmen des ersten Fallbeispiels, der internen Werkzeugbauabteilung der GEDIA Gebrüder Dingerkus GmbH, liegt der Fokus auf den Gestaltungselementen Einkaufsorganisation, digitale Lieferantenplattform, echtzeitnaher Kapazitätsabgleich und automatisierte Auftragsvergabe. Das zweite Fallbeispiel der iform GmbH fokussiert die Gestaltungselemente Lieferantentypisierung, kooperative Auftragsabwicklung und kooperative Innovation. Im Rahmen des dritten Fallbeispiels, der WBA Aachener Werkzeugbau Akademie GmbH, werden die Gestaltungselemente digitale Lieferantenplattform, automatisierte Auftragsvergabe und echtzeitnaher Kapazitätsabgleich anhand der Entwicklungsergebnisse von Konsortialprojekten betrachtet. Auf diese Weise werden die Ganzheitlichkeit und die Anwendbarkeit der Gestaltungselemente in für die Branche Werkzeugbau repräsentativen Unternehmen überprüft.

6.1 Fallbeispiel: GEDIA Gebrüder Dingerkus GmbH

Das erste Fallbeispiel bezieht sich auf die GEDIA Gebrüder Dingerkus GmbH. Die GEDIA Gebrüder Dingerkus GmbH entwickelt und produziert Strukturbauteile und Schweißbaugruppen für den automobilen Karosserieleichtbau sowie Chassis-Komponenten. Mit insgesamt acht Produktionsstätten in Deutschland, China, Indien, Mexiko, Polen, Ungarn, USA und Spanien ist das Unternehmen international aufgestellt. Am Hauptsitz in Attendorn arbeiten zurzeit rund 900 Mitarbeiter. Die weltweite Belegschaft umfasst über 4.200 Beschäftigte. Im Jahr 2017 erwirtschaftete die GEDIA Gebrüder Dingerkus GmbH einen Umsatz von über 600 Mio. €.[690]

6.1.1 Ausgangssituation

Im Fokus des vorliegenden Fallbeispiels stehen der interne Werkzeugbau und die für den Werkzeugbau zuständigen Abteilungen des zentralen Einkaufs der GEDIA Gebrüder Dingerkus GmbH. Im internen Werkzeugbau der GEDIA Gebrüder Dingerkus GmbH[691] konzeptionieren, konstruieren und fertigen mehr als **160 Mitarbeiter** Werkzeuge und Vorrichtungen. Der GEDIA Werkzeugbau verfügt über eigene Standorte in Deutschland, China und Spanien. Im

[690] Vgl. o.V. (Gedia), 2018

[691] Nachfolgend vereinfachend GEDIA Werkzeugbau

Rahmen des jährlich ausgerichteten Wettbewerbs „Excellence in Production" wurde der GEDIA Werkzeugbau bereits mehrfach in der Kategorie „interner Werkzeugbau mit über 50 Mitarbeitern" ausgezeichnet. Dies verdeutlicht die hohe Bedeutung des GEDIA Werkzeugbaus als Wissensträger für Werkzeugkonzepte und für Produktionsprozesse in der internen Serienproduktion. Das im Werkzeugbau hergestellte Werkzeugspektrum ist sehr vielfältig und beinhaltet Kalt- und Warmumformwerkzeuge sowie Blechverarbeitungswerkzeuge für Dick- und Dünnbleche. Zudem werden verschiedene, in der Serienproduktion benötigte Vorrichtungen konstruiert und angefertigt. Neben der Erstellung von Neuwerkzeugen ist der GEDIA Werkzeugbau auch für Instandhaltungen, Reparaturen und Optimierungen an bestehenden Werkzeugen zuständig. Die internen Kapazitäten und Kompetenzen werden durch ein Netz von internationalen Lieferanten von Werkzeugen, Komponenten und Dienstleistungen ergänzt.[692]

Der Autor dieser Arbeit hat im Rahmen seiner Tätigkeit als wissenschaftlicher Mitarbeiter mehrere Konsortialprojekte gemeinsam mit dem GEDIA Werkzeugbau durchgeführt. Die Themenstellung eines Konsortialprojekts fokussierte Data Analytics im Einkauf des Werkzeugbaus, sodass umfassendes Wissen über die für den Einsatz einer digitalen Lieferantenplattform und die automatisierte Auftragsvergabe relevanten Themenfelder gesammelt wurde. In diesem Zusammenhang konnte zudem die Umsetzung dieser Themenfelder im GEDIA Werkzeugbau verifiziert werden.

6.1.2 Anwendung

Die Beschreibung der Anwendung ist anhand der Gestaltungselemente des entwickelten Gestaltungsmodells gegliedert. Der Fokus liegt auf der Beschreibung der Anwendung der Gestaltungselemente Einkaufsorganisation, digitale Lieferantenplattform, echtzeitnaher Kapazitätsabgleich und automatisierte Auftragsvergabe. Die Anwendung erfolgt durch Mitarbeiter des GEDIA Werkzeugbaus und die zuständigen Mitarbeiter im Einkauf.

Die **Einkaufsorganisation** der GEDIA Gebrüder Dingerkus GmbH[693] ist als zentrale Einkaufsabteilung organisiert. Entsprechend der Strategie des GEDIA Einkaufs erfolgt eine systematische Untergliederung in Warengruppen. Der Einkauf von Komplettwerkzeugen, Komponenten sowie Konstruktions- und Fertigungsdienstleistungen erfolgt durch Teams innerhalb des GEDIA Einkaufs. Diese Mitarbeiter führen sowohl strategische als auch operative Einkaufsaufgaben durch. Hierzu gehören eine systematische datenbasierte Lieferantenbewertung und die Verhandlung strategischer Konditionen. Zudem betreut der GEDIA Einkauf die Einführung und Erweiterung der digitalen Lieferantenplattform ASTRAS, welche von der Allocation Network GmbH vertrieben wird. Die Abkürzung ASTRAS steht für Allocation Strategic e-Sourcing und bezeichnet eine warengruppen- und branchenübergreifend einsetzbare digitale Lieferantenplattform, welche web-basiert genutzt werden kann.[694] Die Mitarbeiter des Einkaufs werden kontinuierlich geschult, um die Potenziale der digitalen Vernetzung systematisch nutzen zu

[692] Vgl. o.V. (Gedia), 2018

[693] Nachfolgend vereinfachend GEDIA Einkauf

[694] Vgl. o.V. (ASTRAS), 2018

können. Trotz der zentralen Organisation des Einkaufs besteht eine enge Vernetzung zwischen dem GEDIA Werkzeugbau und dem GEDIA Einkauf. Größere Einkaufsentscheidungen erfolgen in gemeinsamer Abstimmung. Zudem ist der GEDIA Werkzeugbau an Maßnahmen zur Lieferantenentwicklung beteiligt und betreut in diesem Rahmen insbesondere die Entwicklung der Lieferanten im Hinblick auf technische Problemstellungen.

Durch den Aufbau der Einkaufsorganisation nutzt die GEDIA Gebrüder Dingerkus GmbH die Vorteile eines zentralen Einkaufs. Hierdurch erfolgt zudem eine systematische Entwicklung des Einkaufs im Hinblick auf die Erschließung von Potenzialen der digitalen Vernetzung. Diese können schrittwese für unterschiedliche Warengruppen erschlossen werden. Dennoch ist eine enge Vernetzung mit dem GEDIA Werkzeugbau gewährleistet. Durch die Einkaufsorganisation werden Kostenvorteile im Einkauf verschiedener Leistungsumfänge erzielt.

Zur digitalen Vernetzung mit Lieferanten setzt der GEDIA Einkauf die **digitale Lieferantenplattform** ASTRAS ein. Der GEDIA Einkauf nutzt die Funktionen der digitalen Lieferantenplattform zur Verwaltung der Lieferantenbeziehungen intensiv. Neue Lieferanten können sich über die digitale Lieferantenplattform, ausgehend von der GEDIA Unternehmenswebsite, online registrieren. Hierbei werden alle relevanten Stammdaten des Lieferanten sowie eventuell relevante Zertifizierungen hinterlegt. Bei Ablauf von Zertifizierungen erhalten Lieferanten eine automatische Benachrichtigung mit Aufforderung zur Aktualisierung der Daten. Anschließend entscheidet der GEDIA Einkauf, für welche Warengruppen ein Lieferant Zugang zu Ausschreibungen erhält. Zudem erfolgt eine automatische Erfassung relevanter Kommunikation mit den Lieferanten. Durch eine Verknüpfung mit dem E-Mailsystem werden auftragsbezogene E-Mails automatisch in strukturierter Form abgelegt. Zusätzlich können die Mitarbeiter die Kommunikation in strukturierter Form erfassen. Hierzu besteht eine umfangreiche Möglichkeit zur Ablage von Gesprächsnotizen sowie die Möglichkeit, themenspezifisch Ansprechpartner zu definieren.

Auf Basis der digitalen Lieferantenplattform ASTRAS verfügt der GEDIA Einkauf über eine transparente, zentrale Quelle hinsichtlich aller lieferantenbezogenen Informationen. Dies erleichtert die personenunabhängige Abwicklung von Einkaufsvorgängen. Zudem werden Arbeitsaufwände, welche durch mehrfache Datenerfassung oder -übertragung entstehen, vermieden. Dies ermöglicht es, sowohl Kosten als auch Zeit bei Einkaufsvorgängen einzusparen.

Ein **echtzeitnaher Kapazitätsabgleich** wird im Rahmen des Zukaufs von Fertigungsdienstleistungen genutzt, da der GEDIA Werkzeugbau im Bereich der Fertigung den Zukauf von Kapazitäten nutzt. Hierzu erfolgt in der Grobplanung eine systematische Ermittlung der benötigten Kapazitäten in den einzelnen Fertigungstechnologien. Sofern die internen Kapazitäten nicht ausreichen, werden frühzeitig Leistungspakete von bis zu mehreren hundert Stunden im Bereich der Fertigungsdienstleistungen an externe Lieferanten vergeben. Zu diesem Zeitpunkt erfolgt lediglich eine Reservierung der Kapazitäten. Welche spezifischen Komponenten tatsächlich extern bearbeitet werden, wird erst zu einem späteren Zeitpunkt festgelegt. Anschließend erhält der GEDIA Werkzeugbau regelmäßig Einblick, welche Kapazitäten bei einzelnen

Lieferanten abgerufen werden können. Zur Vereinfachung des Fremdvergabeprozesses werden durch Rahmenverträge feste Standardkonditionen für die Fertigungsdienstleistungen vereinbart.

Die Nutzung eines Kapazitätsabgleichs befähigt den GEDIA Werkzeugbau flexibel auf externe Kapazitäten zuzugreifen. Hierdurch werden eine interne Fokussierung auf Kernkompetenzen sowie eine Reduktion der intern vorzuhaltenden Kapazitäten ermöglicht. Dies führt zu einer Effizienzsteigerung bei den Abläufen innerhalb des GEDIA Werkzeugbaus. Zusätzlich wird die Anzahl kurzfristig notwendiger Fremdvergaben durch die frühzeitige Reservierung von Kapazitäten und den Kapazitätsabgleich reduziert.

Weiterer zentraler Bestandteil der digitalen Vernetzung mit Lieferanten ist die (teil-)**automatisierte Auftragsvergabe**, welche aufbauend auf den Funktionen der digitalen Lieferantenplattform ASTRAS genutzt wird. Die gesamte Abwicklung des Anfrageprozesses erfolgt in der Regel elektronisch. Hierzu legen die Mitarbeiter des GEDIA Einkaufs einen neuen Bedarf in ASTRAS an und wählen aus, welche Lieferanten eine Aufforderung erhalten sollen, ein Angebot abzugeben. Die Abgabe der Angebote durch die Lieferanten erfolgt anschließend ausschließlich online innerhalb eines vorgegebenen Zeitraums mittels der digitalen Lieferantenplattform. Hierdurch ist eine automatische Erfassung der Angebote gewährleistet. Zudem können Anfragen und Angebote transparent aktualisiert werden. Im Fall von Fremdvergabepaketen mit hohem Auftragsvolumen wird mit mehreren Auktionsrunden gearbeitet. Im Rahmen der einzelnen Angebotsrunden können die Lieferanten des GEDIA Werkzeugbaus ihre Angebote aktualisieren und ggf. verbesserte Konditionen anbieten. Nach Abschluss der Auktionsrunden erfolgt ein transparenter Vergleich der Angebote sowie die automatische Erzeugung einer Empfehlung eines Lieferanten anhand zuvor definierter Bewertungskriterien. Die finale Entscheidung über die Auftragsvergabe erfolgt abschließend durch ein internes Gremium entsprechend der gültigen Unterschriftenregelung.

Aktuell verzichtet der GEDIA Einkauf noch auf eine vollständige Automatisierung der Auftragsvergabe, um fehlerhafte Auftragsvergaben zu vermeiden. Dennoch werden arbeitsaufwendige, operative Einkaufstätigkeiten durch die digitale Lieferantenplattform bereits automatisiert. Hierdurch werden Kosten für operative Tätigkeiten im Einkauf reduziert sowie Fremdvergabeprozesse vereinfacht und beschleunigt.

6.1.3 Fazit

Die Beschreibung der Anwendung einzelner Gestaltungselemente im GEDIA Werkzeugbau zeigt, dass die digitale Vernetzung von Werkzeugbaubetrieben mit Lieferanten in der **Unternehmenspraxis bereits genutzt** wird. Dies gilt insbesondere für den Einsatz einer digitalen Lieferantenplattform in Kombination mit einem echtzeitnahen Kapazitätsabgleich sowie einer Teilautomatisierung des Auftragsvergabeprozesses. Zudem ist die Einkaufsorganisation bereits weitestgehend entsprechend der Anforderungen der digitalen Vernetzung ausgelegt und somit zukunftsfähig aufgestellt.

Durch die Nutzung der **Chancen der digitalen Vernetzung** im Einkauf des Werkzeugbaus konnte die GEDIA Gebrüder Dingerkus GmbH bereits zahlreiche Potenziale zur Effizienzsteigerung und Flexibilisierung erzielen. Weiteres Potenzial besteht hinsichtlich einer systematischen Lieferantentypisierung. In Kombination mit der bereits durchgeführten intensiven Erfassung einkaufsbezogener Daten ergeben sich in diesem Zusammenhang zudem Potenziale zur Nutzung von Big Data. Auf dieser Basis ist eine weitestgehende Automatisierung der Lieferantentypisierung möglich. Entsprechende Bewertungsalgorithmen sind unternehmensspezifisch anzupassen und vor der operativen Nutzung zu validieren. Darüber hinaus eröffnet eine Intensivierung von kooperativer Auftragsabwicklung und kooperativer Innovation weitere Möglichkeiten zur Verbesserung der Leistungsfähigkeit der Lieferanten.

6.2 Fallbeispiel: iform GmbH

Die iform GmbH ist ein Werkzeugbau mit ca. **65 Mitarbeitern** in Köln. Als Tochterfirma der igus GmbH arbeitet die iform GmbH nahezu ausschließlich für das Mutterunternehmen. Die igus GmbH produziert aus Hochleistungskunststoffen Maschinenelemente zur Anwendung in Bewegung. Die beiden Produktgruppen mit dem größten Umsatzanteil sind Kunststoffgleitlager und Energieketten. Die Produkte zeichnen sich durch eine hohe Lebensdauer und einen geringen Wartungsaufwand aus. Das Produktportfolio umfasst über 100.000 Lösungen, welche ab Lager verfügbar sind. Die Innovationskraft der igus GmbH manifestiert sich anhand von Hunderten neuer Produkte und Lösungen pro Jahr.[695] Um den sich hieraus ergebenden Herausforderungen gerecht zu werden, muss die iform GmbH Spritzgusswerkzeuge in kürzesten Durchlaufzeiten fertigen. Hierfür sind ein hoher Innovations- und Standardisierungsgrad miteinander zu vereinbaren. Zudem werden Lieferanten systematisch in den Werkzeugherstellungsprozess eingebunden. Die Einbindung von Lieferanten erfolgt sowohl in der Konstruktionsphase als auch in der Werkzeugherstellungsphase.

Der Autor dieser Arbeit hat im Rahmen seiner Tätigkeit als wissenschaftlicher Mitarbeiter mehrere bilaterale Projekte mit der iform GmbH durchgeführt. In diesen Projekten wurde die Industrialisierung des Werkzeugbaus ganzheitlich gestaltet. Ein zentraler Aspekt des Projekts war die Ermöglichung einer Fokussierung auf Kernkompetenzen bei gleichzeitig hoher Flexibilität. Hierzu wurde die Auslegung eines systematischen Lieferantenmanagements gemeinsam mit den Mitarbeitern der iform GmbH und der igus GmbH vorgenommen. Im Rahmen dieser Projekte hat der Autor der Arbeit mehrere Lieferanten der iform GmbH besucht, um die Umsetzung des Lieferantenmanagements zu prüfen und zu optimieren.

6.2.1 Ausgangssituation

Die iform GmbH ist sowohl für die Herstellung von Neuwerkzeugen als auch für die Instandhaltung und Reparatur von Spritzgusswerkzeugen zuständig, welche in der Serienproduktion der igus GmbH eingesetzt werden. Aufgrund der hohen Anzahl von Spritzgussmaschinen in der Serienfertigung werden ca. 50 % der Kapazitäten des Werkzeugbaus für Reparaturen und

[695] Vgl. o.V. (igus), 2018

Instandhaltungen eingesetzt. In Folge der nicht gegebenen sicheren Vorhersagbarkeit von Reparaturaufträgen sind die verfügbaren Kapazitäten für die Herstellung von Neuwerkzeugen der iform GmbH nur schwer planbar. Dies stellt eine besondere Herausforderung für alle Bereiche des Werkzeugbaus dar.

Zu den **Erfolgsfaktoren** der iform GmbH zählt eine hohe Flexibilität. Neben zahlreichen internen Aspekten basiert diese auf einer intensiven Zusammenarbeit mit Fertigungs- und Konstruktionsdienstleistern. Zudem wird seit Mitte 2018 sukzessive ein systematisches Lieferantenmanagement eingeführt, um eine verstärkte Fremdvergabe von Komplettwerkzeugen zu ermöglichen. Das systematische Lieferantenmanagement basiert auf den Teilaspekten einer standardisierten Lieferantenidentifikation, -auditierung und -bewertung. Auf dieser Basis erfolgt eine transparente Lieferantentypisierung und darauf aufbauend die Kooperation mit ausgewählten Lieferanten.

6.2.2 Anwendung

Die Beschreibung der Anwendung ist anhand der Gestaltungselemente des entwickelten Gestaltungsmodells gegliedert. Der Fokus der Beschreibung der Anwendung in der iform GmbH liegt auf der Lieferantentypisierung, der kooperativen Auftragsabwicklung und der kooperativen Innovation.

Die iform GmbH verfügt über eine systematische **Lieferantentypisierung**. Im Zuge der Industrialisierung des Werkzeugbaus wurde das entsprechende Vorgehen neugestaltet. Hierzu wurden alle bestehenden Lieferanten hinsichtlich ihrer Eignung als Komplettwerkzeug-, Komponentenlieferant, Konstruktions- oder Fertigungsdienstleister eingestuft. Für die Fertigungsdienstleister erfolgte eine weitere Unterteilung entsprechend der angebotenen Fertigungstechnologien. Zudem wurde eine systematische Bewertung von Lieferanten anhand einer Lieferantenselbstauskunft, einer Lieferantenauditierung sowie der Lieferleistung in den letzten 12 Monaten eingeführt. Auf dieser Basis werden die Lieferanten hinsichtlich ihrer Leistungsfähigkeit bewertet und entsprechend für bestimmte Auftragstypen bevorzugt ausgewählt. Die Bewertung der Lieferanten erfolgt hierbei durch ein Team von Mitarbeitern aus der Arbeitsvorbereitung des Werkzeugbaus sowie erfahrenen Einkäufern der igus GmbH.

Durch die eingeführte Lieferantentypisierung konnten die Transparenz bei Fremdvergabeentscheidungen deutlich erhöht und der Prozess für Auftragsvergaben vereinfacht werden. Im nächsten Schritt wird eine stärkere Nutzung automatisch erfasster Daten in der Lieferantentypisierung verfolgt. Hierdurch wird eine Reduktion der operativen Aufwände im Einkauf erwartet und eine weitere Erhöhung der Transparenz angestrebt.

Die iform GmbH setzt bereits seit vielen Jahren auf eine **kooperative Auftragsabwicklung** mit Lieferanten aus der näheren Umgebung ihres Standorts in Köln. Hierzu werden regelmäßig gegenseitige Besuche durchgeführt und Maßnahmen zur Verbesserung der Auftragsabwicklung zwischen Mitarbeitern der iform GmbH und der Lieferanten diskutiert. Im Zuge der Industrialisierung des Werkzeugbaus wurde die kooperative Auftragsabwicklung erweitert. Hierzu wurden feste Zuständigkeiten für Lieferantenentwicklungsmaßnahmen definiert. Zudem wird bei der Fremdvergabe komplexer Werkzeuge auf eine systematische Abstimmung kritischer

Aspekte der Werkzeugkonzeption und -konstruktion gesetzt. Ausgangsbasis hierfür sind ein systematisch ausgearbeitetes Lastenheft für die Fremdvergabeumfänge sowie definierte iform Standards, welche für die Lieferanten verbindlich sind. Für diese Abstimmungen werden neben persönlichen Treffen auch moderne Kommunikationsmittel, z. B. Online-Meeting, eingesetzt.

Durch die ganzheitliche Gestaltung der kooperativen Auftragsabwicklung wurde die Kommunikation mit den Lieferanten verbessert. Zudem konnten Lieferantenentwicklungsmaßnahmen erfolgreich umgesetzt werden. Hierdurch konnte die Lieferqualität der Lieferanten verbessert werden. Zukünftig wird eine weitere Erhöhung der Transparenz über den Auftragsstatus durch einen regelmäßigen Datenaustausch angestrebt.

Die **kooperative Innovation** stellt einen wichtigen Erfolgsfaktor für die iform GmbH dar, da die igus GmbH strategisch auf die Entwicklung von Innovationen ausgelegt ist. Hierdurch wird die iform GmbH gefordert, neue Konzepte für Spritzgusswerkzeuge zu schaffen. Innovationen sind diesbezüglich sowohl im Hinblick auf Produkte als auch auf Prozesse gefordert. Aufgrund der häufigen Fremdvergabe von Konstruktionsdienstleistungen kommt insbesondere den Konstruktionsdienstleistern, welche für die iform GmbH tätig sind, eine hohe Bedeutung zu. Ihnen liegen die Standards der iform GmbH vor und sie sind aufgefordert, diese Standards zu nutzen sowie Vorschläge für notwendige Erweiterungen und Sonderlösungen zu unterbreiten. Zusätzlich werden komplexe Anforderungen in der Endproduktentwicklung der igus GmbH regelmäßig mit den Komplettwerkzeuglieferanten und den Konstruktionsdienstleistern diskutiert und im Bedarfsfall gemeinsame Workshops durchgeführt.

Die Ergebnisse kooperativer Innovationen können regelmäßig genutzt werden. Hierdurch entwickelt die iform GmbH vielfach neue Werkzeugkonzepte. Zudem werden Ergebnisse des Austauschs mit Lieferanten in Checklisten und Lastenhefte überführt, welche von der iform GmbH eingesetzt werden. Durch die kooperative Innovation steigt zudem die Bindung zwischen der iform GmbH und leistungsfähigen Lieferanten. Dies führt durch die Intensivierung der Lieferantenbeziehung zu beidseitigen Vorteilen.

6.2.3 Fazit

Die digitale Vernetzung mit Lieferanten wurde von der iform GmbH bisher vor allem hinsichtlich der Gestaltungselemente Lieferantentypisierung, kooperative Auftragsabwicklung und kooperative Innovation **umgesetzt**. Durch die datenbasierte und standardisierte Lieferantentypisierung konnten bereits maßgebliche Durchlaufzeitverkürzungen bei Fremdvergabeentscheidungen erzielt werden. Zudem konnten durch die Adressierung der kooperativen Auftragsabwicklung die Qualität der zugekauften Auftragsumfänge verbessert und Fehler frühzeitig abgestellt werden. Die kooperative Innovation ermöglichte die Entwicklung neuer Werkzeugkonzepte und somit die Erzeugung eines Mehrwerts für die Kunden des Mutterunternehmens, der igus GmbH.

Zusätzliches Potenzial besteht bei der iform GmbH hinsichtlich einer stärkeren Standardisierung und Automatisierung von Auftragsvergaben. Hierfür sollten die bestehenden Abläufe in eine digitale Lieferantenplattform überführt werden, um abteilungs- und unternehmensübergreifende Schnittstellen transparenter zu gestalten und zu vereinfachen. Die entsprechenden Voraussetzungen wurden durch die Standardisierung der werkzeugbaubezogenen Einkaufsprozesse bereits geschaffen. Allerdings erfordert die Einführung einer digitalen Lieferantenplattform eine entsprechend qualifizierte Einkaufsorganisation. Diese ist schrittweise und in enger Abstimmung mit den Verantwortlichen des Werkzeugbaus zu entwickeln.

6.3 Fallbeispiel: WBA Aachener Werkzeugbau Akademie GmbH

Das dritte Fallbeispiel beschreibt die Anwendung von Gestaltungselementen des Gestaltungsmodells zur digitalen Vernetzung von Werkzeugbaubetrieben mit Lieferanten durch die WBA Aachener Werkzeugbau Akademie GmbH[696]. Die WBA erarbeitet gemeinsam mit einem **Netzwerk aus führenden Werkzeugbaubetrieben** branchenspezifische Lösungen für die nachhaltige Wettbewerbsfähigkeit der Branche Werkzeugbau. Im Fokus der Aktivitäten stehen die Schwerpunkte Industrieberatung, Weiterbildung sowie Forschung und Entwicklung. Durch einen eigenen Demonstrationswerkzeugbau hat die WBA die Möglichkeit, innovative Lösungsansätze in einer Laborumgebung zu pilotieren und für Partnerunternehmen zugänglich zu machen. Schwerpunktthemen werden zusätzlich in branchenspezifischen Studien vertieft, welche Auskunft über Trends und Entwicklungen von Markt und Wettbewerb geben.[697]

Der Autor dieser Arbeit hat im Rahmen seiner Tätigkeit als wissenschaftlicher Mitarbeiter mehrere Konsortialprojekte der WBA geleitet. In diesen Projekten wurden relevante Aspekte des Lieferantenmanagements hinsichtlich der Anforderungen der Branche Werkzeugbau betrachtet und ausgelegt. Fokus der Konsortialprojekte sind die systematische Analyse wissenschaftlicher und marktverfügbarer Lösungen sowie die Übertragung auf konkrete Anwendungsfälle in der Branche Werkzeugbau. Die Erarbeitung findet hierbei in enger Abstimmung mit den am Konsortium beteiligten Unternehmen statt.

6.3.1 Ausgangssituation

Die Potenziale der digitalen Vernetzung von Werkzeugbaubetrieben mit Lieferanten wurden in **zwei Konsortialprojekten** (sogenannten WBA Projekten) intensiv untersucht und konkretisiert. Am Konsortialprojekt „Data Analytics im Einkauf" waren insgesamt zehn Werkzeugbaubetriebe beteiligt. Das Konsortialprojekt „Lieferanten auditieren und qualifizieren" wurde mit neun Werkzeugbaubetrieben durchgeführt. In den Konsortialprojekten waren sowohl interne als auch externe Werkzeugbaubetriebe involviert. Zudem waren Werkzeugbaubetriebe mit einer stark heterogenen Unternehmensgröße von ca. 30 Mitarbeitern bis zu über 300 Mitarbeitern an den Konsortialprojekten beteiligt.

Im Rahmen des Konsortialprojekts „Lieferanten auditieren und qualifizieren" wurden Ansätze zur objektiven Bewertung von Lieferanten der Branche Werkzeugbau entwickelt. Zudem wurden Möglichkeiten zur Nutzung der digitalen Vernetzung im Einkauf untersucht. Zu diesem

[696] Nachfolgend vereinfachend WBA

[697] Vgl. Boos et al. (Lieferanten Managen), 2018, S. 2

Zweck wurde die Entwicklung einer digitalen Lieferantenplattform entsprechend der Bedürfnisse der Branche Werkzeugbau gestartet. Hierzu wurden die Anforderungen an eine digitale Lieferantenplattform systematisch im Konsortium aufgenommen. Die Programmierung erfolgte durch einen IT-Experten der WBA. Im Rahmen eines iterativen Entwicklungsvorgehens erfolgte eine kontinuierliche Erweiterung und Optimierung der digitalen Lieferantenplattform, welche unter dem Namen „WBA Supplier Net" entwickelt wurde.

Eine deutliche Ausweitung der Funktionen der digitalen Lieferantenplattform der WBA wurde im Rahmen des Konsortialprojekts „Data Analytics im Einkauf" umgesetzt. Auf Wunsch der Konsortialpartner wurde ein echtzeitnaher Kapazitätsabgleich unter Anbindung eines marktverfügbaren Planungssystems pilotiert. Zudem wurden Algorithmen zur Unterstützung von Auftragsvergabeentscheidungen integriert. Hierdurch wurden die Voraussetzungen für eine automatisierte Auftragsvergabe geschaffen. Die Funktionen wurden in Zusammenarbeit mit den Konsortialpartnern sowie mit Zulieferern des Demonstrationswerkzeugbaus der WBA erprobt.

6.3.2 Anwendung

Die Beschreibung der Anwendung ist anhand der Gestaltungselemente des Gestaltungsmodells gegliedert. Der Fokus der Beschreibung der Anwendung im Rahmen des von der WBA entwickelten Prototypen liegt auf der digitalen Lieferantentenplattform, dem echtzeitnahen Kapazitätsabgleich und der automatisierten Auftragsvergabe. Hierbei wird der Erkenntnisgewinn durch die Diskussion und Erprobung in Zusammenarbeit mit den an den Konsortialprojekten beteiligten Unternehmen berücksichtigt. Abgrenzend zur Beschreibung der Anwendung bei der GEDIA Gebrüder Dingerkus GmbH steht in diesem Fall die Nutzung einer offenen digitalen Lieferantenplattform im Fokus, welche nicht als unternehmensspezifisch ausgelegte, geschlossene digitale Lieferantenplattform konzeptioniert ist.

Der entwickelte Prototyp einer **digitalen Lieferantenplattform** (WBA Supplier Net) setzt auf eine schnelle, einfache und erfolgreiche Vernetzung von Werkzeugbaubetrieben mit Lieferanten. Das WBA Supplier Net wird web-basiert betrieben und erfordert auf Seiten von Kunden und Lieferanten keine Installation von Programmen. Anbieter können durch Angabe ihrer Stammdaten sowie die Bereitstellung ihrer Maschinenliste ein Profil anlegen. Anschließend erhalten sie einen individuellen Nutzerzugang und können über das WBA Supplier Net angebotene Kapazitäten, an sie gerichtete Anfragen sowie abgegebene Angebote verwalten. Zur Vereinfachung der Nutzung wurden alle Funktionen mit Such- und Filtermechanismen verknüpft. Kunden benötigen hingegen nicht zwingend individuelle Zugangsdaten, sondern können das WBA Supplier Net auch ohne eigenen Login nutzen. Hierzu stehen den Kunden aus der Branche Werkzeugbau verschiedene Optionen zum Stellen einer Anfrage zur Verfügung, welche an späterer Stelle beschrieben werden. Zudem bietet die digitale Lieferantenplattform eine Übersicht über alle registrierten Lieferanten.

Durch die digitale Lieferantenplattform WBA Supplier Net besteht eine offene Schnittstelle zwischen Werkzeugbaubetrieben und auf die Branche Werkzeugbau fokussierten Lieferanten. Auf Basis der einmalig angelegten Lieferantenprofile erhalten Lieferanten eine einfache Möglichkeit, neue Kunden zu finden. Für die Werkzeugbaubetriebe, welche die digitale Lieferantenplattform als Kunde nutzen, vereinfachen sich die Suche nach neuen Lieferanten sowie die Abwicklung von Geschäftsbeziehungen mit bestehenden Lieferanten.

Verknüpft mit der digitalen Lieferantenplattform wurde ein **echtzeitnaher Kapazitätsabgleich** pilotiert. Hierzu wurde eine Schnittstelle zum Planungssystem MoldManager der IKOffice GmbH entwickelt. Auf Basis einer web-basierten Schnittstelle werden jeweils maschinenspezifisch die Differenzen zwischen maximaler Kapazität und bereits verplanter Kapazität ausgewertet. Die so berechnete freie Kapazität kann anschließend vollständig oder in Teilen als verfügbar an die digitale Lieferantenplattform gemeldet werden.

Auf Basis des echtzeitnahen Kapazitätsabgleichs werden die verfügbaren Kapazitäten auf der digitalen Lieferantenplattform stets aktuell gehalten. Hierbei ist der Aufwand zur Datenpflege für Lieferanten deutlich geringer als bei individueller Prüfung für einzelne Anfragen. Zudem erleichtert der echtzeitnahe Kapazitätsabgleich die kurzfristige Suche nach einem Lieferanten für einen spezifischen Fremdvergabebedarf.

Zentraler Bestandteil der digitalen Lieferantenplattform ist eine **automatisierte Auftragsvergabe**. Für die automatisierte Auftragsvergabe wurde die Fremdvergabe von Komponenten und Fertigungsdienstleistungen fokussiert. Für die Beschreibung des Bedarfs werden drei verschiedene Optionen zur Verfügung gestellt. Dies sind:

- Suchanfrage über eine Stückliste,
- Suchanfrage über eine Step-Datei und
- Suchanfrage durch manuelle Angabe.

Unabhängig von der gewählten Variante werden die Stückzahl, die Bauteilabmessungen, das Material und die minimale geforderte Toleranzfeldbreite erfasst. Zusätzlich sind die Art der Materialbereitstellung, das gewünschte Lieferdatum sowie eine Abschätzung benötigter Fertigungstechnologien und Bearbeitungsdauern anzugeben. Für den Fall der Suchanfrage über eine Stückliste sind die zentralen Funktionen des WBA Supplier Networks in Abbildung 127 dargestellt.

Auf dieser Basis findet ein automatisierter Abgleich mit den hinterlegten Profilen aller Lieferanten statt. Zunächst erfolgt eine Überprüfung, ob ein Lieferant über die notwendigen Maschinen mit ausreichend großem Bearbeitungsraum verfügt. Zudem erfolgt eine Prüfung, ob die Maschinengenauigkeit eine Erreichung der geforderten minimalen Toleranzfeldbreite ermöglicht. Abschließend wird überprüft, ob die Lieferanten vor dem gewünschten Lieferdatum über ausreichende Kapazitäten verfügt. Sofern alle Anforderungen erfüllt sind, können Lieferanten automatisiert aufgefordert werden, Angebote abzugeben. Auf Basis einer systematischen Auswertung und kriterienbasierten Vorbewertung der Lieferanten kann anschließend die Auftragsvergabe über das WBA Supplier Net abgewickelt werden.

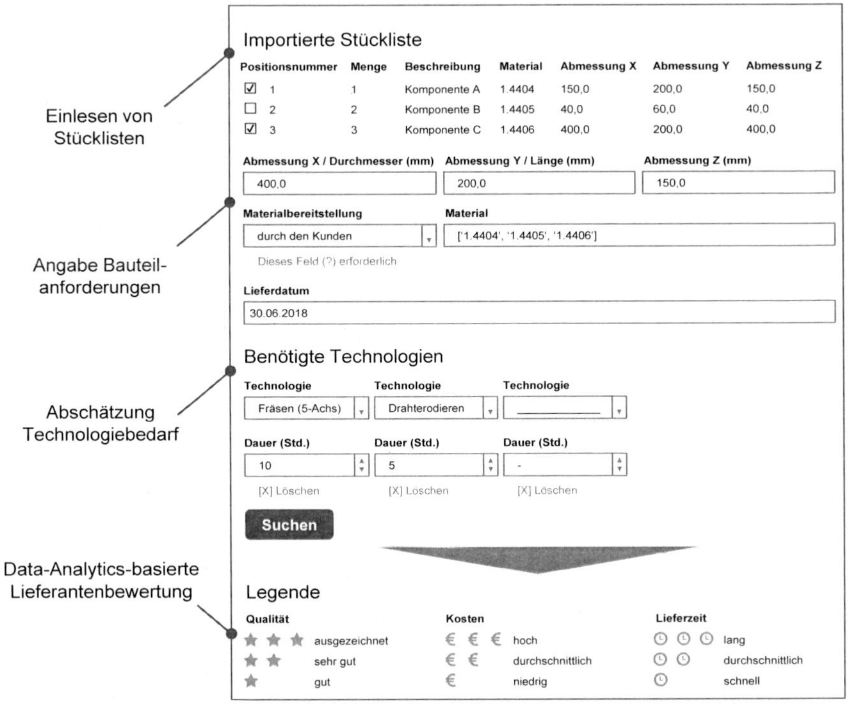

Abbildung 127: WBA Supplier Network[698]

Die WBA nutzt das WBA Supplier Network für Anfragen bei Fertigungsdienstleistern. Primär wird hierzu eine Stückliste in das Portal hochgeladen und anschließend nach geeigneten Lieferanten gesucht. Auch die Anfrage bei den Lieferanten wird über das WBA Supplier Network abgewickelt. Hierdurch werden alle Prozessschritte transparent dokumentiert und der individuelle Verwaltungsaufwand für die Anfrage bei Fertigungsdienstleistern reduziert. In Zukunft wird die Integration weiterer Lieferanten im WBA Supplier Network angestrebt.

Durch den beschriebenen Ablauf der automatisierten Auftragsvergabe ist eine deutliche Erhöhung der Transparenz bei Fremdvergaben möglich. Zudem wird die Anzahl angefragter Lieferanten bei einzelnen Fremdvergaben erhöht. Hieraus ergeben sich Einsparungen hinsichtlich der Einkaufspreise. Als Resultat entstehen zudem Einsparungen durch eine Reduktion des Umfangs operativer Tätigkeiten im Einkauf.

6.3.3 Fazit

Die digitale Vernetzung von Werkzeugbaubetrieben mit Lieferanten wurde im Rahmen der Konsortialprojekte der WBA vor allem hinsichtlich der Gestaltungselemente der digitalen Lie-

---

698 i. A. a. Boos et al. (Lieferanten Managen), 2018, S. 23

ferantenplattform, des echtzeitnahen Kapazitätsabgleichs sowie der automatisierten Auftragsvergabe **umgesetzt**. Durch die Pilotierung der Funktionen der digitalen Lieferantenplattform konnte nachgewiesen werden, dass ein noch höherer Automatisierungsgrad, als er aktuell bereits in den Anwendungen der GEDIA Gebrüder Dingerkus GmbH erzielt wird, möglich ist. Durch die Nutzung der Anwendungen wird eine deutliche Vereinfachung im Rahmen der Auftragsvergabe erzielt. Dies zeigt sich zudem durch die Nutzung der digitalen Lieferantenplattform beim Einkauf von Fremdleistungen durch die WBA.

Zusätzliches Potenzial besteht hinsichtlich der vollständigen Verknüpfung mit weiteren digitalen Systemen von Werkzeugbaubetrieben. Neben Planungssystemen ist die Verknüpfung mit Finanzbuchhaltungssystemen sowie Maschinensteuerungen zu untersuchen. Zudem ist eine Integration weiterer Funktionen zur Vernetzung von auftragsabwicklungs- und innovationsbezogener Informationen anzustreben.

6.4 Kritische Reflexion

Die drei Fallbeispiele der GEDIA Gebrüder Dingerkus GmbH, der iform GmbH und der WBA Aachener Werkzeugbau Akademie GmbH zeigen, dass die digitale Vernetzung von Werkzeugbaubetrieben mit Lieferanten entsprechend des vorgestellten Gestaltungsmodells umgesetzt werden kann. Zudem wurde die Realisierung der in Kapitel 2.2.4 dargestellten Chancen der digitalen Vernetzung ermöglicht. So konnte in der WBA Aachener Werkzeugbau Akademie GmbH eine plattformbasierte Geschäftsabwicklung über eine digitale Lieferantenplattform realisiert werden. Darüber hinaus wurde eine echtzeitnahe Massendatenauswertung als Ausgangsbasis für eine automatisierte Auftragsvergabe pilotiert. Im Werkzeugbau der iform GmbH konnten die Möglichkeiten der digitalen Kooperation im Zuge einer kooperativen Auftragsabwicklung sowie einer kooperativen Innovation genutzt werden.

Durch die Anwendung des Gestaltungsmodells in der Praxis wird insbesondere gezeigt, dass die in Kapitel 3.1.2 definierten **allgemeinen und werkzeugbauspezifischen Anforderungen** erfüllt werden. Auf Basis der stringenten Struktur des Gestaltungsmodells und der praxisorientierten Formulierung der Gestaltungselemente ist die Erläuterung konkreter Lösungen hinsichtlich der Fallbeispiele je Gestaltungselement möglich. Durch die Anwendung der Gestaltungselemente in der Praxis wird die Praktikabilität nachgewiesen. Zudem zeigt die Anwendung, dass das Gestaltungsmodell für die Unikat- und Kleinserienfertigung geeignet ist. Da die ausgewählten Unternehmen im Werkzeugbau ausschließlich Unikate und Kleinserien produzieren, wird die Eignung des Gestaltungsmodells für die Gestaltung von Wertschöpfung, in der geringe bis gar keine Wiederholhäufigkeit üblich ist, nachgewiesen. Zudem berücksichtigt das Gestaltungsmodell die spezifischen Unternehmensrandbedingungen der Branche Werkzeugbau.

Während das erste Fallbeispiel im GEDIA Werkzeugbau die Anwendung der Gestaltungselemente in einem internen Werkzeugbau der Blechumformung mit ca. 160 Mitarbeitern zeigt, stellt das zweite Fallbeispiel der iform GmbH die Umsetzung der Gestaltungselemente in einem auf Spritzgusswerkzeuge fokussierten Werkzeugbaubetrieb mit ca. 65 Mitarbeitern dar. In beiden, sehr unterschiedlichen Werkzeugbaubetrieben konnte eine erfolgreiche Anwendung der Gestaltungselemente nachgewiesen werden. Durch die Pilotierung im Rahmen der

Projekte der WBA Aachener Werkzeugbau Akademie GmbH konnten zudem die Anforderungen von über 15 weiteren Werkzeugbaubetrieben berücksichtigt werden. Somit wurde die Eignung des Gestaltungsmodells hinsichtlich Werkzeugspektrum, Unternehmensgröße und Marktzugang unterschiedlicher Werkzeugbaubetriebe nachgewiesen. Folglich ist eine Anwendbarkeit in der gesamten Branche Werkzeugbau anzunehmen.

Die Anwendung des Gestaltungsmodells zeigt zudem, dass neben den allgemeinen und den werkzeugbauspezifischen Anforderungen auch die **vernetzungs- sowie digitalisierungsbezogenen Anforderungen** erfüllt werden (vgl. Kapitel 3.1.2). Die Fallbeispiele belegen die Relevanz der Gestaltungselemente und verifizieren die Struktur des Gestaltungsmodells. Allerdings wird auch deutlich, dass eine betriebsspezifische Ausgestaltung durchzuführen ist. Grund hierfür sind die stark von den betrieblichen Rahmenbedingungen abhängigen Lösungen innerhalb der Gestaltungselemente. Zudem ist stets die bestehende Softwarelandschaft in den einzelnen Unternehmen zu berücksichtigen.

Anhand der Fallbeispiele wird gezeigt, dass das Gestaltungsmodell zur digitalen Vernetzung von Werkzeugbaubetrieben mit Lieferanten **erfolgreich angewendet** werden kann. Die Heterogenität der Fallbeispiele hinsichtlich Werkzeugspektrum, Unternehmensgröße und Marktzugang weist die Anwendbarkeit für die Werkzeugbaubetriebe der gesamten Branche Werkzeugbau nach. Das Gestaltungsmodell ist somit als ganzheitlicher Lösungsansatz verifiziert. Folglich wird die übergeordnete **Zielsetzung dieser Arbeit erfüllt**.

7 Zusammenfassung und Ausblick

Die deutsche Branche Werkzeugbau wird weltweit für innovative und qualitativ hochwertige Erzeugnisse geschätzt. **Globalisierung, Produktderivatisierung und Produktkomplexitätszunahme** stellen Werkzeugbaubetriebe jedoch vor Herausforderungen. In den letzten Jahren haben Wettbewerber aus Ländern mit vergleichsweise geringen Faktorkosten technologisch und organisatorisch im Vergleich zur deutschen Branche Werkzeugbau aufgeholt. Dies führt zu einer Annäherung der internationalen Qualitätsstandards und in Folge der Globalisierung zu einem zunehmend international verteilt anfallenden Werkzeugbedarf. In Folge der Produktderivatisierung werden immer mehr Werkzeuge benötigt, während die mit einem Werkzeug gefertigte Stückzahl der einzelnen Derivate sinkt. Folglich sinkt auch die Zahlungsbereitschaft des Kunden hinsichtlich der Werkzeuge für die einzelnen Derivate. Durch die Zunahme der Komplexität der Endprodukte steigen die technischen Anforderungen, die an Werkzeugbaubetriebe gestellt werden. Folglich ist zur Gewährleistung einer hohen Produktivität und Innovationsfähigkeit eine Beschränkung auf Kernkompetenzen erforderlich. Wertschöpfungsumfänge außerhalb des Kernkompetenzbereichs sind idealerweise an externe Lieferanten zu vergeben.

Die grundlegenden Veränderungen durch die **digitale Vernetzung**, welche auch als vierte industrielle Revolution bezeichnet werden, bieten auch für die Branche Werkzeugbau weitreichende Chancen. Die deutsche Branche Werkzeugbau hat sich in den vergangenen Jahren vom handwerklichen zum industriellen Werkzeugbau gewandelt. Im Zuge der Industrialisierung haben sich viele Werkzeugbaubetriebe auf Kernkompetenzen fokussiert und ihre Kooperationsaktivitäten mit Lieferanten intensiviert. Jedoch ist die Vernetzungsintensität derzeit häufig noch gering und der Austausch von hohen Ressourcenaufwänden geprägt. Durch die digitale Vernetzung ist eine deutlich höhere Vernetzungsintensität bei geringeren Kosten möglich. Hierdurch kann sowohl die Vergabe als auch die Abwicklung von Aufträgen deutlich effizienter gestaltet werden. Somit kann die Wirtschaftlichkeit deutscher Werkzeugbaubetriebe gesteigert werden.

Zur strukturierten und systematischen **Gestaltung der digitalen Vernetzung von Werkzeugbaubetrieben mit Lieferanten** fehlt derzeit ein geeignetes Gestaltungsmodell, welches die Anforderungen der Branche Werkzeugbau hinreichend erfüllt. Bestehende Forschungsarbeiten beschreiben lediglich Teilaspekte der digitalen Lieferantenvernetzung und berücksichtigen die Unternehmensrandbedingungen der Branche Werkzeugbau sowie die Anforderungen der Unikat- und Kleinserienfertigung nicht ausreichend. Daraus leitet sich die handlungsleitende Forschungsfrage dieser Arbeit ab:

Wie muss ein Modell zur Gestaltung der digitalen Vernetzung von Werkzeugbaubetrieben mit Lieferanten aufgebaut sein?

Im Rahmen dieser Arbeit wurde das Gestaltungsmodell zur digitalen Vernetzung von Werkzeugbaubetrieben mit Lieferanten entsprechend der **Phasen der angewandten Forschung** nach ULRICH & HILL entwickelt (vgl. Kapitel 1.3). Das Modell dient als Zielbild für die Gestaltung der digitalen Vernetzung zwischen Werkzeugbaubetrieben und Lieferanten und besteht aus sieben Gestaltungselementen (vgl. Abbildung 128).

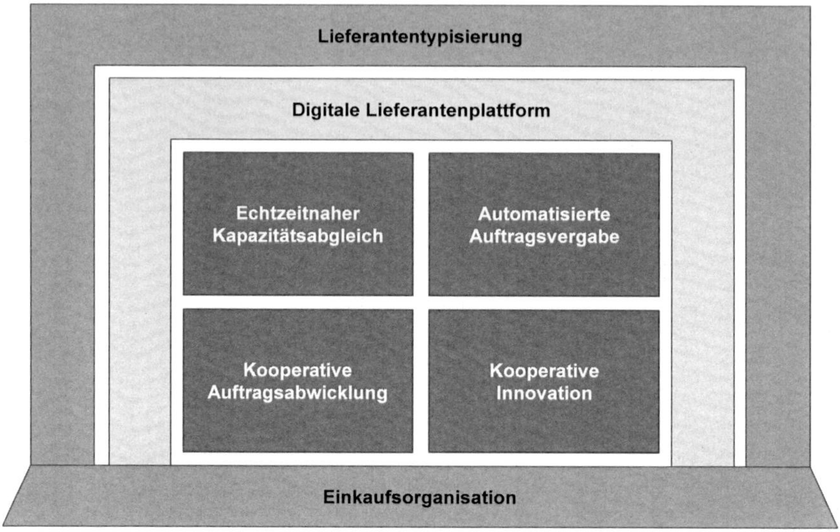

Abbildung 128: Gestaltungsmodell zur digitalen Vernetzung von Werkzeugbaubetrieben mit Lieferanten

Im Kern des Gestaltungsmodells zur digitalen Vernetzung von Werkzeugbaubetrieben mit Lieferanten stehen die Aktivitätselemente, welche die operative Bearbeitung von Anfragen und Aufträgen sicherstellen. Im Rahmen des **echtzeitnahen Kapazitätsabgleichs** wird überprüft, welche Lieferanten über ausreichende Maschinen- und Personalkapazitäten für die Bearbeitung eines Auftrags verfügen. Hierdurch wird die Suche nach potenziellen Lieferanten beschleunigt. Durch die **automatisierte Auftragsvergabe** werden lieferantenbezogene Daten mittels Data Analytics systematisch ausgewertet und Auftragsvergabeentscheidungen automatisiert durchgeführt. Durch die **kooperative Auftragsabwicklung** wird eine effektive und effiziente Auftragsbearbeitung sowie eine kontinuierliche Lieferantenentwicklung gewährleistet. Die **kooperative Innovation** fördert und strukturiert die betriebsübergreifende Aufnahme, Weiterentwicklung und Speicherung von potenziellen Innovationen und Wissen.

Die operativen Prozesse im Rahmen der Aktivitätselemente werden umrahmt von einem Verhaltenselement. Die **digitale Lieferantenplattform** stellt mit ihren Funktionen die Schnittstelle zwischen Werkzeugbaubetrieb und Lieferant dar. Zudem werden durch eine Plattformstruktur mit definierten Nutzerrollen Anforderungen des Datenschutzes gewährleistet. Im Rahmen des Gestaltungselements wird zudem der Aspekt des Geschäftsmodells der digitalen Lieferantenplattform betrachtet.

Die Aktivitätselemente und das Verhaltenselement basieren auf den Strukturelementen. Durch die **Lieferantentypisierung** wird eine typgerechte Umsetzung der Aktivitäten der Lieferantenvernetzung ermöglicht. Zudem bildet die Lieferantentypisierung die Ausgangsbasis für die

Auslegung von Kooperationsstrategien und eine systematische Lieferantenentwicklung. Die Umsetzung des Gestaltungsmodells erfordert zudem eine Weiterentwicklung der **Einkaufsorganisation**. Im Rahmen des zugehörigen Gestaltungselements werden Aufgaben, Kompetenzprofile sowie Aufbau- und Ablauforganisation der Einkaufsorganisation beschrieben.

Das entwickelte Gestaltungsmodell zur digitalen Vernetzung von Werkzeugbaubetrieben mit Lieferanten wurde Anhand von **Fallbeispielen** validiert. Als Fallbeispiele wurden der interne Werkzeugbau der GEDIA Gebrüder Dingerkus GmbH, die iform GmbH und die WBA Aachener Werkzeugbau Akademie GmbH betrachtet. Die Validierung zeigt, dass das Gestaltungsmodell neben den allgemeinen, den vernetzungsbezogenen und den digitalisierungsbezogenen Anforderungen auch werkzeugbauspezifische Anforderungen erfüllt. Dies wurde anhand der erfolgreichen Anwendung in der Praxis nachgewiesen. Das Gestaltungsmodell bietet Werkzeugbaubetrieben die Möglichkeit, die Chancen der vierten industriellen Revolution hinsichtlich der Lieferantenvernetzung ganzheitlich zu nutzen. Auf dieser Basis ermöglicht die Anwendung des Gestaltungsmodells die Steigerung der Leistungs- und Wettbewerbsfähigkeit von Werkzeugbaubetrieben.

Der **wissenschaftliche Beitrag** dieser Arbeit besteht in der Entwicklung eines ganzheitlichen Lösungsansatzes zur Gestaltung der digitalen Vernetzung mit Lieferanten unter Berücksichtigung der spezifischen Anforderungen der Branche Werkzeugbau. Werkzeugbaubetriebe sind nun gefordert, die Elemente des Gestaltungsmodells unternehmensspezifisch anzupassen und anzuwenden. Gleichzeitig sollten in weitergehenden wissenschaftlichen Untersuchungen Lösungsansätze zur ganzheitlichen Integration der digitalen Lieferantenvernetzung in werkzeugbauinterne, digitale Planungsprozesse entwickelt werden. Zudem bietet die betriebsübergreifende Vernetzung von cyber-physischen Systemen zusätzliches Wertschöpfungspotenzial für die Branche Werkzeugbau.

V Literaturverzeichnis

Abts, D.; Mülder, W. (Grundkurs Wirtschaftsinformatik):
Grundkurs Wirtschaftsinformatik. Wiesbaden: Springer, 2017.

acatech (Industrie 4.0):
Umsetzungsempfehlungen für das Zukunftsprojekt Industrie 4.0. Berlin: Forschungsunion, 2013.

Adam, D.; Glunz, F.; Kost, K. (Digitalisierung und Krise):
Digitalisierung und Krise. In: Schupp, F.; Wöhner, H. (Hg.): Digitalisierung im Einkauf. Wiesbaden: Springer, 2018, S. 63–80.

Appelfeller, W.; Buchholz, W. (IT-gestützte Beschaffung):
IT-gestützter operativer Beschaffungsprozess. In: Appelfeller, W.; Buchholz, W. (Hg.): Supplier Relationship Management. 2. Aufl. Wiesbaden: Gabler, 2011, S. 232–287.

Appelfeller, W.; Buchholz, W. (Supplier Relationship Management):
Supplier Relationship Management. 2. Aufl. Wiesbaden: Gabler, 2011.

Arnold, B. (Strategische Lieferantenintegration):
Strategische Lieferantenintegration. 1. Aufl. Wiesbaden: DUV, 2004.

Arnolds, H. (Materialwirtschaft und Einkauf):
Materialwirtschaft und Einkauf. 12. Aufl. Wiesbaden: Springer, 2013.

Ashton, K. (That 'internet of things' thing):
That 'internet of things' thing. In: RFID Journal. 22. Jg, Nr. 7, 2011, S. 1.

Bandte, H. (Komplexität in Organisationen):
Komplexität in Organisationen. 1. Aufl. Wiesbaden: Deutscher Universitäts-Verlag, 2007.

Batran, A.; Erben, A.; Schulz, R.; Sperl, F. (Procurement 4.0):
Procurement 4.0. A survival guide in a digital, disruptive world. 1. Aufl. Frankfurt: Campus, 2017.

Bauer, G. (Architekturen für Web-Anwendungen):
Architekturen für Web-Anwendungen. 1. Aufl. Wiesbaden: Vieweg, 2009.

Bauernhansl, T. (Die Vierte Industrielle Revolution):
Die Vierte industrielle Revolution. In: Vogel-Heuser, B.; Bauernhansl, T.; Hompel, M. ten (Hg.): Handbuch Industrie 4.0. Allgemeine Grundlagen. 2. Aufl. Berlin: Springer, 2017, S. 1–32.

Bauernhansl, T.; Krüger, J.; Reinhart, G.; Schuh, G. (WGP-Standpunkt Industrie 4.0):
WGP-Standpunkt Industrie 4.0. Darmstadt: WGP Wissenschaftliche Gesellschaft für Produktionstechnik, 2016.

Berger, C.; Hees, A.; Braunreuther, S.; Reinhart, G. (Cyber-Physical Sensor Systems):
Characterization of Cyber-Physical Sensor Systems. In: Procedia CIRP. 41. Jg, 2016, S. 638–643.

Bertalanffy, L. (Generaly System Theory):
Generaly System Theory. Foundations, Development, Applications. New York: Braziller, 1968.

Beucher, O. (Signale und Systeme):
Signale und Systeme. 2. Aufl. Berlin: Springer, 2015.

Bichler, K.; Krohn, R.; Riedel, G.; Schöppach, F. (Beschaffungs- und Lagerwirtschaft):
Beschaffungs- und Lagerwirtschaft. 9. Aufl. Wiesbaden: Springer, 2010.

Bilsing, A. (Bewertung der technologischen Leistungsfähigkeit):
Kennzahlengestützte Bewertung der technologischen Leistungsfähigkeit der Fertigung im Werkzeug- und Formenbau. Aachen: Shaker, 2006.

Binder, V. A.; Kantowsky, J. (Technologiepotenziale):
Technologiepotentiale. Wiesbaden: Deutscher Universitäts-Verlag, 1996.

Binner, H. F. (Methoden-Baukasten):
Methoden-Baukasten für ganzheitliches Prozessmanagement. Wiesbaden: Springer, 2016.

Bitkom; Fraunhofer IAO (Industrie 4.0):
Industrie 4.0. Volkswirtschaftliche Potenziale für Deutschland. Berlin: Bitkom, 2017.

Bitkom; VDMA; ZVEI (Umsetzungsstrategie Industrie 4.0):
Umsetzungsstrategie Industrie 4.0. Ergebnisbericht der Plattform Industrie 4.0. Berlin: Bitkom, 2015.

Bleicher, K. (Integriertes Management):
Das Konzept Integriertes Management. 8. Aufl. Frankfurt: Campus, 2011.

BME (Strategisches Lieferantenmanagement):
Strategisches Lieferantenmanagement. BME-Leitfaden. Frankfurt: BME, 2017.

Bogaschewsky, R.; Müller, H. (Industrie 4.0 in Einkauf & SCM):
Digitalisierung, Vernetzung, Industrie 4.0 in Einkauf & SCM. Würzburg: BME & BMÖ, 2017.

Bogaschewsky, R.; Müller, H. (Industrie 4.0):
Industrie 4.0. Wie verändern sich die IT-Systeme in Einkauf und SCM. Würzburg: BME & BMÖ, 2017.

Bogaschewsky, R.; Müller, H. (Elektronische Beschaffung):
Elektronische Beschaffung. Würzburg: BME & BMÖ, 2018.

Bonnet, M. (Kunststofftechnik):
Kunststofftechnik. 3. Aufl. Wiesbaden: Springer, 2016.

Boos, W. (Modulare Werkzeuge):
Methodik zur Gestaltung und Bewertung von modularen Werkzeugen. Aachen: Apprimus, 2008.

Boos, W.; Arntz, K.; Johannsen, L.; Dröscher, T.; Wollbrink, M.; Prümmer, M. (Fertigungstechnologien Einsetzen):
Erfolgreich Fertigungstechnologien Einsetzen. Aachen: WZL im Eigenverlag, 2017.

Boos, W.; Kelzenberg, C.; Wiese, J.; Schultes, T.; Busch, M. (Lieferanten Managen):
Erfolgreich Lieferanten Managen im Werkzeugbau. Aachen: WZL im Eigenverlag, 2018.

Boos, W.; Pitsch, M.; Heeschen, D.; Hensen, T.; Johannsen, L. (Tooling in China):
Tooling in China. Aachen: WZL im Eigenverlag, 2015.

Boos, W.; Pitsch, M.; Salmen, M.; Begovic, A.; Kuhlmann, T. (Planen im Werkzeugbau):
Erfolgreich Planen im Werkzeugbau. Aachen: WZL im Eigenverlag, 2015.

Boos, W.; Pitsch, M.; Salmen, M.; Wiese, J.; Kelzenberg, C.; Lange, J. d. (Kalkulation):
Erfolgreich Kalkulieren im Werkzeugbau. Aachen: WZL im Eigenverlag, 2015.

Boos, W.; Salmen, M.; Begovic, A.; Kelzenberg, C.; Stracke, F. (Smart Tooling):
Smart Tooling. Aachen: WZL im Eigenverlag, 2016.

Boos, W.; Salmen, M.; Kelzenberg, C.; Johannsen, L.; Helbig, J.; Ebbecke, C. (Tooling in Germany):
Tooling in Germany 2018. Aachen: WZL im Eigenverlag, 2018.

Boos, W.; Salmen, M.; Kelzenberg, C.; Stark, M.; Schultes, T.; Graberg, T. (World of Tooling):
World of Tooling. Aachen: WZL im Eigenverlag, 2018.

Boos, W.; Salmen, M.; Stark, M.; Schultes, T. (Lieferantenklassifizierung und Lieferantenqualifizierung):
Lieferanten systematisch klassifizieren und qualifizieren. In: Industrieanzeiger. 18. Jg, Nr. 13, 2018, S. 22–23.

Boos, W.; Salmen, M.; Stark, M.; Wiese, J.; Rittstieg, F.; Schultes, T.; Busch, M. (Flexible Tooling Organization):
Coorporate Tooling. Flexible Tooling Organization. Aachen: WZL im Eigenverlag, 2017.

Brankamp, K. (Betriebsmittelbau):
Wettbewerbsfaktor Werkzeug- und Betriebsmittelbau. Köln: TÜV Rheinland, 1991.

Brettschneider, G. (Beschaffung):
Beschaffung im Handel unter besonderer Berücksichtigung der Auswirkungen von efficient Consumer-Response. Frankfurt: Lang, 2000.

Bruderer, R.; Odermatt, R.; Theiler, S. (Kommunikationswandel):
Den Kommunikationswandel aktiv gestalten. In: Markt & Technik. 18. Jg, Nr. 7, 2018, S. 21–23.

Brunhuber, E. (Druckgussfertigung):
Praxis der Druckgussfertigung. 4. Aufl. Berlin: Schiele und Schön, 1991.

Bruns, M. (Systemtechnik):
Systemtechnik. Berlin: Springer, 1991.

Burt, D. N.; Petcavage, S. D.; Pinkerton, R. L. (Supply Management):
Supply Management. 8. Aufl. Boston: McGraw, 2010.

Büttner, K.-H.; Brück, U. (Use Case Industrie 4.0):
Use Case Industrie 4.0. In: Vogel-Heuser, B.; Bauernhansl, T.; Hompel, M. ten (Hg.): Handbuch Industrie 4.0. Allgemeine Grundlagen. 2. Aufl. Berlin: Springer, 2017, S. 45–68.

Canis, B. (Tool and Die Industry):
The Tool and Die Industry. Contribution to US Manufacturing and Federal Policy Considerations. 1. Aufl. Washington: U.S. Congressional Research Service, 2012.

Centobelli, P.; Cerchione, R.; Esposito, E. (Boundaries of digitalization):
Boundaries of Digitalization. In: Schupp, F.; Wöhner, H. (Hg.): Digitalisierung im Einkauf. Wiesbaden: Springer, 2018, S. 27–44.

Choudary, S. P.; van Alstyne, M.; Parker, G. (Plattform-Revolution):
Plattform-Revolution. Frechen: MITP, 2017.

Christy, D. P.; Grout, J. R. (Safeguarding Supply Chain Relationships):
Safeguarding Supply Chain Relationships. In: International journal of production economics. 36. Jg, Nr. 3, 1994, S. 233–242.

Corsten, H. (Lexikon der Betriebswirtschaftslehre):
Lexikon der Betriebswirtschaftslehre. München: Oldenbourg, 2008.

Daecke, N. (Supply Chain-Beziehungen):
Akteursbasierte Führung von Supply Chain-Beziehungen. Wiesbaden: Springer, 2013.

Dais, S. (Industrie 4.0):
Industrie 4.0. Anstoß, Vision, Vorgehen. In: Vogel-Heuser, B.; Bauernhansl, T.; Hompel, M. ten (Hg.): Handbuch Industrie 4.0. Allgemeine Grundlagen. 2. Aufl. Berlin: Springer, 2017, S. 259–268.

Dawes, J. (Number of scale points):
Do data characteristics change according to the number of scale points used? An experiment using 5-point, 7-point and 10-point scales. In: International journal of market research. 50. Jg, Nr. 1, 2008, S. 61–77.

Deutsches Institut für Normung (DIN 8580):
DIN 8580. Fertigungsverfahren. Berlin: Beuth, 2003.

Deutsches Institut für Normung (DIN 8582):
DIN 8582. Fertigungsverfahren Umformen. Berlin: Beuth, 2003.

Deutsches Institut für Normung (DIN IEC 60050-351):
DIN IEC 60050-351. Internationales Elektrotechnisches Wörterbuch - Teil 351: Leittechnik. Berlin: Beuth, 2014.

Dieckmann, A.-K. (Agilität im Einkauf):
Agilität im Einkauf. In: Fröhlich, E.; Karlshaus, A. (Hg.): Personalentwicklung in der Beschaffung. Berlin: Springer, 2017, S. 51–74.

Diemer, J. (Industrie 4.0-Plattformen):
Sichere Industrie 4.0-Plattformen auf Basis von Community-Clouds. In: Bauernhansl, T.; Hompel, M. ten; Vogel-Heuser, B. (Hg.): Industrie 4.0 in Produktion, Automatisierung und Logistik. Wiesbaden: Springer, 2014, S. 369–396.

Doege, E.; Behrens, B.-A. (Handbuch Umformtechnik):
Handbuch Umformtechnik. Grundlagen, Technologien, Maschinen. 2. Aufl. Berlin: Springer, 2010.

Dölle, J. E. (Lieferantenmanagement):
Lieferantenmanagement in der Automobilindustrie. 1. Aufl. Wiesbaden: Springer, 2013.

Dombrowski, U.; Karl, A. (Supplier Integration):
Systematic Improvement of Supplier Integration within the Product Development Process. In: Procedia CIRP. 57. Jg, 2016, S. 392–397.

Döring, S. T. (Konfliktmanagement):
Konfliktmanagement in der technischen Auftragsabwicklung im Werkzeugbau. 1. Aufl. Aachen: Apprimus, 2010.

Drossel, W.-G.; Ihlenfeldt, S.; Langer, T.; Dumitrescu, R. (Cyber-Physische Systeme):
Cyber-Physische Systeme. In: Neugebauer, R. (Hg.): Digitalisierung. 1. Aufl. Berlin: Springer, 2018, S. 196–222.

Dumitrescu, R. (Chancen für den Standort):
Die Chancen für den Standort nutzen. In: Sendler, U. (Hg.): Industrie 4.0 grenzenlos. Berlin: Springer, 2016, S. 201–216.

Dumitrescu, R.; Gausemeier, Jürgen; Kühn, A.; Luckey, M.; Plass, C.; Schneider, M.; Westermann, T. (Weg zu Industrie 4.0):
Auf dem Weg zu Industrie 4.0. Erfolgsfaktor Refernzarchitektur. Paderborn: it's OWL im Eigenverlag, 2015.

Eggers, J. (Produktentwicklung mit Lieferanten):
Produktentwicklung mit Lieferanten. In: Jung, H. H.; Kraft, P. (Hg.): Digital vernetzt. Transformation der Wertschöpfung. München: Carl Hanser, 2017, S. 71–88.

Ellram, L. M.; Cooper, M. C. (Supply Chain Management):
Supply Chain Management. In: International Journal of Logistics Management. 1. Jg, Nr. 2, 1990, S. 1–10.

Engelhardt, S. v.; wangler, L.; Wischmann, S. (Erfolgsfaktoren digitaler Plattformen):
Eigenschaften und Erfolgsfaktoren digitaler Plattformen. 1. Aufl. Berlin: AUTONOMIK, 2017.

Evans, D. S.; Schmalensee, R. (Matchmakers):
Matchmakers. Boston: Harvard Business Review Press, 2016.

Eversheim, W.; Klocke, F. (Strategie und Technologie):
Werkzeugbau mit Zukunft. Berlin: Springer, 1998.

Fasel, D.; Meier, A. (Big Data und NoSQL):
Was versteht man unter Big Data und NoSQL? In: Fasel, D.; Meier, A. (Hg.): Big Data. Wiesbaden: Springer, 2016, S. 3–16.

Feldhusen, J.; Grote, K.-H. (Konstruktionslehre):
Pahl/Beitz Konstruktionslehre. 8. Aufl. Berlin: Springer, 2013.

Fleischmann, H.; Gölzer, P.; Franke, J.; Amberg, M. (Kommunikation und Datenaustausch):
Kommunikation und Datenaustausch in Industrie 4.0. In: wt-online. 17. Jg, Nr. 3, 2015, S. 84–89.

Fraunhofer IML & BME (Einkauf 4.0):
Einkauf 4.0. Digitalisierung des Einkaufs. Dortmund: Fraunhofer IML & BME, 2016.

Freidinger, R.; Glas, A. H.; Kleemann, F. C. (Einkauf 4.0 und E-Proucrement):
Einkauf 4.0 und E-Proucrement. In: Beschaffung aktuell. 25. Jg, Nr. 8, 2016, S. 22–23.

Freiling, J. (Resource based view):
Resource based view und ökonomische Theorie. 1. Aufl. Wiesbaden: Deutscher Universitäts-Verlag, 2001.

Frick, L. (Geschäftsmodelle im Werkzeugbau):
Erfolgreiche Geschäftsmodelle im Werkzeugbau. Aachen: Shaker, 2006.

Fricke, K. (Digitaltechnik):
Digitaltechnik. 7. Aufl. Wiesbaden: Springer, 2014.

Fritz, A. H.; Schmütz, J.; Wieneke-Toutaoui, B. (Urformen):
Urformen. In: Fritz, A. H.; Schulze, G. (Hg.): Fertigungstechnik. Berlin: Springer, 2015, S. 7–123.

Gadatsch, A. (Big Data):
Big Data. In: Gadatsch, A.; Landrock, H. (Hg.): Big Data für Entscheider. Wiesbaden: Springer, 2017, S. 1–10.

Garland, R. (Rating Scale):
The Mid-Point on a Rating Scale. Is it Desirable? In: Marketing Bulletin. 2. Jg, Nr. 3, 1991, S. 66–70.

Gaus, F. (Geschäftsmodelle):
Methodik zur Überprüfung der Logik eines Geschäftsmodells im Werkzeugbau. Aachen: Apprimus, 2010.

Gehrke, W.; Winzker, M.; Woitowitz, R.; Urbanski, K. (Digitaltechnik):
Digitaltechnik. 7. Aufl. Berlin: Springer, 2017.

Giehler, F. (Erhöhung der Planungsproduktivität):
Erhöhung der Planungsproduktivität am Beispiel der Auftragsabwicklung im Werkzeugbau. Aachen: Apprimus, 2010.

Gierens, H. (Digitaltechnik):
Digitaltechnik. In: Plaßmann, W.; Schulz, D. (Hg.): Handbuch Elektrotechnik. 7. Aufl. Wiesbaden: Springer, 2016, S. 590–632.

Gierhake, O. (Integriertes Geschäftsprozessmanagement):
Integriertes Geschäftsprozessmanagement. 3. Aufl. Wiesbaden: Vieweg, 2000.

Gizanis, D. (Kooperative Auftragsabwicklung):
Kooperative Auftragsabwicklung. Bamberg: Difo, 2006.

Glantschnig, E. (Merkmalsgestützte Lieferantenbewertung):
Merkmalsgestützte Lieferantenbewertung. 1. Aufl. Köln: Fördergesellschaft Produkt-Marketing, 1994.

Glas, A. H.; Kleemann, F. C. (Impact of Industry 4.0 on Procurement):
The Impact of Industry 4.0 on Procurement and Supply Management. In: International Journal of Business and Management Invention. 5. Jg, Nr. 6, 2016, S. 55–66.

Gölzer, P. (Big Data in Industrie 4.0):
Big Data in Industrie 4.0. 1. Aufl. Erlangen: FAU, 2017.

Gölzer, P.; Cato, P.; Amberg, M. (Data Processing Requirements):
Data Processing Requirements of Industry 4.0. Use Cases for Big Data Applications. In: Tagungsband zum European Conference on Information Systems (ECIS). Münster: AIS, 2015, S. 1–13.

Grajczyk, K. J.; Zigan, G. (Purchasing in Industry 4.0):
The Value Contribution of Purchasing in Industry 4.0. In: Supply Chain Management, Nr. 11, 2016, S. 41–46.

Grimm, S. (Schnittstellenmanager in der Beschaffung):
Der Schnittstellenmanager in der Beschaffung. In: Fröhlich, E.; Karlshaus, A. (Hg.): Personalentwicklung in der Beschaffung. Berlin: Springer, 2017, S. 133–152.

Guba, E. G.; Lincoln, Y. S. (Qualitative Research):
Competing Paradigms in Qualitative Research. In: Denzin, N. K.; Lincoln, Y. S. (Hg.): Handbook of qualitative research. Thousand Oaks: Sage Publications, 1994, S. 105–117.

Gulden, A. G. (Wertorientierte Gestaltung):
Wertorientierte Gestaltung kundenindividueller Kleinserienproduktion. Aachen: Apprimus, 2009.

Gutenberg, E. (Grundlagen der Betriebswirtschaftslehre):
Grundlagen der Betriebswirtschaftslehre. 1. Aufl. Berlin: Springer, 1951.

Haberfellner, R.; Weck, O. (Systems Engineering):
Systems Engineering. 12. Aufl. Zürich: Orell Füssli, 2012.

Hahn, C. (Cloud Plattformen):
Digitalisierung der IT-Industrie mit Cloud Plattformen. In: HMD. 53. Jg, Nr. 5, 2016, S. 594–606.

Hakansson, H.; Johansson, J. (Industrial Networks):
A Model of Industrial Networks. In: Axelsson, B.; Easton G. (Hg.): Industrial Networks. A New View of Reality. London: Routledge, 1992, S. 28–34.

Hartmann, H.; Orths, H.; Pahl, H.-J. (Lieferantenbewertung):
Lieferantenbewertung - aber wie. Lösungsansätze und erprobte Verfahren. 4. Aufl. Gernsbach: Deutscher Betriebswirte-Verlag, 2008.

Hebel, S. v. (Komplexitätskostenrelevante Ursache-Wirkungs-Beziehungen):
Komplexitätskostenrelevante Ursache-Wirkungs-Beziehungen im Werkzeugbau bei Stanz- und Umformwerkzeugen. Aachen: Apprimus, 2016.

Heinen, E. (Entscheidungsorientierte Betriebswirtschaftslehre):
Entwicklungstendenzen in der entscheidungsorientierten Betriebswirtschaftslehre. In: Die Unternehmung. 25. Jg, Nr. 2, 1971, S. 89–99.

Heinrich, B.; Linke, P.; Glöckler, M. (Grundlagen Automatisierung):
Grundlagen Automatisierung. 2. Aufl. Wiesbaden: Springer, 2017.

Heller, B.; Chatti, S.; Schikorra, M.; Tekkaya, Erman, Kleiner, Matthias (Blechbiegen):
Blechbiegen. In: Siegert, K. (Hg.): Blechumformung. Berlin: Springer, 2015, 141–222.

Helmold, M.; Terry, B. (Lieferantenmanagement 2030):
Lieferantenmanagement 2030. Wertschöpfung und Sicherung der Wettbewerbsfähigkeit in digitalen und globalen Märkten. 1. Aufl. Wiesbaden: Springer, 2016.

Helmold, M.; Terry, B. (Global Sourcing and Supply Management):
Global Sourcing and Supply Management Excellence in China. 1. Aufl. Singapore: Springer, 2017.

Hempe, E. (Innovationskommunikation):
Innovationskommunikation als Erfolgsfaktor für KMU im Open-Innovation-Prozess. 1. Aufl. Saarbrücken: VDM, 2008.

Hensen, T. (Strategische Auslegung):
Strategische Auslegung industrieller Werkzeugbaubetriebe. Aachen: Apprimus, 2017.

Herrmann, A.; Huber, F. (Produktmanagement):
Produktmanagement. 3. Aufl. Wiesbaden: Springer, 2013.

Hess, T. (Konzerncontrolling in Unternehmensnetzwerken):
Anwendungsmöglichkeiten des Konzerncontrollings in Unternehmensnetzwerken. In: Sydow, J. (Hg.): Steuerung von Netzwerken. Wiesbaden: Springer, 2000, S. 156–177.

Hess, T.; Schuhmann, M. (Controlling in Unternehmensnetzwerken):
Werkzeuggestütztes Controlling in Unternehmensnetzwerken. In: Bodendorf, F.; Grauer, M. (Hg.): Verbundtagung Wirtschaftsinformatik. Aachen: Shaker, 2000, S. 68–85.

Hippmann, S.; Klinger, R.; Leis, M. (Digitalisierung):
Digitalisierung. In: Neugebauer, R. (Hg.): Digitalisierung. 1. Aufl. Berlin: Springer, 2018, S. 9–18.

Hofbauer, G.; Mashhour, T.; Fischer, M. (Lieferantenmanagement):
Lieferantenmanagement. 2. Aufl. München: Oldenbourg, 2012.

Hohmann, D. (Methoden der Unternehmensentwicklung):
Methoden der Unternehmensentwicklung. 1. Aufl. Wiesbaden: Springer, 2012.

Holmes, J.; Rutherford, T.; Fitzgibbon, S. (Innovation):
Innovation in the automotive tool, die and mould industry. In: Global networks and local linkages. Toronto: Queens University, 2005, S. 119–153.

Hübbers, M. (Modell zur Kapazitätsplanung):
Modell zur Kapazitätsplanung von Dienstleistungsressourcen in Leistungssystemen. Aachen: Apprimus, 2013.

Jaekel, M. (Macht der digitalen Plattformen):
Die Macht der digitalen Plattformen. Wiesbaden: Springer, 2017.

Jakoby, W. (Projektmanagement für Ingenieure):
Projektmanagement für Ingenieure. 3. Aufl. Wiesbaden: Springer, 2015.

Janker, C. (Multivariate Lieferantenbewertung):
Multivariate Lieferantenbewertung. 2. Aufl. Wiesbaden: Gabler, 2008.

Kagermann, H. (Chancen von Industrie 4.0):
Chancen von Industrie 4.0 nutzen. In: Vogel-Heuser, B.; Bauernhansl, T.; Hompel, M. ten (Hg.): Handbuch Industrie 4.0. Allgemeine Grundlagen. 2. Aufl. Berlin: Springer, 2017, S. 235–246.

Kagermann, Henning; Lukas, W.-D.; Wahlster, Wolfgang (Industrie 4.0):
Industrie 4.0. Mit dem Internet der Dinge auf dem Weg zur 4. industriellen Revolution. In: VDI Nachrichten, Nr. 13, 2011, S. 11.

Kampker, A. (Kompetenzbasierte Geschäftsausweitung):
Kompetenzbasierte Geschäftsausweitung von produzierenden Unternehmen. Aachen: Shaker, 2004.

Kamzelak, J.; Schuh, G.; Orilski, J. (Zukunft gemeinsam gestalten):
Zukunft gemeinsam gestalten. ZF Friedrichshafen, Successful Practice, Teil IV. In: Beschaffung aktuell, Nr. 9, 2007, S. 24–26.

Karrenberg, U. (Signale, Prozesse, Systeme):
Signale - Prozesse - Systeme. 7. Aufl. Berlin: Springer, 2017.

Kaufmann, L. (Purchasing and Supply Management):
Purchasing and Supply Management. In: Hahn, D.; Kaufmann, L. (Hg.): Handbuch industrielles Beschaffungsmanagement. 2. Aufl. Wiesbaden: Springer, 2002, S. 3–34.

Kett, I. W.; Schewe, G. (Management skills):
Management Skills. 1. Aufl. Wiesbaden: Gabler, 2010.

Kiausch, A. (Nachhaltiges Lieferantenmanagement):
Nachhaltiges Lieferantenmanagement mit Business Intelligence. Duisburg: Eigendruck, 2016.

Killich, S. (Formen der Unternehmenskooperation):
Formen der Unternehmenskooperation. In: Becker, T.; Dammer, I.; Loose, A. (Hg.): Netzwerkmanagement. Dordrecht: Springer, 2011, S. 13–22.

Kleemann, F. C. (Supplier Relationship Management):
Supplier Relationship Management im Performance-based Contracting. Wiesbaden: Springer, 2014.

Kleemann, F. C.; Glas, A. H. (Einkauf 4.0):
Einkauf 4.0. Digitale Transformation der Beschaffung. Wiesbaden: Springer, 2017.

Klein, D.; Tran-Gia, P.; Hartmann, M. (Big Data):
Big Data. In: Informatik Spektrum. 36. Jg, Nr. 3, 2013, S. 319–323.

Kleinert, A. (Bewertung der kapazitiven Lieferantenflexibilität):
Bewertung der kapazitiven Lieferantenflexibilität in der überbetrieblichen Auftragsabwicklung mithilfe des Realoptionsansatzes. Aachen: Apprimus, 2011.

Klocke, F.; Arntz, K. (Technologien für den Werkzeug- und Formenbau):
Technologien für den Werkzeug- und Formenbau von morgen. In: Tagungsband zum 4. Internationales Kolloquium „Werkzeugbau mit Zukunft“. Aachen, 2004, S. 1–25.

Klocke, F.; Schuh, G.; Zohm, F.; Fricker, I.; Sauer, A.; Wegehaupt, P. (Zukunftsstudie Werkzeug- und Formenbau):
Zukunftsstudie Werkzeug- und Formenbau. Aachen: WZL im Eigenverlag, 2005.

Klotzbach, C. (Industrieller Werkzeugbau):
Gestaltungsmodell für den industriellen Werkzeugbau. Aachen: Shaker, 2007.

Klug, F. (Logistikmanagement):
Logistikmanagement in der Automobilindustrie. Berlin: Springer, 2010.

Kluge, S. (Empirisch begründete Typenbildung):
Empirisch begründete Typenbildung. Wiesbaden: VS Verlag für Sozialwissenschaften, 1999.

Knoll, M.; Rinderle-Ma, S. (Plattformen):
Plattformen. Eine Einführung. In: HMD. 52. Jg, Nr. 3, 2015, S. 322–336.

Koch, S. (Steigerung der Wandlungsfähigkeit):
Methodik zur Steigerung der Wandlungsfähigkeit von Fabriken im Maschinen- und Anlagenbau. Aachen: Apprimus, 2011.

Komorek, N. J. (Kollaborative Wertschöpfung):
Gestaltungsmodell für kollaborative Wertschöpfung im industriellen Werkzeugbau. Aachen: Apprimus, 2014.

Koppelmann, U. (Beschaffungsmarketing):
Beschaffungsmarketing. 5. Aufl. Berlin: Springer, 2004.

Koppold, N. (Kapazitätsplanung und -steuerung):
Kapazitätsplanung und -steuerung in der Instandhaltungsproduktion von Investitionsgütern. 1. Aufl. München: Elbepartner Breitschuh & Kock, 2017.

Kosiol, E. (Unternehmung als wirtschaftliches Aktionszentrum):
Die Unternehmung als wirtschaftliches Aktionszentrum. Reinbek: Rowohlt, 1978.

Kovács, Z.; Pató, B. (Competency Requirements in Supply Chains):
Jobs and Competency Requirements in Supply Chains. In: Social and Behavioral Sciences. 109. Jg, 2014, S. 83–91.

Kozielski, S. A. (Kennzahlensystem):
Integratives Kennzahlensystem für den Werkzeugbau. Aachen: Apprimus, 2010.

Kraljic, P. (Beschaffungs- und Versorgungsstrategie):
Zukunftsorientierte Beschaffungs- und Versorgungsstrategie als Element der Unternehmensstrategie. In: Henzler, H. A. (Hg.): Handbuch Strategische Führung. Wiesbaden: Gabler, 1988, S. 477–498.

Krokowski, W. (Global Sourcing):
Grundlagen des Global Sourcing. In: Arnold, U.; Kasulke, G. (Hg.): Praxishandbuch innovative Beschaffung. 1. Aufl. Weinheim: WILEY-VCH, 2007, S. 441–475.

Kubicek, H. (Heuristische Bezugsrahmen):
Heuristische Bezugsrahmen und heuristisch angelegte Forschungsdesigns als Elemente einer Konstruktionsstrategie empirischer Forschung. In: Köhler, R. (Hg.): Empirische und handlungstheoretische Forschungskonzeptionen in der Betriebswirtschaftslehre. Stuttgart: Poeschel, 1977, S. 3–36.

Kuhlmann, K. K. (Gestaltung von Geschäftsprozessen):
Methodik zur Gestaltung von Geschäftsprozessen im industriellen Werkzeugbau. Aachen: Apprimus, 2011.

Kuhlmann, T. B. (Corporate Tooling):
Corporate Tooling. Modularer Werkzeugbau als Befähiger internationaler Produktionsnetzwerke. Aachen: Apprimus, 2017.

Kuhn, T. S. (Struktur wissenschaftlicher Revolutionen):
Die Struktur wissenschaftlicher Revolutionen. 2. Aufl. Frankfurt: Suhrkamp, 1988.

Kühn, T. (Lebenszyklusorientierte Leistungssysteme):
Lebenszyklusorientierte Leistungssysteme im Werkzeugbau. Aachen: Apprimus, 2016.

Lamnek, S.; Krell, C. (Qualitative Sozialforschung):
Qualitative Sozialforschung. 6. Aufl. Weinheim: Beltz, 2016.

Large, R. (Strategisches Beschaffungsmanagement):
Strategisches Beschaffungsmanagement. 4. Aufl. Wiesbaden: Gabler, 2009.

Lasch, R.; Janker, C. (Lieferantenmanagement):
Lieferantenmanagement. In: Arnold, D.; Isermann, H.; Kuhn, A.; Tempelmeier, H.; Furmans, K. (Hg.): Handbuch Logistik. 3. Aufl. Berlin: Springer, 2008, S. 1001–1008.

Lasswell, H. D. (Structure and Function of Communication):
The Structure and Function of Communication in Society. In: Bryson, L. (Hg.): The Communication of Ideas. New York: Cooper Square, 1964, S. 37–51.

Lee, E. A. (Cyber Physical Systems):
Cyber Physical Systems. In: Tagungsband zum International Symposium on Object and Component-Oriented Real-Time Distributed Computing. Orlando, 2008, S. 363–369.

Lehner, F.; Wildner, S.; Scholz, M. (Wirtschaftsinformatik):
Wirtschaftsinformatik. 2. Aufl. München: Hanser, 2008.

Likert, R. (Measurement of Attitudes):
A Technique for the Measurement of Attitudes. In: Archives of Psychology. 22. Jg, Nr. 140, 1932, S. 5–55.

Linacre, J. M. (Rating Scale):
Optimizing Rating Scale Category Effectiveness. In: Journal of Applied Measurement. 3. Jg, Nr. 1, 2002, S. 85–106.

Lochmahr, A.; Wildemann, H. (Einführung logistischer Konzepte):
Die Einführung logistischer Konzepte in Theorie und Praxis. In: Günthner, W. A. (Hg.): Neue Wege in der Automobillogistik. Berlin: Springer, 2007, S. 509–524.

Lorenzen, K. D.; Krokowski, W. (Einkauf):
Einkauf. Wiesbaden: Springer, 2018.

Ludewig, J. (Software Engineering Modelle):
Modelle im Software Engineering. In: Glinz, M., Müller-Luschnat, G., & Rumpe, B. (Hg.): Modellierung. Bonn: Gesellschaft für Informatik, 2002, S. 7–22.

Ludwig, B. (Management komplexer Systeme):
Management komplexer Systeme. Berlin: Edition Sigma, 2001.

Lüth, C. (Cyber-Physical Systems):
Funktionen und Herausforderungen von Cyber-Physical Systems. In: Manzei, C.; Schleupner, L.; Heinze, R. (Hg.): Industrie 4.0 im internationalen Kontext. Berlin: Beuth, 2016, S. 25–29.

Meier, A. (Werkzeuge der digitalen Wirtschaft):
Werkzeuge der digitalen Wirtschaft. Big Data, NoSQL & Co. Wiesbaden: Springer, 2018.

Menges, G.; Michaeli, W.; Mohren, P. (Spritzgießwerkzeuge):
Spritzgießwerkzeuge. 6. Aufl. München: Hanser, 2007.

Menges, M.; Roubanov, D.; Ernst, J. (Produktionsplanung und -steuerung):
Produktionsplanung und -steuerung. In: Eigner, M.; Roubanov, D.; Zafirov, R. (Hg.): Modellbasierte virtuelle Produktentwicklung. Berlin: Springer, 2014, S. 301–326.

Mennig, G. (Kunststoffverarbeitung):
Werkzeuge für die Kunststoffverarbeitung. 4. Aufl. München: Hanser, 1995.

Merli, G. (Co-makership):
Co-makership. Portland: Productivity Press, 1991.

Michels, J. S. (Industrial Connectivity):
Industrial Connectivity und Industrial Analytics. In: Sendler, U. (Hg.): Industrie 4.0 grenzenlos. Berlin: Springer, 2016, S. 245–270.

Möller, K. (Wertschöpfung in Netzwerken):
Wertschöpfung in Netzwerken. München: Vahlen, 2006.

Monostori, L.; Kádár, B.; Bauernhansl, T.; Kondoh, S.; Kumara, S.; Reinhart, G.; Sauer, O.; Schuh, G.; Sihn, W.; Ueda, K. (Cyber-physical systems):
Cyber-physical systems in manufacturing. In: CIRP Annals. 65. Jg, Nr. 2, 2016, S. 621–641.

Müller-Prothmann, T.; Dörr, N. (Innovationsmanagement):
Innovationsmanagement. 3. Aufl. München: Hanser, 2014.

Müller-Stewens, G.; Lechner, C. (Strategisches Management):
Strategisches Management. 5. Aufl. Stuttgart: Poeschel, 2016.

Narr, C. (Kooperatives Lieferantenmanagement):
Kooperatives Lieferantenmanagement im Maschinen- und Anlagenbau. Aachen: Apprimus, 2013.

Neemann, C. W. (Schutz gegen Produktimitationen):
Methodik zum Schutz gegen Produktimitationen. Aachen: Shaker, 2007.

Neugebauer, R. (Digitale Information):
Digitale Information. In: Neugebauer, R. (Hg.): Digitalisierung. 1. Aufl. Berlin: Springer, 2018, S. 1–7.

North, K. (Wissensorientierte Unternehmensführung):
Wissensorientierte Unternehmensführung. 6. Aufl. Wiesbaden: Springer, 2016.

North, K.; Reinhardt, K.; Sieber-Suter, B. (Kompetenzmanagement):
Kompetenzmanagement in der Praxis. 3. Aufl. Wiesbaden: Springer, 2018.

o.V. (ASTRAS):
ASTRAS. Online verfügbar unter https://www.allocation.net/, 2018.

o.V. (Gedia):
Gedia. Überblick Unternehmen. Online verfügbar unter https://www.gedia.com/de/unternehmen/ueberblick/, 2018.

o.V. (igus):
igus. Über igus. Online verfügbar unter https://www.igus.de/info/ueber-igus, 2018.

Patzak, G. (Systemtechnik):
Systemtechnik. Planung komplexer innovativer Systeme. Berlin: Springer, 1982.

Paulukuhn, L. (Typologisierung von Entwicklungsprojekten):
Typologisierung von Entwicklungsprojekten im Maschinenbau. Aachen: Shaker, 2005.

Pichler, J. H.; Pleitner, H. J.; Schmidt, K.-H. (Management in KMU):
Management in KMU. 3. Aufl. Bern: Haupt, 2000.

Pitsch, M. (Kompetenzfeldbasierte Vernetzung):
Kompetenzfeldbasierte Vernetzung von Werkzeugbaustandorten. Aachen: Apprimus, 2014.

Popper, K. R. (Logik der Sozialwissenschaften):
Die Logik der Sozialwissenschaften. In: Adorno, T.; Dahrendorf, R.; Pilot, H.; Albert, H.; Habermas, J.; Popper, K. (Hg.): Der Positivismusstreit in der deutschen Soziologie. 4. Aufl.: Hermann Luchterhand, 1975, S. 103–123.

Porter, M. E. (Wettbewerbsvorteile):
Wettbewerbsvorteile. 8. Aufl. Frankfurt: Campus, 2014.

Prahalad, C. K.; Ramaswamy, V. (The Future of Competition):
The Future of Competition. Co-Creating Unique Value With Customers. Boston: Harvard Business Review Press, 2004.

Pümpin, C.; Prange, J. (Management der Unternehmensentwicklung):
Management der Unternehmensentwicklung. Frankfurt: Campus, 1991.

Riggers, B. (Value System Design):
Value System Design. St. Gallen: Deutscher Universitäts-Verlag, 1998.

Rink, C.; Wagner, S. M. (Lieferantenmanagement):
Lieferantenmanagement. In: Brenner, W.; Wenger, R. (Hg.): Elektronische Beschaffung. Berlin: Springer, 2007, S. 39–62.

Rittstieg, M. (Prozesssynchronisierung):
Methodik zur Prozesssynchronisierung in der Auftragsabwicklung des industriellen Werkzeugbaus: Apprimus, 2012.

Roland Berger (Zwischen Hochtechnologie und Handwerkskunst):
Zwischen Hochtechnologie und Handwerkskunst. Deutschlands High-End-Industrie auf Rekordkurs. Berlin: Roland Berger im Eigenverlag, 2017.

Ropohl, G. (Systemtheorie):
Allgemeine Technologie. 3. Aufl. Karlsruhe: Universitätsverlag Karlsruhe, 2009.

Rosemann, M.; Schwegmann, A.; Delfmann, P. (Prozessmodellierung):
Vorbereitung der Prozessmodellierung. In: Becker, J.; Kugeler, M.; Rosemann, M. (Hg.): Prozessmanagement. 7. Aufl. Berlin: Springer, 2012, S. 47–112.

Rostek, K. (Benchmarking Collaborative Networks):
Benchmarking collaborative networks. A key to SME competitiveness. Heidelberg: Springer, 2015.

Salmen, M. (Digital vernetzter Shopfloor):
Gestaltungsmodell für den digital vernetzten Shopfloor im Werkzeugbau. Aachen: Apprimus, 2016.

Schanz, G. (Grundfragen der Führungsforschung):
Wissenstheoretische Grundfragen der Führungsforschung. In: Kieser, A. (Hg.): Handwörterbuch der Führung. Stuttgart: Poeschel, 1987, S. 2039–2058.

Schatz, A.; Bauernhansl, T. (Geschäftsmodell-Innovation):
Geschäftsmodell-Innovation. In: Vogel-Heuser, B.; Bauernhansl, T.; Hompel, M. ten (Hg.): Handbuch Industrie 4.0. Produktion. 2. Aufl. Berlin: Springer, 2017, S. 245–259.

Schieferdecker, R. (Produktionsplanung und -steuerung):
Produktionsplanung und -steuerung bei flexiblen Arbeitszeiten. In: Schuh, G.; Stich, V. (Hg.): Produktionsplanung und -steuerung 2. 4. Aufl. Berlin: Springer, 2012, 365-289.

Schierenbeck, H.; Wöhle, C. B. (Grundzüge der Betriebswirtschaftslehre):
Grundzüge der Betriebswirtschaftslehre. 17. Aufl. München: Oldenbourg, 2008.

Schleyer, C. (Kooperationsmanagement):
Erfolgreiches Kooperationsmanagement im Werkzeugbau. Aachen: Shaker, 2006.

Schlick, J.; Stephan, P.; Loskyll, M.; Lappe, D. (Industrie 4.0):
Industrie 4.0 in der praktischen Anwendung. In: Vogel-Heuser, B.; Bauernhansl, T.; Hompel, M. ten (Hg.): Handbuch Industrie 4.0. Automatisierung. 2. Aufl. Berlin: Springer, 2017, S. 3–29.

Schlünsen, H.; Schentler, P. (Digitalisierung im Einkauf):
Digitalisierung im Einkauf. In: Klein, A.; Schentler, P. (Hg.): Einkaufscontrolling. München: Haufe, 2016, S. 83–98.

Schmitt, R.; Pfeifer, T. (Qualitätsmanagement):
Qualitätsmanagement. 5. Aufl. München: Hanser, 2015.

Schuh, G. (Einkaufsmanagement):
Einkaufsmanagement. Handbuch Produktion und Management 7. 2. Aufl. Berlin: Springer, 2014.

Schuh, G.; Anderl, Reiner; Gausemeier, Jürgen; Hompel, M.; Wahlster, Wolfgang (Industrie 4.0 Maturity Index):
Industrie 4.0 Maturity Index. München: Herbert Utz, 2017.

Schuh, G.; Bender, D. (Grundlagen des Innovationsmanagements):
Grundlagen des Innovationsmanagements. In: Schuh, G. (Hg.): Innovationsmanagement. Berlin: Springer, 2012, S. 1–16.

Schuh, G.; Boos, W.; Eßmann, V.; Fuchs, R.; Gärtner, R.; Hensen, T.; Hill, A.; Johann, H.; Komorek, N.; Pitsch, M.; Siebenwurst, C. (Globaler industrieller Werkzeugbau):
Globaler industrieller Werkzeugbau. Vernetzte Wertschöpfung als Erfolgsfaktor. In: Brecher, C.; Klocke, F.; Schmitt, R.; Schuh, G. (Hg.): Integrative Produktion. Aachen: Shaker, 2014, S. 221–243.

Schuh, G.; Boos, W.; Kuhlmann, K. K.; Rittstieg, M. (Operative Exzellenz):
Operative Exzellenz im Werkzeug- und Formenbau. 1. Aufl. Aachen: Apprimus, 2010.

Schuh, G.; Brandenburg, U.; Cuber, S. (Aufgaben der Produktionsplanung):
Aufgaben der Produktionsplanung. In: Schuh, G.; Stich, V. (Hg.): Produktionsplanung und -steuerung 1. 4. Aufl. Berlin: Springer, 2012, S. 29–81.

Schuh, G.; Guo, D. (Grundlagen des Einkaufsmanagements):
Grundlagen des Einkaufsmanagements. In: Schuh, G. (Hg.): Einkaufsmanagement. Handbuch Produktion und Management 7. 2. Aufl. Berlin: Springer, 2014, S. 17–24.

Schuh, G.; Guo, D.; Hoppe, M.; Ünlü, V. (Steuerung der Lieferantenbasis):
Steuerung der Lieferantenbasis. In: Schuh, G. (Hg.): Einkaufsmanagement. Handbuch Produktion und Management 7. 2. Aufl. Berlin: Springer, 2014, S. 255–342.

Schuh, G.; Hoppe, M.; Schubert, J.; Mangoldt, J. von **(Lieferantenauswahl):**
Lieferantenauswahl. In: Schuh, G. (Hg.): Einkaufsmanagement. Handbuch Produktion und Management 7. 2. Aufl. Berlin: Springer, 2014, S. 183–254.

Schuh, G.; Kampker, A.; Rittstieg, M. (Vernetzte Wertschöpfung):
Vernetzte Wertschöpfung und Kooperationsmanagement. In: Schuh, G.; Kampker, A. (Hg.): Strategie und Management produzierender Unternehmen. Handbuch Produktion und Management 1. 2. Aufl. Berlin: Springer, 2011, S. 463–535.

Schuh, G.; Kelzenberg, C.; Wiese, J.; Schultes, T. (Cooperative Order Processing):
Cooperative, Digitally Interconnected Order Processing Process In The Tool And Die Industry. In: Tagungsband zum 1st Global Conference on Applied Sciences, Environment & Industrial Engineering. Seoul: EAREC, 2018, S. 100–112.

Schuh, G.; Kuhlmann, K. K.; Pitsch, M.; Komorek, N. J.; Varnhagen, V.; Bechtold, J.; Stich, C. (Digitale Wertschöpfungsnetzwerke):
Fokus Automobilindustrie. Digitale Wertschöpfungsnetzwerke im Werkzeugbau. 1. Aufl. Aachen: Apprimus, 2013.

Schuh, G.; Kuhlmann, K. K.; Pitsch, M.; Schippers, M. (Der ideale Werkzeugbau):
Der ideale Werkzeugbau. In: Form+Werkzeug, Nr. 1, 2013, S. 14–15.

Schuh, G.; Millarg, K.; Göransson, A. (Virtuelle Fabrik):
Virtuelle Fabrik. Neue Marktchancen durch dynamische Netzwerke. München: Carl Hanser, 1998.

Schuh, G.; Pitsch, M.; Komorek, N. J.; Rittstieg, F.; Kuhlmann, T. B. (Systematische Mitarbeiterentwicklung):
Systematische Mitarbeiterentwicklung. In: werkzeug&formenbau. 24. Jg, Nr. 4, 2014, S. 86–89.

Schuh, G.; Potente, T.; Reuter, C.; Hauptvogel, A. (Steigerung der Kollaborationsproduktivität):
Steigerung der Kollaborationsproduktivität durch cyberphysische Systeme. In: Vogel-Heuser, B.; Bauernhansl, T.; Hompel, M. ten (Hg.): Handbuch Industrie 4.0. Automatisierung. 2. Aufl. Berlin: Springer, 2017, S. 75–92.

Schuh, G.; Salmen, M.; Begovic, A.; Schultes, T. (Procurement 4.0 in the Tool and Die Industry):
Procurement 4.0 in the Tool and Die Industry. In: Tagungsband zum International Conference on Innovation, Management and Industrial. Osaka: International Business Academics Consortium, 2017, S. 138–151.

Schuh, G.; Ünlü, V. (Ordnungsrahmen Einkaufsmanagement):
Ordnungsrahmen Einkaufsmanagement. In: Schuh, G. (Hg.): Einkaufsmanagement. Handbuch Produktion und Management 7. 2. Aufl. Berlin: Springer, 2014, S. 9–16.

Schuler GmbH (Handbuch Umformtechnik):
Handbuch der Umformtechnik. Berlin: Springer, 1996.

Schumacher, S. C.; Schiele, H.; Contzen, M.; Zachau, T. (Faktoren des Einkaufs):
Die 3 Faktoren des Einkaufs. 1. Aufl. Weinheim: WILEY-VCH, 2008.

Schwarz, P. (Morphologie von Kooperationen und Verbänden):
Morphologie von Kooperationen und Verbänden. Tübingen: Mohr, 1979.

Sendler, U. (Industrie 4.0):
Grundlagen. In: Sendler, U. (Hg.): Industrie 4.0 grenzenlos. Berlin: Springer, 2016, S. 1–120.

Sievers, K.; Kruschel, M. (Einkauf auf dem Weg zum Wertbeitragsmanagement):
Der Einkauf auf dem Weg zum Wertbeitragsmanagement. In: Fröhlich-Glantschnig, E.; Lingohr, T. (Hg.): Gibt es die optimale Einkaufsorganisation. 1. Aufl. Wiesbaden: Gabler, 2010, S. 205–228.

Spennemann, F. (Gestaltung von Organisationsstrukturen):
Gestaltung von Organisationsstrukturen im Werkzeugbau. Aachen: Shaker, 2001.

Springer Gabler Verlag (Gabler Wirtschaftslexikon - Stichwort: Freemium):
Gabler Wirtschaftslexikon - Stichwort: Freemium. Online verfügbar unter https://wirtschaftslexikon.gabler.de/definition/freemium-53522/version-276605, 2018.

Springer Gabler Verlag (Gabler Wirtschaftslexikon - Stichwort: Typologie):
Gabler Wirtschaftslexikon - Stichwort: Typologie. Online verfügbar unter https://wirtschaftslexikon.gabler.de/definition/typologie-47226, 2018.

Springer Gabler Verlag (Gabler Wirtschaftslexikon - Stichwort: Wiki):
Gabler Wirtschaftslexikon - Stichwort: Wiki. Online verfügbar unter http://wirtschaftslexikon.gabler.de/definition/wiki-46992/version-270264, 2018.

Stachowiak, H. (Modelltheorie):
Allgemeine Modelltheorie. Wien: Springer, 1973.

Steinmann, H.; Schreyögg, G.; Koch, J. (Management):
Management. Grundlagen der Unternehmensführung. 7. Aufl. Wiesbaden: Springer, 2013.

Stich, V.; Hoffmann, J.; Heimes, P. (Software-definierte Plattformen):
Software-definierte Plattformen. In: HMD. 55. Jg, Nr. 1, 2018, S. 25–43.

Sydow, J. (Strategische Netzwerke):
Strategische Netzwerke. 5. Aufl. Wiesbaden: Gabler, 2005.

Taupiac, J.-D.; Rodriguez, N.; Strauss, O. (Immercity):
Immercity. A Curation Content Application in Virtual and Augmented Reality. In: Chen, J. Y. C.; Fragomeni, G. (Hg.): Virtual, augmented and mixed reality. Cham: Springer, 2018, S. 223–234.

Tomczak, T. (Forschungsmethoden):
Forschungsmethoden in der Marketingwissenschaft. In: Marketing. 14. Jg, Nr. 2, 1992, S. 77–87.

Toporowski, W.; Zielke, S.; Kellner, J. (Lieferantenmanagement):
Lieferantenmanagement. In: Zentes, J.; Swoboda, B.; Morschett, D.; Schramm-Klein, H. (Hg.): Handbuch Handel. 2. Aufl. Wiesbaden: Springer, 2012, S. 781–799.

Trott, P. (Innovation Management):
Innovation Management and new Product Development. Harlow: Pearson, 2017.

Tschöke, T. (Know-how-Management in der Beschaffung):
Know-how-Management in der Beschaffung. München: Eigenverlag, 2011.

Tschöpe, S.; Aronska, K.; Nyhuis, P. (Industrie 4.0):
Was ist eigentlich Industrie 4.0? In: Zeitschrift für wirtschaftlichen Fabrikbetrieb. 110. Jg, Nr. 3, 2015, S. 145–149.

Ulrich, H. (Management):
Management. Bern: Haupt, 1984.

Ulrich, P.; Hill, W. (Wissenschaftstheoretische Grundlagen):
Wissenschaftstheoretische Grundlagen der Betriebswirtschaftslehre. In: Wirtschaftswissenschaftliches Studium (WiST). 5. Jg, Nr. 7, 1976, S. 304–309.

van Alstyne, M. W.; Parker, G. G.; Choudary, S. P. (Pipelines, Platforms and the New Rules of Strategy):
Pipelines, Platforms and the New Rules of Strategy. In: Harvard Business Review. 54. Jg, Nr. 4, 2016, 54–62.

van Weele, A. J. (Purchasing & Supply Chain Management):
Purchasing & Supply Chain Management. 5. Aufl. Andover: Cengage Learning EMEA, 2010.

VDI (VDI-Richtlinie 2815):
VDI-Richtlinie 2815. Begriffe für die Produktionsplanung und -steuerung, ausgemusterte und nicht ersetzte Richtlinie, dennoch weiterhin benutzt und anerkannt. Düsseldorf: VDI, 1978.

VDI/VDE (Cyber-Physical Systems):
Cyber-Physical Systems. Chancen und Nutzen aus Sicht der Automation. Düsseldorf: VDI/VDE, 2013.

VDI/VDE (Industrie 4.0):
Industrie 4.0. Gegenstände, Entitäten, Komponenten. Düsseldorf: VDI/VDE, 2014.

VDI/VDE (Referenzarchitekturmodell Industrie 4.0):
Industrie 4.0 Statusreport. Referenzarchitekturmodell Industrie 4.0 (RAMI 4.0). Düsseldorf: VDI/VDE, 2015.

VDMA (Präzisionswerkzeuge):
Jahrespressekonferenz Präzisionswerkzeuge. Frankfurt: VDMA im Eigenverlag, 2017.

VDMA (Werkzeugbau):
VDMA Werkzeugbau. Online verfügbar unter https://pwz.vdma.org/viewer/-/article/render/19469371, 2017.

VDMA (Präzisionswerkzeuge):
Jahrespressekonferenz Präzisionswerkzeuge. Frankfurt: VDMA im Eigenverlag, 2018.

Wagner, S. M. (Lieferantenmanagement):
Lieferantenmanagement. 1. Aufl. München: Hanser, 2002.

Wannenwetsch, H. (Materialwirtschaft, Logistik und Beschaffung):
Integrierte Materialwirtschaft, Logistik und Beschaffung. 5. Aufl. Berlin: Springer, 2014.

Wannenwetsch, H.; Nicolai, S. (E-Supply-Chain-Management):
E-Supply-Chain-Management. 2. Aufl. Wiesbaden: Gabler, 2004.

Wegehaupt, P. (Führung von Produktionsnetzwerken):
Führung von Produktionsnetzwerken. Aachen: Apprimus, 2004.

Weigel, U.; Rücker, M. (Strategischer Einkauf):
Praxisguide Strategischer Einkauf. 2. Aufl. Wiesbaden: Springer, 2015.

Weiser, M. (The computer for the 21st century):
The computer for the 21st century. In: Scientific American. 265. Jg, Nr. 3, 1991, S. 94–104.

Werner, H. (Supply Chain Management):
Supply Chain Management. 5. Aufl. Wiesbaden: Springer, 2013.

Wildemann, H. (Einkaufspotentialanalyse):
Das Konzept der Einkaufspotentialanalyse. In: Hahn, D.; Kaufmann, L. (Hg.): Handbuch industrielles Beschaffungsmanagement. 2. Aufl. Wiesbaden: Springer, 2002, S. 543–561.

Winter, S. (Management von Lieferanteninnovationen):
Management von Lieferanteninnovationen. Wiesbaden: Springer, 2014.

Winzer, P. (Generic Systems Engineering):
Generic Systems Engineering. 2. Auflage. Berlin: Springer, 2016.

Wirth, S.; Baumann, A. (Wertschöpfung durch vernetzte Kompetenz):
Wertschöpfung durch vernetzte Kompetenz. München: Huss, 2001.

Wirtschaftslexikon24 (Begriff Typologisierung):
Begriff Typologisierung. Online verfügbar unter http://www.wirtschaftslexikon24.com/d/typologisierung/typologisierung.htm, 2018.

Wunderer, R.; Jaritz, A. (Evaluation der Wertschöpfung):
Unternehmerisches Personalcontrolling. 3. Aufl. München: Luchterhand, 2006.

Zachau, T.; Momber, A. (Professionelles Lieferantenmanagement):
Kosten senken durch professionelles Lieferantenmanagement. In: Beschaffung aktuell, Nr. 5, 1999, S. 38–41.

Ziskoven, H. (Getaktete Fertigung):
Methodik zur Gestaltung und Auftragseinplanung einer getakteten Fertigung im Werkzeugbau. Aachen: Apprimus, 2013.

Zwicker, R. (Interner Werkzeugbau):
Kostenfaktor oder Erfolgsgeheimnis. Der interne Werkzeugbau als Keimzelle des Unternehmenserfolgs. In: Plastverarbeiter. 8. Jg, Nr. 8, 2009, S. 12–14.

Lebenslauf

Persönliche Daten

Name, Vorname:	Schultes, Thilo Konrad
Geburtsdatum:	26. Mai 1991
Geburtsort:	Aachen
Staatsangehörigkeit:	Deutsch

Schulausbildung

2008 – 2010	Humboldtgymnasium Solingen Abschluss: Abitur
2007 – 2008	St. Michael-Albertville Highschool, Minnesota, USA
2001 – 2010	Humboldtgymnasium Solingen

Akademische Ausbildung

2014 – 2016	Studium des Wirtschaftsingenieurwesens (Fachrichtung Maschinenbau) an der RWTH Aachen Abschluss: Master of Science (M.Sc.)
2015	Auslandssemester am Beijing Institute of Technology, China
2011 – 2014	Studium des Wirtschaftsingenieurwesens (Fachrichtung Maschinenbau) an der RWTH Aachen Abschluss: Bachelor of Science (B.Sc.)

Beruflicher Werdegang

Seit 2019	General Manager, iform Spritzgußwerkzeuge für die Kunststoffverarbeitung GmbH
2018 – 2019	Leiter Asien-Projekte, WBA Aachener Werkzeugbau Akademie GmbH
2016 – 2019	Wissenschaftlicher Mitarbeiter, Abteilung Unternehmensentwicklung, Werkzeugmaschinenlabor WZL der RWTH Aachen
2016 – 2019	Projektleiter in Beratungsprojekten im Werkzeugbau, WBA Aachener Werkzeugbau Akademie GmbH
2011 – 2016	Praktika und Werksstudententätigkeiten in verschiedenen Industrie- und Beratungsunternehmen im In- und Ausland

In der Reihe **Ergebnisse aus der Produktionstechnik** zuletzt erschienen:

Teli, Mahesh Pradip:
Development of Wire- and Powder-based Laser Metal Deposition Process for Locally Modified Mechanical Properties of X37CrMoV5-1 Tool Steel
ISBN: 978-3-86359-848-8
Erscheinungsdatum: 04.05.2020

Vits, Frederik:
Tribologie beim Schleifen von polykristallinem Diamant
ISBN: 978-3-86359-838-9
Erscheinungsdatum: 14.04.2020

Schultes, Thilo Konrad:
Gestaltungsmodell zur digitalen Vernetzung von Werkzeugbaubetrieben mit Lieferanten
ISBN: 978-3-86359-835-8
Erscheinungsdatum: 19.03.2020

Hildebrand, Maria:
Übertragungsverhalten von Planetenrollengewindetrieben unterschiedlicher Gewindegangzahl der Spindel und der Mutter
ISBN: 978-3-86359-822-8
Erscheinungsdatum: 02.03.2020

Dukwen, Julia:
Verschleiß der Umformwerkzeuge beim Präzisionsblankpressen von Quarzglas
ISBN: 978-3-86359-812-9
Erscheinungsdatum: 21.02.2020

Pötters, Patrick:
Bewertung von Prozess-optimierungsmethoden auf dem Shopfloor einer Serienmontage
ISBN: 978-3-86359-807-5
Erscheinungsdatum: 27.01.2020

Vollmer, Thomas:
Transparency-Driven Vertical Data Connection of Production Systems for Resources Monitoring in Manufacturing
ISBN: 978-3-86359-851-8
Erscheinungsdatum: 27.04.2020

Schröder, Stephan:
Integration von Lieferanten in agile Entwicklungsprozesse technischer Systeme
ISBN: 978-3-86359-845-7
Erscheinungsdatum: 31.03.2020

Dannapfel, Matthias:
Ein systemisches Management-Modell für die Fabrikplanung
ISBN: 978-3-86359-770-2
Erscheinungsdatum: 13.03.2020

Behnen, Daniel:
Planungsbasierte Generierung von Abläufen für Maschinensteuerungen
ISBN: 978-3-86359-825-9
Erscheinungsdatum: 02.03.2020

Pothen, Mario:
Modellbasierte, adaptive Prozessregelung für das Laserstrahlstrukturieren
ISBN: 978-3-86359-808-2
Erscheinungsdatum: 27.01.2020

Falker, Jens:
Analyse des Betriebsverhaltens von Hochgeschwindigkeits-Wälzlagern unter radialen Lasten
ISBN: 978-3-86359-799-3
Erscheinungsdatum: 17.01.2020

Edition Wissenschaft
Apprimus

Scheffler, Florian:
Zerspankräfte beim kontinuierlichen Wälzschleifen von Stirnradverzahnungen
ISBN: 978-3-86359-788-7
Erscheinungsdatum: 17.01.2020

Groggert, Sebastian:
Steigerung der Prozessqualität des kundenindividuellen Auftragsabwicklungsprozesses durch Data Analytics
ISBN: 978-3-86359-789-4
Erscheinungsdatum: 20.12.2019

Krömer, Markus:
Entstehung von Spanaufschweißungen beim Trockenwälzfräsen
ISBN: 978-3-86359-787-0
Erscheinungsdatum: 03.12.2019

Wellmann, Frederik:
Datengetriebene, kontextadaptive Produktivitätssteigerung von NC-Zerspanprozessen
ISBN: 978-3-86359-781-8
Erscheinungsdatum: 15.11.2019

von Cube, Philipp:
Model to Monetarily Aggregate Risks of Procurement to Support Decision Makers of Manufacturing Enterprises
ISBN: 978-3-86359-717-7
Erscheinungsdatum: 05.11.2019

Geradts, Peter:
NVH Optimization of Ground Bevel Gears
ISBN: 978-3-86359-772-6
Erscheinungsdatum: 30.10.2019

Meiers, Bernd:
Piezobasierte Werkzeugtechnologie zur replikativen Herstellung abbildender Mikrooptiken aus Kunststoff
ISBN: 978-3-86359-803-7
Erscheinungsdatum: 14.01.2020

Lau, Felix:
Modell zur typenbasierten Gestaltung von firmeninternen Inkubatoren
ISBN: 978-3-86359-794-8
Erscheinungsdatum: 11.12.2019

Hassis, Alexander:
Untersuchung und Verbesserung des Kontaktverhaltens von Kegelrollenlagern bei hohen Drehzahlen
ISBN: 978-3-86359-775-7
Erscheinungsdatum: 22.11.2019

Ophey, Matthias:
Modellierung des Schleifschneckenprofilverschleißes beim kontinuierlichen Wälzschleifen
ISBN: 978-3-86359-777-1
Erscheinungsdatum: 08.11.2019

Witthohn, Carsten:
Konfiguration globaler Produktionsnetzwerke im Spannungsfeld von Kosten- und Risikominimierung
ISBN: 978-3-86359-767-2
Erscheinungsdatum: 30.10.2019

Kopp, Alexander:
Biokompatibilität plasma-elektrolytisch oxidierter Magnesiumwerkstoffe
ISBN: 978-3-86359-725-2
Erscheinungsdatum: 30.10.2019

Edition Wissenschaft
Apprimus